普通高等教育“十三五”规划教材
土木工程类系列教材

基础工程

邓友生 主 编
胡卫东 朱小军 靳军伟 副主编

清華大學出版社
北 京

内 容 简 介

本书是遵照教育部关于拓宽专业知识面的指导方针，根据全国高等学校土木工程专业指导委员会制定的教学大纲编写而成的。在编写的过程中，注重对本学科基础理论知识的阐述，同时也强调工程实践的重要性，介绍了本学科的新进展、新技术和新工艺，并参照了我国现行的有关行业规范或技术规程，以便学以致用。

本书共 9 章，内容包括基础工程概述及课程特点、基础工程设计方法、浅基础、桩基础、沉井基础与地下连续墙、地基处理、挡土墙设计与护坡工程、基坑工程、地基基础抗震设计等。各章后附有相应的思考题与习题。

本书可作为土木工程本科专业及相关专业的基础工程课程教材，也可供从事土木工程设计、施工及科学研究的工程技术人员和自学爱好者参考。

图书在版编目(CIP)数据

基础工程/邓友生主编. —北京：清华大学出版社，2017(2023.1 重印)
(普通高等教育“十三五”规划教材. 土木工程类系列教材)
ISBN 978-7-302-48242-0

Ⅰ. ①基…　Ⅱ. ①邓…　Ⅲ. ①基础(工程)－高等学校－教材　Ⅳ. ①TU47

中国版本图书馆 CIP 数据核字(2017)第 207248 号

责任编辑：秦　娜　赵从棉
封面设计：陈国熙
责任校对：刘玉霞
责任印制：沈　露

出版发行：清华大学出版社
　网　　址：http://www.tup.com.cn，http://www.wqbook.com
　地　　址：北京清华大学学研大厦 A 座　　**邮　　编**：100084
　社 总 机：010-83470000　　**邮　　购**：010-62786544
　投稿与读者服务：010-62776969，c-service@tup.tsinghua.edu.cn
　质量反馈：010-62772015，zhiliang@tup.tsinghua.edu.cn
印 装 者：天津鑫丰华印务有限公司
经　　销：全国新华书店
开　　本：185mm×260mm　　**印　　张**：17.25　　**字　　数**：417 千字
版　　次：2017 年 11 月第 1 版　　**印　　次**：2023 年 1 月第 2 次印刷
定　　价：49.80 元

产品编号：070911-02

前　言

基础工程是土木工程专业的主干课程，也是“土力学”的后续专业课程。本书是根据土木工程专业教学的基本要求，并结合现代基础工程的技术进步和发展新趋势编写的。

随着我国现代化建设的发展和科学技术的进步，高层建筑、城市地铁、高速公路、高速铁路、大跨度桥梁与特长隧道等大型工程的兴建，有关基础工程的各种设计与施工规范或规程等日臻完善，新的设计理念与技术促进了我国基础工程领域的不断创新。因此，本书编者依据我国现行最新《建筑地基基础设计规范》(GB 50007—2011)、《建筑地基处理技术规范》(JGJ 79—2012)、《建筑桩基技术规范》(JGJ 94—2008)、《建筑基坑支护技术规程》(JGJ 120—2012)、《建筑抗震设计规范》(GB 50011—2010，2016年局部修订版)、《给水排水工程钢筋混凝土沉井结构设计规程》(CECS 137—2015)等相关规范规程，主要介绍了地基基础的设计与处理、沉井及地下连续墙的设计与施工、挡土墙与护坡工程的设计、基坑支护的设计与稳定性分析、基础工程的抗震设计等内容。

本书为适应本科土建类专业教学的特点与要求，主要强调课程的基本概念、原理及方法，并结合实际工程施工要求与技术，使学生充分掌握该课程的理论与实践的学习。

本书共分为9章，具体编写分工为：西安科技大学邓友生编写第1章、第2章、第3章、第7章、第9章，湖南理工学院胡卫东编写第8章，扬州大学朱小军编写第4章和第5章，郑州大学靳军伟编写第6章。全书由邓友生统稿并修改。同济大学杨敏教授在百忙中仔细对全书进行了主审，同时提出一些宝贵意见。研究生王欢、周友、彭凯和梅靖宇对书中的制图、思考题与习题等方面做了大量工作，在此一并表示感谢。

由于编者水平有限，书中难免有疏漏和不妥之处，恳请读者批评指正。

编　者

2017年9月

目 录

第1章

绪　论

1.1　地基与基础的基本概念

在土木工程中，地基与基础是两个不同的概念。通常把直接承受通过基础传来的各种荷载或作用并产生应力重分布的岩土体称为地基；而基础是将上部建筑物承受的各种荷载或作用传递到地基上的下部结构。也就是说，建筑物建于土体或岩层之上，所有的荷载或作用都是由基础传递给地基的，如图1-1所示。

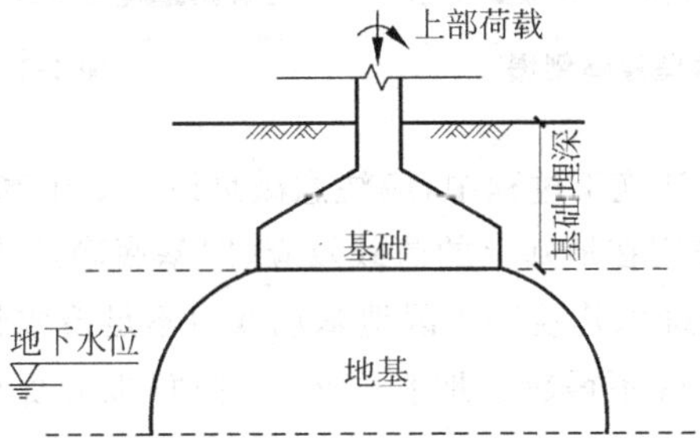

图1-1　基础及地基示意图

当地基为良好土层时，基础可直接作用于天然土层之上，这种不经处理即可满足设计要求的地基，称为天然地基。对于地基软弱，承载力不足或变形较大，无法满足设计要求而人工处理的地基，称为人工地基。

根据基础的埋置深度和施工方法不同，将基础分为浅基础和深基础。通常把埋置深度不大(一般不超过3～5m)、只需挖槽、排水等普通施工措施就可建造的基础称为浅基础。反之，若土层软弱、土质不良需要借助特殊施工方法，把基础埋在较深土层中，通过基础将荷载传递到深部良好土层，这样的基础称为深基础。

基础工程是研究基础或包含基础的地下结构设计与施工的一门学科。它既是结构工程当中的一部分，又是独立的地基基础工程。由于基础承载着上部结构，是建筑物的根本，如果基础出现质量问题，必然影响上部结构的正常工作甚至安全性。从整个工程造价来看，如果建筑场地地质复杂，基础工程的造价可达到20%～30%。同时，基础工程作为隐蔽工程，施工条件复杂，影响质量因素众多，一旦出现事故，损失巨大，补救困难。

2009年6月27日凌晨5点30分左右，上海莲花河畔景苑中一栋13层的在建住宅楼连根拔起，整体倒塌，却没有散架，如图1-2所示。倾覆的主要原因是，楼房北侧在短期内堆土高达 10m，南侧正在开挖 4.6m 深的地下车库基坑，两侧压力差导致土体产生水平位移，过大的水平力超过了桩基的抗侧能力，导致房屋倾倒。

1904 年建成的墨西哥艺术宫至今已有 100 多年的历史了。该艺术宫地表层为 5m 厚的人工填土与砂夹卵石硬壳层，下部为超高压压缩性淤泥，天然孔隙比高达 7～12，天然含水量高达 150%～600%，淤泥层高达 25m。这座艺术宫建成之后的 100 多年间发生了严重下沉，沉降量高达 4m，临近公路下沉 2m，公路路面至艺术宫门前高差达 2m。参观者需下 9 级台阶才能从公路进入艺术宫。过大的沉降造成室内外连接困难和交通不便，如图 1-3 所示。

图 1-2 上海某小区房屋整体倒塌

图 1-3 墨西哥艺术宫

因此，在基础工程的设计施工过程中，应注意满足以下 3 个基本条件。

(1) 地基强度要求：作用在地基上的荷载效应(即基底净反力)不得超过地基容许承载力或地基承载力特征值，以确保建筑物不因地基承载力不足造成整体破坏或影响正常使用。

(2) 变形要求：基础沉降不得超过地基变形容许值，以确保建筑物不会因地基变形而损坏或影响其正常使用。

(3) 稳定性要求：挡土墙、边坡以及地基基础保证具有足够防止失稳破坏的安全可靠度。

建筑物通常是由上部结构、基础和地基三部分组成。三部分虽各自功能不同，但彼此相互影响、共同作用。因此，基础工程设计时，应该从上部结构与地基基础共同作用的整体概念出发，全面综合考虑，才能达到比较理想的效果。

1.2 基础工程的发展概况

与其他应用技术学科一样，基础工程是人类在长期的生产实践中不断总结、积累而发展起来的。据史料记载，由于生产的发展和生活的需要，人类很早就有了对地基基础工艺的使用。例如：造福一方的都江堰工程，隋朝大运河，屹千年而无损的赵州桥，举世闻名的万里长城及那些现存于世的寺院楼宇、宫殿教堂等，都因基础牢固，虽历经无数次地震、强风侵袭却根基稳固，安然无恙。这些都是运用基础工程技术取得成功的典范。

据考古资料推算可知，早期的基础主要有三类：夯土基础、桩基础、铺石基础。通过对河姆渡文化遗址的考察发现，早在 7000 多年前人们就知道了将木桩打入软弱沼泽地之中，再把房屋的底层架设于木桩之上的道理。《水经注》中所记汾水上三十墩柱木柱梁桥、秦代滑桥均是木桩基础。再如，隋朝超化寺打入淤泥的塔基木桩、杭州湾五代大海塘工程木桩都是我国古代桩基础运用的典范。只是限于当时的生产力发展水平，并未提炼出成熟的技术与系统的科学理论。直至 18 世纪中叶，人们对于基础工程的建设一直停留在感性阶段。

经历过欧洲工业革命之后，大规模的城市建设和水利、铁路的兴建使得基础理论的研究刻不容缓。库仑根据试验结果于 1773 年提出了砂土剪切强度公式，创立了计算挡土墙土压力的滑楔理论；大约 100 年之后，英国朗肯在库仑土压力的基础之上研究了半无限土体处于极限平衡状态时的应力情况；1885 年，法国学者布辛奈斯克提出了竖向集中荷载作用下半无限弹性体应力和位移的理论解。历经前人的不懈努力，美国科学家太沙基在归纳发展原有成果的基础上，出版了第一本土力学专著，较为系统全面地论述了土力学与基础工程中的基本理论和方法。这一专著的出版被公认为进入了现代土力学时代。此后土力学与基础工程就作为独立的学科而取得不断的发展。自 1936 年，国际土力学与基础工程协会成立至今，共举办了 18 次会议，期间交流和总结本学科最新的研究成果和实践经验，同时，出版了各类土力学与基础工程刊物，有力地推动了本学科发展。

新中国的成立，为解放和发展生产力开辟了更广阔的道路，也使土力学和基础工程获得了迅速的发展，成功处理了众多大型复杂的基础工程。如利用电化学加固处理的中国历史博物馆地基，解决了施工周期短、质量要求高的困难；特别是在湍急的万里长江之上采用管柱基础、气筒浮运沉井、组合式沉井、双壁钢围堰及大直径扩底墩基础，成功地建造了多座长江大桥，这些都为基础工程的理论与实践积累了丰富的经验。而三峡工程和小浪底工程基础的处理将我国基础工程的设计、施工、检测水平提到了一个新的高度。

近年来，随着城市化进程和地下空间开发的需求增大，我国基础工程技术面临着新的研究方向和课题。利用有限的建筑面积建设更多的高层建筑或多层建筑的地基基础设计方法、基础变刚度调平设计方法，深大基础环境影响、回弹以及再压缩变形特征及计算方法；基础结构抗浮设计、桩基工程新技术；地铁交通枢纽工程的地基基础加固改造等技术方面取得了丰硕成果。此外，新材料、新工艺与新设备的使用是目前基础工程研究的重点。

例如，以塑料、化纤、合成橡胶等为原料，制成各种产品，埋于土体内部、表面，可起到加强或保护土体的作用。它可以分散土体的应力，增加土体模量，传递拉应力，限制土体的侧向位移，提高土体的稳定性。因此，土工合成材料在地基处理方面得到了广泛的应用。

在大量理论研究与实践经验积累的基础上，有关基础工程的各种设计与施工规范或规程等也相应问世，且日臻完善，为我国基础工程设计与施工做到技术先进、经济合理、安全适用、确保质量提供了充分的理论与实践依据。

1.3　基础工程的课程特点与学习方法

基础工程课程涉及土力学、工程地质学、土木工程材料、弹塑性力学、结构力学、工程结构抗震、混凝土结构等学科领域，是一门理论性与实践性均较强的土木工程专业核心课程之一。另外，基础工程涉及行业规范、规程多。基础工程常常处于地下隐蔽状态，不同国家的不同行业有不同的专门规范或规程，例如我国的建设部、交通部、国防部、航空航天、核工业等部门对基础工程的要求等级不同，其设计规范标准就自然存在差异。故学好该课程对于将来从事地基基础工程的设计、施工、检测与加固等都是非常重要的。

由于基础工程涉及土体或岩层，而各地的土性与岩性都存在或多或少的差异，再加之各地的气候条件也不尽相同，如同样的土层在常温下与冰冻下其力学行为是显著不同的，故学习该课程必须注意以下几点：

首先，必须掌握基本理论和清楚基本概念。如浅基础、深基础、基坑支护和地基处理、直接承受上部荷载的钢筋混凝土灌注桩与地基加固的碎石桩、粉煤灰桩、锚杆支护与土钉支护的区别。

其次，注重场地的勘察与现场原位测试技术的进步。工欲善其事，必先利其器。基础工程是直接与地下土体与岩层接触的地下隐蔽工程，只有掌握和利用先进的地基的勘察与现场原位测试技术，才能准确把握其物理力学特性参数，为基础工程提供可靠的设计依据。

再者，因为各地地基的工程地质条件存在差异，故必须重视与学习区域性基础工程设计与施工经验。

最后，注重地基、基础与上部结构共同作用。建筑物的地基、基础与上部结构是相互依存、相互作用与影响的一个整体，不同地基条件与基础类型的差异沉降对调节上部结构变形与位移的功能是不相同的；同理，上部结构形式不同，其节点连接的传力可靠性就不同，这对基础传递荷载或作用也是有差异的，进而影响地基应力重分布的形态。故必须考虑三者的共同作用，才能满足建筑物的强度、变形和稳定性的要求。

思考题与习题

1-1　什么是地基？什么是基础？二者有何联系？

1-2　试列举国内外基础工程的成功范例与事故案例，并分析其原因。

1-3　基础工程的课程特点有哪些？

第2章

基础工程设计方法

2.1 地基基础设计原则

建(构)筑物基础是连接上部结构(如房屋墙、柱,桥梁墩和台)与地基之间的过渡结构,它将上部结构承受的各种荷载或作用传递给地基,并使地基在建筑物允许沉降变形值、允许地基承载力内正常工作。因此,在进行基础工程设计时,必须根据地基土的物理力学性质,上部结构传力体系的特点,建筑物对地下空间使用功能的要求,结合实际施工能力,综合考虑经济、环境各方面要求,合理选择地基基础设计方案。

基础工程设计包括基础结构内力分析、截面高度和配筋设计。同时需校核地基承载力、地基变形和地基基础稳定性。以我国现行国家标准《建筑地基基础设计规范》(GB 50007—2011)(简称《基础规范》)为例,地基设计使用结构工程极限状态设计法(limit state approach),包括承载能力极限状态(ultimate limit state)和正常使用极限状态(serviceability limit state)双控设计。当利用承载能力极限状态设计时,根据材料和基础结构对作用的响应,可采用线性、非线性或塑性理论计算;当利用正常使用极限状态设计时,可采用线性理论计算,必要时可采用非线性理论计算。

2.1.1 地基基础设计基本规定

按照现行国家《工程结构可靠性设计统一标准》(GB 50153—2008)规定:土木工程结构设计时,应根据结构破坏可能产生的后果(如危及人的生命、造成经济损失、产生社会影响等)的严重性划分不同安全等级。现行《基础规范》根据地基的复杂程度、建筑物规模和功能特征及由于地基问题可能造成建筑物破坏或影响正常使用的程度,将地基基础设计分为三个等级,见表2-1。

甲级、乙级建筑物均按地基变形设计。对于设计等级为丙级的建筑物,满足表2-2所列范围可不进行变形验算,但若有下列情况之一时应进行变形验算:

(1) 地基承载力特征值小于130kPa,且体型复杂的建筑;

(2) 在基础上及其附近有地面堆载或相邻基础荷载差异较大,可能引起地基产生过大的不均匀沉降时;

(3) 软弱地基上的建筑物存在偏心荷载;

(4) 相邻建筑距离过近,可能发生倾斜;

(5) 地基内有厚度较大或厚薄不均的填土,其自重固结未完成。

表 2-1 地基基础设计等级

设计等级	建筑和地基类型
甲级	重要的工业与民用建筑物 30 层以上的高层建筑 体型复杂、层数相差超过 10 层的高低层连成一体的建筑物 大面积的多层地下建筑物(如地下车库、商场、运动场等) 对地基变形有特殊要求的建筑物 复杂地质条件下的坡上建筑物(包括高边坡) 对原有工程影响较大的新建建筑物 场地和地基条件复杂的一般建筑物 位于复杂地质条件及软土地区的二层及二层以上地下室的基坑工程 开挖深度大于 15m 的基坑工程 周边环境条件复杂、环境保护要求高的基坑工程
乙级	除甲级、丙级以外的工业与民用建筑物 除甲级、丙级以外的基坑工程
丙级	场地和地基条件简单、荷载分布均匀的 7 层及 7 层以下民用建筑及一般工业建筑物 次要的轻型建筑物 非软土地区且场地地质条件简单、基坑周边环境条件简单、环境保护要求不高且开挖深度小于 5.0m 的基坑工程

表 2-2 可不作地基变形验算的设计等级为丙级的建筑物范围

地基主要受力层情况	地基承载力特征值 f_{ak}/kPa			$80\leqslant f_{ak}<100$	$100\leqslant f_{ak}<130$	$130\leqslant f_{ak}<160$	$160\leqslant f_{ak}<200$	$200\leqslant f_{ak}<300$
	各土层坡度/%			≤5	≤10	≤10	≤10	≤10
建筑类型	砌体承重结构、框架结构(层数)			≤5	≤5	≤6	≤6	≤7
	单层排架结构(6m 柱距)	单跨	吊车额定起重量/t	10~15	15~20	20~30	30~50	50~100
			厂房跨度/m	≤18	≤24	≤30	≤30	≤30
		多跨	吊车额定起重量/t	5~10	10~15	15~20	20~30	30~75
			厂房跨度/m	≤18	≤24	≤30	≤30	≤30
	烟囱		高度/m	≤40	≤50	≤75		≤100
	水塔		高度/m	≤20	≤30	≤30		≤30
			容积/m^3	50~100	100~200	200~300	300~500	500~1000

注:1. 地基主要受力层系指条形基础底面下深度为 $3b$(b 为基础底面宽度),独立基础下为 $1.5b$,且厚度均不小于 5m 的范围(2 层以下一般的民用建筑除外);

2. 地基主要受力层中如有承载力特征值小于 130kPa 的土层时,表中砌体承重结构的设计,应符合《基础规范》中第 7 章的有关要求;

3. 表中砌体承重结构和框架结构均指民用建筑,对于工业建筑可按厂房高度、荷载情况折合成与其相当的民用建筑层数;

4. 表中吊车额定起重量、烟囱高度和水塔容积的数值系指最大值。

2.1.2　概率极限状态设计法与荷载效应组合

1. 两种极限状态设计

结构物在规定的时间及预定条件下完成预定功能的概率称为结构可靠度。规定时间就是指设计基准期，对于一般房屋等民用建筑而言设计基准期为 50 年。预定条件就是指施工和应用等工况的工作条件。完成预定功能表示满足极限状态的设计使用功能要求。因此，基于概率极限状态的设计方法，有以下两种极限状态。

(1) 承载能力极限状态：此为结构的安全性功能要求，对应结构或构件达到最大承载能力或不适于继续承载变形。

(2) 正常使用极限状态：此为结构的使用功能要求，对应结构或构件达到正常使用或耐久性能的某项规定限值。

承载力设计中包含三种理论，即正常使用极限状态的允许承载力理论、单一安全系数法承载能力极限状态的承载力设计理论及分项安全系数法承载能力极限状态的承载力设计理论。

上述三种理论中，尽管"分项安全系数法"更为合理，但当前对地基设计计算不能采用与上部结构构件一样的分项安全系数设计法，因为地基土与上部结构不同，其存在很多的不确定性。例如原位应力、孔隙水压力及上部荷载的不确定性；现场与试验室岩土指标的不确定性。因此，地基设计选用正常使用极限状态的允许承载力理论。

基础内力计算是根据基础顶面荷载、基底土体净反力，综合运用静力学与结构力学知识求解。荷载效应组合要考虑多种荷载同时作用，分别按承载力极限状态和正常使用极限状态进行组合，并选取各自的最不利组合，见表 2-3。

表 2-3　地基基础设计两种极限状态的荷载组合条件和使用范围

设计状态	荷载效应组合	设计对象	适用范围
承载力极限状态	基本组合或简化基本组合	基础	基础的高度、剪、冲切
		地基	滑移、倾覆或稳定问题
正常使用极限状态	标准组合 频遇组合 准永久组合	基础	裂缝宽度等
		地基	沉降、差异沉降、倾斜

2. 荷载效应组合

(1) 正常使用极限状态下，标准组合的效应设计值 S_k 应按式(2-1)确定：

$$S_k = S_{Gk} + S_{Q1k} + \psi_{c2} S_{Q2k} + \cdots + \psi_{cn} S_{Qnk} \tag{2-1}$$

式中：S_{Gk}——永久作用标准值 G_k 的效应；

S_{Qik}——第 i 个可变作用标准值 Q_{ik} 的效应；

ψ_{ci}——第 i 个可变作用 Q_i 的组合值系数，按现行国家标准《建筑结构荷载规范》(GB 50009—2012)(简称《荷载规范》)的规定取值。

(2) 准永久组合的效应设计值 S_k 应按下式确定：

$$S_k = S_{Gk} + \psi_{q1} S_{Q1k} + \psi_{q2} S_{Q2k} + \cdots + \psi_{qn} S_{Qnk} \tag{2-2}$$

式中：ψ_{qi}——第 i 个可变作用的准永久值系数，按《荷载规范》的规定取值。

(3) 承载能力极限状态下，由可变作用控制的基本组合的效应设计值 S_d 应按式(2-3)确定：

$$S_d = \gamma_G S_{Gk} + \gamma_{Q1} S_{Q1k} + \gamma_{Q2} \psi_{c2} S_{Q2k} + \cdots + \gamma_{Qn} \psi_{cn} S_{Qnk} \tag{2-3}$$

式中：γ_G——永久作用的分项系数，按《荷载规范》的规定取值。

γ_{Qi}——第 i 个可变作用的分项系数，按《荷载规范》的规定取值。

(4) 对由永久作用控制的基本组合，也可采用简化规则，基本组合的效应设计值 S_d 可按式(2-4)确定：

$$S_d = 1.35 S_k \tag{2-4}$$

式中：S_k——标准组合的作用效应设计值。

2.2 地基和基础的主要类型

2.2.1 地基的主要类型

1. 天然地基

1) 土质地基

在漫长的地质年代中，岩石经风化、剥蚀、搬运、沉积而成土。按地质年代划分为“第四纪沉积物”，根据成因的类型分为残积物、坡积物和洪积物、平原河谷冲积物（河床、河漫滩、阶地）、山区河谷冲积物等。粗大土粒是岩石经物理风化作用而形成的碎屑，或是岩石中未产生化学变化的矿物颗粒，如石英和长石等；而细小土料主要是化学风化作用形成的次生矿物和生成过程中混入的有机物质。粗大土粒其形状呈块状或粒状，而细小土粒其形状主要呈片状。土按粒径可划分为碎石土、砂土、细粒土。碎石土和砂土的划分规定如表 2-4、表 2-5 所列。其中细粒土按塑限指数 I_p 又可分为粉土和黏性土两大类，见表 2-6。黏性土进一步划分为粉质黏土和黏土两个亚类。

表 2-4 碎石土分类

土的名称	颗粒形状	颗粒级配
漂石	圆形及亚圆形为主	粒径大于 200mm 的颗粒质量超过总质量的 50%
块石	棱角形为主	
卵石	圆形及亚圆形为主	粒径大于 20mm 的颗粒质量超过总质量的 50%
碎石	棱角形为主	
圆砾	圆形及亚圆形为主	粒径大于 2mm 的颗粒质量超过总质量的 50%
角砾	棱角形为主	

注：分类时应根据颗粒级配由大到小以最先符合者确定。

表 2-5　砂土的分类

土的名称	颗粒级配
砾砂	粒径大于 2mm 的颗粒质量超过总质量的 25%～50%
粗砂	粒径大于 0.5mm 的颗粒质量超过总质量的 50%
中砂	粒径大于 0.25mm 的颗粒质量超过总质量的 50%
细砂	粒径大于 0.075mm 的颗粒质量超过总质量的 85%
粉砂	粒径大于 0.075mm 的颗粒质量超过总质量的 50%

表 2-6　细粒土的分类

土的名称		塑性指数
黏土	黏土	$I_p>17$
	粉质黏土	$10<I_p\leqslant17$
粉土		$I_p\leqslant10$ 且粒径大于 0.075mm 的颗粒含量不超过全重 50%

注：I_p 由相应于 76g 圆锥体沉入土样中深度为 10mm 时测定的液限计算而得。

土质地基一般处于地壳表层，施工方便，基础工程造价较经济，是建筑物基础经常选用的持力层。

2）岩石地基

当岩层离地表很近，或高层建筑、大型桥梁、水库大坝荷载通过基础底面传给土质地基时，地基土体承载力、变形验算不能满足相关规范要求时，则必须选择岩石地基。例如，我国南京长江大桥桥墩基础、三峡水库大坝的坝基基础均坐落于岩石地基上。

岩石根据其成因不同，可分为岩浆岩、沉积岩、变质岩。硬质岩石的饱和单轴极限抗压强度很好，可高达 60MPa 以上。当岩层埋深较浅，施工方便时，硬质岩石应是首选的天然地基持力层。岩石的坚硬程度分类见表 2-7。

表 2-7　岩石坚硬程度分类表

坚硬程度	坚硬岩	较硬岩	较软岩	软岩	极软岩
饱和单轴抗压强度标准值 f_{rk}/MPa	$f_{rk}>60$	$30<f_{rk}\leqslant60$	$15<f_{rk}\leqslant30$	$5<f_{rk}\leqslant15$	$f_{rk}<5$

长期风化作用（昼夜、季节温差、大气及地下水中的侵蚀性、化学成分的渗浸等）使岩体风化程度加深，导致岩体的承载能力降低，变形量增大。根据风化程度的不同，将岩石分为未风化、微风化、中等风化、强风化、全风化。不同风化等级对应不同的承载能力。岩石完整程度分类见表 2-8。

表 2-8　岩石完整程度分类

完整程度等级	完整	较完整	较破碎	破碎	极破碎
完整性指数	>0.75	0.55～0.75	0.35～0.55	0.15～0.35	<0.15

注：完整性指数为岩体纵波波速与岩块纵波波速之比的平方。选定岩体、岩块测定波速时应有代表性。

在实际工程中，岩石的分类不仅需要综合考虑岩石强度、岩体完整性等因素，还需要综合考虑结构面状态、受地质构造影响程度、围岩应力状态、地下水及结构面与工程轴线组合关系等因素的影响。

3）特殊土地基

我国地域辽阔，自然环境复杂多样，形成了各具特色的地理区域。在不同区域，由于气候条件、地形条件、季风等作用，在成土过程中形成具有特殊力学性质的区域土，统称为特殊土。特殊土地基通常有湿陷性黄土地基、软土地基、冻土地基、膨胀土地基和红黏土地基等。

（1）湿陷性黄土地基

湿陷性黄土是指在一定压力下受水浸湿，土结构迅速破坏，并发生显著附加下沉的黄土。湿陷性黄土在我国主要分布在陕西、山西、甘肃的大部分地区，以及河南西部、宁夏、青海、河北的部分地区，在新疆、内蒙古、山东、辽宁及黑龙江的部分地区也有不连续分布。

对于湿陷性黄土地基的设计施工，除了必须遵循一般设计和施工原则外，还应当针对湿陷性特点采取适当的工程措施。

① 地基处理。通过地基处理破坏湿陷性黄土的大孔结构，以便全部或部分消除地基的湿陷性。

② 防水和排水。建筑场地的防排水措施在于选择排水通畅便利的地形条件，避开受洪水或水库等可能引起地下水位上升的地段，在基坑底保持一定的坡度便于集水排水。

③ 采取结构措施。加强建筑物的整体性和空间刚度；选择适宜的结构和基础形式；加强砌体构件的刚度。

（2）软土地基

由淤泥、淤泥质土、冲填土、杂填土或其他高压缩性土层构成的地基属软土地基。软土地基设计中必须慎重考虑地基土的变形，即使在荷载未超过地基土承载力特征值时，若未采取特殊措施，也会产生较大的沉降及变形，使房屋破坏。例如，中、低压缩性地基上的三层砖石结构，其沉降量一般超过10～20mm，若建在软土地基上，沉降量可达100～500mm。又由于软土的渗透性弱，建筑物沉降稳定少则几年，多则十几年。因此，对软土地基进行设计时，考虑采用相应的措施很有必要。

（3）冻土地基

在寒冷地区，温度低于0℃时土中液态水凝结成冰，因冰胶结土粒形成冻土。冻土强度较高，但压缩性很低。当温度升至0℃以上，土体内冰融化使得冻土强度大幅降低，压缩性增强。冻土分为季节性冻土（冬季冻结，夏季融化）和多年性冻土（冻结状态持续两年或两年以上的土）。

当利用多年冻土作地基时，由于土体冻结与融化两种不同状态下，其强度指标、力学性质、变形特点与构造相差很大，从一种状态过渡到另外一种状态时，一般情况下，将发生强度由大到小，变形由小到大的突变。因此，在设计施工中需要重点关注的是建筑物周围环境生态平衡，保护覆土植被，避免地温升高，减少冻土地基的融沉量。

对于季节冻土地区的地基，一个周期内经历未冻土-冻结土两种状态。因此，季节冻土地区的地基基础设计，首先要满足一般土地基中的相关规范的规定，即在长期荷载作用下，地基变形值在容许数值范围内，在最不利荷载组合作用下地基不发生失稳。然后根据冻土地基有关规范的规定，计算冻结状态引起的冻胀力大小和对基础工程的危害程度。同时，应对冻胀力作用下基础的稳定性进行验算。

气温升高、建筑物覆盖地基、采暖均会导致地温升高，引起地基土解冻。同时，冻土中冰的体积大于融化后水的体积，使得出现解冻之后地基塌陷的现象。又因土体强度急剧降低，加深了基础的沉降量。因此，在此类地基上施工需解决的主要问题是如何防止冻土解冻及如何避免因地下水向地表上升而产生的冻锥对工程的危害。

(4) 膨胀土地基

由于膨胀土黏粒的成分主要为亲水矿物(水云母、蒙脱石等)，因此，吸水膨胀、失水收缩或反复膨胀是膨胀土地基的变形特点。地基土含水量的改变是引起地基变形的主要原因。含水量的变化主要取决于降雨量及蒸发量、地温的变化程度及地基的覆盖情况。

基础某点的最大膨胀上升量与最大收缩下沉量之和应小于等于建筑物地基容许变形值。若不满足，应采取地基处理措施。因此，在膨胀土地区进行工程建设，必须根据膨胀土的特性和工程要求，综合考虑气候特点、地形地貌条件、土中水分的变化情况等因素，因地制宜采取相应的设计计算与治理措施。

(5) 红黏土地基

红黏土是出露在地表的碳酸盐类岩在更新世纪以来的湿热环境中，经过一系列复杂的物理和化学风化，特别是红土化作用，形成并覆盖在基岩上，呈棕红或黄褐色的高塑性黏土。

红黏土具有高塑性、高液限、高孔隙比等特点。其天然含水量 ω、塑性指数 I_p、天然孔隙比 e 等物性指标都明显大于其他土类，相当于软土。天然红黏土的饱和度 S_r 多在 90%以上，使红黏土成为两相分散系，含水量和孔隙比呈现出良好的线性关系。红黏土渗透性差，可视为不透水层。当它处于无压条件下充分浸水时，其含水量比天然含水量仅增加了1%～3%。

当利用红黏土作地基时，应充分利用红黏土上硬下软的湿度状态垂向分布特征，基础尽量浅埋。对三级建筑物，当满足持力层承载力时，即可认为已满足下卧层承载力的要求。

考虑到红黏土网状裂隙及土层胀缩性对地基的不利影响，评价时应决定是否按膨胀土地基考虑。若按膨胀土考虑时，对低层、三级建筑物建议的基础埋深应大于当地大气影响急剧层深度。对炉窑等高温设备基础，应考虑基底土不均匀收缩变形的影响。总之，在勘察阶段要查清岩面的分布、起伏状况，给出必要的措施。

2. 人工地基

当土质地基为淤泥、淤泥质黏土、淤泥质粉质黏土、淤泥混砂、泥炭及泥炭质土或其他特殊土地基时，考虑到这类土强度低、压缩性高、透水性差、流变性明显、灵敏度高和承载力低的特点，必须通过置换、夯实、挤密、排水、胶结、加筋和化学处理等方法对这类地基进行处理与加固，使其性能得以改善，以达到承载能力要求或最小沉降的要求，此时地基称为人工地基。

人工进行地基处理主要为解决以下几类问题；①强度及稳定性问题；②压缩及不均匀沉降问题；③渗漏、潜蚀及管涌；④动荷作用下的土体液化。

人工地基一般是在基础工程施工前，根据地基土的不同类别、加固深度、上部结构要求、周围环境条件、材料来源、施工工期、施工技术与设备条件进行地基处理方案选择、设计，以达到方法有效、经济合理的目的。

2.2.2 基础的主要类型

对于基础的主要类型，在后面的浅基础设计、桩基础、沉井及地下连续墙中都会涉及。在此，简要对基础类型进行概述。

1. 按基础的受力性能分

1）刚性基础

刚性基础是指由砖、石、灰土、混凝土等抗压强度大而抗弯、抗剪强度小的材料而形成的基础，如图 2-1 所示，这类基础通常不配置钢筋，故又称无筋扩展基础。由于基础的抗拉、抗弯强度较低，当其上部荷载分布不均或地层土强度不均匀时，一旦发生沉降变形，刚性基础极易破坏。同时刚性基础的布置还受到了刚性角的限制。其截面尺寸宜窄不宜宽，并保证足够的埋深。因此，刚性基础常用于地基承载力较好、压缩性较小、荷载分布均匀的中小型民用建筑。

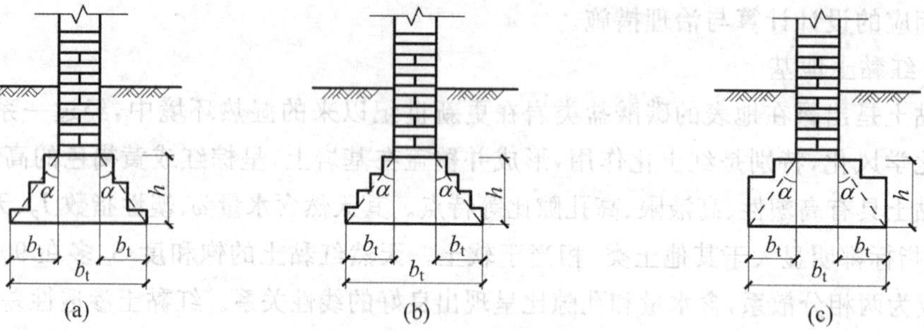

图 2-1 刚性基础断面设计

(a) 不安全设计；(b) 安全经济设计；(c) 不经济设计

2）柔性基础

相对无筋刚性扩展基础而言，钢筋混凝土基础就属柔性基础。这种基础的抗弯、抗剪性能好，可在竖向荷载较大、地基承载力不高、同时承受水平力和弯矩的情况下使用。柔性基础的设置可不受刚性角限制，可以将基础底面尺寸扩大，适合宽基浅埋的情形。

2. 按基础的埋置深度分

1）浅基础

(1) 独立基础

独立基础一般用于厂房柱基及民用框架结构基础，并适合在承载力较大的均质地基中采用。按照基础形式可分为阶形基础、坡形基础、杯形基础 3 种，见第 3 章浅基础设计。杯形基础多用于装配式钢筋混凝土柱基，为了便于预制柱竖立于基础之上，在基础上预留出杯口。

由于独立基础的长宽可自由调整，因此框架柱荷载不同时，通常可采用此类基础，通过调整不同柱的基底面积以控制不均匀沉降的差值在允许范围。

(2) 条形基础

大多数的民用砌体住宅多采用条形基础，条形基础是按单位长度墙体传递的荷载计算墙下条形基础的宽度。条形基础又可分为刚性与柔性两种。由于刚性条基受刚性角的制约，适合在承载力较大的均质地基且荷载分布均匀的情况下使用。柔性条基能抵抗一定的不均匀沉降，且不受刚性角的限制，故上部荷载稍大或地基承载力稍低时，可通过增加基础宽度的方法减小单位基底面积的荷载，使地基承载力满足上部荷载要求。柱下条形基础如

图 2-2 所示。

(3) 十字交叉基础

十字交叉基础是柱下条形基础在柱网的双向布置，相交于柱位处形成交叉条形基础。当柱网下地基较弱、土的压缩性或柱荷载分布沿着两个柱列方向都不均匀，沿柱列一个方向上设置柱下条形基础已经不能满足地基承载力要求和地基变形要求，应当考虑沿柱列的两个方向都设置条形基础，形成十字交叉条形基础，以增大基础底面和基础刚度，减少基底附加应力和基础不均匀沉降。

(4) 筏板与箱形基础

当十字交叉基础仍不能满足要求时，可将基础设计成一钢筋混凝土大板，使基底面积和底层面积相等甚至更大，即为筏板基础。肋梁式筏板基础是在基础纵横向加肋梁，加强底板刚度，减薄底板厚度而实现的。无肋梁时即为平板式筏板基础，见图 2-3。

箱形基础是由钢筋混凝土顶板、底板以及外墙、纵墙内隔墙组成的一空间整体结构基础。箱形基础的整体刚度远大于上述各种基础，一般不会产生不均匀沉降，只能产生整体倾斜，当地基或基底压力不均匀时，箱形基础有很好的调整能力。对于平面形状较简单的重型建筑物以及对不均匀沉降要求严格的建筑物适宜采用箱形基础。

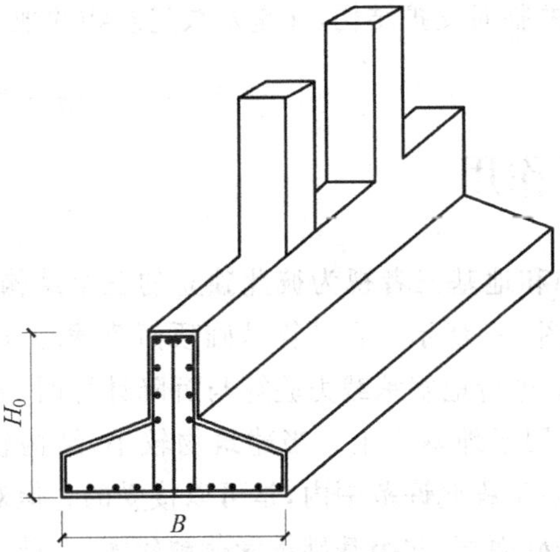

图 2-2　柱下条形基础

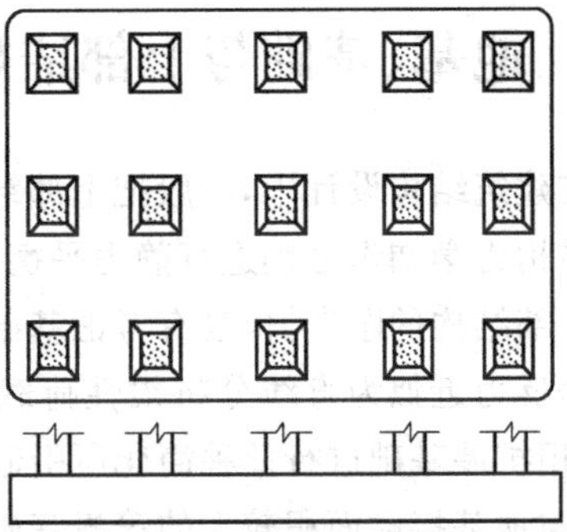

图 2-3　平板式筏板基础

2) 深基础

(1) 桩基础

桩基础的使用由来已久，是利用桩将上部结构荷载穿过较弱土层传递给下部坚硬土层的一种基础形式。群桩基础通常由 3 根以上的桩和承台两个部分组成。桩是全部或部分埋入地基土中的钢筋混凝土(或其他材料)柱体。承台是框架柱下或桥墩、桥台下的锚固端，从而使上部结构荷载可以向下传递，见图 2-4。

根据承台与地面的相对位置，一般可分为低承台桩基与高承台桩基；按照竖向荷载下基础的受荷特点大致可分为摩擦桩和端承桩；按桩的设置效应不同分为挤土桩、部分挤土桩、非挤土桩；按施工方式可分为预制桩和灌注桩。

(2) 沉井与沉箱基础

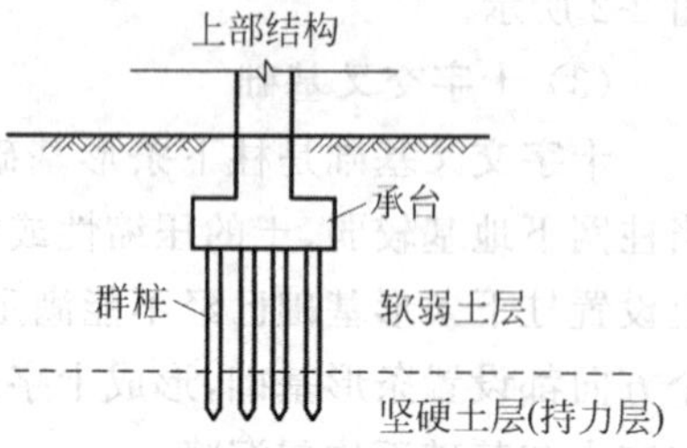

图 2-4 桩基础

沉井是井筒状的结构。它需要先在地面预定位置或在水中筑岛处预制井筒结构,然后在井内挖土、依靠自重克服井壁摩阻力下沉至设计标高,经混凝土封底并填塞井内部,使其成为建筑物深基础。沉井基础的缺点是施工周期长,当其置于细砂及粉砂类土中,在井内抽水易出现流砂现象,造成沉井的倾斜。

沉箱是一个有盖无底的箱形结构,水下施工时,为了保持箱内施工方便,需压缩空气将水排出,使沉箱刃脚处压力与外静水压力保持平衡。沉箱基础整体性强,稳定性高,能承受较大的荷载,沉箱底部土体持力层质量需得到保证。但由于沉箱基础中工人是在高压无水条件下进行施工作业的,故挖土效率不高甚至有损健康,因而沉箱基础目前运用很少。

(3) 地下连续墙深基础

地下连续墙是在泥浆护壁的条件下,使用专门的成槽机械,在地面开挖一条狭长的深槽,然后在槽内设置钢筋笼,浇筑混凝土,逐步形成一道连续的地下钢筋混凝土连续墙。它可直接承受上部结构荷载,既是地下工程施工的临时支护结构,又是永久建筑物的地下结构部分。

2.3 地基、基础与上部结构相互作用

在建筑结构设计中,一般把上部结构、基础和地基三者视为彼此独立的三个结构单元,利用结构力学知识分别进行静力平衡计算,如图 2-5 所示。在计算基础顶面荷载时,既没有考虑上部结构的刚度,也没有考虑基础的刚度;进行地基承载力验算与沉降计算时,直接将基底净反力近似为直线分布柔性荷载,反向作用于地基之上。当建筑物较小,结构较简单时,采用扩展基础进行此种简化所引起的误差在工程允许范围内,是可以接受的。但对于规模大,与地基接触面积较大的筏板基础、箱型基础而言,此类基础承受荷载较大,上部结构较为复杂。此时,若将上部结构、基础和地基三者仍进行只满足静力平衡条件的分开计算,常会引起较大的误差。因此,需要考虑三者的共同作用,三者在满足静力平衡条件的同时还需在界面处满足变形协调、位移连续条件,保证建筑物连同地基变形的连续。

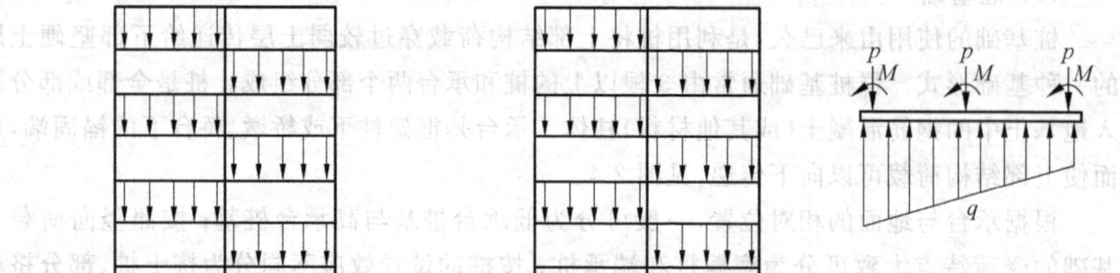

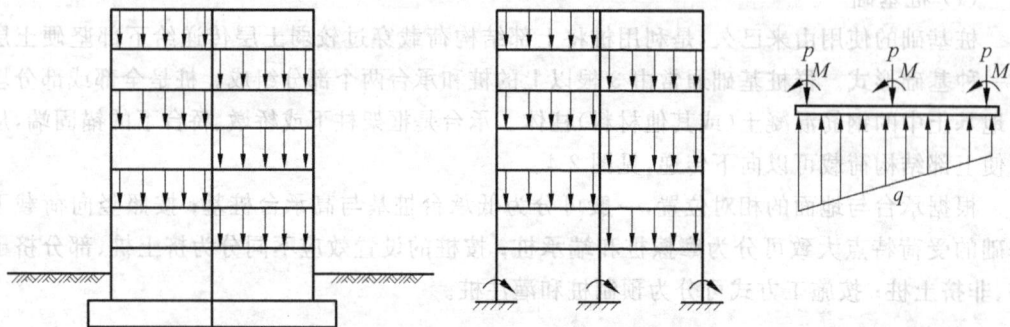

图 2-5 地基、基础、上部结构常规分析简图

2.3.1　上部结构刚度对基础受力的影响

上部结构刚度，是指整个上部结构对基础不均匀沉降或挠曲的抵抗能力。地基变形时，因不同的上部结构刚度，会对基础产生不同的受力影响。以柔性结构、刚性结构为例分析两种不同结构对基础的影响。

置于整体大厚度钢筋混凝土基础上的烟囱、高炉等高耸结构，体型简单、长高比很小的高层建筑，配置箱型基础、桩基础或其他形式的深基础时，均可视为刚性结构。刚性结构可对基础的变形进行约束，具有调整地基应力、使地基沉降均匀的能力，如图 2-6(a)所示，上部结构为绝对刚性。基础变形时，各柱同时均匀下沉，约束基础不发生整体弯曲。当忽略各柱端的抗转动能力时，可将柱支座视为基础梁的不动铰支座，基底净反力视为基础梁的外荷载，此时，基础梁如同倒置的多跨连续梁不产生整体弯曲，但在基底反力作用下会产生支座间的局部弯曲。

木结构、砖混结构、钢筋混凝土排架结构等一类可视为柔性结构。柔性结构变形与地基变形一致，其除了传递荷载到基础之外，对基础的变形毫无约束。因此，地基变形不会对上部结构产生附加应力，同时上部结构也不具备调整地基不均匀变形的能力，即上部结构不参与地基、基础的共同工作，如图 2-6(b)所示。上部结构为完全柔性，基础变形时，上部结构随之变形，基础产生整体弯曲，同时跨间还受地基反力而产生局部弯曲，二者相互叠加后会产生较大的变形与内力。

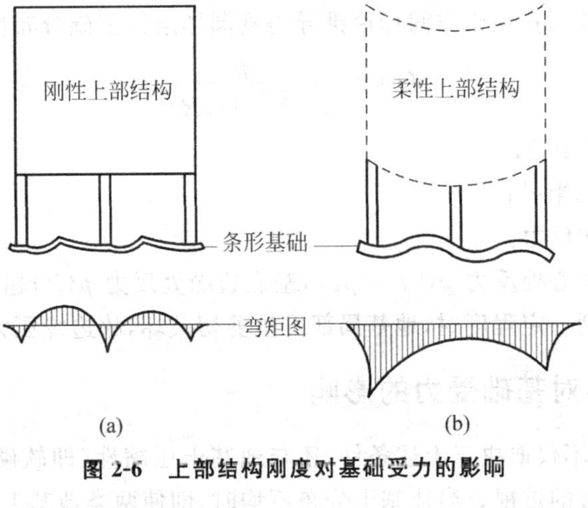

图 2-6　上部结构刚度对基础受力的影响

2.3.2　基础刚度对地基反力的影响

现以绝对柔性基础和绝对刚性基础为例，在仅考虑基础自身刚度作用下，说明地基与基础的相互作用。

因柔性基础抗弯刚度小，在忽略上部建筑刚度时，其自身如同柔软薄膜一般，可随地基变形而任意弯曲。因此，基础上各处荷载传到基底后不会四处扩散，如同荷载直接作用地基一般。利用弹性半空间理论，假定地基匀质，可由角点法求得柔性基础底面任意点的沉降。理论计算结果与工程实践均表明：柔性基础基底沉降在均布荷载下表现为中部大、边缘小

(见图 2-7(a))。柔性基础刚度小,对此沉降结果并无力调整基地不均匀沉降,最终便会导致上部结构的开裂。若想调整这一结果,可从荷载着手,增大基础边缘荷载的同时适当减小基础中部荷载(见图 2-7(b))。此时,基底沉降趋于均匀。但基础承受的荷载及基底反力呈现非均匀状态。

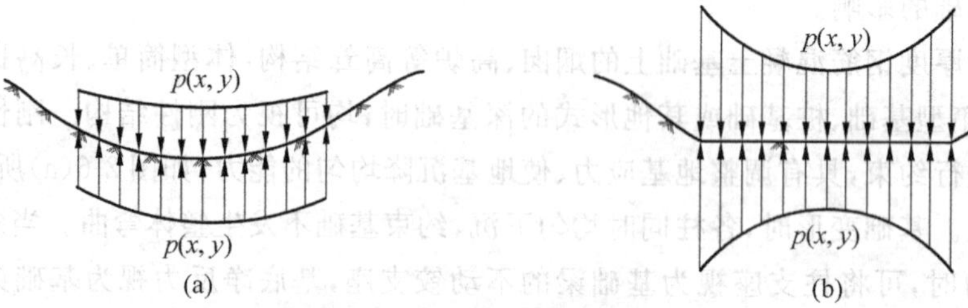

图 2-7 柔性基础基地反力与沉降

(a) 荷载均布时,$p(x,y)$=常数;(b) 沉降均匀时,$p(x,y)\neq$常数

对于绝对刚性基础而言,因其抗弯刚度极大,受荷后基础不产生挠曲,基底沉降后仍保持为平面。同理,由弹性半空间理论,假定地基匀质,集中荷载作用下,刚性基础基底反力分布表现为中部小、边缘大的特点。偏心荷载下,基底沉降为一倾斜平面,基底反力分布为不对称形状。由此可见,刚性基础在调整基底沉降趋于均匀的同时,也使得基底压力发生由中部向边缘的转移。

由上可知,刚性基础基底反力 $p(x,y)$呈现边缘大、中间小的分布情况,以半径为 R 的圆形刚性基础为例,利用弹性半空间理论推导得到圆形刚性基础分布反力 $p(r)$表达式为

$$p(r)=\frac{p}{2\sqrt{1-(r/R)^2}} \tag{2-5}$$

式中:r——计算点处半径;

R——圆形基础半径;

p——基底平均反力。

由上可知,基底中心处反力 $p(0)=p/2$,基底边缘处反力 $p(R)$趋近于无穷大。实际工况条件下,荷载增加到一定程度时,地基局部发生剪切破坏,故边缘压力不会无限增加。

2.3.3 地基条件对基础受力的影响

基础的受力状况不仅取决于上述条件,还与地基土压缩性(即软硬程度)及其分布的均匀性有关,应给予足够的重视。当地基土分布不均时,即使两类地基上基础的柱荷载分布相同,但其挠曲情况与弯矩图截然不同,如图 2-8 所示。此时,如果加大基础刚度以调整不均匀沉降,则两者弯矩图差别更加突出。

虽然上述介绍了地基、基础、上部结构相互作用、相互影响的概念,但并未涉及具体设计理论与方法,原因在于地基土复杂多样,基础形式千差万别,目前多数工程仍主要采用常规静定分析法进行设计。考虑三者相互作用、变形协调的“合理分析法”需要给出一套正确反映结构刚度影响的分析理论与借助计算机分析的有效计算方法,同时还要合理选用反映土变形特征的地基计算模型及其模型参数,因此三者相互作用的概念设计不同于当前的“静定分析法”设计计算成熟,目前仍为地基基础设计理论的发展方向。尽管如此,了解地基、基础

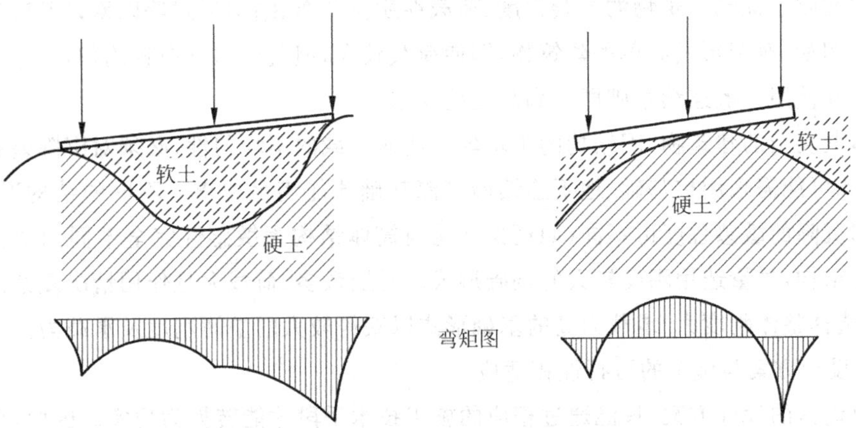

图 2-8　地基软硬悬殊对基础受力的影响

与上部结构相互作用的概念，将有助于掌握各类基础的适用性能，正确进行地基基础方案比选，可对常规分析与实际工程间的可能差异及结构措施设计的补偿原理进行评价。

2.4　设计注意事项

基础工程设计过程中，需综合考虑场地工程地质条件、建筑物类别及其重要性、基础类型及安全等级、上部结构荷载大小及分布、施工条件及对周围邻近建筑物的影响等诸多因素。对某一特定建筑物，必然存在可供选择的多种设计方案。针对不同工程要求，利用工程经济敏感性分析方法比选出经济较为合理的方案。设计过程中有以下事项需要注意：

(1) 准确分析场地工程地质资料

根据拟建建筑物场地地质勘察资料，对地基土类别进行准确判定，应特别注意地区性或特殊性土地基的判定。同时还应注意地基土在竖直向及水平向的分布情况，尤其是可液化土层、局部软弱层等特殊土层的厚度，这与持力层的确定、基础选型及沉降的均匀性息息相关。

地下水的埋深及变化规律在勘察中也应查明。在地下水位较高的地区进行基坑开挖时，需慎重处理地下水对边坡稳定性的影响，同时采取相应的护坡措施；施工过程中若遇深井降水，必须保证抽取地下水后邻近构筑物的沉降在控制范围，否则必须采取相应的防范措施。

勘察分析过程需要准确探明各种地下管网的分布情况以及邻近建筑物的基础情况，使得新设计的基础与现有地下情况相适应，也为后期的施工提供便利。

(2) 探明上部结构基本信息

在对上部结构进行分析时，首先根据建筑物的重要性和不同使用要求确定地基变形值。当遇到重要的工业与民用建筑及对地基变形有特殊要求的构筑物时，设计更应慎重。如某些大型的精密加工设备基础，其自动化程度高，若基础的变形值超过规定范围，则会影响设备的正常运行及加工精度。对于设有众多易燃易爆管道的化工建筑，应提前考虑到遇地基沉降不均引起管道开裂所造成的严重后果，将设计的安全可靠度提高。

在前面就已提到构筑物的复杂程度、荷载性质及分布、结构形式等因素是基础选型的重要依据。例如，对于形式简单的建筑物，即使荷载较大，但其应力分布较均匀，利用天然地基作持力层并使用一般连续基础即可满足规范要求。

而体型复杂的建筑物，因结构的不均匀性造成荷载的不均匀性，必须对沉降差有严格的控制，因此可能需采用桩基础、地下连续墙等深基础才能满足要求。不同的结构形式，对地基不均匀沉降的敏感程度也不同(如框架结构与筒体结构为敏感性完全不同的两种结构)，对敏感性结构，尽量选用刚度较大的基础形式。对层数多、荷载大且作用情况复杂的高层建筑，则应选择整体刚度大、承载力高的基础形式以获得较大的空间刚度及承载力。

(3) 设计方案与施工的可行性相适应

任何优秀的设计方案，只能通过相应的施工技术手段才能转换为现实。因此，设计者对建筑经验、施工工艺、施工技术水平的了解程度，直接影响所设计方案的可行性。

对于一般常规工程而言，往往不存在"施工技术的可行性"问题。但对于超高、造型奇特、超复杂地质的构筑物而言，其利用深基础、地下连续墙等难度较大的施工工艺也相应增加。相当一部分的设计者往往远离现场工地环境，仅按照提供的地质条件进行满足要求的方案设计。例如选择灌注桩(沉管桩或钻孔桩)或预制桩为桩基础，却对施工机械的设备能力及具体施工工艺的技术水平不一定完全有把握。因此，需要对影响基础施工质量的因素进行全面分析，考虑所采用的施工工艺与环境要求是否相适应。

同样还是以桩基为例，使用钻孔灌注桩时，需要考虑成孔的困难程度、成孔后孔底沉渣清除程度、水下浇筑混凝土工艺的质量等因素；当采用沉管灌注桩时，应考虑在软土层中施工密集群桩易产生断桩、缩颈、钢筋笼上浮等质量问题。例如，某精密机床厂基础采用钻孔灌注桩工艺，但机床工作过程时的沉降最大值必须保证不大于 0.32mm，可钻孔桩的清孔质量水平难以使孔底虚土清除干净。因此，采用桩尖压浆方案(桩身混凝土灌注完毕后，从预埋钢管内向桩尖底部压浆)，结果基础的沉降量完全控制到符合要求。

(4) 工程造价的经济合理性

针对不同的基础设计方案比选时，应对各方案的工程造价进行比较。以不同柱距的某框架结构为例：当柱跨为 6m 时，可采用天然地基设置一般连续基础；当采用 9m 柱距时，基础的集中荷载将成倍增加(如 10 层框架结构，单柱荷载将增至 8000kN 以上)，此时，天然地基加条形基础承载力已然不足，往往考虑采用桩基础，工程造价较前者至少增加一倍以上。又如，某工程若采用静压工艺，桩长需 60m，桩数为 308 根，若采用 ϕ609-11 钢管桩，共需 616 万元；若采用 500mm×500mm 空心预应力钢筋混凝土桩，内空直径 270mm，桩数、桩长不变，分三节制桩，则需 308 万元。可见单桩承载力相近的两种方案，造价相差一倍。显然采用预应力钢筋混凝土桩更为合理。

在高层建筑基础施工中，基坑开挖、支挡结构及降水工程的造价同属基础工程造价的一部分，在满足技术合理性及施工可行性的前提下，同样应进行经济比选，同时要考虑就地取材的可能性、便利性。

思考题与习题

2-1　何谓极限状态法？极限状态法的分类及它们的不同点是什么？

2-2　试分析几种特殊性地基对工程设计可能产生的不利影响及工程处理措施。

2-3　简述常见的几种基础形式及其适用范围。

2-4　简述上部结构、基础、地基共同作用的概念。

2-5　基础工程设计中应综合考虑哪些因素并注意哪些事项？

第3章

浅基础的设计

3.1 概述

工程实际中将基础分为浅基础和深基础两大类。一般认为，置于天然地基上、埋深小于5m的一般基础或者埋深虽然超过5m，但是远小于基础宽度的大尺寸的基础（如箱形基础、筏形基础），在计算承载力时基础的侧面摩阻力不必考虑，这类基础称为浅基础；与之相对应的，埋深大于5m，计算承载力时需要计算基础的侧面摩阻力的基础即为深基础。浅基础一般埋深较浅且施工工艺简单，而深基础一般像桩基础、沉井和地下连续墙等基础埋置深度大且施工过程复杂。本章重点讨论浅基础的设计问题。

3.1.1 浅基础的设计方法

浅基础的设计方法通常分为两种：常规设计方法和考虑地基、基础和上部结构相互作用的设计方法。

常规设计方法是将地基、基础和上部结构三者分离出来计算，上部结构底端为固定支座或固定铰支座，不考虑荷载作用下各墙柱端部的相对位移，按此来进行内力分析；对于地基和基础，则假定地基反力与基底压力呈直线分布，分别计算基础的内力和地基沉降。这种计算方法满足了静力平衡条件，对于良好均质地基上刚度大的基础和墙柱布置均匀、作用荷载对称且大小相近的上部结构是可行的。计算效果往往和相互作用的设计方法差别不大，能够满足设计的可靠度要求，而且在工程上得到了广泛的应用。

上述方法虽然满足了静力平衡条件，但是忽略了地基、基础和上部结构受到荷载后的连续性。而且基底压力一般并非呈直线分布，与土的类别、基础尺寸和刚度及荷载的大小等因素有关。在地基软弱、基础平面尺寸大、上部结构的荷载分布不均匀等情况下，地基的沉降和分力将受到地基和上部结构的影响，而基础和上部结构的内力与位移也将调整。如果按照常规方法来计算，墙柱底端的位移、基础的挠曲和地基的沉降将各不相同，三者变形不协调，不符合实际。只有进行地基-基础-上部结构的相互作用分析，才能合理地进行设计，既能降低造价又能防止建筑物遭到破坏。这方面的研究目前已经取得了进展，在工程实践上也采用了相互作用分析的成果或概念。

3.1.2 浅基础的设计步骤

天然浅基础的设计一般步骤如下：

(1) 充分了解建筑物所在地的地质水文条件、场地环境条件，仔细阅读建筑设计资料及要求；

(2) 确定基础所承受的荷载(标准值、设计值、荷载作用的位置等)；

(3) 选择基础的材料，选定合理的持力层，确定基础的埋深；

(4) 确定地基承载力是否满足要求；

(5) 确定基础底部的尺寸；

(6) 进行必要的地基变形与稳定性验算；

(7) 基础的结构及构造设计；

(8) 绘制基础的设计图及施工图。

上述的步骤基本是依次进行的，在确定地基承载力的时候，可能会出现地基承载力不足的情况，这就要求对地基进行加固，或者重新选定新的持力层；在对基础底部尺寸进行估计的时候可能也会出现基底面积不合要求的情况，这时就要重新计算，直到基底面积满足要求为止；在对地基进行验算的时候，可能会根据实际情况对基础的尺寸进行调整，必要时还会对基础的埋深进行修正。基础的施工图应该清楚地标明基础的布置，各部分的尺寸、标高，并且对所用的材料及强度等级要进行说明，对施工的一些详细要求都要具体说明。

3.2 浅基础的类型

在第 2 章中曾简单地提到浅基础的分类，本章再对其进一步阐述。浅基础按照结构类型可以分为扩展基础、柱下条形基础、筏形基础、壳体基础。按照材料的性质可分为无筋基础(刚性基础)和钢筋混凝土基础。

3.2.1 扩展基础

扩展基础的作用是将上部结构的荷载分散地扩展到地基上，扩展基础按照材料的性质分为无筋扩展基础和钢筋混凝土扩展基础。

1. 无筋扩展基础

无筋扩展基础(刚性基础)通常是由砖、石块、毛石、素混凝土、三合土和灰土等材料建造而成，如图 3-1 所示。这些材料的抗压强度高，但是抗剪、抗拉强度较低，因此无筋扩展基础几乎不能承受拉力，只适用于一些层数不高的民用建筑和轻型厂房。无筋扩展基础设计时，必须规定基础材料强度及质量、限制台阶宽高比、控制建筑物层高和一定的地基承载力，因而，一般无须进行繁杂的内力分析和截面强度计算。

2. 钢筋混凝土扩展基础

钢筋混凝土扩展基础就是一般所说的扩展基础，主要包括柱下钢筋混凝土独立基础和墙下钢筋混凝土条形基础。

独立基础是柱基础中最常用和最经济的形式，它所用材料主要根据柱的材料、荷载大小和地质情况而定。现浇钢筋混凝土柱下独立基础截面常做成阶梯形或锥形，预制柱则采用杯口基础，如图 3-2 所示。通常会在基坑底面铺设 100mm 厚、强度等级为 C10 的素混凝土

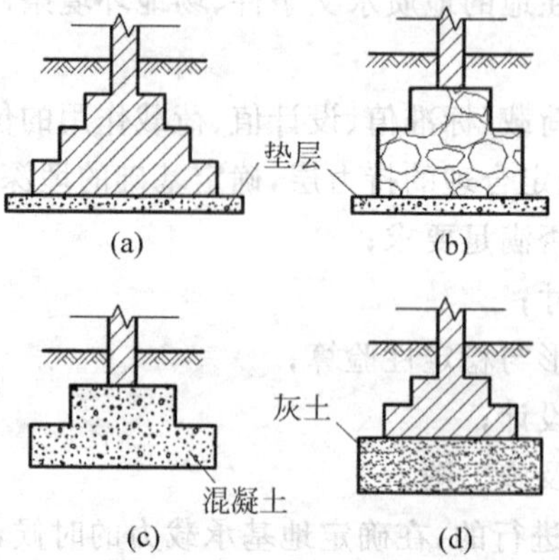

图 3-1　无筋扩展基础

(a) 砖基础；(b) 毛石基础；(c) 混凝土基础或毛石混凝土基础；(d) 灰土或三合土基础

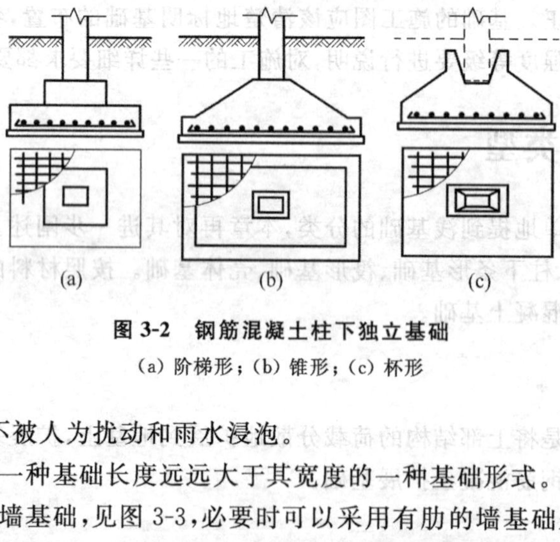

图 3-2　钢筋混凝土柱下独立基础

(a) 阶梯形；(b) 锥形；(c) 杯形

垫层,保护坑底土体不被人为扰动和雨水浸泡。

条形基础指的是一种基础长度远远大于其宽度的一种基础形式。墙下钢筋混凝土条形基础一般采用无肋的墙基础,见图 3-3,必要时可以采用有肋的墙基础来增强基础的整体性和抗弯能力。

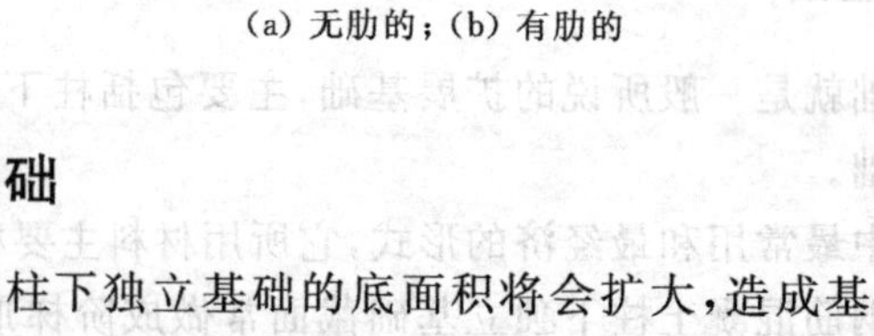

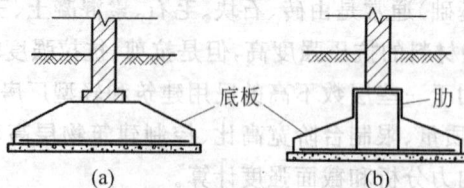

图 3-3　墙下钢筋混凝土条形基础

(a) 无肋的；(b) 有肋的

3.2.2　柱下条形基础

当地基土较软弱时,柱下独立基础的底面积将会扩大,造成基础边缘相互接近甚至重叠,使地基产生附加应力造成不均匀沉降。为了增加基础的整体性,减小不均匀沉降,常将同一轴线上若干柱子的基础连成一个整体形成柱下条形基础，如图 3-4 所示，如果仅仅将相邻的两个基础连接，则称作联合基础。当单向条形基础无法满足设计要求时，可将横纵轴的柱子做成十字交叉条形基础，如图 3-5 所示，这种基础在两个方向上均有一定的刚度，能有效地减小不均匀沉降。

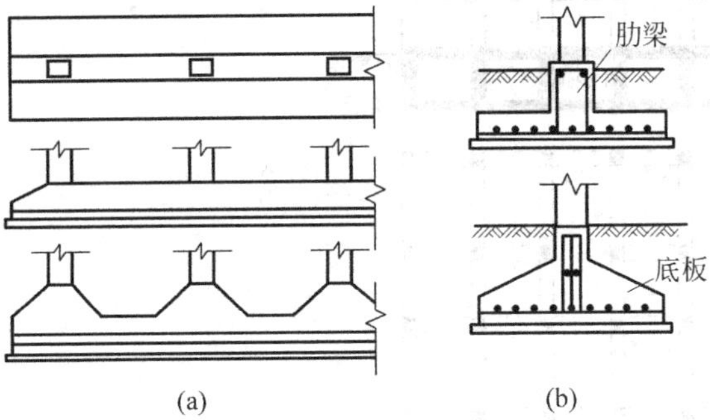

图 3-4　柱下条形基础

(a) 等截面；(b) 柱位处加腋

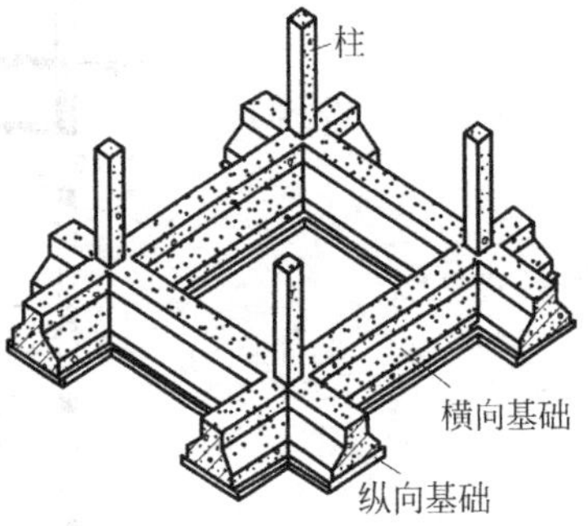

图 3-5　十字交叉条形基础

3.2.3　筏形基础

如果十字交叉条形基础还是不能满足要求时，可采用筏形基础，即用钢筋混凝土做成整块连续的基础。由于筏形基础的底面积大，可以减小基底压力，同时也可以提高基础的承载力，并能有效地增强其整体性，减小不均匀沉降。

筏形基础分为平板式和梁板式两种类型。平板式筏形基础的厚度一般为 0.5～2.5m，施工方便、工期短，但混凝土用量大。如果柱的荷载较大时，可将柱下与板连接处做成柱墩，防止基础发生冲剪破坏。当柱距较大时，为了减小板厚，可在柱轴两个方向设置肋梁，形成梁板式筏形基础，如图 3-6 所示。

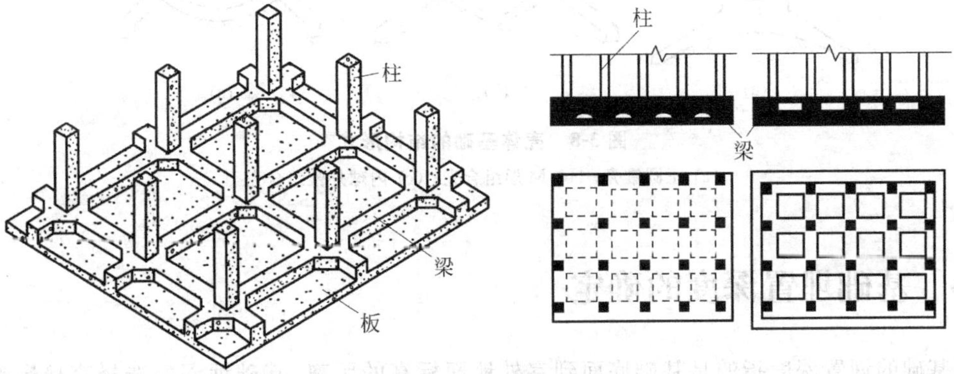

图 3-6　梁板式筏形基础

3.2.4　箱形基础

箱形基础是由钢筋混凝土底板、顶板、外墙和内墙组成的有一定高度的空间整体结构，如图 3-7 所示。与筏形基础相比，它具有更大的抗弯刚度，使建筑物只能产生大致均匀的沉降或整体倾斜，极大地减小了建筑物开裂的可能。在高层建筑中，箱形基础往往与地下室结合起来考虑，地下空间灵活多样，可做设备房、库房、商店等，但由于内墙分隔，箱形基础地下室的用途不如筏形基础的广泛。

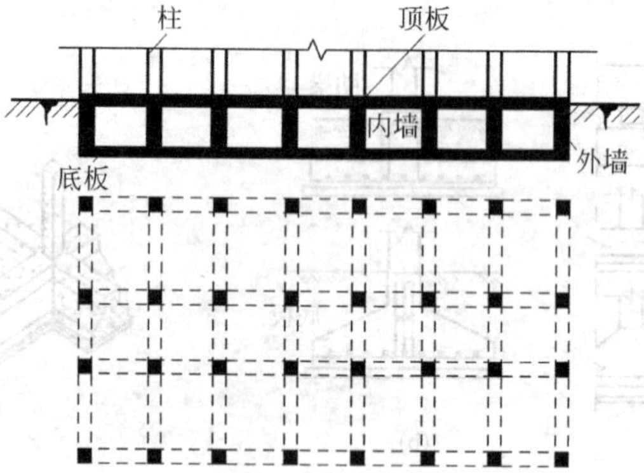

图 3-7 箱形基础

另外，箱形基础的水泥用量很大、工期长、造价高，施工复杂。因此，在确定箱形基础前应与其他基础方案进行对比，综合考虑后再确定。

3.2.5 壳体基础

采用壳体基础能够很好地发挥混凝土的抗压性能，如图 3-8 所示，壳体基础主要有正圆锥壳、M 形组合壳及内球外锥组合壳三种形式。这种基础省材料、造价低，不过施工工期长，工作量大，技术要求高，主要用于柱基础和筒形的构筑物的基础。

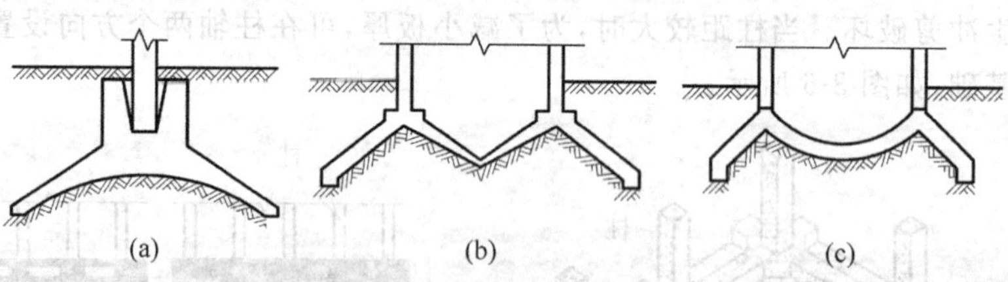

图 3-8 壳体基础的结构形式

(a) 正圆锥壳；(b) M 形组合壳；(c) 内球外锥组合壳

3.3 基础埋置深度的确定

基础的埋置深度指的是基础底面到室外地面标高的距离，基础埋深的选择直接影响着建筑物安全性，对基础的施工、造价、工期都存在影响，因此，基础埋深的选择至关重要。在选择埋深的时候，应考虑重点因素，以尽量浅埋的原则，合理选择基础埋深。

3.3.1 建筑物的上部结构及外部场地

在确定基础埋深时，首先要考虑到的是建筑物的上部结构形式，设置地下室或设备层的建筑、半埋式结构物、需建造带封闭侧墙的筏板基础或箱形基础的高层建筑、带有地下设施的建筑物、具有地下部分的设备基础等，均应将建筑物与基础埋深综合起来考虑。结构的荷载不同也会影响到基础的埋深。

荷载大小的不同对地基持力层要求也不同，荷载大的结构可能不适合荷载小的基础埋深。同样，对于像风荷载、地震作用等水平荷载的不同结构，相应的抗滑移、抗倾覆能力要求也不同。高层建筑的水平荷载明显大于低层建筑，所以稳定性会相对较差，因此基础埋深也会相应加大。在抗震设防区，除岩石地基外，天然地基上的箱形和筏形基础埋置深度不宜小于建筑物高度的 1/15；桩箱或桩筏基础埋置深度（不计桩长）不宜小于建筑物高度的 1/18～1/20。对于承受上拔力的基础如输电塔基础，也要求有较大的埋深来提供足够的抗拔阻力。对于承受动力荷载的基础，则不宜选择饱和疏松的粉细砂土层作为持力层，以免这些土层由于地震液化而丧失承载力，造成基础失稳。位于岩石地基上的高层建筑，其基础埋深应满足抗滑要求。

另外，在确定冷藏库或高温炉窑这类建筑物的埋深时，应考虑热传导引起地基土因低温而冻胀或因高温而干缩的效应。

自然环境中，树木生长、动物活动都会对基础造成影响，因此，基础宜埋置在地表以下，最小埋深为 0.5m，且基础顶面宜低于室外设计地面 0.1m。

当在建建筑物靠近原有建筑物时，为了避免对原有建筑的影响，新建筑物的基础埋深不宜大于原有建筑物的埋深。当埋深大于原有建筑物基础时，新、旧基础间应保持一定的净距，其数值应根据建筑荷载大小、基础形式和土质情况确定，且不宜小于两基础底面高差的 1～2 倍，如图 3-9 所示。如果不能满足要求，则要对基坑采取支护措施，以免开挖基坑时，出现坑壁坍落，影响原有建筑物地基的稳定。

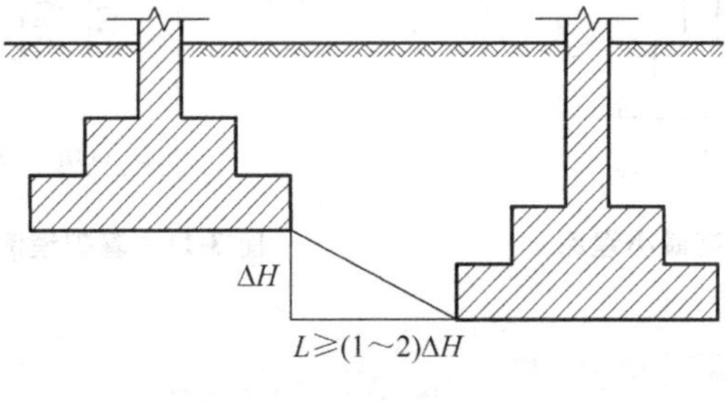

图 3-9　相邻基础的埋深

此外，如果基础范围内有管道或沟、坑等地下设施通过时，基础底面一般应低于这些设施，否则要采取相应措施，消除对地基的影响。在湖泊、河流等水体旁建造的建筑物，要注意防止流水或波浪冲刷对地基的不利影响。

3.3.2　工程地质和水文地质条件

1. 工程地质条件

持力层是支撑基础的土层，建筑物必须按荷载的大小和性质来选择合适的持力层。为了满足建筑物对地基承载力及其变形的要求，基础应尽可能埋置在良好的持力层上。当满足要求时应尽量浅埋，从而减少造价。如果地基受力范围内具有软弱下卧层，则应验算软弱下卧层承载力是否满足要求，必要时进行地基的加固处理。下面给出工程上几种常见的地质情况具体分析。

(1) 地基受力范围内都是良好的土层(最理想的情况),这时基础的埋深由其他条件确定。

(2) 地基受力范围内都是软弱土层,对于一般轻型的建筑物可先按情况(1)来考虑,如果地基承载力或变形不满足要求,则要考虑是否更换基础形式,或者对地基进行加固等方案。具体要取决于安全、施工、造价等方面的综合要求。

(3) 上部为软弱土层、下部为良好土层,这时则应取决于软弱土层的厚度。若厚度小于2m,则将基础砌置在良好土层上,如果软弱土层过厚,则按照情况(2)进行处理。

(4) 上部为良好土层、下部为软弱土层,这时应尽可能浅埋基础,以减少软弱土层受到的压力,并且要验算软弱下卧层的承载力是否符合要求。如果良好土层过薄则应按照情况(2)来处理。

当建筑物拟建于边坡上时,要确保地基有足够的稳定性,如图 3-10 所示。对于坡高 $H\leqslant 8\text{m}$,坡脚 $\beta\leqslant 45°$,且 $b\leqslant 3\text{m}$,$a\geqslant 2.5\text{m}$ 时,基础埋深 d 符合下列条件时,可认为满足要求:

条形基础:$d\geqslant(3.5b-a)\tan\beta$ (3-1)

矩形基础:$d\geqslant(2.5b-a)\tan\beta$ (3-2)

另外,当基础的持力层顶面倾斜或者不平整时,同一建筑物的基础可以采取不同的埋深,做成高低不同的台阶状,如图 3-11 所示,且分段长度不宜小于相邻两段高差的 1～2 倍,且不宜小于1m。

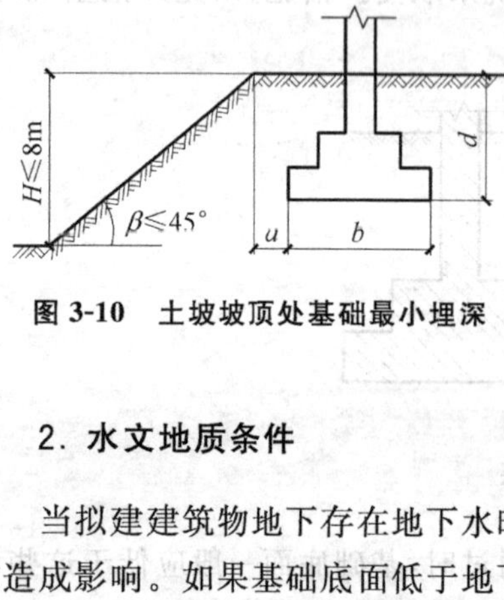

图 3-10 土坡坡顶处基础最小埋深

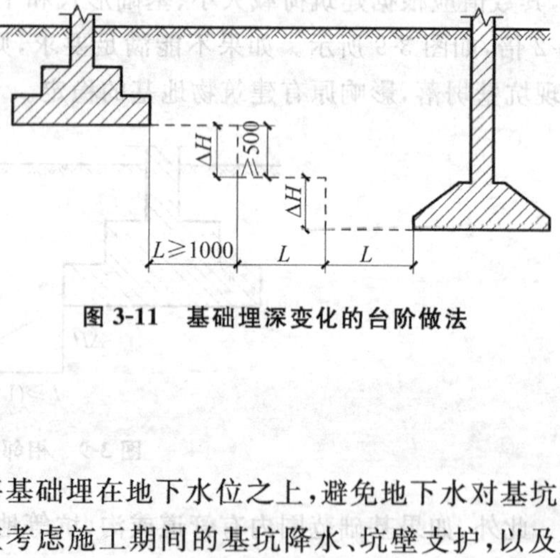

图 3-11 基础埋深变化的台阶做法

2. 水文地质条件

当拟建建筑物地下存在地下水时,尽量将基础埋在地下水位之上,避免地下水对基坑开挖造成影响。如果基础底面低于地下水位,应考虑施工期间的基坑降水、坑壁支护,以及是否会产生管涌和流砂等问题,提高基础的安全性。此外,对于具有侵蚀性的地下水,应该采用相应的抗侵蚀的水泥材料。还要注意地下室的防渗以及由于地下水的托浮力引起的基础底板的内力变化。对于埋藏有承压水的地基,如图 3-12 所示,为了防止基坑土开挖减压而被承压水冲破,要求坑底土的总覆盖压力大于承压水层顶部的静水压力,即

$$\gamma h > \gamma_w h_w \tag{3-3}$$

式中:γ——土的重度,对潜水位以下的土取饱和重度;

γ_w——水的重度;

h——基坑底面至承压水含水层顶面的距离;

h_w——承压水位。

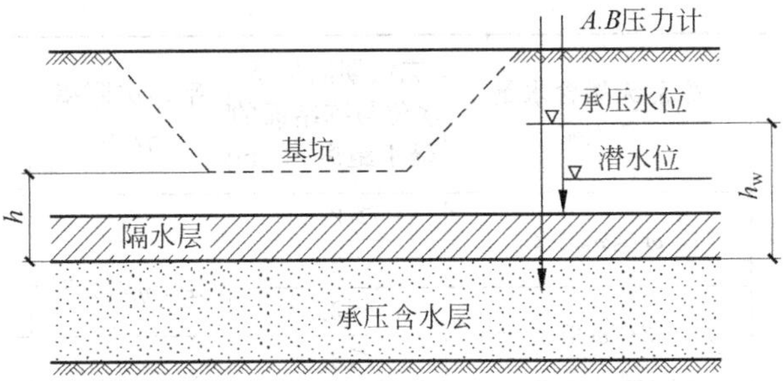

图 3-12　基坑下埋藏有承压含水层的情况

3.3.3　地基冻融条件

冻土可分为季节性冻土和多年冻土两类。季节性冻土会随着天气的转暖而逐渐融化，每年交换一次。

季节性冻土的危害主要是：当冻胀产生的上抬力大于基础底面的压力，基础就会被抬起，当土体解冻时，土体软化，冻胀力会随之消失，地基强度也因此下降，就会产生融陷现象。而地基产生的冻胀和融陷往往是不均匀的，因此会使建筑物开裂损坏。

根据《基础规范》冻土层的平均冻胀率 η 的大小，按表 3-1 将地基划分为不冻胀、弱冻胀、冻胀、强冻胀和特强冻胀五类。

表 3-1　地基土的冻胀性分类

土 的 名 称	冻前天然含水量 ω/%	冻结期间地下水位与冻结面的最小距离 h_w/m	平均冻胀率 η/%	冻胀等级	冻胀类别
碎(卵)石，砾，粗，中砂(粒径小于 0.075mm 颗粒含量大于 15%)，细砂(粒径小于 0.075mm 颗粒含量大于 10%)	$\omega\leqslant 12$	>1.0	$\eta\leqslant 1$	Ⅰ	不冻胀
		≤1.0	$1<\eta\leqslant 3.5$	Ⅱ	弱冻胀
	$12<\omega\leqslant 18$	>1.0			
		≤1.0	$3.5<\eta\leqslant 6$	Ⅲ	冻胀
	$\omega>18$	>0.5			
		≤0.5	$6<\eta\leqslant 12$	Ⅵ	强冻胀
粉砂	$\omega\leqslant 14$	>1.0	$\eta\leqslant 1$	Ⅰ	不冻胀
		≤1.0	$1<\eta\leqslant 3.5$	Ⅱ	弱冻胀
	$14<\omega\leqslant 19$	>1.0			
		≤1.0	$3.5<\eta\leqslant 6$	Ⅲ	冻胀
	$19<\omega\leqslant 23$	>1.0			
		≤1.0	$6<\eta\leqslant 12$	Ⅵ	强冻胀
	$\omega>23$	不考虑	$\eta>12$	Ⅴ	特强冻胀
粉土	$\omega\leqslant 19$	>1.5	$\eta\leqslant 1$	Ⅰ	不冻胀
		≤1.5	$1<\eta\leqslant 3.5$	Ⅱ	弱冻胀
	$19<\omega\leqslant 22$	>1.5			
		≤1.5	$3.5<\eta\leqslant 6$	Ⅲ	冻胀
	$22<\omega\leqslant 26$	>1.5			
		≤1.5	$6<\eta\leqslant 12$	Ⅵ	强冻胀
	$26<\omega\leqslant 30$	>1.5			
		≤1.5	$\eta>12$	Ⅴ	特强冻胀
	$\omega>30$	不考虑			

续表

土的名称	冻前天然含水量 $\omega/\%$	冻结期间地下水位与冻结面的最小距离 h_w/m	平均冻胀率 $\eta/\%$	冻胀等级	冻胀类别
黏性土	$\omega \leqslant \omega_p+2$	>2.0	$\eta \leqslant 1$	Ⅰ	不冻胀
		$\leqslant 2.0$	$1<\eta \leqslant 3.5$	Ⅱ	弱冻胀
	$\omega_p+2<\omega \leqslant \omega_p+5$	>2.0			
		$\leqslant 2.0$	$3.5<\eta \leqslant 6$	Ⅲ	冻胀
	$\omega_p+5<\omega \leqslant \omega_p+9$	>2.0			
		$\leqslant 2.0$	$6<\eta \leqslant 12$	Ⅵ	强冻胀
	$\omega_p+9<\omega \leqslant \omega_p+15$	>2.0			
		$\leqslant 2.0$	$\eta>12$	Ⅴ	特强冻胀
	$\omega>\omega_p+15$	不考虑			

注：1. ω_p为塑限含水量(%)；ω为在冻土层内冻前天然含水量的平均值；

2. 盐渍土不在表列；

3. 塑性指数大于22时，冻胀性降低一级；

4. 粒径小于0.005mm的颗粒含量大于60%时，为不冻胀土；

5. 碎石类土当填充物大于全部质量的40%时，其冻胀性按填充物土的类别判断；

6. 碎石土、砾砂、粗砂、中砂(粒径小于0.075mm颗粒含量不大于15%)、细砂(粒径小于0.075mm颗粒含量不大于10%)均按不冻胀考虑。

季节性冻土地基的场地冻结深度应按下式进行计算：

$$z_d = z_0 \psi_{zs} \psi_{zw} \psi_{ze} \tag{3-4}$$

式中：z_d——场地冻结深度(m)，当有实测资料时按 $z_d = h' - \Delta z$ 计算；

h'——最大冻深出现时场地最大冻土层厚度(m)；

Δz——最大冻深出现时场地地表冻胀量(m)；

z_0——标准冻结深度(m)，当无实测资料时，按《基础规范》给出的标准冻深度取值；

ψ_{zs}——土的类别对冻深的影响系数，按表3-2取值；

ψ_{zw}——土的冻胀性对冻深的影响系数，按表3-3取值；

ψ_{ze}——环境对冻深的影响系数，按表3-4取值。

表3-2　土的类别对冻深的影响系数

土的类别	影响系数 ψ_{zs}	土的类别	影响系数 ψ_{zs}
黏性土	1.00	中、粗、砾砂	1.30
细砂、粉砂、粉土	1.20	大块碎石土	1.40

表3-3　土的冻胀性对冻深的影响系数

冻胀性	影响系数 ψ_{zw}	冻胀性	影响系数 ψ_{zw}
不冻胀	1.00	强冻胀	0.85
弱冻胀	0.95	特强冻胀	0.80
冻胀	0.90		

表 3-4　环境对冻深的影响系数

周围环境	影响系数 ψ_{ze}	周围环境	影响系数 ψ_{ze}
村、镇、旷野	1.00	城市市区	0.90
城市近郊	0.95		

注：环境影响系数一项，当城市市区人口为 20 万～50 万时，按城市近郊取值；当城市市区人口大于 50 万小于或等于 100 万时，只计入市区影响；当城市市区人口超过 100 万时，除计入市区影响外，尚应考虑 5km 以内的郊区近郊影响系数。

当建筑基础底面以下允许有一定厚度的冻土层，可用式(3-5)计算基础的最小埋深：

$$d_{min} = z_d - h_{max} \tag{3-5}$$

式中：h_{max}——基础底面下允许冻土层的最大厚度(m)，按表 3-5 采用。当有充分依据时，基底下允许残留冻土厚度也可根据当地经验确定。

表 3-5　建筑基底下允许残留冻土层厚度 h_{max}　　m

冻胀性	基础形式	采暖情况	基底平均压力/kPa						
			90	110	130	150	170	190	210
弱冻胀土	方形基础	采暖	—	0.94	0.99	1.04	1.11	1.15	1.20
		不采暖	—	0.78	0.84	0.91	0.97	1.04	1.10
	条形基础	采暖	—	>2.50	>2.50	>2.50	>2.50	>2.50	>2.50
		不采暖	—	2.20	2.50	>2.50	>2.50	>2.50	>2.50
冻胀土	方形基础	采暖	—	0.64	0.70	075	0.81	0.86	—
		不采暖	—	0.55	0.60	0.65	0.69	0.74	—
	条形基础	采暖	—	1.55	1.79	2.03	2.26	2.50	—
		不采暖	—	1.15	1.35	1.55	1.75	1.95	—
强冻胀土	方形基础	采暖	—	0.42	0.47	0.51	0.56	—	—
		不采暖	—	0.36	0.40	0.43	0.47	—	—
	条形基础	采暖	—	0.74	0.88	1.00	1.13	—	—
		不采暖	—	0.56	0.66	0.75	0.84	—	—
特强冻胀土	方形基础	采暖	0.30	0.34	0.38	0.41	—	—	—
		不采暖	0.24	0.27	0.31	0.34	—	—	—
	条形基础	采暖	0.43	0.52	0.61	0.70	—	—	—
		不采暖	0.33	0.4	0.47	0.53	—	—	—

注：1. 本表只计算法向冻胀力，如果基侧存在切向冻胀，应须采取防切向力措施；
2. 本表不适用宽度小于 0.6m 的基础，矩形基础可取短边尺寸按方形基础计算；
3. 表中数据不适用于淤泥、淤泥质土和欠固结土；
4. 表中基底平均压力数值为永久荷载标准值乘以 0.9，可以内插。

3.4　地基基础的计算

地基基础的计算主要包括地基承载力的确定、基础底面积的确定以及地基变形的验算三个方面的内容。

3.4.1　地基承载力的确定

地基承载力指的是在满足地基强度和稳定性的条件下，地基土所能承受的最大荷载。

它不仅与土的物理、力学性质紧密相关，而且还与基础的类型、底面积、埋置深度等因素有关。通常确定地基承载力的方法有根据土的抗剪强度指标确定、现场载荷试验及其他原位试验以及参照邻近条件类似建筑物的工程经验三种方法。

1. 根据土的抗剪强度指标确定

1）根据经典理论公式确定

德国规范利用太沙基公式、魏锡克公式、汉森公式引入了极限状态表达式。采用安全系数法，用极限承载力除以安全系数，计算式如下：

$$K=\frac{p_u A'}{f_a A} \quad 或 \quad f_a=\frac{p_u A'}{KA} \tag{3-6}$$

式中：f_a——地基承载力特征值；

p_u——地基极限承载力；

A'——与地基土接触的有效基底面积；

A——基底面积；

K——安全系数，一般取2～3。

2）根据《基础规范》推荐的理论公式确定

当偏心距小于或等于0.033倍基础底面宽度时，根据土的抗剪强度指标确定地基承载力特征值可按下式计算，并应满足变形要求：

$$f_a=M_b\gamma b+M_d\gamma_m d+M_c c_k \tag{3-7}$$

式中：f_a——由土的抗剪强度指标确定的地基承载力特征值(kPa)；

M_b、M_d、M_c——承载力系数，按表3-6确定；

b——基础底面宽度(m)，大于6m时按6m取值，对于砂土小于3m时按3m取值；

c_k——基底下一倍短边宽度的深度范围内土的黏聚力标准值(kPa)；

γ——基础底面以下土的重度(kN/m³)，地下水位以下取浮重度；

γ_m——基础底面以上土的加权平均重度(kN/m³)，位于地下水位以下的土层取有效重度。

表3-6 承载力系数 M_b、M_d、M_c

土的内摩擦角标准值 φ_k/(°)	M_b	M_d	M_c
0	0	1.00	3.14
2	0.03	1.12	3.32
4	0.06	1.25	3.51
6	0.10	1.39	3.71
8	0.14	1.55	3.93
10	0.18	1.73	4.17
12	0.23	1.94	4.42
14	0.29	2.17	4.69
16	0.36	2.43	5.00
18	0.43	2.72	5.31

续表

土的内摩擦角标准值 φ_k/(°)	M_b	M_d	M_c
20	0.51	3.06	5.66
22	0.61	3.44	6.04
24	0.80	3.87	6.45
26	1.10	4.37	6.90
28	1.40	4.93	7.40
30	1.90	5.59	7.95
32	2.60	6.35	8.55
34	3.40	7.21	9.22
36	4.20	8.25	9.97
38	5.00	9.44	10.80
40	5.80	10.84	11.73

注：φ_k 为基底下一倍短边宽度的深度范围内土的内摩擦角标准值。

2. 根据现场载荷试验及其他原位试验确定

载荷试验是一种原位试验，通过模拟基础对地基的压力，由载荷板向地基土施加荷载，通过仪器测出荷载与沉降量的变化曲线 p-s 图(图 3-13)，并且可以判别地基土的破坏形式。

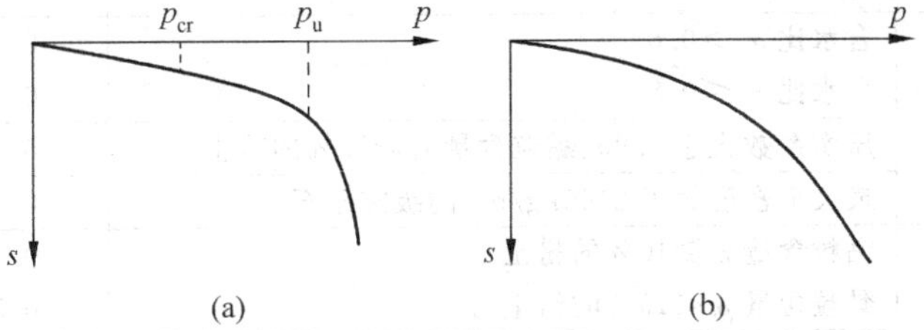

图 3-13　按载荷试验成果确定地基承载力基本值

(a) 低压缩性土；(b) 高压缩性土

对于密实砂土、硬塑黏土等低压缩性土，p-s 图会有较明显的起始线段和极限值，呈现出"骤降型"，考虑到低压缩性土的承载力特征值一般由强度安全控制，因此规范规定以直线段末的点对应的压力 p_1(比例界限荷载)作为承载力特征值。此时地基的沉降量很小，强度安全储备充足。但对于少数"脆性"破坏的土，p_1 与极限荷载 p_u 很接近，所以当 $p_u<2p_1$ 时，取 $p_u/2$ 作为承载力特征值。

对于松砂、填土、可塑性黏土等中、高压缩性土，p-s 图没有明显的转折点，呈现逐渐破坏的"缓慢型"。由于是中、高压缩性土，所以承载力特征值一般由允许沉降量控制。因此，当压板面积为 0.25～0.50m^2 时，规范规定可取沉降 $s=(0.01\sim0.015)b$(b 为承压板宽度或直径)所对应的荷载为承载力特征值，且不应大于最大加载量的一半。

对同一土层，应选择三个以上的试验点，当试验实测值的极差不超过平均值的 30%时，取其平均值作为该土层的地基承载特征值 f_{ak}。

当基础宽度大于 3m 或埋置深度大于 0.5m 时，从载荷试验或其他原位测试、经验值等方法确定的地基承载力特征值，尚应按下式修正：

$$f_a = f_{ak} + \eta_b \gamma (b-3) + \eta_d \gamma_m (d-0.5) \tag{3-8}$$

式中：f_a——修正后的地基承载力特征值(kPa)；

f_{ak}——地基承载力特征值(kPa)；

η_b，η_d——基础宽度和埋深的地基承载力修正系数，按基底下土的类别查表 3-7 取值；

γ——基础底面以下土的重度(kN/m^3)，地下水位以下取浮重度；

b——基础底面宽度(m)，当基础底面宽度小于 3m 时按 3m 取值，大于 6m 时按 6m 取值；

γ_m——基础底面以上土的加权平均重度(kN/m^3)，位于地下水位以下的土层取有效重度；

d——基础埋置深度(m)，宜自室外地面标高算起，在填方整平地区，可自填土地面标高算起，但填土在上部结构施工后完成时，应从天然地面标高算起；对于地下室，如采用箱形基础或筏基时，基础埋置深度自室外地面标高算起；当采用独立基础或条形基础时，应从室内地面标高算起。

表 3-7 承载力修正系数

土的类别		η_b	η_d
淤泥和淤泥质土		0	1.0
人工填土 e 或 I_L 大于等于 0.85 的黏性土		0	1.0
红黏土	含水比 $\alpha_w > 0.8$	0	1.2
	含水比 $\alpha_w \leqslant 0.8$	0.15	1.4
大面积压实填土	压实系数大于 0.95、黏粒含量 $\rho_c \geqslant 10\%$ 的粉土	0	1.5
	最大干密度大于 $2100kg/m^3$ 的级配砂石	0	2.0
粉土	黏粒含量 $\rho_c \geqslant 10\%$ 的粉土	0.3	1.5
	黏粒含量 $\rho_c < 10\%$ 的粉土	0.5	2.0
e 及 I_L 均小于 0.85 的黏性土		0.3	1.6
粉砂、细砂(不包括很湿与饱和时的稍密状态)		2.0	3.0
中砂、粗砂、砾砂和碎石土		3.0	4.4

注：1. 强风化和全风化的岩石，可参照所风化成的相应土类取值，其他状态下的岩石不修正；
2. 地基承载力特征值按本规范附录 D 深层平板载荷试验确定时，η_d 取 0；
3. 含水比是指土的天然含水量与液限的比值；
4. 大面积压实填土是指填土范围大于两倍基础宽度的填土。

3. 根据工程经验确定

由于工程性质具有很强的地域性，不同地区气候条件、地理环境等都不一样，导致各地区的土质也不一样，很难总结一套适合全国各地区的承载力表。但是各个地区可以根据当地的规律来总结一些适合当地的地基土承载力表。或者根据邻近工程的建筑物结构、基础的形式、地基土的性质来总结一些相关的工程经验，确定拟建工程的地基土承载力，要注意的是根据工程经验确定的承载力在基坑开挖验槽时进行验证。

【例 3-1】 某粉土地基如图 3-14 所示，试按《基础规范》理论公式计算地基承载力设计值。

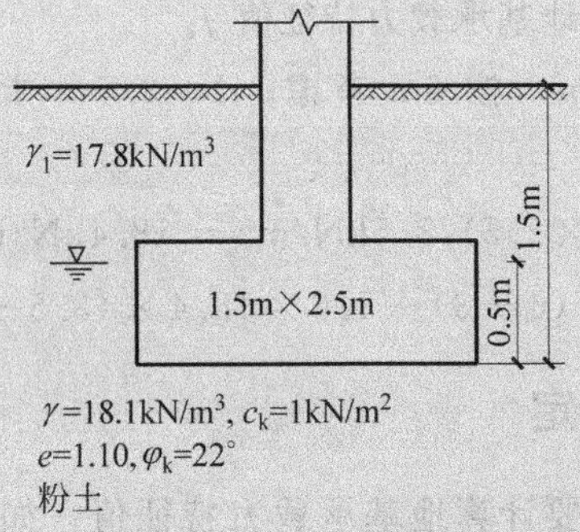

图 3-14　例 3-1 图

【解】 根据持力层粉土 $\varphi_k=22°$查表 3-6，得

$$M_b=0.61,\quad M_d=3.44,\quad M_c=6.04$$

由公式(3-7)得

$$f_a=M_b\gamma b+M_d\gamma_m d+M_c c_k$$

$$=\left[0.61\times(18.1-10)\times1.5+3.44\times\frac{17.8\times1.0+(18.1-10)\times0.5}{1+0.5}\times1.5+6.04\times1\right]\text{kPa}$$

$$=(7.41+75.16+6.04)\text{kPa}=88.6\text{kPa}$$

【例 3-2】 已知某拟建建筑物场地地质条件如图 3-15 所示，地基承载力特征值 f_{ak}=136kPa，试按以下基础条件分别计算修正后的地基承载力特征值：

(1) 基础底面为 4.0m×2.6m 的矩形独立基础，埋深 d=1.0m；

(2) 基础底面为 9.5m×36m 的箱形基础，埋深 d=3.5m。

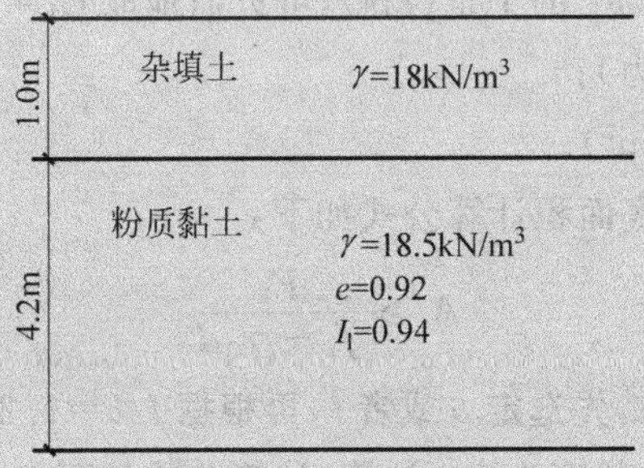

图 3-15　例 3-2 图

【解】 根据《基础规范》，计算如下。

(1) 矩形独立基础下修正后的地基承载力特征值 f_a

基础宽度 b=2.6m(<3m)，按 3m 考虑；埋深 d=1.0m，持力层粉质黏土的孔隙比 e=0.94(>0.85)，查表 3-7 得

$$\eta_b=0,\quad \eta_d=1.0$$

$$f_a = f_{ak} + \eta_b \gamma(b-3) + \eta_d \gamma_m (d-0.5)$$
$$= [136 + 0 + 1.018 \times (1.0 - 0.5)]\text{kPa} = 145.0\text{kPa}$$

(2) 箱形基础下修正后的地基承载力特征值 f_a

基础宽度 $b=9.5\text{m}(>6\text{m})$，按 6m 考虑；$d=3.5\text{m}$，持力层仍为粉质黏土，$\eta_b=0$，$\eta_d=1.0$。

$$\gamma_m = (18\times1.0 + 18.5\times2.5)/3.5\text{kN/m}^3 = 18.4\text{kN/m}^3$$

$$f_a = [136 + 0\times18.5\times(6-3) + 1.0\times18.4\times(3.5-0.5)]\text{kPa} = 191.2\text{kPa}$$

3.4.2 基础底面积的确定

在确定基础底面尺寸时，要计算地基承载力特征值。如果地基受力层范围内存在承载力低于持力层的下卧层，则在选择基础底面尺寸后，要对软弱下卧层的承载力进行验算。

1. 按持力层地基土的承载力确定基础底面积

1) 轴心荷载作用

根据《基础规范》，轴心荷载作用时，按持力层的承载力特征值计算基础底面尺寸时，要求符合式(3-9)要求：

$$p_k \leqslant f_a \tag{3-9}$$

式中：p_k——相应于作用的标准组合时，基础底面处的平均压力值(kPa)；

f_a——修正后的地基承载力特征值(kPa)。

$$p_k = \frac{F_k + G_k}{A} \tag{3-10}$$

式中：F_k——相应于作用的标准组合时，上部结构传至基础顶面的竖向压力值(kN)；

G_k——基础自重和基础上的土重(kN)，可近似地取 $G_k=\gamma_G Ad$(在地下水位以下的部分因减去浮托力)；

A——基础底面面积(m^2)。

由式(3-10)可推出基础底面积计算公式如下：

$$A \geqslant \frac{F_k}{f_a - \gamma_G d} \tag{3-11}$$

对于独立基础，先算出 A，先选定 b 或者 l，再根据 $l/b=1.2\sim2.0$，算出另一边长。

对于条形基础，可取单位长度为 1m 计算，计算公式如下：

$$b \geqslant \frac{F_k}{f_a - \gamma_G d} \tag{3-12}$$

2) 偏心荷载作用

当基底形心处除受到竖向荷载外，还有力矩存在时，基础则受到偏心荷载作用。根据《基础规范》，除了满足以上条件，还应满足以下附加条件：

$$p_{kmax} \leqslant 1.2 f_a \tag{3-13}$$

式中：p_{kmax}——相应于作用的标准组合时，基础底面边缘的最大压力值(kPa)。

$$p_{kmax}=\frac{F_k+G_k}{A}+\frac{M_k}{W}=\frac{F_k+G_k}{l\times b}\left(1+\frac{6e_k}{b}\right) \tag{3-14}$$

$$p_{kmin}=\frac{F_k+G_k}{A}-\frac{M_k}{W}=\frac{F_k+G_k}{l\times b}\left(1-\frac{6e_k}{b}\right) \tag{3-15}$$

当基础底面形状为矩形且偏心距 $e>b/6$ 时(图 3-16)，p_{kmax}应按式(3-16)计算：

$$p_{kmax}=\frac{2(F_k+G_k)}{3la} \tag{3-16}$$

式中：M_k——相应于作用的标准组合时，作用于基础底面的力矩值(kN · m)；

W——基础底面的抵抗矩(m^3)；

p_{kmin}——相应于作用的标准组合时，基础底面边缘的最小压力值(kPa)；

b——平行于偏心方向的基础边长；

e_k——偏心距，$e_k=M_k/(F_k+G_k)$；

l——垂直于力矩作用方向的基础底面边长(m)；

a——合力作用点至基础底面最大压力边缘的距离(m)。

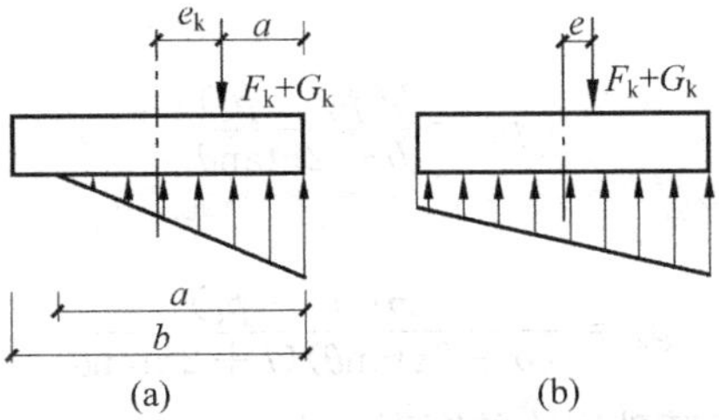

图 3-16　单向偏心荷载作用下的基础

(a) $e_k>b/6$；(b) $e_k\leqslant b/6$

在偏心荷载作用下计算基础底面尺寸时，可按下述步骤进行试算，直到满足要求为止。

(1) 先按照中心荷载作用式(3-11)计算出基础底面积 A。

(2) 再考虑偏心影响，将基础底面积增大 10%～40%，对于基础底面长度 l 和宽度 b，一般：$l/b=1.2\sim2.0$。

(3) 计算偏心荷载作用下的 p_{kmax}、p_{kmin}，验算是否满足式(3-13)；如不合适，可调整基础长度和宽度，直到合适为止。

要注意的是：基础底面压力 p_{kmax} 和 p_{kmin} 相差过大则容易引起基础倾斜，因此，p_{kmax} 和 p_{kmin} 相差不宜太大。

2. 软弱下卧层的验算

软弱下卧层指的是，在持力层下地基受力层范围内承载力显著低于持力层的土层，其承载能力很低，通常为较软的淤泥、淤泥质土层。根据上述方法计算基础尺寸，如果地基受力层范围内有软弱下卧层时，应符合下列规定：

$$p_z+p_{cz}\leqslant f_{az} \tag{3-17}$$

式中：p_z——相应于作用的标准组合时，软弱下卧层顶面处的附加压力值(kPa)；

p_{cz}——软弱下卧层顶面处土的自重压力值(kPa)；

f_{az}——软弱下卧层顶面处经深度修正后的地基承载力特征值(kPa)。

根据弹性半空间体理论，下卧层土体的附加应力在基础底面中心线下最大，向四周扩散呈非线性分布，如果考虑上下层土的性质不同，应力分布规律就更为复杂。《基础规范》通过试验研究并参照双层地基中附加应力分布的理论解答提出了以下简化方法(见图 3-17)：当持力层与下卧软弱土层的压缩模量比值 $E_{s1}/E_{s2} \geqslant 3$ 时，对矩形和条形基础，假设基底处的附加力($p_0 = p_k - p_c$)向下传递时按一定角度 θ 向外扩散，并均匀分布于较大面积上的软弱下卧土层上，根据基底与软弱下卧层顶面处扩散面积上的附加应力相等条件，对条形基础和矩形基础，式(3-17)中的 p_z 值可按下列公式简化计算：

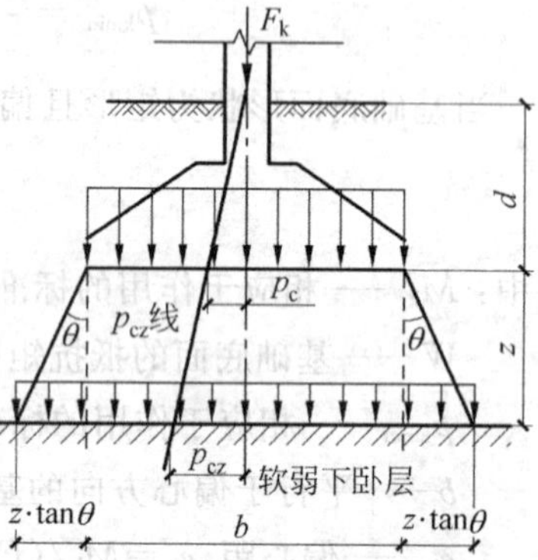

图 3-17 附加应力简化计算图

条形基础

$$p_z = \frac{b(p_k - p_c)}{b + 2z\tan\theta} \tag{3-18}$$

矩形基础

$$p_z = \frac{lb(p_k - p_c)}{(b + 2z\tan\theta)(l + 2z\tan\theta)} \tag{3-19}$$

式中：b——矩形基础或条形基础底边的宽度(m)；

l——矩形基础底边的长度(m)；

p_c——基础底面处土的自重压力值(kPa)；

z——基础底面至软弱下卧层顶面的距离(m)；

θ——地基压力扩散线与垂直线的夹角(°)，可按表 3-8 采用。

由上式可知，如果要减小软弱下卧层表面的附加压力，可以采取加大基底面积以及减小基础埋深的措施，但是通过这种方法会使基础沉降加大，因此，通常采用减小基础埋深的措施，加大了基础与软弱下卧层的距离，使得附加应力对软弱下卧层的影响减小，沉降也相应减小。

表 3-8 地基压力扩散角 θ

E_{s1}/E_{s2}	z/b	
	0.25	0.50
3	6°	23°
5	10°	25°
10	20°	30°

注：1. E_{s1} 为上层土压缩模量；E_{s2} 为下层土压缩模量；

2. $z/b<0.25$ 时取 $\theta=0°$，必要时，宜由试验确定；$z/b>0.50$ 时 θ 值不变；

3. z/b 在 0.25 与 0.50 之间可插值使用。

【例 3-3】　柱截面为 300mm×400mm，作用在柱底的荷载标准值：中心垂直荷载 F_k 为 700kN，力矩 M_k 为 80kN·m，水平荷载 V_k 为 13kN。其他参数如图 3-18 所示。试根据持力层地基承载力确定基础底面尺寸。

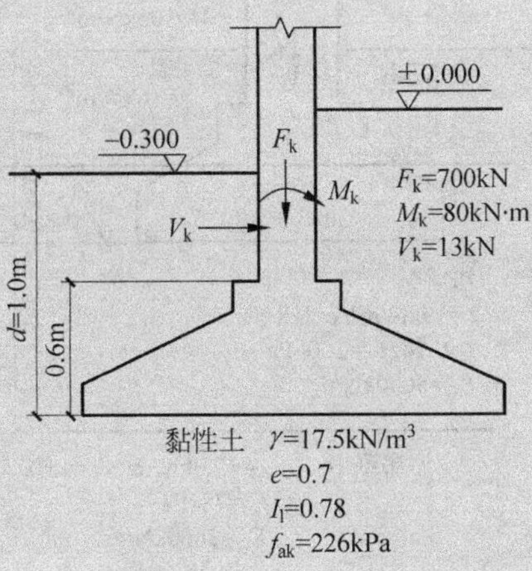

图 3-18　例 3-3 图

【解】 (1) 求地基承载力特征值 f_a

根据黏性土 $e=0.7$，$I_l=0.78$，查表 3-7 得 $\eta_b=0.3$，$\eta_d=1.6$。

持力层承载力特征值 f_a（先不考虑对基础宽度进行修正）：

$$f_a = f_{ak} + \eta_d \gamma_m (d-0.5) = [226 + 1.6 \times 17.5 \times (1.0-0.5)]\text{kPa} = 240\text{kPa}$$

（上式 d 按室外地面算起）

(2) 初步选择基地尺寸

计算基础和回填土重 G_k 时的基础埋深

$$d = \frac{1}{2} \times (1.0+1.3)\text{m} = 1.15\text{m}$$

$$A_0 = \frac{700}{240-20\times 1.15}\text{m}^2 = 3.23\text{m}^2$$

由于偏心不大，基础底面积按 20%增大，即

$$A = 1.2A_0 = 1.2 \times 3.23\text{m}^2 = 3.88\text{m}^2$$

初步选择基础底面积 $A=l\times b=2.4\times 1.6\text{m}^2=3.84\text{m}^2(\approx 3.88\text{m}^2)$，且 $b=1.6\text{m}<3\text{m}$，不需要再对 f_a 进行修正。

(3) 验算持力层地基承载力

基础和回填土重

$$G_k = \gamma_G \times d \times A = 20 \times 1.15 \times 3.84\text{kN} = 88.3\text{kN}$$

偏心距 $e_k=\dfrac{M_k}{F_k+G_k}=\dfrac{80+13\times 0.6}{700+88.3}\text{m}=0.11\text{m}\left(\dfrac{l}{6}=0.24\text{m}\right)$，即 $p_{kmin}>0$ 满足。

基底最大压力 $p_{kmax}=\dfrac{F_k+G_k}{A}\left(1+\dfrac{6e}{l}\right)=\dfrac{700+88.3}{3.84}\times\left(1+\dfrac{6\times 0.11}{2.4}\right)\text{kPa}=262\text{kPa}<1.2f_a=288\text{kPa}$，满足。

最后，确定该柱基础底面长 $l=2.4\text{m}$，宽 $b=1.6\text{m}$。

【例 3-4】 某柱基础，作用在设计地面处的柱荷载设计值、基础尺寸、埋深及地基条件如图 3-19 所示。试验算持力层和软弱下卧层的强度。

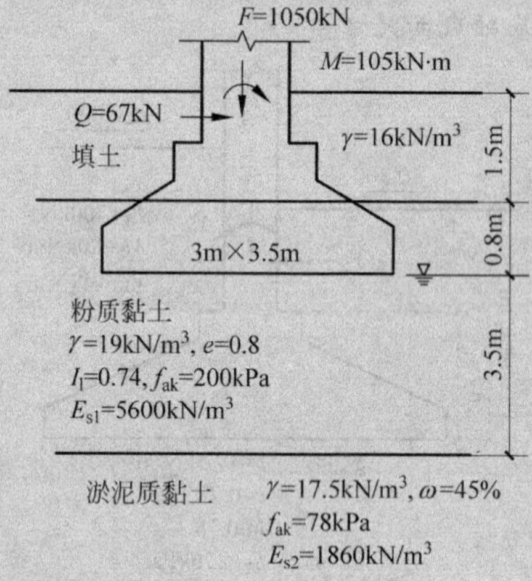

图 3-19 例 3-4 图

【解】 (1) 持力层承载力验算

$b=3\text{m}, d=2.3\text{m}, e=0.80<0.85, I_l=0.74<0.85$，查表 3-7 得 $\eta_b=0.3, \eta_d=1.6$。

$$\gamma_m=\frac{16\times1.5+19\times0.8}{2.3}\text{kN/m}^3=17.0\text{kN/m}^3$$

$$f_a=f_{ak}+\eta_b\gamma(b-3)+\eta_d\gamma_m(d-0.5)$$
$$=[200+0.3\times(19-10)(3-3)+1.6\times17\times(2.3-0.5)]\text{kPa}\approx249\text{kPa}$$

基底平均压力：

$$p_k=\frac{F_k+G_k}{A}=\frac{1050+3\times3.5\times2.3\times20}{3\times3.5}\text{kPa}=146\text{kPa}<f_a=249\text{kPa}$$

基底最大压力：

$$\sum M=(105+67\times2.3)\text{kN}\cdot\text{m}=259.1\text{kN}\cdot\text{m}$$

$$p_{kmax}=\frac{F_k+G_k}{A}+\frac{M}{W}=\left(146+\frac{259.1}{3\times3.5^2/6}\right)\text{kPa}=188.3\text{kPa}<1.2f_a=1.2\times249\text{kPa}=$$
298.8kPa，满足。

所欲持力层地基承载力满足。

(2) 软弱下卧层承载力验算

下卧层承载力特征值计算：

因为下卧层为淤泥质土，$\eta_b=0, \eta_d=1.0$。下卧层顶面埋深

$$d'=d+z=(2.3+3.5)\text{m}=5.8\text{m}$$

土的平均重度 γ_0 为

$$\gamma_m=\frac{16\times1.5+19\times0.8+(19-10)\times3.5}{1.5+0.8+3.5}\text{kN/m}^3=12.19\text{kN/m}^3$$

$$f_{az}=f_{ak}+\eta_d\gamma_m(d-0.5)=[78+1.0\times12.19\times(5.8-0.5)]\text{kPa}=142.6\text{kPa}$$

下卧层顶面处应力：

自重应力　$p_{cz}=[16\times1.5+19\times0.8+(19-10)\times3.5]\text{kPa}=70.7\text{kPa}$

附加应力按扩散角计算，$E_{s1}/E_{s2}=5600/1860=3$，因为 $0.5b=0.5\times3\text{m}=1.5\text{m}<z=3.5\text{m}$，查表 3-8 可得 $\theta=23°$。

$$p_z=\frac{(p_k-p_c)\times b\times l}{(b+2z\times\tan\theta)(l+2z\times\tan\theta)}$$
$$=\frac{[146-(16\times1.5+19\times0.8)]\times3\times3.5}{(3+2\times3.5\times\tan23°)(3.5+2\times3.5\times\tan23°)}\text{kPa}$$
$$=\frac{106.8\times3\times3.5}{5.97\times6.47}\text{kPa}=29.03\text{kPa}$$

作用在软弱下卧层顶面处的总应力为

$p_z+p_{cz}=(29.03+70.7)\text{kPa}=99.73\text{kPa}<f_{az}=142.6\text{kPa}$，满足。

所以软弱下卧层地基承载力满足。

3.4.3　地基变形的验算

按照地基承载力特征值所确定的基础底面积在防止地基剪切破坏方面具有足够的安全度，但由于地基土总会产生变形，使建筑物产生沉降，所以在计算基础底面积后还要对地基变形进行验算。建筑物的地基变形在允许值范围内，满足如下条件：

$$s\leqslant[s] \tag{3-20}$$

地基变形特征(表 3-9)可分为以下四种：

沉降量——独立基础中心的沉降量或整栋建筑物基础的平均沉降量；

沉降差——相邻两根柱子中心的沉降差；

倾斜——基础倾斜方向上两端点的沉降差与其距离的比值；

局部倾斜——砌体结构沿纵向 6～10m 内基础两点的沉降差与其距离的比值。

表 3-9　基础沉降分类

地基变形指标	图　　例	计 算 方 法
沉降量	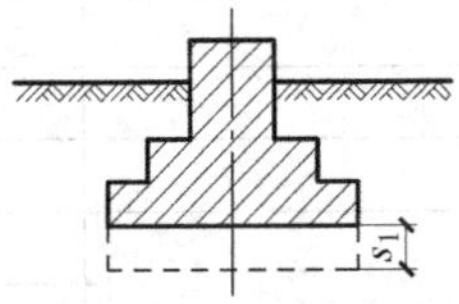	s_1 基础中点沉降值
沉降差	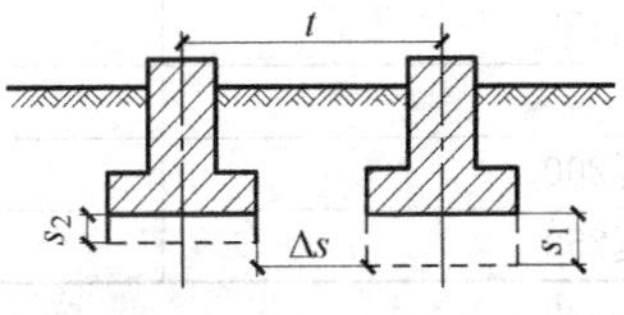	两相邻独立基础沉降值之差 $\Delta s=s_1-s_2$
倾斜	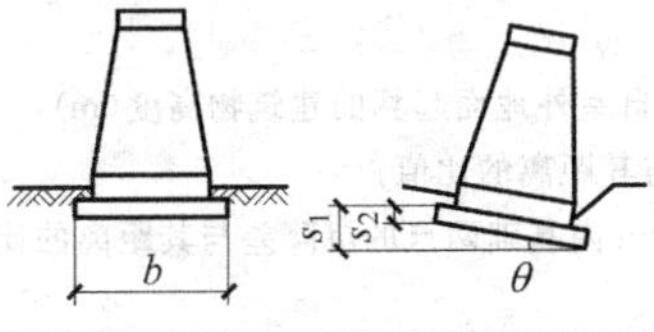	$\tan\theta=\frac{s_1-s_2}{b}$

续表

地基变形指标	图 例	计 算 方 法
局部倾斜	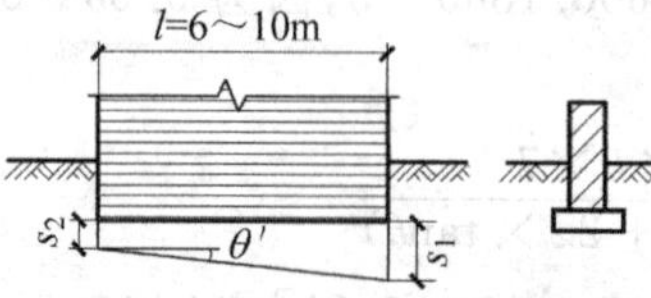	$\tan\theta' = \dfrac{s_1 - s_2}{l}$

由于地基变形与很多因素有关，如建筑物的结构形式、功能要求以及对不均匀沉降的敏感程度等。《基础规范》综合分析了各类建筑物的资料，总结了建筑物地基变形的允许值，见表 3-10。如有未包括的建筑物，可根据上部结构对地基的适应能力以及使用要求来确定。

表 3-10 建筑物的地基变形允许值

<table>
<tr><th colspan="2" rowspan="2">变 形 特 征</th><th colspan="2">地基土类别</th></tr>
<tr><th>中、低压缩性土</th><th>高压缩性土</th></tr>
<tr><td colspan="2">砌体承重结构基础的局部倾斜</td><td>0.002</td><td>0.003</td></tr>
<tr><td rowspan="3">工业与民用建筑相邻柱基的沉降差</td><td>框架结构</td><td>0.002l</td><td>0.003l</td></tr>
<tr><td>砌体墙填充的边排柱</td><td>0.0007l</td><td>0.001l</td></tr>
<tr><td>当基础不均匀沉降时不产生附加应力的结构</td><td>0.005l</td><td>0.005l</td></tr>
<tr><td colspan="2">单层排架结构(柱距为 6m)柱基的沉降量/mm</td><td>(120)</td><td>200</td></tr>
<tr><td rowspan="2">桥式吊车轨面的倾斜(按不调整轨道考虑)</td><td>纵向</td><td colspan="2">0.004</td></tr>
<tr><td>横向</td><td colspan="2">0.003</td></tr>
<tr><td rowspan="4">多层和高层建筑的整体倾斜</td><td>$H_g \leqslant 24$</td><td colspan="2">0.004</td></tr>
<tr><td>$24 < H_g \leqslant 60$</td><td colspan="2">0.003</td></tr>
<tr><td>$60 < H_g \leqslant 100$</td><td colspan="2">0.0025</td></tr>
<tr><td>$H_g > 100$</td><td colspan="2">0.002</td></tr>
<tr><td colspan="2">体型简单的高层建筑基础的平均沉降量/mm</td><td colspan="2">200</td></tr>
<tr><td rowspan="6">高耸结构基础的倾斜</td><td>$H_g \leqslant 20$</td><td colspan="2">0.008</td></tr>
<tr><td>$20 < H_g \leqslant 50$</td><td colspan="2">0.006</td></tr>
<tr><td>$50 < H_g \leqslant 100$</td><td colspan="2">0.005</td></tr>
<tr><td>$100 < H_g \leqslant 150$</td><td colspan="2">0.004</td></tr>
<tr><td>$150 < H_g \leqslant 200$</td><td colspan="2">0.003</td></tr>
<tr><td>$200 < H_g \leqslant 250$</td><td colspan="2">0.002</td></tr>
<tr><td rowspan="3">高耸结构基础的沉降量/mm</td><td>$H_g \leqslant 100$</td><td colspan="2">400</td></tr>
<tr><td>$100 < H_g \leqslant 200$</td><td colspan="2">300</td></tr>
<tr><td>$200 < H_g \leqslant 250$</td><td colspan="2">200</td></tr>
</table>

注：1. 本表数值为建筑物地基实际最终变形允许值；

2. 有括号者仅适用于中压缩性土；

3. l 为相邻柱基的中心距离(mm)；H_g 为自室外地面起算的建筑物高度(m)；

4. 倾斜指基础倾斜方向两端点的沉降差与其距离的比值；

5. 局部倾斜指砌体承重结构沿纵向 6～10m 内基础两点的沉降差与其距离的比值。

地基变形的允许值对于不同的建筑物所控制的因素各不相同。对于砌体承重结构，它对地基的不均匀沉降很敏感，其破坏常常由于墙体挠曲引起的局部斜裂缝，所以砌体承重结构地基变形由局部倾斜控制；对于框架结构和单层排架结构，它们的破坏主要是由于相邻柱基的沉降差使构件受剪扭曲，所以基础变形主要由沉降差控制；对于高耸结构和高层建筑，它们的刚度很大，所以地基变形是由整体倾斜控制，必要时要控制平均沉降量。

由于目前地基沉降的理论计算结果误差较大，对于一些重要的、结构复杂以及对不均匀沉降有严格要求的建筑物，应该在施工期间和正常使用期间进行系统的沉降观测，用于验证计算的正确性，必要时可以采取有效的处理措施。

在必要的情况下，需要分别预估建筑物在施工期间和使用期间的地基变形值，以便预留建筑物有关部分之间的净空，考虑连接方法和施工顺序。此时，一般多层建筑物在施工期间完成的沉降量，对于砂土可认为其最终沉降量已完成 80％以上；对于其他低压缩性土可认为已完成最终沉降量的 50％～80％；对于中低压缩性土可认为已完成 20％～50％；对于高压缩性土可认为已完成 5％～20％。

3.5　扩展基础的设计

3.5.1　无筋扩展基础的设计

无筋扩展基础有较高的抗压强度，而抗剪强度和抗弯强度较低，所以在设计时，要充分发挥它的抗压能力，控制基础内的剪应力和拉应力。由此，在结构设计时往往通过控制材料强度等级和台阶宽高比(台阶的宽度与其高度之比)来确定基础的尺寸，不需要进行内力计算。图 3-20 为无筋扩展基础的构造示意图，台阶的高宽比不得超过表 3-11 的允许值，在设计的过程中一般先确定基础埋深和基础底面积，设基底宽度为 b，基础高度应满足式(3-21)的要求：

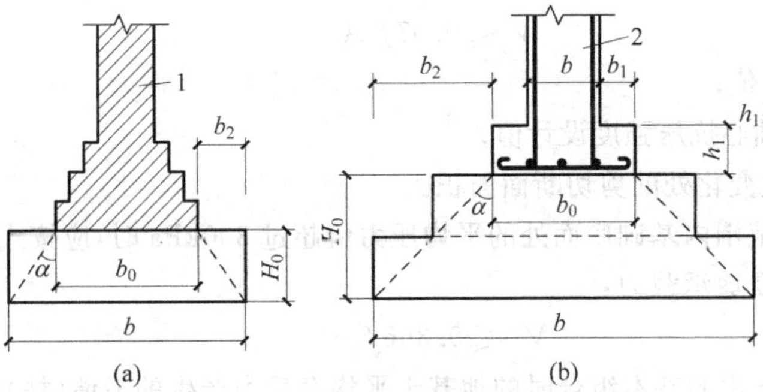

图 3-20　无筋扩展基础构造示意

d——柱中纵向钢筋直径

1—承重墙；2—钢筋混凝土柱

$$H_0 \geqslant \frac{b-b_0}{2\tan\alpha} \tag{3-21}$$

式中：b——基础底面宽度(m)；

b_0——基础顶面的墙体宽度或柱脚宽度(m)；

H_0——基础高度(m)；

$\tan\alpha$——基础台阶宽高比 $b_2:H_0$,其允许值可按表 3-11 选用；

b_2——基础台阶宽度(m)。

表 3-11 无筋扩展基础台阶宽高比的允许值

基础材料	质量要求	台阶宽高比的允许值		
		$p_k \leqslant 100$	$100 < p_k \leqslant 200$	$200 < p_k \leqslant 300$
混凝土基础	C15 混凝土	1∶1.00	1∶1.00	1∶1.25
毛石混凝土基础	C15 混凝土	1∶1.00	1∶1.25	1∶1.50
砖基础	砖不低于 MU10、砂浆不低于 M5	1∶1.50	1∶1.50	1∶1.50
毛石基础	砂浆不低于 M5	1∶1.25	1∶1.50	—
灰土基础	体积比为 3∶7 或 2∶8 的灰土,其最小干密度： 粉土 $1550kg/m^3$ 粉质黏土 $1500kg/m^3$ 黏土 $1450kg/m^3$	1∶1.25	1∶1.50	—
三合土基础	体积比 1∶2∶4～1∶3∶6(石灰∶砂∶骨料),每层约虚铺 220mm,夯至 150mm	1∶1.50	1∶2.00	—

注：1. p_k 为作用标准组合时的基础底面处的平均压力值(kPa)；

2. 阶梯形毛石基础的每阶伸出宽度,不宜大于 200mm；

3. 当基础由不同材料叠合组成时,应对接触部分作抗压验算；

4. 混凝土基础单侧扩展范围内基础底面处的平均压力值超过 300kPa 时,尚应进行抗剪验算；对基底反力集中于立柱附近的岩石地基,应进行局部受压承载力验算。

对于混凝土基础,当基础底面平均压力超过 300kPa 时,应按下式进行抗剪计算

$$V \leqslant 0.07 f_c A \tag{3-22}$$

式中：V——剪力设计值；

f_c——混凝土轴心抗压强度设计值；

A——台阶高度变化处的剪切断面面积。

当基础单侧扩展范围内基础底面处的平均压力值超过 300kPa 时,应按式(3-23)验算墙(柱)边缘或变阶处的受剪承载力：

$$V_s \leqslant 0.366 f_t A \tag{3-23}$$

式中：V_s——相应于作用的基本组合时的地基土平均净反力产生的沿墙(柱)边缘或变阶处的剪力设计值(kN)；

f_t——混凝土轴心抗拉强度设计值(kPa)；

A——沿墙(柱)边缘或变阶处基础的垂直截面面积(m^2),当验算截面为阶梯形时其截面折算宽度按《基础规范》附录 U 计算。

上式是根据材料力学、混凝土轴心抗拉强度设计值 f_t,以及基底反力为直线分布的条件下确定的,适用于除岩石以外的地基。

采用无筋扩展基础的钢筋混凝土柱，其柱脚高度 h_1 不得小于 b_1（图 3-20），不应小于 300mm 且不小于 $20d$。当柱纵向钢筋在柱脚内的竖向锚固长度不满足锚固要求时，可沿水平方向弯折，弯折后的水平锚固长度不应小于 $10d$ 也不应大于 $20d$。

3.5.2 墙下钢筋混凝土条形基础的设计

墙下钢筋混凝土条形基础一般可按平面应变问题处理，在长度方向上可取单位长度计算，主要设计内容有确定基础的高度和基础底板配筋。在计算时，可不考虑基础及基础上土的重力，因为这部分力所产生的基底反力与它们的重力相抵。仅由基础顶面的荷载所产生的地基反力称为基底净反力，常以 p_j 表示。

1. 构造要求

(1) 锥形基础的边缘高度不宜小于 200mm，且两个方向的坡度不宜大于 1∶3；阶梯形基础的每阶高度，宜为 300～500mm。

(2) 垫层的厚度不宜小于 70mm，垫层混凝土强度等级不宜低于 C10。

(3) 扩展基础受力钢筋最小配筋率不应小于 0.15%，底板受力钢筋的最小直径不宜小于 10mm，间距不宜大于 200mm，也不宜小于 100mm。墙下钢筋混凝土条形基础纵向分布钢筋的直径不宜小于 8mm；间距不宜大于 300mm；每延米分布钢筋的面积应不小于受力钢筋面积的 15%。当有垫层时钢筋保护层的厚度不应小于 40mm；无垫层时不应小于 70mm。

(4) 混凝土强度等级不应低于 C20。

(5) 当柱下钢筋混凝土独立基础的边长和墙下钢筋混凝土条形基础的宽度大于或等于 2.5m 时，底板受力钢筋的长度可取边长或宽度的 0.9 倍，并宜交错布置，如图 3-21 所示。

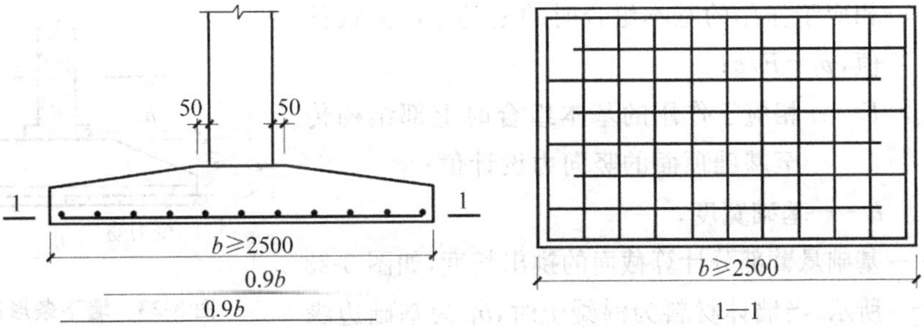

图 3-21 柱下独立基础底板受力钢筋布置

(6) 钢筋混凝土条形基础底板在 T 形及十字形交接处，底板横向受力钢筋仅沿一个主要受力方向通长布置，另一方向的横向受力钢筋可布置到主要受力方向底板宽度 1/4 处，如图 3-22 所示。在拐角处底板横向受力钢筋应沿两个方向布置，如图 3-22 所示。

2. 轴心荷载作用

1) 基础高度

基础内不配置箍筋和弯起钢筋的受剪钢筋时，应满足混凝土的抗剪条件：

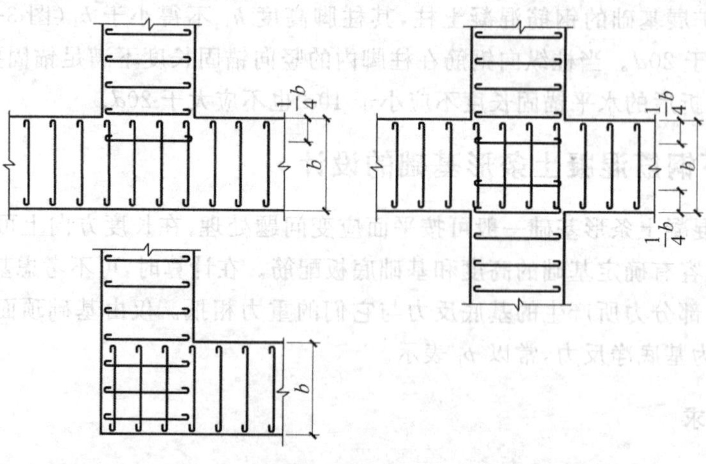

图 3-22 墙下条形基础纵横交叉处底板受力钢筋布置

$$V_s \leqslant 0.7\beta_{hs} f_t A_0 \tag{3-24}$$

$$\beta_{hs} = (800/h_0)^{1/4} \tag{3-25}$$

式中：V_s——基础底板根部的剪力设计值(kN)；

f_t——混凝土轴心抗拉强度设计值(kPa)；

β_{hs}——受剪切承载力截面高度影响系数，当 $h_0<800$mm 时，取 $h_0=800$mm；当 $h_0>2000$mm 时，取 $h_0=2000$mm；

A_0——验算截面处基础的有效截面面积(m^2)。

由于墙下条形基础沿长度方向通常取单位长度 $l=1$m，所以式(3-24)可化为如下形式：

$$p_j b_1 \leqslant 0.7\beta_{hs} f_t h_0 \tag{3-26}$$

$$h_0 \geqslant p_j b_1/(0.7\beta_{hs} f_t) \tag{3-27}$$

式中：p_j——相应于作用的基本组合时的地基净反力设计值，$p_j=F/b$；

F——相应于作用的基本组合时上部结构传至基础顶面的竖向力设计值；

b——基础宽度；

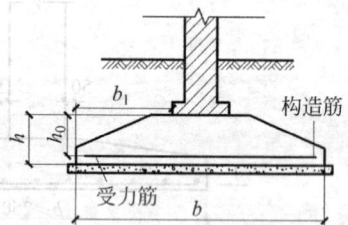

b_1——基础悬臂部分计算截面的挑出长度，如图 3-23 所示，当墙体材料为混凝土时，b_1 为基础边缘至墙脚的距离；当为砖墙且放脚不大于 1/4 砖长时，b_1 为基础边缘至墙脚距离加上 1/4 砖长。

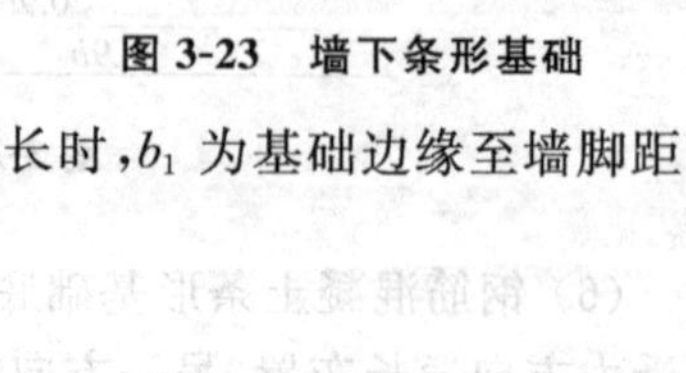

图 3-23 墙下条形基础

2）基础底板配筋

悬臂根部的最大弯矩设计值

$$M = \frac{1}{2} p_j b_1^2 \tag{3-28}$$

基础底板配筋可按矩形截面单筋板进行计算：

$$A_s = \frac{M}{0.9 f_y h_0} \tag{3-29}$$

式中：A_s——每米长基础底板受力钢筋截面积；

f_y——钢筋的抗拉强度设计值；

h_0——基础的有效高度，$0.9h_0$ 为截面内力臂的近似值。

注意计算时的单位统一。

3. 偏心荷载作用

在偏心荷载作用下，通常先计算基底净反力的偏心距 e_0：

$$e_0 = M/F \tag{3-30}$$

再求基础边缘最大和最小净反力：

$$p_{\text{jmin}}^{\text{jmax}} = \frac{F}{b}\left(1 \pm \frac{6e_0}{b}\right) \tag{3-31}$$

基础的高度和配筋仍按式(3-27)和式(3-29)进行计算，但剪力和弯矩的值应做出相应的调整，如式(3-32)：

$$V = \frac{1}{2}(p_{\text{jmax}} + p_{\text{jI}})b_1 \tag{3-32}$$

$$M = \frac{1}{6}(2p_{\text{jmax}} + p_{\text{jI}})b_1^2 \tag{3-33}$$

式中：p_{jI}——计算截面处的净反力设计值，按式(3-34)计算：

$$p_{\text{jI}} = p_{\text{jmin}} + \frac{b - b_{\text{I}}}{b}(p_{\text{jmax}} - p_{\text{jmin}}) \tag{3-34}$$

【例 3-5】 如图 3-24 所示，某混凝土承重墙下条形基础，墙厚 0.4m，上部结构传来荷载 $F_k = 290\text{kN/m}^2$，$M_k = 10.4\text{kN}\cdot\text{m}$，基础埋深 $d = 1.2\text{m}$，地基承载力特征值 $f_{ak} = 140\text{kN/m}^2$，试设计该基础。

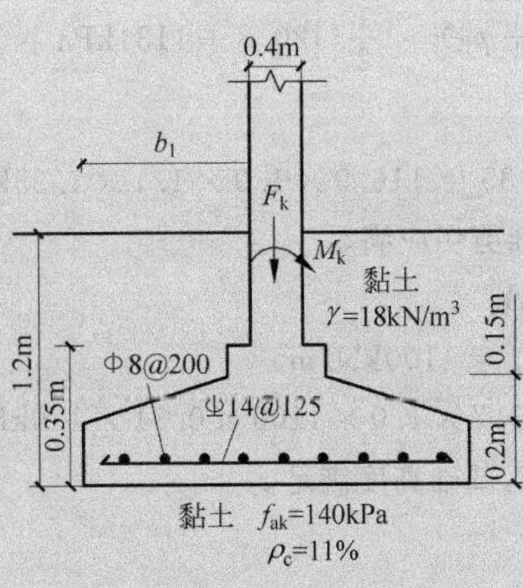

图 3-24　例 3-5 图

【解】 (1) 确定基础埋深

按轴心受压计算

$$b_0 = \frac{F_k}{f_a - \gamma_G d} = \frac{290}{160 - 20 \times 1.2}\text{m} = 2.13\text{m}$$

偏心荷载作用下，将 b 增大 20%，$b=b_0\times1.2=2.13\times1.2\text{m}=2.56\text{m}$，取 $b=2.6\text{m}$

$$p_k=\frac{F_k+G_k}{A}=\frac{290+2.6\times1.2\times20}{2.6}\text{kPa}=135.5\text{kPa}$$

由 $\rho_c=11\%$，查表 3-7 可得 $\eta_b=0$，$\eta_d=1.5$。

$f_a=f_{ak}+\eta_d\gamma_m(d-0.5)=[140+1.5\times18\times(1.2-0.5)]\text{kPa}=159\text{kPa}>135.5\text{kPa}$，满足。

$p_{kmax}=\frac{F_k+G_k}{A}+\frac{M_k}{W}=\left(135.5+\frac{10.4}{2.6^2\times1.0/6}\right)\text{kPa}=144.7\text{kPa}<1.2f_a=1.2\times159=190.7\text{kPa}$，满足。

(2) 确定基础高度

设基础高 $h=0.35\text{m}$，基础有效高度 $h_0=(0.35-0.04)\text{m}=0.31\text{m}$。

基础采用 C20 混凝土，$f_t=1.1\text{N/mm}^2$，Ⅰ级钢筋，$f_y=210\text{N/mm}^2$。

$$b_Ⅰ=\frac{b}{2}-\frac{b'}{2}=\left(\frac{2.6}{2}-\frac{0.4}{2}\right)\text{m}=1.1\text{m}$$

地基净反力

$$e_k=\frac{M_k}{F_k}=\frac{10.4}{290}\text{m}=0.036\text{m}$$

$$p_{jmax}=\frac{F_k}{b}\left(1+\frac{6e_k}{b}\right)=\frac{290}{2.6}\times\left(1+\frac{6\times0.036}{2.6}\right)\text{kPa}=120.8\text{kPa}$$

$$p_{jmin}=\frac{290}{2.6}\times\left(1-\frac{6\times0.036}{2.6}\right)\text{kPa}=102.3\text{kPa}$$

墙边处净反力

$$p_{jⅠ}=\left[102.3+\frac{(2.6-1.1)(120.8-102.3)}{2.6}\right]\text{kPa}=113\text{kPa}$$

$$p_j=\frac{1}{2}(p_{jmax}+p_{jⅠ})=\frac{1}{2}(120.8+113)\text{kPa}=116.9\text{kPa}$$

墙边处基础剪力设计值

$$V_s=p_j l b_Ⅰ\times1.35=116.9\times1.0\times1.1\times1.35\text{kN}=173.6\text{kN}$$

根据《基础规范》条形基础剪切应满足

$$V_s\leqslant0.7\beta_{hs}f_tA_0$$

$$\beta_{hs}=1.0,\quad f_t=1100\text{kN/m}^2$$

$$0.7\beta_{hs}f_tA_0=0.7\times1.0\times1100\times0.31\times1.0\text{kN}=238.7\text{kN}$$

$V_s=173.6\text{kN}<238.7\text{kN}$，基础高度满足。

(3) 配筋计算

$$M=\frac{1}{6}(2p_{jmax}+p_{jⅠ})\times b_Ⅰ^2$$

$$=\frac{1}{6}(2\times120.8+113)\times1.1^2\text{kN}\cdot\text{m}=71.5\text{kN}\cdot\text{m}$$

$$A_s=\frac{M}{0.9f_yh_0}=\frac{71.5\times10^6}{0.9\times210\times310}\text{mm}^2=1220.3\text{mm}^2$$

配筋为Φ14@125（$A_s=1231\text{mm}^2$）。

3.5.3　柱下钢筋混凝土独立基础的设计

1. 构造要求

柱下钢筋混凝土独立基础除了满足条形基础的构造要求外，还应满足一些其他要求。钢筋混凝土柱和剪力墙纵向受力钢筋在基础内的锚固长度应符合下列规定：

(1) 钢筋混凝土柱和剪力墙纵向受力钢筋在基础内的锚固长度(l_a)应根据现行国家标准《混凝土结构设计规范》GB 50010(简称《结构规范》)有关规定确定。

(2) 抗震设防烈度为 6 度、7 度、8 度和 9 度地区的建筑工程，一、二级抗震等级纵向受力钢筋的抗震锚固长度 $l_{aE}=1.15l_a$(纵向受拉钢筋的锚固长度)；三级抗震等级纵向受力钢筋的抗震锚固长度 $l_{aE}=1.05l_a$；四级抗震等级纵向受力钢筋的抗震锚固长度 $l_{aE}=l_a$。

(3) 当基础高度小于 $l_a(l_{aE})$时，纵向受力钢筋的锚固总长度除符合上述要求外，其最小直锚段的长度不应小于 $20d$，弯折段的长度不应小于 150mm。

(4) 现浇柱的基础，其插筋的数量、直径以及钢筋种类应与柱内纵向受力钢筋相同。

(5) 插筋的锚固长度应满足上述的规定，插筋与柱的纵向受力钢筋的连接方法，应符合现行国家标准《结构规范》的有关规定。插筋的下端宜做成直钩放在基础底板钢筋网上。当符合下列条件之一时，可仅将四角的插筋伸至底板钢筋网上，其余插筋锚固在基础顶面下 l_a 或 l_{aE}处，如图 3-25 所示。

① 柱为轴心受压或小偏心受压，基础高度大于等于 1200mm；

② 柱为大偏心受压，基础高度大于等于 1400mm。

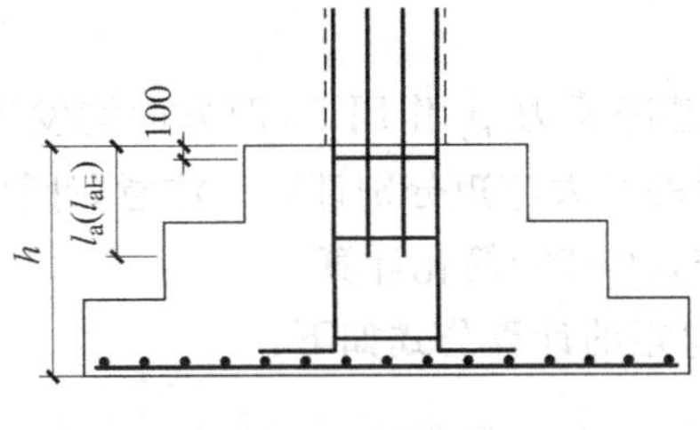

图 3-25　现浇柱的基础中插筋构造示意图

2. 轴心荷载作用

1) 基础高度

当基础底面短边尺寸小于或等于柱宽加两倍基础有效高度时，应按式(3-24)验算柱与基础交接处及基础变阶处基础截面受剪承载力。

当冲切破坏锥体落在基础底面以内时，基础高度由混凝土受冲切承载力确定。在柱荷载作用下，如果基础高度(或阶梯高度)不足，则将沿柱周边(或阶梯高度变化处)产生冲切破坏，形成 45°斜裂面的角锥体，如图 3-26 所示。因此，由冲切破坏锥体以外的地基净反力所产生的冲切力应小于冲切面处混凝土的抗冲切能力。对于矩形基础，柱短边一侧冲切破坏较柱长边一侧危险，所以，一般只需要根据短边一侧冲切破坏条件来确定底板厚度，即按下列公式验算柱与基础交接处及基础变阶处的受冲切承载力：

$$F_l \leqslant 0.7\beta_{hp} f_t a_m h_0 \tag{3-35}$$

$$a_m = (a_t + a_b)/2 \tag{3-36}$$

$$F_l = p_j A_l \tag{3-37}$$

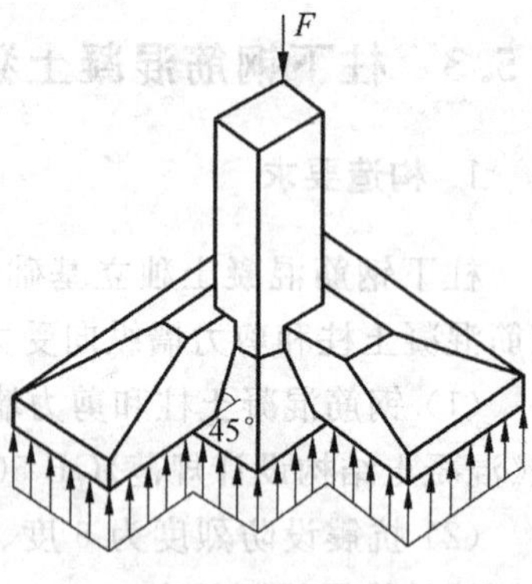

图 3-26 冲切破坏

式中：β_{hp}——受冲切承载力截面高度影响系数，当 $h <$ 800mm 时，$\beta_{hp} = 1.0$；当 $h \geqslant 2000$mm 时，$\beta_{hp} = 0.9$，其间按线性内插法取用；

f_t——混凝土轴心抗拉强度设计值(kPa)；

h_0——基础冲切破坏锥体的有效高度(m)；

a_m——冲切破坏锥体最不利一侧计算长度(m)；

a_t——冲切破坏锥体最不利一侧斜截面的上边长(m)，当计算柱与基础交接处的受冲切承载力时，取柱宽；当计算基础变阶处的受冲切承载力时，取上阶宽；

a_b——冲切破坏锥体最不利一侧斜截面在基础底面积范围内的下边长(m)，当冲切破坏锥体的底面落在基础底面以内(图 3-27)，计算柱与基础交接处的受冲切承载力时，取柱宽加两倍基础有效高度；当计算基础变阶处的受冲切承载力时，取上阶宽加两倍该处的基础有效高度；

p_j——扣除基础自重及其上土重后相应于作用的基本组合时的地基土单位面积净反力(kPa)，对偏心受压基础可取基础边缘处最大地基土单位面积净反力；

A_l——冲切验算时取用的部分基底面积(m^2)(图 3-27 中的阴影面积 $ABCDEF$)；

F_l——相应于作用的基本组合时作用在 A_l 上的地基土净反力设计值(kPa)。

2）基础配筋

由于单独基础地板在地基净反力 p_j 作用下，两方向均发生弯曲，所以两个方向都要配受力筋，钢筋面积按两个方向的最大弯矩分别计算。注意，计算时应符合《结构规范》正截面受弯承载力计算公式，或者按式(3-29)简化计算。

如图 3-28 所示，对最大弯矩的计算公式如下：

① 柱边(Ⅰ—Ⅰ截面)

$$M_{\text{I}} = \frac{p_j}{24}(l - a_c)^2(2b + b_c) \tag{3-38}$$

② 柱边(Ⅱ—Ⅱ截面)

$$M_{\text{II}} = \frac{p_j}{24}(b - b_c)^2(2l + a_c) \tag{3-39}$$

③ 阶梯高度变化处(Ⅲ—Ⅲ截面)

$$M_{\text{III}} = \frac{p_j}{24}(l - a_1)^2(2b + b_1) \tag{3-40}$$

④ 阶梯高度变化处(Ⅳ—Ⅳ截面)

$$M_{\text{IV}} = \frac{p_j}{24}(b - b_1)^2(2l + a_1) \tag{3-41}$$

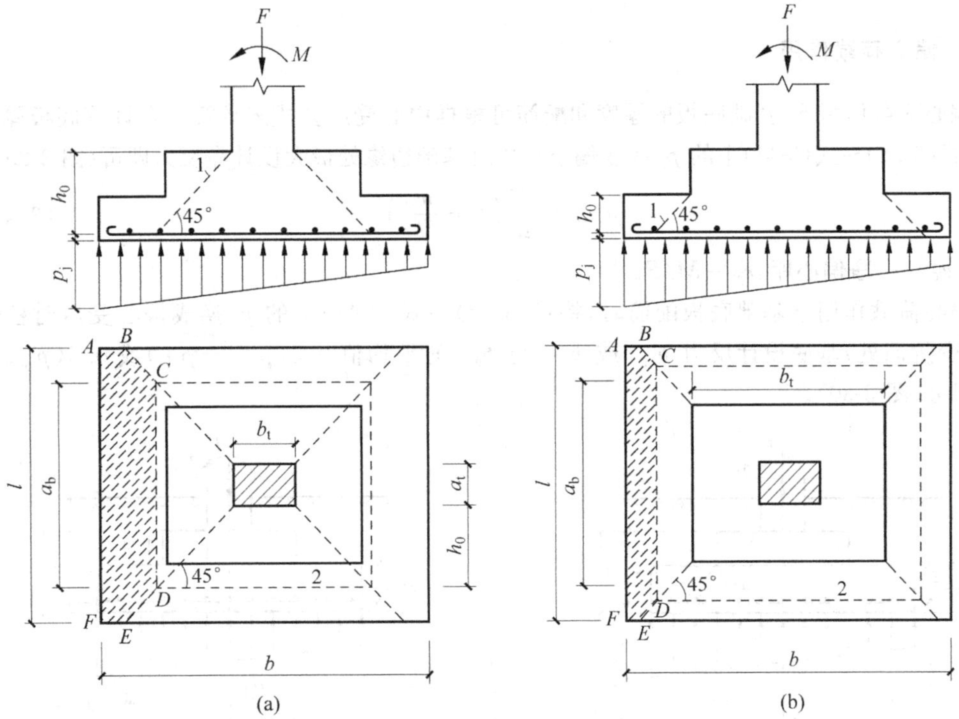

图 3-27　计算阶形基础的受冲切承载力截面位置

(a) 柱与基础交接处；(b) 基础变阶处

1—冲切破坏锥体最不利一侧的斜截面；2—冲切破坏锥体的底面线

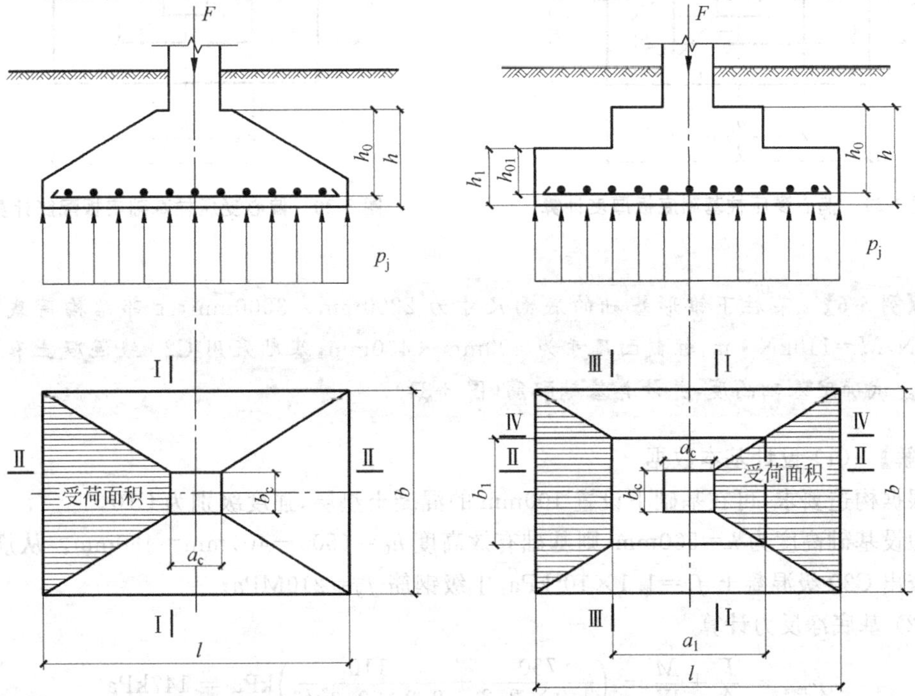

图 3-28　中心受压柱基础底板配筋计算

(a) 锥形基础；(b) 阶梯形基础

3. 偏心荷载作用

偏心荷载作用下，基础底板的厚度和配筋可根据中心受压公式来计算。在计算底板厚度时，将式(3-38)～式(3-41)中的 p_j 换成偏心受压时基础边缘处最大设计净反力即可(图 3-29)：

$$p_{jmax}=\frac{F}{lb}\left(1+\frac{6e_{j0}}{l}\right) \tag{3-42}$$

式中：e_{j0}——净偏心距，$e_{j0}=M/F$。

偏心荷载作用下基础底板配筋时，将式(3-38)～式(3-41)中的 p_j 换成偏心受压时柱边处(或变阶面处)基底设计反力 $p_{j\,\mathrm{I}}$(或 $p_{j\,\mathrm{II}}$)与 p_{jmax} 的平均值 $0.5(p_{jmax}+p_{j\,\mathrm{I}})$ 或 $0.5(p_{jmax}+p_{j\,\mathrm{II}})$ 即可(图 3-30)。

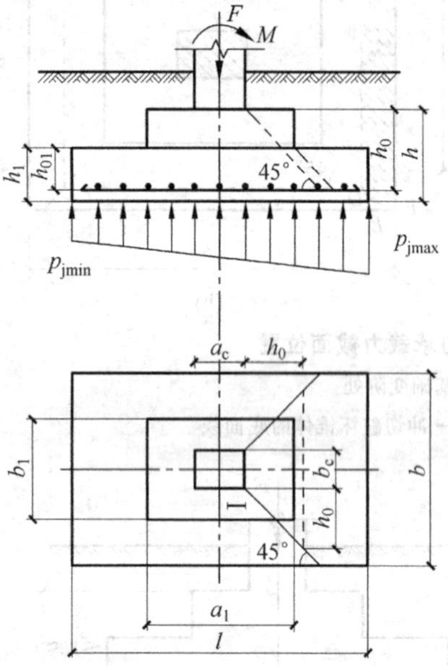

图 3-29 偏心受压柱基础底板厚度计算

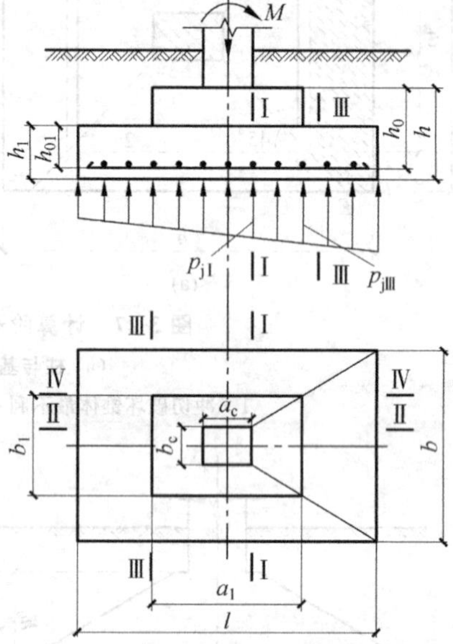

图 3-30 偏心受压柱基础底板配筋计算

【例 3-6】 某柱下锥形基础的底面尺寸为 2200mm×3000mm，上部结构荷载 $F=750\text{kN}$，$M=110\text{kN}\cdot\text{m}$，柱截面尺寸为 400mm×400mm，基础采用 C20 级混凝土和Ⅰ级钢筋。试确定基础高度，并计算基础配筋(图 3-31)。

【解】 (1) 设计基本数据

根据构造要求，可在基础下设置 100mm 的混凝土垫层，强度级别为 C10。

假设基础高度为 $h=500\text{mm}$，则基础有效高度 $h_0=(500-40)\text{mm}=460\text{mm}$。从规范中可以查出 C20 级混凝土 $f_t=1.1\times10^3\text{kPa}$，Ⅰ级钢筋 $f_y=210\text{MPa}$。

(2) 基底净反力计算

$$p_{jmax}=\frac{F}{A}+\frac{M}{W}=\left(\frac{750}{3.0\times2.2}+\frac{110}{2.2\times3.0^2/6}\right)\text{kPa}=147\text{kPa}$$

$$p_{jmin}=\frac{F}{A}-\frac{M}{W}=\left(\frac{750}{3.0\times2.2}-\frac{110}{2.2\times3.0^2/6}\right)\text{kPa}=80.3\text{kPa}$$

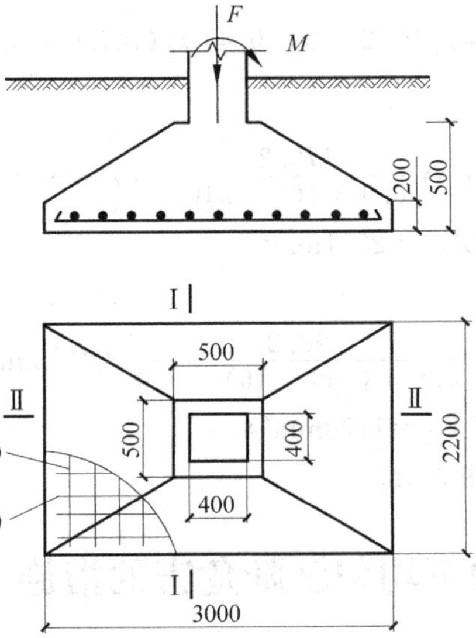

图 3-31　例 3-6 图

(3) 基础高度验算

基础短边长度 $l=2.2\text{m}$,柱截面的宽度和高度 $a=b_c=0.4\text{m}$。

$$\beta_{hp}=1.0;\quad a_t=a=0.4\text{m};\quad a_b=a+2h_0=1.32\text{m}$$

$$a_m=(a_t+a_b)/2=(0.4+1.32)/2\text{m}=0.86\text{m}$$

由于 $l>a+2h_0$,于是

$$A_l=\left(\frac{b}{2}-\frac{b_c}{2}-h_0\right)l-\left(\frac{l}{2}-\frac{a}{2}-h_0\right)^2$$

$$=\left[\left(\frac{3.0}{2}-\frac{0.4}{2}-0.46\right)\times 2.2-\left(\frac{2.2}{2}-\frac{0.4}{2}-0.46\right)^2\right]\text{m}^2=1.65\text{m}^2$$

$$p_{j\max}A_l=147.0\times 1.65\text{kN}=242.5\text{kN}$$

$$0.7\beta_{hp}f_t a_m h_0=0.7\times 1.0\times 1.1\times 10^3\times 0.86\times 0.46\text{kN}=304.6\text{kN}$$

满足 $F_l\leqslant 0.7\beta_{hp}f_t a_m h_0$ 条件,所以选用基础高度 $h=500\text{mm}$ 合适。

(4) 内力计算与配筋

设计控制截面在柱边处,此时相应的 a'、b' 和 p_{jI} 值为

$$a'=0.4\text{m},\quad b'=0.4\text{m},\quad a_1=\frac{3.0-0.4}{2}\text{m}=1.3\text{m}$$

$$p_{jI}=\left[80.3+(147.0-80.3)\times\frac{3.0-1.3}{3.0}\right]\text{kPa}=118.1\text{kPa}$$

长边方向

$$M_I=\frac{1}{24}\times\frac{p_{j\max}+p_{jI}}{2}(l-a_c)^2(2b+b_c)$$

$$=\frac{1}{48}\times(147.0+118.1)\times(3-0.4)^2\times(2\times 2.2+0.4)\text{kN}\cdot\text{m}=179.2\text{kN}\cdot\text{m}$$

短边方向

$$M_{II}=\frac{1}{48}(b-b_c)^2(2l+a_c)(p_{j\max}+p_{j\min})$$

$$=\frac{1}{48}\times(2.2-0.4)^2\times(2\times3+0.4)\times(147.0+0.3)\text{kN}\cdot\text{m}=98.2\text{kN}\cdot\text{m}$$

长边方向配筋

$$A_{s\text{I}}=\frac{179.2}{0.9\times460\times210}\times10^6\text{mm}^2=2061\text{mm}^2$$

选用 11 Φ16@210($A_{s\text{I}}=2211\text{mm}^2$)。

短边方向配筋

$$A_{s\text{II}}=\frac{98.2}{0.9\times(460-16)\times210}\times10^6\text{mm}^2=1170\text{mm}^2$$

选用 15 Φ10@200($A_{s\text{II}}=1178\text{mm}^2$)。

基础配筋布置图见图 3-31。

3.6 减轻建筑物不均匀沉降危害的措施

在工程实际中,建筑物的不均匀沉降、变形是无法避免的。不均匀的沉降超过一定的限度时则会引起建筑物的局部甚至整体开裂,可能会导致建筑物的结构功能受损,直接影响正常使用,甚至会对生命、财产安全造成威胁。因此,必须采取一定的技术措施,来减轻控制不均匀沉降所带来的危害。由于整个建筑物分为上部结构和下部结构,所以要结合整体的设计施工等方面来综合考虑,才能达到较好的效果。

3.6.1 建筑措施

1. 建筑物的体型力求简单

建筑物的体型指的是其平面形状和立面轮廓。平面形状复杂的建筑物(如“L”、“T”、“H”、槽形等),由于纵横交错,基础过于密集,所以在纵横交接处会产生重叠的附加应力,造成较大的沉降。由于这类建筑的整体刚度较差,而且各部分的刚度也不对称,很容易因地基不均匀沉降而开裂(图 3-32)。相对来说“一”字形整体刚度大,抵抗变形的能力较强,在没有较严格的体型要求的情况下应优先选择。

同样在立面上,当建筑物的高度变化过大,地基会由于建筑物荷载的差异(图 3-33)而产生较大的不均匀的沉降,从而使建筑物发生倾斜或开裂。

2. 控制建筑物的长高比及合理布置纵横墙

建筑物的长高比指的是建筑物的平面长度与从基础底面算起的高度之比,它影响着建筑物的整体刚度,过长的建筑物(图 3-34)会因为过大的挠曲变形而产生开裂。根据调查,当预估的最大沉降量超过 120mm 时,对于一般两层以上的砌体承重房屋,长高比不宜大于 2.5;对于平面简单,内、外墙贯通,横墙间隔较小的房屋,长高比可以放宽到不大于 3.0。不符合上述条件时,应当考虑设置沉降缝。

合理布置纵横墙,是增强砌体承重房屋整体结构刚度的重要措施之一。一般地,房屋的纵墙刚度较弱,容易因地基不均匀沉降而发生挠曲破坏,因此,应尽量避免内、外纵墙的中断、转折,应尽量使内、外纵墙贯通,缩小横墙的间距,从而增强房屋的整体性。

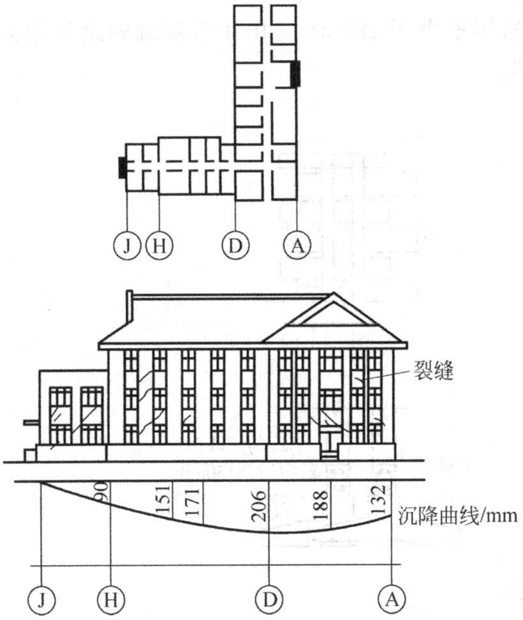

图 3-32 某"L"形建筑物一翼墙身开裂

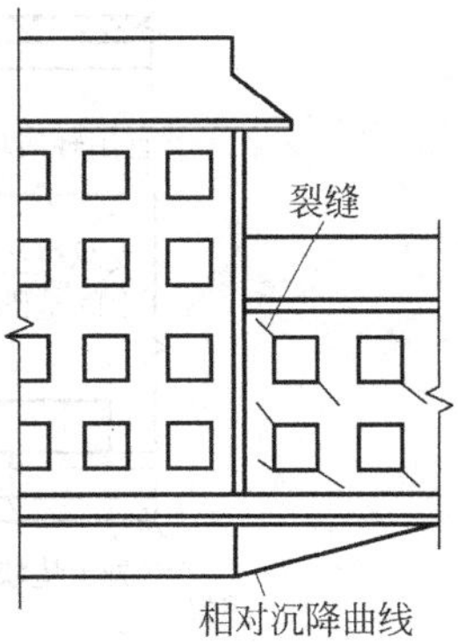

图 3-33 建筑物高差引起的沉降

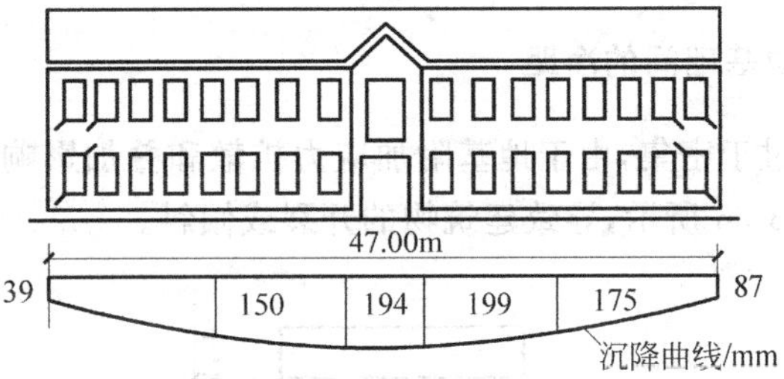

图 3-34 建筑物因长高比过大而开裂

3. 设置沉降缝

当建筑物体型复杂、长高比过大、高低悬殊时，可以通过设置沉降缝将建筑物分割成若干个独立的沉降单元，沉降缝通常设置在转角处、高差交界处，并且力求使该单元体型简单，长高比合适。这样，每个沉降单元都具有相对较好的整体性。

一般来说，沉降缝应设置在建筑物的下列部位：

(1) 建筑平面转折处；

(2) 建筑物高度或荷载差异处；

(3) 长高比较大的砌体承重结构及钢筋混凝土框架结构的适当位置；

(4) 建筑结构或基础类型不同处；

(5) 地基土压缩性明显变化处；

(6) 分期建造房屋的交界处；

(7) 拟设置伸缩缝处。

沉降缝的构造(图 3-35)：一般缝内不可填充材料(寒冷地区可填松软材料)，沉降缝应该有一定的宽度，防止建筑物的倾斜而相互挤压。一般沉降缝的宽度：2～3 层房屋为 50～

80mm，4～5 层房屋为 80～100mm，5 层以上房屋不小于 120mm。由于沉降缝的造价很高，一般不宜多用，在抗震地区最好与抗震缝共用。

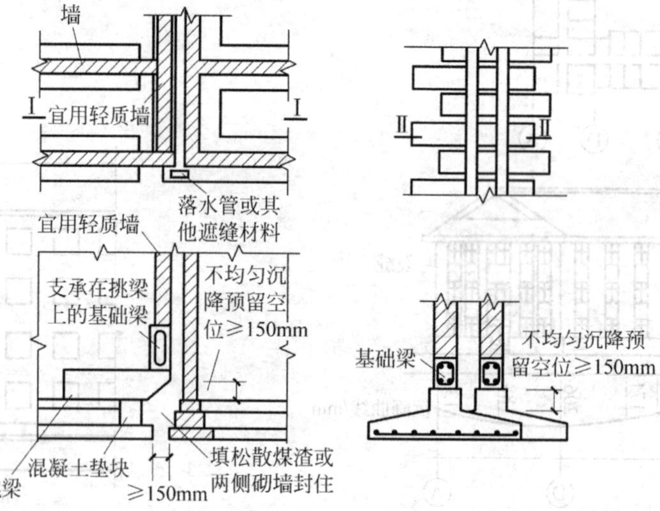

图 3-35 沉降缝的构造

4. 控制相邻建筑物基础间的净距

前面提到，当基础过于密集，由于地基附加应力扩散和叠加影响，会使基础的沉降比单个基础的大得多，如图 3-36 所示，导致建筑物的开裂或倾斜。

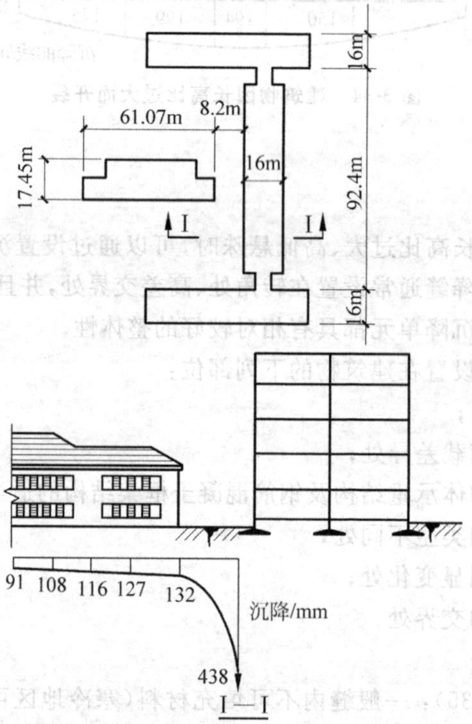

图 3-36 相邻建筑物影响

(1) 同期建造的两相邻建筑物之间会彼此影响，特别是当两建筑物轻(底)重(高)差别较大时，轻者受重者的影响较大；

(2) 原有建筑物受邻近新建重型或高层建筑物的影响。

相邻建筑物基础间的净距可按表 3-12 选用，其值通过地基的压缩性、影响建筑物的规模和重量以及被影响建筑物的刚度(用长高比来衡量)等因素而定。

表 3-12　相邻建筑物基础间的净距　　m

影响建筑的预估平均沉降量 s/mm	受影响建筑的长高比	
	$2.0 \leqslant L/H_f < 3.0$	$3.0 \leqslant L/H_f < 5.0$
70～150	2～3	3～6
160～250	3～6	6～9
260～400	6～9	9～12
>400	9～12	≥12

注：1. 表中 L 为房屋长度或沉降缝分隔单元长度(m)；H_f 为自出地面算起的建筑物高度(m)；
2. 当受影响建筑的长高比为 $1.5 < L/H_f < 2.0$ 时，净距可适当缩小。

5. 调整建筑物的局部标高

由于沉降会改变建筑物原有的标高，严重时会影响到建筑物的使用功能，以下是几条调整的措施：

(1) 根据预估的沉降量适当地提高室内地坪和地下设施的标高；

(2) 建筑五个部分有联系时，将沉降量大的部分的标高适当提高；

(3) 建筑物与设备之间应留足够的净空；

(4) 当有管道穿过建筑物时，应预留足够尺寸的孔洞，或采用柔性管道接头。

3.6.2　结构措施

1. 减轻建筑物的自重

建筑物的荷载一般占总荷载的 50%～80%，因此减轻建筑物的自重可以减轻对地基的压力，从而有效地减轻地基的沉降量，主要措施如下：

(1) 减轻墙体重量：采用空心砌块、多孔砖及其他轻质墙。

(2) 选用轻型结构：采用预应力混凝土结构、轻钢结构及各种轻型空间结构。

(3) 减少基础和回填土的重量：采用一些轻型基础，像空心基础、壳体基础、浅埋基础等。

2. 设置圈梁

圈梁的作用主要是提高砌体结构抵抗弯曲的能力，增强结构的抗弯刚度，防止砌体结构出现裂缝和阻止裂缝进一步展开的有效措施。

通常，由于不便确定墙体产生的是正向挠曲还是反向挠曲，因此在砌体结构的基础顶面附近、顶层门窗顶处各设置一道圈梁，来抵抗墙体的正向挠曲和反向挠曲。并且圈梁必须与砌体结构组合成整体，每道圈梁应尽量贯通全部外墙、承重内纵墙及主要内横墙，在平面上形成封闭的系统。当通过门窗洞口时，可将门窗上的过梁作为搭接的圈梁来保持圈梁的整体性(图 3-37)。

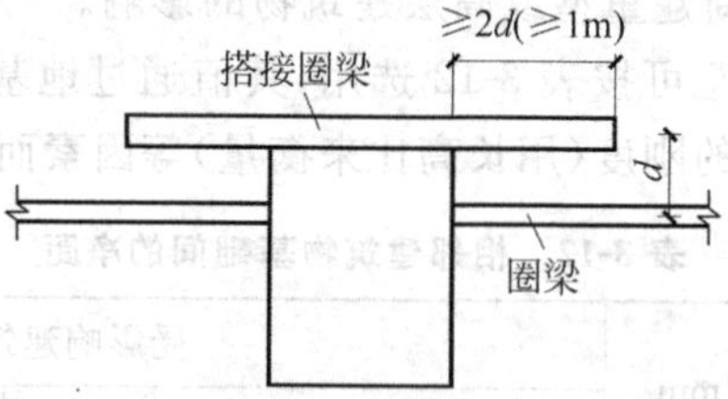

图 3-37　圈梁

圈梁一般是现浇的钢筋混凝土梁，宽度可同墙厚，高度不小于 120mm，混凝土的强度等级不低于 C15，纵向钢筋不宜小于 4 ф 8，箍筋间距不大于 300mm，当兼作过梁时应适当增大配筋。

3. 减小或调整基底附加压力

(1) 设置地下室：利用挖去土的重量来抵消一部分建筑物总重量，达到减小基底附加压力的效果，从而减小沉降。

(2) 调整基础底面尺寸：加大基础的底面积可以减小沉降量，因此，为了减小沉降差异，可将荷载大的基础的底面积适当加大。

4. 采用对不均匀沉降不敏感的结构

采用铰接排架、三铰拱等结构，对于地基发生不均匀沉降时不会引起过大附加应力，可避免结构产生开裂等危害。

3.6.3　施工措施

合理安排施工程序同样能达到减小不均匀沉降的效果。当拟建建筑物的轻重、高低相差悬殊时，应按照先重后轻、先高后低的顺序施工，必要时还应在重建筑物完工后过一段时间再建轻建筑物。

要注意堆载、沉桩和降水等对邻近建筑物的影响，在已建成的建筑物周围不宜堆放建筑材料或土方等重物，以免引起建筑物产生附加沉降。

在淤泥及淤泥质土地基上开挖基坑时，要注意尽可能不扰动土体的原状结构。通常在坑底保留大约 200mm 厚的原土层，待基坑内基础砌筑或浇筑时再挖，如有被扰动，应挖去扰动部分用砂、碎石等回填处理。

思考题与习题

3-1　浅基础的类型有哪些？它们的特点是什么？

3-2　基础埋深与哪些因素有关？

3-3　确定地基承载力的方法有哪些？

3-4　为什么要对软弱下卧层进行验算，如何验算？

3-5　地基变形特征有哪些？为什么要进行地基变形验算？

3-6　钢筋混凝土柱下独立基础和墙下条形基础构造上有哪些要求？

3-7　何谓基础的冲切破坏？如何对基础进行冲切验算？

3-8　建筑物的不均匀沉降与哪些因素有关？可通过哪些技术措施来减轻？

3-9　地基工程地质剖面如图 3-38 所示，条形基础宽度 $b=2.5$m，如果埋置深度分别为 0.8m 和 2.4m，试用《基础规范》公式确定土层②和土层③顶处的承载力特征值 f_a。

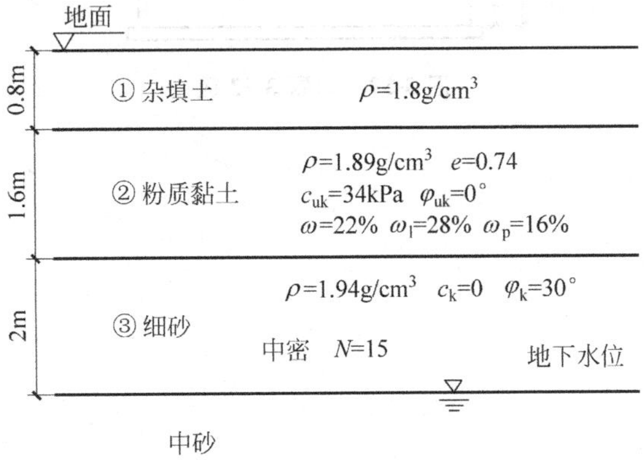

图 3-38　习题 3-9 图

3-10　某独立基础，底面积 1.8m×2.5m，埋深 1.3m，土层分布：0～1.3m 填土，$\gamma=17.2\text{kN/m}^3$；1.3m 以下粉砂，$\gamma_{sat}=20\text{kN/m}^3$，$\gamma=18\text{kN/m}^3$，$e=1.0$，$\varphi_k=20°$，$c_k=1\text{kPa}$。当地下水位从地面以下 5.0m 升至 0.7m 时，求地基承载力的变化(忽略水位上升对土抗剪强度的影响)。

3-11　某柱下钢筋混凝土独立基础，作用在基础顶面相应于荷载效应标准组合时的竖向力 $F_k=300\text{kN}$，基础埋深为 1.0m，地基土为砂土，其天然重度为 18kN/m^3，地基承载力特征值 $f_{ak}=280\text{kPa}$，试计算该基础底面尺寸。

3-12　某建筑为条形基础，基础宽 1.2m，埋深 1.2m，基础作用竖向荷载效应标准值 $F_k=155\text{kN/m}$，土层分布为：1～1.2m 填土，$\gamma=18\text{kN/m}^3$；1.2～1.8m 粉质黏土，$f_{ak}=155\text{kPa}$，$E_s=8.1\text{MPa}$，$\gamma=19\text{kN/m}^3$；1.8m 以下为淤泥质黏土，$f_{ak}=102\text{kPa}$，$E_s=2.7\text{MPa}$。试验算基底压力和软弱下卧层的承载力。当基础加宽至 1.4m，埋深加深至 1.5m，试验算软弱下卧层的承载力。

3-13　某承重砖墙厚 240mm，传至条形基础顶面处的轴心荷载 $F_k=150\text{kN/m}$。该处土层自地表起依次分布如下：第一层为粉质黏土，厚度 2.2m，$\gamma=16.4\text{kN/m}^3$，$e=0.91$，$f_{ak}=130\text{kPa}$，$E_{s1}=8.1\text{MPa}$；第二层为淤泥质土，厚度 1.6m，$f_{ak}=65\text{kPa}$，$E_{s2}=2.6\text{MPa}$；第三层为中密中砂。地下水位在淤泥质土顶面处。建筑物对基础的埋深没有特护要求，且不必考虑土的冻胀问题。

(1) 试确定基础的底面宽度(须进行软弱下卧层验算)。

(2) 设计基础截面并配筋(可近似取作用的基本组合值为标准组合值的 1.35 倍)。

3-14　某厂房内柱传来荷载 $F=1500\text{kN}$、$M=90\text{kN}\cdot\text{m}$、$V=25\text{kN}$，如图 3-39 所示，现

浇柱截面 400mm×800mm，基础埋深 $d=2\text{m}$，基底以上土的加权平均重度 $\gamma_m=18\text{kN/m}^3$，基底处土的重度 $\gamma=18.4\text{kN/m}^3$，地基承载力特征值 $f_a=200\text{kPa}$，混凝土强度等级 C20，HPB235 钢筋，试设计此基础。

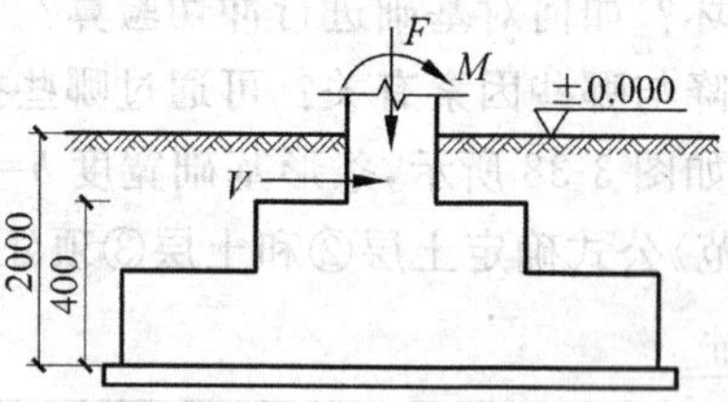

图 3-39　习题 3-13 图

第4章

桩 基 础

4.1 概述

天然地基中的浅基础一般造价较低、施工简便，在工业与民用建筑物得到广泛应用，产生了较好的社会经济效益。但当上部结构荷载较大，天然地基中的浅基础或简单的人工加固地基不能满足要求时，常采用桩基础提高承载力。桩基础是埋置较深、以下部较为坚硬土或岩层作为持力层的基础，其作用是把建筑物支承在桩基上，荷载通过桩传到地基深处，从而保证建筑物满足地基稳定和变形的要求。

单桩形式的桩基础是一种传统形式的基础，应用广泛，已经为社会和人们的生产生活服务了上千年。与其他基础形式相比较，由于单桩基础具有较高的承载力、较小的沉降量、设计简单、施工工艺便捷，现已被广泛应用于各类工程当中，例如工民建的基础、海上采油平台、海上风力发电、桥梁等。

群桩基础由桩群和承台两部分组成(见图 4-1)。绝大多数桩基的桩数不止一根，承台将桩群与上部联结成一个整体，建筑物的荷载通过承台分配给各根桩，桩群再把荷载传给地基。根据承台与地面相对位置的不同，可分为低承台桩基与高承台桩基。当桩承台位于土中时，称低承台桩基(见图 4-1(a))，常用在一般土木工程中，如房屋建筑、工业厂房；当桩承台底面高出土面以上时，称为高承台桩基(见图 4-1(b))，常用于海上采油平台、海上风力发电、桥梁等构筑物中。

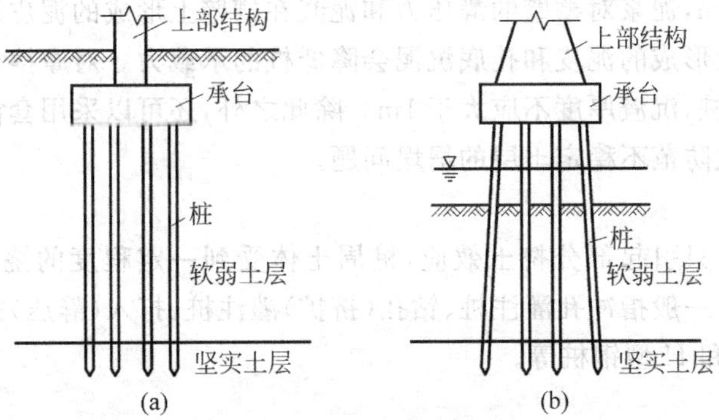

图 4-1 群桩基础示意图

(a) 低承台；(b) 高承台

4.2 桩的类型及选用

4.2.1 桩的分类

1. 按承载性状分类

1）摩擦型桩

摩擦型桩是指桩顶竖向荷载由桩侧阻力和桩端阻力共同承受，但桩侧阻力分担荷载较多。通常摩擦型桩的桩端持力层多是较坚实的黏性土、粉质黏土、粉土等，摩擦型桩又可分为摩擦桩和端承摩擦桩。

摩擦桩在承载能力极限状态下，桩顶竖向荷载由桩侧阻力承受，桩端阻力小到可忽略不计；端承摩擦桩在承载能力极限状态下，桩顶竖向荷载主要由桩侧阻力承受。

2）端承型桩

端承型桩是指桩顶竖向荷载由桩侧阻力和桩端阻力共同承受，但桩端阻力分担荷载较多。通常端承型桩桩端进入中密以上的砂类、碎石类土层或位于微风化、中等风化的岩层顶部。端承型桩又可分为端承桩和摩擦端承桩。

端承桩在承载能力极限状态下，桩顶竖向荷载由桩端阻力承受，桩侧阻力小到可忽略不计；摩擦端承桩在承载能力极限状态下，桩顶竖向荷载主要由桩端阻力承受。

2. 按成桩方法分类

根据成桩方法对周围土层的作用可分为以下三种。

1）非挤土桩

非挤土桩的特点是先钻孔取土再打入预制桩、钻孔桩，成孔方法有人工挖孔或机械成孔，在成桩过程中将与桩相同体积的土挖出，因此桩周土不会受到排挤作用，相反，因挖土可能使桩周土向桩孔内移动，土抗剪强度降低，桩周出现应力松弛，桩侧摩阻力减小。人工挖孔通常在地下水位以上且土的工程性质良好，最大挖孔深度不超过25m；钻孔桩可在水上、水下作业，水下作业一般需要对井壁泥浆护壁，通常是在孔内灌注泥浆水，并保持泥浆水在地下水位以上1～2m，泥浆对槽壁的静压力和泥浆在槽壁上形成的泥皮可以有效地防止槽、孔壁坍塌，但槽壁上形成的泥皮和孔底沉泥会降低桩的承载力。对摩擦桩，桩端沉渣厚度不应大于3m，对端承桩，沉渣厚度不应大于1m。除此之外，还可以采用套筒护壁，这种护壁方式安全性高，可有效防范不稳定土层的坍塌问题。

2）部分挤土桩

在成桩过程中，只引起部分挤土效应，桩周土体受到一定程度的挠动。先钻较小直径孔，再打入预制桩。一般指冲孔灌注桩、钻孔（挤扩）灌注桩、打入（静压）式敞口钢管桩、敞口预应力混凝土管桩和H型钢桩等。

3）挤土桩

在成桩过程中，造成大量挤土，使桩周围土体受到严重挠动，土的工程性质有很大改变的桩。挤土过程引起的挤土效应主要是地面隆起和土体侧移，导致对周边环境影响较大。这类桩主要有实心的预制桩、下端封闭的管桩、木桩以及沉管灌注桩，在锤击或振入的过程中都要将桩位处的土大量排挤开。这种成桩方法以及在成桩过程中产生的此种挤土效应的桩称为挤土桩。在不同性质的土中成桩效应不同，对于黏性土，由于土的重塑而降低了土体的抗剪强度，特别是对饱和软黏土，可能会在地基中产生较高的孔隙水压力，更为不利；对松散的砂性土，由于桩的振动挤密反而提高了土体的抗剪强度。

3. 按桩的几何尺寸分类

1）按桩径（设计直径 d）大小分类

（1）小直径桩：$d\leqslant 250\text{mm}$；

（2）中等直径桩：$250\text{mm}<d<800\text{mm}$；

（3）大直径桩：$d\geqslant 800\text{mm}$。

2）按桩长 l 分类：

（1）短桩：$l\leqslant 10\text{m}$；

（2）中长桩：$10\text{m}<l\leqslant 30\text{m}$；

（3）长桩：$30\text{m}<l\leqslant 60\text{m}$；

（4）超长桩：$l>60\text{m}$。

由于单一评定标准很难综合描述桩的性质，所以按折算法分类更为合理，折算桩长 αl，α 为水平变形系数：

$$\alpha=\sqrt[5]{mb_0/EI} \tag{4-1}$$

式中：E，I——桩体材料弹性模量、截面惯性矩；

m——地基土水平抗力系数的比例系数，参见表 4-13；

b_0——桩身截面计算宽度，参见表 4-14。

刚性短桩：$\alpha l\leqslant 2.5$；弹性中长桩：$2.5<\alpha l<4.0$；弹性长桩：$\alpha l\geqslant 4.0$。

4. 按施工方法分类

根据桩的施工方法不同，可分为预制桩和灌注桩。

1）预制桩

预制桩可以在施工现场或工厂预制成型，运至桩位处，然后用沉桩方法将桩体沉入土中。预制桩质量比较稳定可靠，桩长可根据需要制作，还能够分段制作然后在沉桩过程中接桩。沉桩方法有锤击、振动、静压等。

锤击沉桩是利用桩锤（或辅以高压射水）下落时的瞬时冲击机械能，克服土体对桩的阻力，使其静力平衡状态遭到破坏，使桩体下沉，达到新的静压平衡状态，如此反复地锤击桩头，桩身不断地下沉。此方法适用于地基土为松散的碎石土（不含大卵石或漂石）、砂土、粉土以及可塑黏性土的情况。锤击沉桩是预制桩最常用的沉桩方法，该法施工速度快，机械化程度高，适应范围广，现场文明程度高，但施工时有振动、噪声，对城市中心和夜间施工有所限制，不宜在人口密集的区域内施工。

振动沉桩是将大功率的振动打桩机安装在桩顶，一方面利用振动以减小土对桩的阻力，另一方面用向下的振动力将桩沉入土中。该方法适用于可塑性的黏性土和砂土，尤其对受振动时抗剪强度有较大降低的砂土等地基效果更为明显。

静压沉桩是通过静力压桩机的压桩机构以压桩机自重和机架上的配重提供反力而将预

制桩压入土中的沉桩工艺，避免了锤击打桩所产生的噪声污染，因此施工时具有施工无噪声、无振动、无冲击力、无污染、桩顶不易损坏和沉桩精度较高等优点。该方法适用于较均质的可塑性黏性土地基，对砂土及其他较坚硬土层，由于压桩阻力过大不宜采用。较长桩分节压入时，接头较多会影响压桩的效率。

根据桩体使用材料的不同，预制桩可分为混凝土预制桩、钢桩和木桩。木桩是最早使用的桩材，但由于资源限制、易于腐蚀、不易接长等缺点，目前已很少使用，这里主要介绍工程中常用的混凝土预制桩和钢桩。

(1) 混凝土预制桩

混凝土桩适用于各类建筑工程，有较好的抗压、抗拔、抗弯能力，同时能够承受水平荷载，是我国应用最广泛的预制桩。其横截面有方形、圆形等形状，普通实心方桩的截面边长不应小于 200mm，一般为 300～500mm。现场预制长度一般为 25～30m，工厂预制分节长度一般在 12m 以内。沉桩时在现场按要求连接至设计长度，分节长度应根据施工条件及运输条件确定，每根桩的接头数量不宜超过 3 个，分节接头质量应满足桩身承受轴力、弯矩和剪力要求。接头连接方法包括焊接接桩（钢板、角钢，并涂以沥青以防腐蚀）、法兰接桩，这两种连接方法适用于各种土层；硫黄胶泥锚接桩可用于软土层；也可采用钢板垂直插头加水平销连接，其施工快捷，不影响桩的强度和承载力。

预制桩的桩身配筋应按吊运、打桩及桩在使用中的受力等条件计算确定。采用锤击法沉桩时，预制桩的最小配筋率不宜小于 0.8%。静压法沉桩时，最小配筋率不宜小于 0.6%，主筋直径不宜小于 $\phi 14$，打入桩桩顶以下 4～5 倍桩身直径长度范围内箍筋应加密，并设置钢筋网片。

预应力混凝土空心桩按截面形式可分为管桩、空心方桩，预应力混凝土管桩（见图 4-2）可采用先张法预应力工艺和离心成型法制作。经高压蒸气养护生产的预应力管桩称为高强混凝土管桩（PHC 桩），桩身混凝土强度等级不低于 C80；未经高压蒸气养护生产的预应力管桩称为混凝土管桩（PC 桩），桩身混凝土强度等级 C60～C80。

沉桩时桩节接头连接处通过焊接端头板接长，桩尖形式宜根据地层性质选择闭口形或敞口形，闭口形分为平底十字形和锥形（见图 4-3）。桩尖可将主筋合拢焊在桩尖辅助钢筋上，对于持力层为密实砂和碎石类土时，宜在桩尖处包以钢钣桩靴，加强桩尖。桩端嵌入遇水易软化的强风化岩、全风化岩和非饱和土的预应力混凝土空心桩，沉桩后，应对桩端以上 2m 左右范围内采取有效的防渗措施，可采用微膨胀混凝土填芯或在内壁预涂柔性防水材料。离心成型的先张法预应力混凝土桩的截面尺寸、配筋、桩身极限弯矩、桩身竖向受压承载力设计值等参数可按《建筑桩基技术规范》(JGJ 94—2008)（简称《桩基规范》）确定。

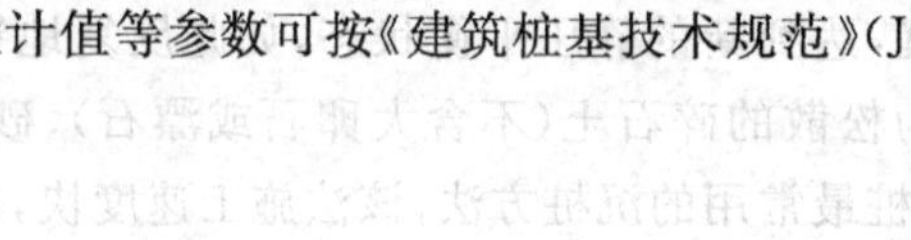

图 4-2　预应力混凝土管桩

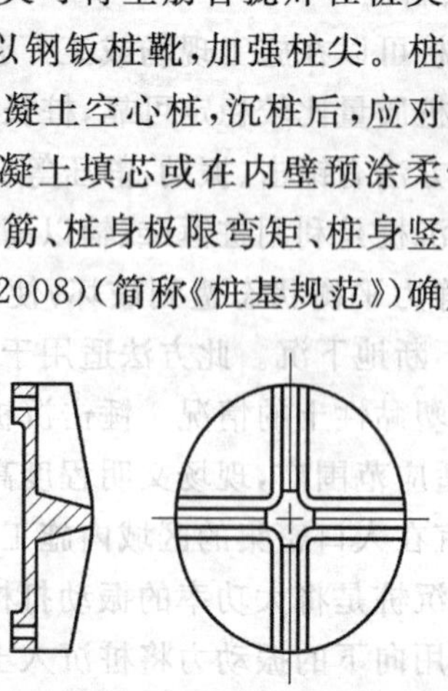

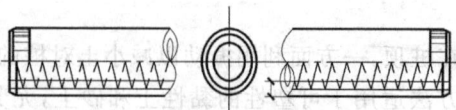

图 4-3　预应力混凝土管桩十字形桩尖

(2) 钢桩

钢桩挤土少且容易入土，对土层扰动小，但抗腐蚀差，需做表面防腐处理，因此工程经济性较差。钢桩可采用管型、H 型或其他异型钢材，分段长度宜为 12～15m，焊接接头应采用等强度连接。钢管桩由钢板卷焊而成，直径一般为 400～3000mm，国内工程中常用的一般在 250～1200mm，壁厚由有效厚度和防腐厚度组成，一般为 9～20mm。沉桩困难时可在端部开口取土助沉，但其端部承载能力较闭口桩低；H 型钢桩为一次轧制成型，横截面大都呈正方形，截面尺寸 200mm×200mm～360mm×410mm，它容易进入各种土层，割焊与沉桩更便捷，穿透性能更强，对桩周土层扰动小。因为 H 型钢桩的横截面面积较小，所以端部承载力有限。除此之外的不足之处是侧向刚度较弱，打桩时桩身易向刚度较弱的一侧倾斜，甚至产生施工弯曲。在这种情况下，采用钢筋混凝土或预应力混凝土桩身加 H 型钢桩的组合桩便成为更好的选择。

钢桩的穿透能力强、自重轻、锤击沉桩的效果好、承载能力高，无论起吊、运输或是沉桩、接桩都很方便。但钢桩的耗钢量大，成本高，抗腐蚀性能较差，需做表面防腐蚀处理，目前我国只在少数重要工程中使用。

钢桩的防腐处理应符合下列规定：钢桩的腐蚀速率当无实测资料时可按表 4-1 确定；钢桩防腐处理可采用外表面涂防腐层、增加腐蚀余量及阴极保护；当钢管桩内壁同外界隔绝时，可不考虑内壁防腐。

表 4-1 钢桩年腐蚀速率

钢桩所处环境		单面腐蚀率/(mm/a)
地面以上	无腐蚀性气体或腐蚀性挥发介质	0.05～0.1
地面以下	水位以上	0.05
	水位以下	0.03
	水位波动区	0.1～0.3

2) 灌注桩

为节省钢材和减少打桩时的噪声及振动，可直接在所设计桩位处成孔，然后孔内加放钢筋笼(也可省去钢筋)再浇灌混凝土，其横截面一般呈圆形。对于持力层承载力较高、上覆土层较差的抗压桩和桩端以上有一定厚度较好土层的抗拔桩，可采用扩底；扩底端直径与桩身直径之比 D/d，应根据承载力要求及扩底端侧面和桩端持力层土性特征以及扩底施工方法确定；挖孔桩的 D/d 不应大于 3，钻孔桩的 D/d 不应大于 2.5；扩底端侧面的斜率应根据实际成孔及土体条件确定，a/h_c 可取 1/4～1/2，砂土可取 1/4，粉土、黏性土可取 1/3～1/2；抗压桩扩底端底面宜呈锅底形，矢高 h_0 可取(0.15～0.20)D，如图 4-4 所示。

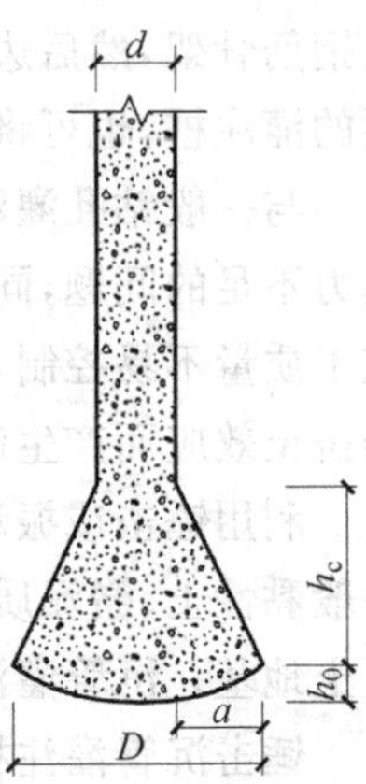

图 4-4 扩底桩构造

通过选择适当的成孔设备和施工方法，灌注桩可适用于各种类型的地基土。与混凝土预制桩比较，灌注桩可只根据使用期间可能出现的内力配置钢筋，钢筋用量较省；当持力层顶面起伏不平时，桩长可在施工过程中根据要求在某一范围内确定。在成桩过程中，采取相应的措施和方法保证灌注桩桩身的成形和混凝土质量是保证灌注桩承载力的关键。

灌注桩通常可分为钻(冲)孔灌注桩、沉管灌注桩、挖孔灌注桩及爆扩灌注桩。

(1) 钻(冲)孔灌注桩

钻(冲)孔灌注桩是指用钻机(如螺旋钻、振动钻、冲抓钻)钻土成孔,把桩孔位置处的土、碎石排出地面,然后清除孔底残渣,安放钢筋骨架,灌注混凝土成桩。这种方法在施工过程中无挤土,可减少或避免锤打的噪声和振动,对周围环境影响较小,在工程中应用比较广泛,如图 4-5 所示。

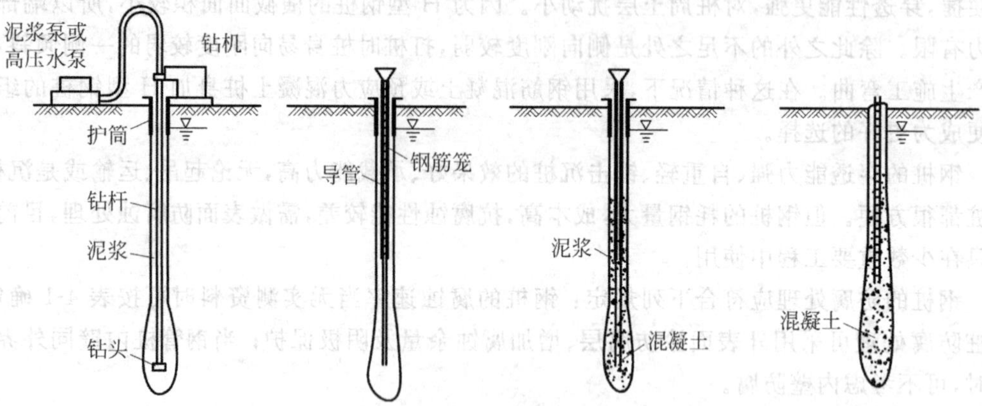

图 4-5 钻孔灌注桩施工程序图

目前,常用回转机具成孔桩径为 600mm 或 650mm 的钻孔灌注桩,桩长 10～30m;直径在 1200mm 以下的钻(冲)孔灌注桩在成孔时采用泥浆护壁以防塌孔,清孔后水下浇灌混凝土。大直径的(1500mm 以上)钻(冲)孔桩常采用钢套筒护壁,所用钻机具有回旋钻进、冲击及扩大桩底等多种功能,钻进速度快,深度可达 80m,能克服流砂、消除孤石等障碍物,并能进入微风化硬质岩石。其最大优点在于能进入岩层,刚度大,因此承载力高而桩身变形很小。

(2) 沉管灌注桩

沉管灌注桩是指采用锤击沉管打桩机或振动沉管打桩机,将带有预制钢筋混凝土桩尖或带有活瓣桩尖(沉管时桩尖闭合,拔管时活瓣张开)的钢套管沉入土层中成孔,在套管内吊放钢筋骨架,然后边灌注混凝土边锤击或振动拔管,利用拔管时的振动捣实混凝土形成所需要的灌注桩,也可将套管沉入土中成孔后向套管内浇筑混凝土并振动拔管成桩。

与一般钻孔灌注桩比,沉管灌注桩避免了一般钻孔灌注桩桩尖浮泥造成的桩身下沉、承载力不足的问题,同时也有效改善了桩身表面浮浆现象,另外,该工艺也更节省材料。但是施工质量不易控制,拔管过快容易造成桩身缩颈,而且由于是挤土桩,先期浇注好的桩易受到挤土效应而产生倾斜断裂甚至错位。

利用锤击或振动器沉桩设备沉管、拔管成桩,称为锤击或振动沉管灌注桩,前者多用于一般黏性土、淤泥质土、砂土和人工填土地基,后者除以上范围外,还可用于稍密及中密的碎石土地基。沉管灌注桩施工方法适用于有地下水、流砂、淤泥的情况。

锤击沉管灌注桩的常用直径(指预制桩尖的直径)为 300～500mm,振动沉管灌注桩的直径一般为 400～500mm。桩长一般在 20m 以内,可打至硬塑黏土层或中、粗砂层。在黏性土中，振动沉管灌注桩的沉管穿透能力比锤击沉管灌注桩稍差，承载力也比锤击沉管灌注桩低些。沉管灌注桩的施工设备简单，沉桩进度快，成本低，但很易产生缩颈、断桩、局部夹土、混凝土离析和强度不足等质量问题。

为了提高桩的质量和承载能力，沉管灌注桩常采用单打法、复打法、反插法等施工工艺。单打法（又称一次拔管法）：拔管时，每提升 0.5～1.0m，振动 5～10s，然后再拔管 0.5～1.0m，这样反复进行，直至全部拔出；复打法：在同一桩孔内连续进行两次单打，或根据需要进行局部复打，施工时，应保证前后两次沉管轴线重合，并在混凝土初凝之前进行；反插法：钢管每提升 0.5m，再下插 0.3m，这样反复进行，直至拔出。

（3）挖孔灌注桩

挖孔灌注桩（简称挖孔桩）可采用人工或机械成孔，每挖深 0.8～1.0m，就现浇或喷射一圈混凝土护壁（上下圈之间用插筋连接），边开挖边支护，然后安放钢筋笼，灌注混凝土。人工挖孔桩的桩身直径一般为 800～2000mm，最大可达 3500mm（见图 4-6）。当持力层承载力低于桩身混凝土受压承载力时，桩端可扩底，视扩底端部侧面和桩端持力层土性情况，但扩底直径不宜大于 3 倍桩身直径，最大扩底直径可达 4500mm。

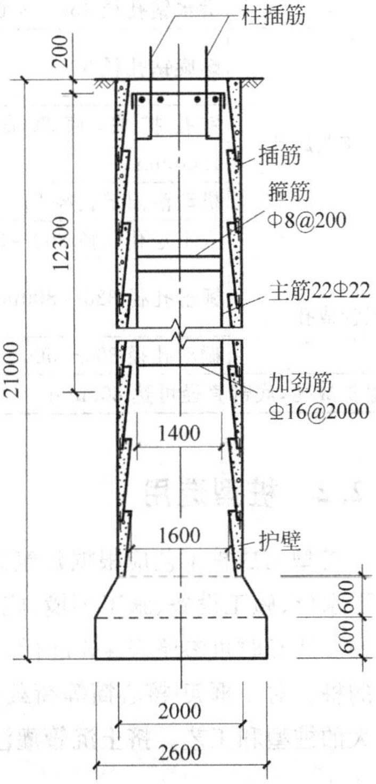

图 4-6　人工挖孔桩

挖孔桩的桩身长度宜限制在 25m 内。当桩长小于 8m 时，桩身直径（不含护壁）不应小于 0.8m；当桩长为 8～15m 时，桩身直径不宜小于 1.0m；当桩长为 15～20m 时，桩身直径不宜小于 1.2m；当桩长大于 20m 时，桩身直径应适当加大。

人工挖孔桩可直接观察地层情况、孔底易清除干净、施工方便、速度较快、不需要大型机械设备，但挖孔桩井下作业条件差、环境恶劣、劳动强度大，安全和质量尤为重要，可能遇到流砂、塌孔、有害气体、缺氧、触电和上面掉下重物等危险而造成伤亡事故。当施工场地内需要采取小范围降水时，应注意对周围地层及建筑物进行观察，发现异常情况应及时通知有关单位进行处理。在松砂层（尤其是在地下水位以下）、极软弱土层、地下水涌水量多且难以抽水的地层中难以施工或无法施工。

（4）爆扩灌注桩

爆扩灌注桩又称爆扩桩，由桩柱和扩大头两部分组成，是指就地成孔后，在孔底放入炸药包并灌注适量混凝土后，利用炸药爆炸后，其体积急剧膨胀，压缩周围土体，再安放钢筋笼，灌注桩身混凝土。爆扩桩的桩身直径一般为 200～350mm，扩大头直径一般取桩身直径的 2～3 倍，桩长一般为 4～6m，最深不超过 10m。这种桩扩大了桩底与地基土的接触面积，提高了桩的承载能力，适应性强，除在软土和新填土中不宜使用外（因为软土和新填土松软，空隙率大，造成填塞不好，爆破效果差，孔形不规则，所以在软土和新填土中不宜采用），其他各种地层均可用，最适宜在黏土中成型并支承在坚硬密实土层上的情况。

施工时一般采用简易的麻花钻(手工或机动)在地基上钻出细而长的小孔,然后在孔内安放适量的炸药,利用爆炸的力量挤土成孔(也可用机钻成孔);接着在孔底安放炸药,利用爆炸的力量在底部形成扩大头。成孔方法一般有一次爆扩法和二次爆扩法两种。

我国常用灌注桩的适用范围见表 4-2。

表 4-2　各种灌注桩的适用范围

成孔方法		适用范围
泥浆护壁成孔	冲抓冲击孔径 600～1500mm 回转钻孔径 400～3000mm	碎石类土、砂类土、粉土、黏性土及风化岩。冲击成孔的,进入中等风化和微风化岩层的速度比回转钻快,深度可达 50m
	潜水钻孔径 450～3000mm	黏性土、淤泥、淤泥质土及砂土,深度可达 80m
干作业成孔	螺旋钻孔径 300～1500mm	地下水位以上的黏性土、粉土、砂类土及人工填土,深度可达 30m
	钻孔扩底,底部直径可达 1200mm	地下水位以上的坚硬、硬塑的黏性土及中密以上的砂类土深度在 15m 内
	机动洛阳铲孔径 270～500mm	地下水位以上的黏性土、黄土及人工填土,深度在 20m 内
	人工挖孔孔径 800～3500mm	地下水位以上的黏性土、黄土及人工填土,深度在 25m 内
沉管成孔	锤击孔径 320～800mm	硬塑黏性土、粉土、砂类土,直径 600mm 以上的可达强分化岩,深度可达 20～30m
	振动孔径 300～500mm	可塑黏性土、中细砂深度可达 20m
爆扩成孔,底部直径可达 800mm		地下水位以上的黏性土、填土、黄土

4.2.2 桩型选用

桩型与成桩工艺应根据建筑结构类型、荷载性质、桩的使用功能、穿越土层、桩端持力层、地下水位、施工设备、施工环境、施工经验、制桩材料供应条件等,按安全适用、经济合理的原则选择。选择时可参照表 4-3 进行。一般除了特殊情况外,同一建筑单元内应避免采用不同类型的桩。对于框架-核心筒等荷载分布很不均匀的桩筏基础,宜选择基桩尺寸和承载力可调性较大的桩型和工艺。挤土沉管灌注桩用于淤泥和淤泥质土层时,应局限于多层住宅桩基。

表 4-3　桩基础类型选择参照表

桩类型	建筑物类型	地层条件	施工条件
预制桩	一般高层与多层建筑;对基础沉降有较高要求的工业与民用建筑物和构筑物	表层土质及厚度不均匀;地下水位浅,有缩孔可能;在一定深度内有可利用的较好的持力层,上部无难以穿透的硬夹层及无对挤土效应敏感的土层	场地空旷,邻近无危险建筑,没有对噪声、振动及侧向挤压等限制
灌注桩	一般高层住宅及多层建筑	可供利用的桩端持力层起伏较大或持力层以上有不易为预制桩穿透的硬夹层,无缩孔现象	① 要求有一定的场地,供施工机械装卸与运输; ② 施工时能解决出土堆放问题; ③ 地下无障碍物

续表

桩 类 型	建筑物类型	地 层 条 件	施 工 条 件
短桩与扩底短桩	一般6层以下建筑物	表土较差，填土厚度在4～6m以下，有可供利用的一般第四纪土，而硬层及地下水位都比较深	① 要求有一定的场地，供施工机械装卸与运输； ② 施工时能解决出土堆放问题； ③ 地下无障碍物
大直径桩	重要的大型公共建筑或高层住宅，对基础沉降有严格要求的工业与民用建筑物和构筑物	表层土质及厚度不均匀，不缩孔，在一定深度内有较好的持力土层	如采用机械成孔要求有一定的场地，供钻孔机械装卸与运输；如采用人工成孔，应具有充分的安全及质量保障措施

4.3 桩竖向荷载的传递

桩基础的主要作用是将竖向荷载通过桩与桩周土传递到下部承卧土层，因此有必要了解施加于桩顶的竖向荷载是如何通过桩土相互作用传递给地基以及单桩怎样达到承载力极限状态的。通过分析桩土的相互作用，了解桩土间的力传递路径和单桩承载力的构成及其发展过程，以及单桩的破坏机理等，对正确评价单桩承载力设计值具有一定的指导意义。

4.3.1 单桩竖向承载力组成与荷载传递

作用于桩顶的竖向压力 Q 由桩侧的总摩阻力 Q_s 和桩端的总端阻力 Q_p 共同承担，可表示为

$$Q = Q_s + Q_p \tag{4-2}$$

当竖向压力作用于桩顶时，桩身材料会发生弹性压缩变形，桩身压缩使得桩和桩侧土之间产生相对位移，桩侧土开始对桩身表面产生向上的桩侧摩阻力。竖向压力通过桩侧摩阻力传递到桩周土中，随深度的增加桩身轴力与桩身压缩变形量递减。随着桩顶竖向压力增加，桩身压缩量和位移量也随之增加，下部桩侧阻力也开始发挥作用，当压力增加到桩侧阻力不足以抵抗竖向荷载时，一部分竖向压力会传递到桩底，桩端开始发生竖向位移，桩底持力层也开始产生压缩变形，桩底土对桩端产生阻力，桩端阻力开始发挥作用。一般来说，靠近桩身上部土层的侧阻力先于下部土层发挥，侧阻力先于端阻力发挥。摩擦型桩，侧阻力发挥作用的比例明显高于端阻力发挥作用的比例。

对于硬质岩、土层，只需很小的桩端位移就可使端阻力充分发挥作用；而对一般土层，则需要很大位移量才可完全发挥端阻力作用。对于一般荷载作用下的桩基础，侧阻力可能已发挥大部分作用，而端阻力才只发挥了一部分作用。对于支承于坚硬岩基上的刚性短桩，由于其桩端很难下沉，而桩身压缩量很小，摩擦阻力无法发挥作用，端阻力才先于侧阻力发挥作用。

4.3.2 桩侧阻力和桩端阻力

1) 桩侧阻力

(1) 桩侧阻力 τ 发挥作用的程度与桩和桩土间的相对位移 δ 有关。桩侧阻力与桩土相对位移的函数关系，可用图 4-7 中曲线 OCD 表示，为计算方便实际应用中常简化为折线 OAB。OA 段表示桩土界面相对位移 δ 小于某一限值 δ_u 时，桩侧阻力 τ 随 δ_u 线性增大；AB 段表示当桩土界面相对滑移超过某一限值，桩侧阻力 τ 将保持极限值 τ_u 不变。

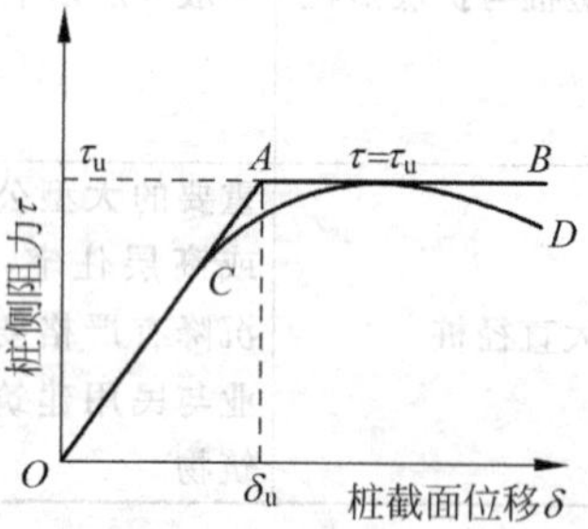

图 4-7 τ-δ 曲线

桩侧阻力极限值 τ_u 可由类似于土的抗剪强度的库仑公式表达：

$$\tau_u = c_a + \sigma_x \tan\varphi_a \tag{4-3}$$

$$\sigma_x = K_s \sigma'_v \tag{4-4}$$

式中：c_a，φ_a——桩侧表面与土之间的附着力和摩擦角。

σ_x——深度 z 处作用于桩侧表面的法向压力，它与桩侧土的竖向有效应力 σ'_v 成正比。

K_s——桩侧土的侧压力系数，对挤土桩，$K_0 < K_s < K_p$；对非挤土桩，因桩孔中土被清除，而使 $K_a < K_s < K_0$。K_a、K_0、K_p 分别为主动、静止和被动土压力系数。

(2) 桩侧极限阻力的深度效应。若取 $\sigma'_v = \gamma' z$，则桩侧阻力随深度线性增大。但砂土模型桩试验表明，当桩入土深度达某一临界值后，桩侧阻力就不再随深度增加，该现象称为侧阻的深度效应。维西克(Vesic，1967)认为临近桩周竖向有效应力不一定等于覆盖应力，其线性增加到临界深度(z_c)时达到某一限值，原因是土的“拱作用”。

(3) 阻力充分发挥的极限位移值 δ_u。桩侧极限阻力与深度、土的类别和性质、成桩方法等多种因素有关。桩侧阻力达到极限值 τ_u 所需的桩土相对滑移极限值 δ_u 基本上只与土的类别有关，而与桩径大小无关，对黏性土为 4～6mm，对砂类土为 6～10mm。

随着桩顶荷载的增加，开始竖向压力较小，桩的位移主要发生在桩身上段；当竖向压力继续增大到一定数值时桩端产生位移，桩端阻力开始发挥作用，直至桩底持力层破坏，即桩处于承载力极限状态。

实验表明，入土深度小于某一临界深度时，极限桩端阻力随深度呈线性增加，而大于临界深度后则保持不变；桩长对荷载的传递也有着重要影响。当桩长较长(如 $l/d > 25$)时，因桩身压缩变形大，桩端反力还没有发挥，桩顶位移就已超过要求的限值，传递到桩端的荷载很小。因此，对长桩采用扩大桩端直径来提高承载力是无用的。

(4) 桩侧阻力沿桩身分布。当桩顶作用竖向压力($N_0 = Q$)时，桩顶位移为 δ_0 ($\delta_0 = s$)。δ_0 由两部分组成：一部分为桩端的下沉量 δ_p，包括桩端土体的压缩量和桩尖刺入桩端土层而引起的整个桩身的位移；另一部分为桩身在轴向力作用下产生的压缩变形 δ_s，如图 4-8(e)所示。

设桩长为 l，横截面面积为 A_p，周长为 u_p，桩身材料的弹性模量为 E，则各截面轴力 N_z 沿桩的入土深度 z 的分布曲线如图 4-8(c)所示。由于桩侧阻力向上，所以轴力随深度 z 增加而减少，减少速率反映了单位侧阻力 q_s 的大小。在图 4-8(a)中，取作用于深度 z 处、周长为 u_p、厚度为 dz 的微小桩段，根据微分段的竖向力的平衡条件(忽略桩的自重)：

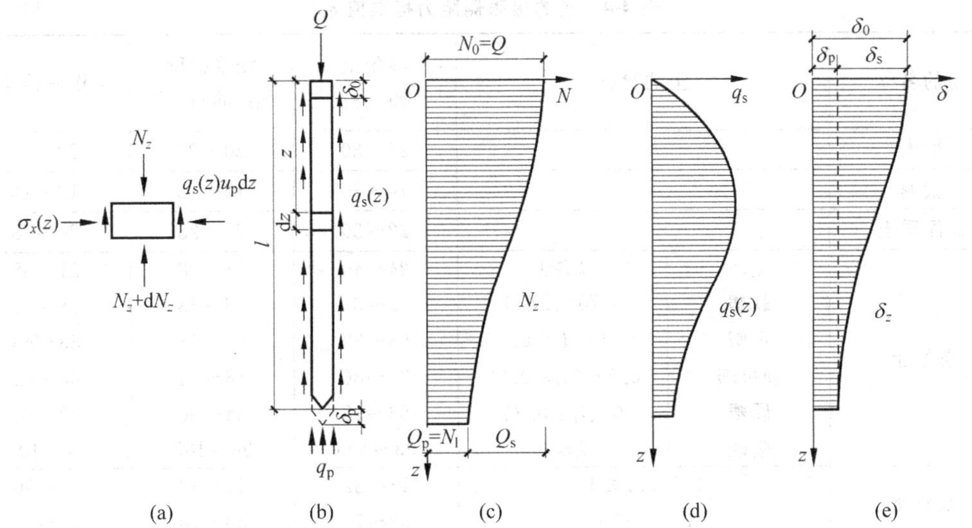

图 4-8　单桩轴向荷载传递

(a) 微桩段受力情况；(b) 轴向受压的单桩；(c) 轴力分布；(d) 单位侧阻力分布；(e) 界面位移

$$q_s u_p dz + N_z + dN_z - N_z = 0 \tag{4-5}$$

可得单位侧阻力 q_s 与桩身轴力 N_z 的关系为

$$q_s(z) = -\frac{1}{u_p} \cdot \frac{dN_z}{dz} \tag{4-6}$$

式(4-6)表示，任意深度 z 处，桩侧单位面积上的荷载传递量 q_s 的大小与该处的轴力 N_z 的变化率成正比，称此式为桩荷载传递的基本微分方程。负号表示桩侧阻力向上时，由于桩顶轴力 Q 沿桩身向下通过桩侧阻力逐步传给桩周土，桩身轴力 N_z 随深度的增加而减少。桩底轴力 N_l 即为桩端总端阻力 $Q_p = N_l$，则桩侧总阻力 $Q_s = Q - Q_p$。只需测得桩身轴力 N_z 的分布曲线，即可求得桩侧阻力的大小与分布。

测出桩顶竖向位移 δ_0 以后，还可利用上述已测的轴力分布曲线 N_z 计算出桩端位移：

$$\delta_p = \delta_0 - \frac{1}{A_p E}\int_0^l N_z dz \tag{4-7}$$

和任意深度处桩截面的位移 δ_z：

$$\delta_z = s_0 - \frac{1}{A_p E}\int_0^z N_z dz \tag{4-8}$$

从图 4-8 中可以看出，荷载传递曲线(N-z 曲线)、单位侧阻分布曲线(q_s-z 曲线)、桩的各断面竖向位移曲线(δ_z-z 曲线)都是随着桩顶荷载的增加而不断变化。

(5) 影响 q_s 的因素。影响单位侧阻力 q_s 的因素很多，主要是土的类型和状态。砂土的 q_s 比黏土的大；密实土的 q_s 比松散土的大。桩的长径比 l/d(桩长与桩径之比)对荷载传递也有较大的影响，根据 l/d 的不同，桩可分为短桩($l/d<10$)、中长桩($l/d>10$)、长桩($l/d>40$)和超长桩($l/d>100$)。桩的极限侧阻力标准值 q_{sk} 应根据现场静力载荷试验资料统计分析得到，当缺乏现场统计资料时，可参考表 4-4 选取。

表 4-4　桩的极限侧阻力标准值 q_{sk}　kPa

土的名称	土的状态		混凝土预制桩	泥浆护壁钻(冲)孔桩	干作业钻孔桩
填土			22～30	20～28	20～28
淤泥			14～20	12～18	12～18
淤泥质土			22～30	20～28	20～28
黏性土	流塑	$I_l>1$	24～40	21～38	21～38
	软塑	$0.75<I_l\leqslant 1$	40～55	38～53	38～53
	可塑	$0.50<I_l\leqslant 0.75$	55～70	53～68	53～66
	硬可塑	$0.25<I_l\leqslant 0.50$	70～86	68～84	66～82
	硬塑	$0<I_l\leqslant 0.25$	86～98	84～96	82～94
	坚硬	$I_l\leqslant 0$	98～105	96～102	94～104
红黏土	$0.7<a_w\leqslant 1$		13～32	12～30	12～30
	$0.5<a_w\leqslant 0.7$		32～74	30～70	30～70
粉土	稍密	$e>0.9$	26～46	24～42	24～42
	中密	$0.75\leqslant e\leqslant 0.9$	46～66	42～62	42～62
	密实	$e<0.75$	66～88	62～82	62～82
粉细砂	稍密	$10<N\leqslant 15$	24～48	22～46	22～46
	中密	$15<N\leqslant 30$	48～66	46～64	46～64
	密实	$N>30$	66～88	64～86	64～86
中砂	中密	$15<N\leqslant 30$	54～74	53～72	53～72
	密实	$N>30$	74～95	72～94	72～94
粗砂	中密	$15<N\leqslant 30$	74～95	74～95	76～98
	密实	$N>30$	95～116	95～116	98～120
砾砂	稍密	$5<N_{63.5}\leqslant 15$	70～110	50～90	60～100
	中密(密实)	$N_{63.5}>15$	116～138	116～130	112～130
圆砾、角砾	中密、密实	$N_{63.5}>10$	160～200	135～150	135～150
碎石、卵石	中密、密实	$N_{63.5}>10$	200～300	140～170	150～170
全风化软质岩		$30<N\leqslant 50$	100～120	80～100	80～100
全风化硬质岩		$30<N\leqslant 50$	140～160	120～140	120～150
强风化软质岩		$N_{63.5}>10$	160～240	140～200	140～220
强风化硬质岩		$N_{63.5}>10$	220～300	160～240	160～260

注：1. 对于尚未完成自重固结的填土和以生活垃圾为主的杂填土，不计算其侧阻力；

2. a_w 为含水比，$a_w=\omega/\omega_l$，ω 为土的天然含水量，ω_l 为土的液限；

3. N 为标准贯入击数；$N_{63.5}$ 为重型圆锥动力触探击数；

4. 全风化、强风化软质岩和全风化、强风化硬质岩系指其母岩分别为 $f_{rk}\leqslant 15\text{MPa}$、$f_{rk}>30\text{MPa}$ 的岩石。

2）桩端阻力

桩端阻力是桩承载力的重要组成部分，其大小受很多因素影响。

(1) 经典理论计算方法

20 世纪 60 年代以前，多采用基于土为刚塑性假设的经典承载力理论分析桩端阻力。将桩视为一宽度为 b、埋深为 l 的基础进行计算。在桩加载时，桩端土发生剪切破坏，根据不同的滑动面形状假设，应用土力学中所介绍的地基极限承载力理论可求出桩端的极限承载力，确定极限单位端阻力 q_{pu}。由于桩的入土深度相对于桩的断面尺寸大很多，所以桩端土体大多数属于冲剪破坏或局部剪切破坏，只有桩长相对很短，桩穿过软弱土层支承于坚实土层时，才可能发生类似浅基础下地基的整体剪切破坏。图 4-9 为较常用的太沙基型与梅耶霍夫型滑动面形状。q_{pu}的一般表达式为

$$q_{pu}=\frac{1}{2}b\gamma N_{\gamma}+cN_{c}+qN_{q} \tag{4-9}$$

式中：N_{γ}，N_{c}，N_{q}——基底承载力系数，与土的内摩擦角 φ 有关，可参考有关土力学教材的图表取值；

$b(d)$——桩的宽度或直径(mm)；

c——土的黏聚力(kPa)；

q——桩底标高处土中的竖向自重应力(kPa)，$q=\gamma l$。

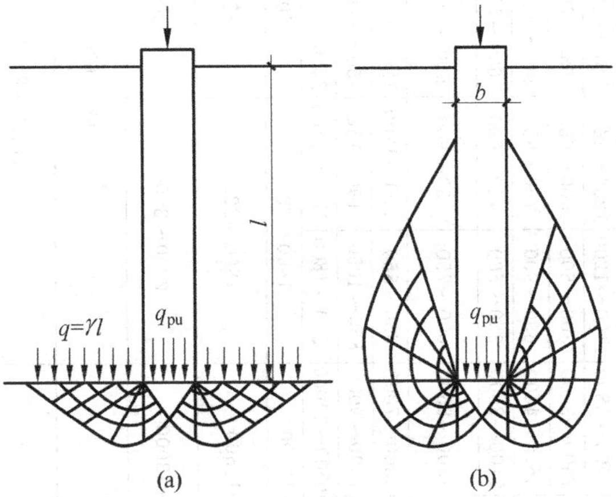

图 4-9 桩端地基破坏的两种模式

(a) 太沙基型；(b) 梅耶霍夫型

(2) 桩的端阻力的影响因素

成桩工艺对桩端阻力的影响很大。对于挤土桩，如果桩周土为可挤密土，则桩端土受到挤密作用而使端阻力提高，并且使端阻力在较小桩端位移下即可发挥作用。对于密实土或饱和黏性土，挤压可能会扰动原状土的结构，也可能产生超静孔隙水压力，端阻力反而会受不利影响。对于非挤土桩，成桩时原状土可能会受到扰动，桩底有沉渣，则端阻力会明显降低。其中大直径的挖(钻)孔桩，由于开挖造成的应力松弛，使端阻力随着桩径增大而降低。

同浅基础的承载力一样，桩的端阻力同样主要取决于桩端土的类型和性质。一般来说，粗粒土高于细粒土，密实土高于松散土。桩的极限端阻力标准值 q_{pk}可参考表 4-5。

(3) 端阻力的深度效应

按照经典的极限承载力理论，随着桩的入土深度 l 的增加，桩的单位极限端阻力 q_p 线性增加。但许多模拟试验和现场原型观测中发现，桩端阻力有明显的深度效应，即存在着一个临界深度 h_c，当桩端进入持力层的深度小于临界深度时，其极限端阻力随深度呈线性增加；当进入深度大于临界深度时，极限端阻力基本不再增加，趋于一个常数。

表 4-5　桩的极限端阻力标准值 q_{pk}

kPa

土名称	土的状态	桩型	混凝土预制桩桩长 l/m				泥浆护壁钻(冲)孔桩桩长 l/m				干作业钻孔桩桩长 l/m		
			$l\leqslant 9$	$9<l\leqslant 16$	$16<l\leqslant 30$	$l>30$	$5\leqslant l<10$	$10\leqslant l<15$	$15\leqslant l<30$	$30\leqslant l$	$5\leqslant l<10$	$10\leqslant l<15$	$15\leqslant l$
黏性土	软塑	$0.75<I_l\leqslant 1$	210～850	650～1400	1200～1800	1300～1900	150～250	250～300	300～450	300～450	200～400	400～700	700～950
	可塑	$0.50<I_l\leqslant 0.75$	850～1700	1400～2200	1900～2800	2300～3600	350～450	450～600	600～750	750～800	500～700	800～1100	1000～1600
	硬可塑	$0.25<I_l\leqslant 0.50$	1500～2300	2300～3300	2700～3600	3600～4400	800～900	900～1000	1000～1200	1200～1400	850～1100	1500～1700	1700～1900
	硬塑	$0<I_l\leqslant 0.25$	2500～3800	3800～5500	5500～6000	6000～6800	1100～1200	1200～1400	1400～1600	1600～1800	1600～1800	2200～2400	2600～2800
粉土	中密	$0.75\leqslant e\leqslant 0.9$	950～1700	1400～2100	1900～2700	2500～3400	300～500	500～650	650～750	750～850	800～1200	1200～1400	1400～1600
	密实	$e<0.75$	1500～2600	2100～3000	2700～3600	3600～4400	650～900	750～950	900～1100	1100～1200	1200～1700	1400～1900	1600～2100
粉砂	稍密	$10<N\leqslant 15$	1000～1600	1500～2300	1900～2700	2100～3000	350～500	450～600	600～700	650～750	500～950	1300～1600	1500～1700
	中密、密实	$N>15$	1400～2200	2100～3000	3000～4500	3800～5500	600～750	750～900	900～1100	1100～1200	900～1000	1700～1900	1700～1900
细砂	中密、密实	$N>15$	2500～4000	3600～5000	4400～6000	5300～7000	650～850	900～1200	1200～1500	1500～1800	1200～1600	2000～2400	2400～2700
中砂			4000～6000	5500～7000	6500～8000	7500～9000	850～1050	1100～1500	1500～1900	1900～2100	1800～2400	2800～3800	3600～4400
粗砂			5700～7500	7500～8500	8500～10000	9500～11000	1500～1800	2100～2400	2400～2600	2600～2800	2900～3600	4000～4600	4600～5200
砾砂	中密、密实	$N>15$	6000～9500		9000～10500		1400～2000		2000～3200		3500～5000		
角砾、圆砾		$N_{63.5}>10$	7000～10000		9500～11500		1800～2200		2200～3600		4000～5500		
碎石、卵石		$N_{63.5}>10$	8000～11000		10500～13000		2000～3000		3000～4000		4500～6500		
全风化软质岩		$30<N\leqslant 50$	4000～6000				1000～1600				1200～2000		
全风化硬质岩		$30<N\leqslant 50$	5000～8000				1200～2000				1400～2400		
强风化软质岩		$N_{63.5}>10$	6000～9000				1400～2200				1600～2600		
强风化硬质岩		$N_{63.5}>10$	7000～11000				1800～2800				2000～3000		

注：1. 砂土和碎石类土中桩的极限端阻力取值，宜综合考虑土的密实度、桩端进入持力层的深径比 h_b/d，土越密实，h_b/d 越大，取值越高；

2. 预制桩的岩石极限端阻力指桩端支承于中、微风化基岩表面或进入强风化岩、软质岩一定深度条件下的极限端阻力；

3. 全风化、强风化软质岩和全风化、强风化硬质岩指其母岩分别为 $f_{rk}\leqslant 15$MPa、$f_{rk}>30$MPa 的岩石。

4.3.3　单桩的破坏模式

在轴向荷载作用下，单桩破坏模式主要取决于桩端支承情况、桩周土的抗剪强度、桩尺寸及类型等因素。轴向荷载作用下单桩可能发生的破坏形式有屈曲破坏、整体剪切破坏、刺入破坏等，破坏模式如图 4-10 所示。

(1) 屈曲破坏。当桩底支承在很坚硬的地层，而桩侧土为抗剪强度很低软土层，桩在轴向受压荷载作用下，如同一根压杆似地出现纵向挠曲破坏(屈曲破坏)，如图 4-10(a)所示，在荷载-沉降(Q-s)曲线上呈现出明显的破坏荷载。承载力取决于桩自身的材料强度。

(2) 整体剪切破坏。足够强度的桩穿过抗剪强度较低的土层而达到强度较高的土层时，桩底土形成滑动面出现整体剪切破坏，桩在轴向受压荷载作用下，由于桩底持力层以上为软弱土层，各方面性能指标低，不能阻止滑动土楔的形成，桩底土体将形成滑动面而出现整体剪切破坏，如图 4-10(b)所示。在 Q-s 曲线上可求得明确的破坏荷载。桩的承载力主要取决于柱底土的支承力，桩侧摩阻力也起一部分作用。

(3) 刺入破坏。当具有足够强度的桩入土深度较大或桩周土层抗剪强度较均匀时，桩在轴向受压荷载作用下，将出现刺入式破坏，如图 4-10(c)所示。根据荷载大小和土质不同，其 Q-s 曲线上可能没有明显的转折点或有明显的转折点(表示破坏荷载)。桩所承载的荷载由桩侧摩阻力和桩底反力共同承担，即一般所称摩擦桩或几乎全由桩侧摩阻力支承，即纯摩擦桩。

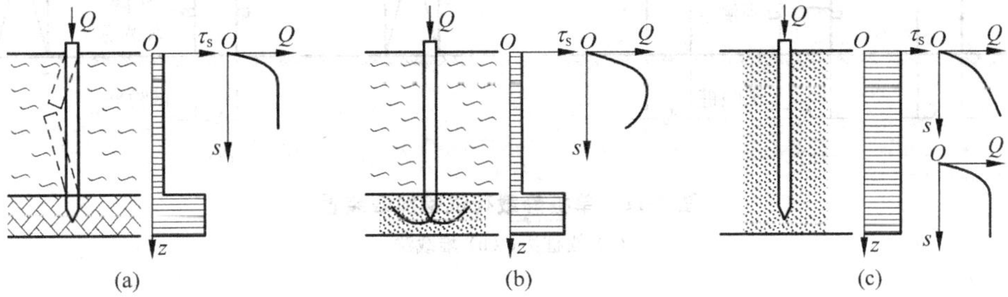

图 4-10　轴向荷载下基桩的破坏模式

(a) 屈曲破坏；(b) 整体剪切破坏；(c) 刺入破坏

4.4　桩的竖向承载力

单桩承载力是指单桩在荷载作用下不丧失稳定性、不产生过大变形的承载能力。一般桩的承载力由地基土的支撑能力控制，桩身材料往往不能充分发挥。在端承桩、超长桩或桩身质量有缺陷的桩，桩身材料才可能起控制作用。除此之外，桩的入土深度较大、桩周土体为均匀软弱土层或建筑物对沉降有特殊要求时，应控制桩的竖向沉降。所以桩的承载力主要取决于地基土对桩的支撑能力和桩身材料强度。

4.4.1　现场试验法

现场试验法可以在现场直接通过静载试验判断地基土的支承能力。《基础规范》规定，单桩竖向承载力特征值应通过单桩竖向静载试验确定，且同一条件下试桩总数不宜小于总数的1%，不应少于3根。

预制桩采取静载试验确定地基土的承载力时，由于打桩时土体中产生的孔隙水压力有待消散，土体因打桩扰动降低的强度有待随时间而恢复，为得到符合实际情况的桩的承载力，在桩身强度满足设计要求的情况下，桩设置后开始进行荷载试验的间歇时间为：砂类土不少于10天、粉土黏性土不少于15天、饱和黏性土不少于25天。

1. 静载荷试验装置及方法

试验装置主要由加载系统和量测系统组成。加载方法有锚桩法、堆载法(图4-11)。桩顶的油压千斤顶对桩顶施加压力，千斤顶的反力由压重平台的重力或锚桩的抗拔力平衡。安装在基准梁的位移计测量桩顶的位移沉降。试验桩与锚桩之间、试验桩与支撑基准梁的基准桩之间以及锚桩与基准桩之间的距离按照表4-6确定。

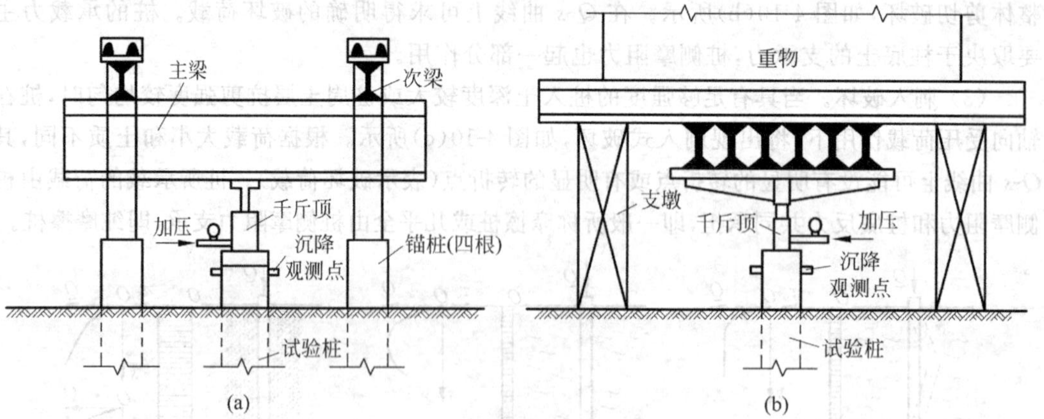

图4-11 单桩静载荷试验加载装置

(a) 锚桩法；(b) 堆载法

表4-6 试验桩、锚桩、基准桩之间的中心距离

<table>
<tr><th>反力装置</th><th>试验桩与锚桩
(或压重平台支墩边)</th><th>试验桩与基准桩</th><th>基准桩与锚桩
(或压重平台支墩边)</th></tr>
<tr><td>锚桩横梁反力装置</td><td rowspan="2">≥4d 且>2.0m</td><td rowspan="2">≥4d 且>2.0m</td><td rowspan="2">≥4d 且>2.0m</td></tr>
<tr><td>压重平台反力装置</td></tr>
</table>

注：d为试验桩或锚桩的直径，取其较大值；当为扩底桩时，试验桩与锚桩的中心距离不应小于2倍扩大端直径。

试验加载的方法有慢速维持荷载法、快速维持荷载法、等贯入速率法、等时间间隔加载法及循环加载法等。工程中常用的是慢速维持荷载法，即进行逐级加载，每级荷载值为预估极限荷载的1/15～1/10，第一级荷载可加倍施加。每级加荷后间隔5、15、30、45、65min时各测读一次，以后每隔40min测读一次，直到沉降稳定为止。当每小时的沉降不超过0.1mm并连续出现两次，可认为已达到稳定，继续施加下一级荷载。当出现下列情况之一时即可终止施加荷载：

(1) 某级荷载下，桩顶沉降量为前一级荷载下沉量的5倍；

(2) 某级荷载下，桩顶沉降量大于前一级荷载下沉量的2倍，且经过24h沉降尚未到相对稳定状态；

(3) 已达到锚桩最大抗拔力或压重平台的最大压重时。

终止加载后进行卸载，每级卸载值为每级加载值的2倍；每级卸载后15、30、60min各测读一次即可卸载下一级荷载，全部卸载后间隔3～4h再测读一次。

2. 静载荷试验单桩承载力确定

根据静载荷试验结果，可绘制桩顶荷载-沉降曲线(Q-s 曲线)和各级荷载作用下的沉降-时间关系曲线(s-lg$t$ 曲线)。单桩静载荷实验的荷载-沉降曲线大致可分为陡降型、缓变型。单桩竖向极限承载力 Q_u 可按照下述方法确定。

(1) 陡降型 Q-s 曲线可根据沉降随荷载的变化特征确定。如图4-12中曲线①所示，取曲线发生明显沉降的起始点所对应的荷载为 Q_u。

(2) 缓变型 Q-s 曲线(图4-12中曲线②)根据沉降量确定 Q_u，一般取 $s=40\sim60$mm 对应的荷载值为 Q_u。对于大直径桩可取 $s=(0.03\sim0.06)d$(d 为桩端直径)所对应的荷载值(大直径取小值，小直径取大值)；对于细长桩($l/d>80$)，取 $s=60\sim80$mm 对应的荷载。

(3) 根据沉降随时间的变化特征确定。取 s-lg$t$ 曲线(见图4-13)末端出现明显拐点的前一级荷载作为 Q_u。

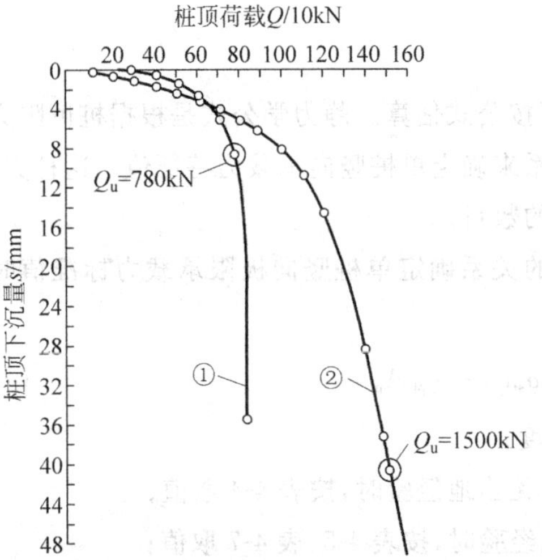

图4-12　单桩 Q-s 曲线

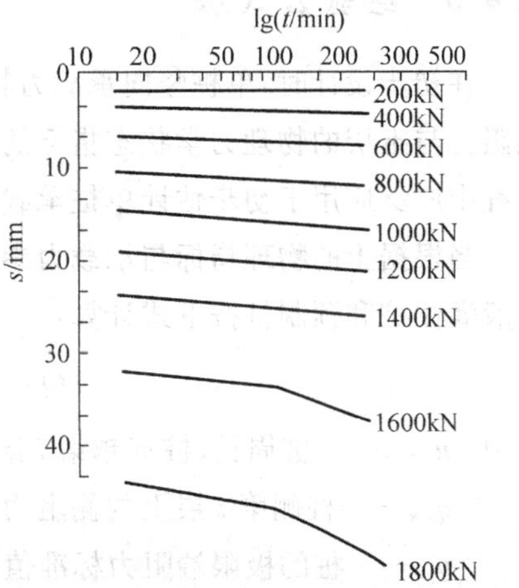

图4-13　单桩 s-lg$t$ 曲线

测出各桩的极限承载力值 Q_u 后，可根据统计确定单桩的竖向承载力的标准值 Q_{uk}。

首先，计算 n 根桩的极限承载力平均值 $\overline{Q}_u$：

$$\overline{Q}_u=\frac{1}{n}\sum_{i=1}^{n}Q_{ui} \tag{4-10}$$

其次，计算每根桩的极限承载力实测值与平均值的比值：

$$\alpha_i=\frac{Q_{ui}}{\overline{Q}_u} \tag{4-11}$$

最后，计算出 α_i 的标准差 σ_n：

$$\sigma_n=\sqrt{\frac{\sum_{i=1}^{n}(\alpha_i-1)^2}{n-1}} \tag{4-12}$$

当 $\sigma_n \leqslant 0.15$ 时取 $Q_{uk}=\bar{Q}_u$；当 $\sigma_n > 0.15$ 时取 $Q_{uk}=\lambda\bar{Q}_u$，其中 λ 为折减系数，根据变量 α_i 的分布查找《桩基规范》确定。

4.4.2 静力触探法

地基基础设计为丙级的建筑物，可采用静力触探及标贯试验参数确定承载力特征值。静力触探试验与桩的静载荷试验有所区别但与桩打入土中的过程基本相似，所以可以把静力触探试验近似看成是小尺寸打入桩的现场模拟试验。其方法是将圆锥形的金属探头以静力方式按一定速率均匀压入土中，借助探头的传感器测出探头的侧阻力和端阻力即可计算出桩的承载力。静力触探试验设备简单、自动化程度高，被认为是很有前景的一种确定单桩承载力的方法。

静力触探法是将测得的比贯入阻力 p_s 与桩侧阻力和端阻力之间建立经验关系，从而按照下式确定单桩竖向承载力的值。

$$R_a = \frac{Q_{uk}}{2} \tag{4-13}$$

4.4.3 经验公式法

在初步设计时，单桩竖向承载力特征值可按公式估算。静力学公式是根据桩侧阻力、桩端阻力与土层的物理力学状态指标的经验关系来确定单桩竖向承载力特征值。这种方法在工程中广泛应用于初步估计单桩承载力和桩的数目。

当根据土的物理指标与承载力参数之间的关系确定单桩竖向极限承载力标准值时，对一般灌注桩和预制桩按下式计算：

$$Q_{uk} = u_p \sum q_{sik} l_i + q_{pk} A_p \tag{4-14}$$

式中：u_p，l_i——桩周长、桩穿越第 i 层土的厚度；

q_{sik}——桩侧第 i 层土的侧阻力极限值，无当地经验时，按表 4-4 取值；

q_{pk}——桩的极限端阻力标准值，无当地经验时，按表 4-5、表 4-7 取值；

A_p——桩底横截面面积。

根据经验直接建立土层的物理力学状态指标与单桩承载力特征值的关系，初步设计时单桩竖向承载力的值按下式估算：

$$R_a = q_{pk} A_p + u_p \sum_{i=1}^{n} q_{sia} h_i \tag{4-15}$$

式中：R_a——单桩竖向承载力特征值；

q_{pk}，q_{sia}——桩端阻力、桩侧阻力特征值，由当地静载荷试验结果统计分析得出；

A_p——桩底横截面面积；

u_p——桩身周长；

h_i——桩身穿越的第 i 层土层厚度。

表 4-7 干作业挖孔桩(清底干净,$D=800\text{mm}$)极限端阻力标准值 q_{pk} kPa

土的名称		状态		
黏性土		$0.5<I_l\leqslant0.75$	$0<I_l\leqslant0.25$	$I_l\leqslant0$
		800～1800	1800～2400	2400～3000
粉土		—	$0.75<e\leqslant0.9$	$e\leqslant0.75$
		—	1000～1500	1500～2000
砂土、碎石类土		稍密	中密	密实
	粉砂	500～700	800～1100	1200～2000
	细砂	700～1100	1200～1800	2000～2500
	中砂	1000～2000	2200～3200	3500～5000
	粗砂	1200～2200	2500～3500	4000～5500
	砾石	1400～2400	2600～4000	5000～7000
	圆砾、角砾	1600～3000	3200～5000	6000～9000
	卵石、碎石	2000～3000	3300～5000	7000～11000

注:1. 当进入持力层深度 h_b 分别为 $h_b<D$、$D<h_b\leqslant4D$、$h_b>4D$ 时 q_{pk} 可相应取低、中、高值;

2. 砂土密实度可根据标准贯入击数 N 确定,$N\leqslant10$ 为松散、$10<N\leqslant15$ 为稍密、$15<N\leqslant30$ 为中密、$N>30$ 为密实;

3. 当桩的长径比 $l/d\leqslant8$ 时,q_{pk} 宜取较低值;

4. 沉降要求不严格时可适当提高 q_{pk} 值。

4.4.4 群桩基础

由三根或三根以上的桩组成的桩基础称为群桩基础。由于桩、桩间土、承台三者之间的相互作用和共同作用,群桩中的承载力和沉降性质与单桩的不同。群桩基础受力后,其总的承载力往往不等于各单桩的承载力之和,这种现象称为群桩效应。群桩效应不仅发生在竖向力作用下,在受到水平力时,前排桩对后排桩的水平力有屏蔽效应。

在竖向压力下的群桩基础,对于挤土桩,在不密实的砂土、饱和度不高的粉土和一般黏性土中,由于成桩的挤土效应而使土被挤密,从而增加桩的侧阻力,在饱和软黏土中打入较多的挤土桩则会引起超净孔隙水压力,从而降低桩的承载力,并且随着地基土的固结沉降还会发生负摩擦力。

桩所承受的力最终将传递到地基土中。端承桩桩上的力通过桩身直接传递到桩端土层上,若该土层较坚硬,桩端承压的面积很小,各桩端的压力基本不会彼此影响,如图 4-14(a)所示。此时各桩的沉降基本相同,故群桩的承载力等于单桩的承载力之和。摩擦型桩通过桩侧面的摩擦力将竖向力传递给周围土体然后再传递到桩端土层上,如图 4-14 中的阴影部分所示。当桩数少,并且桩距 S_a 较大时,如 $S_a>6d$(d 为桩径),桩端平面处各桩传来的压力互不重叠或重叠较少,如图 4-14(b)所示,此时群桩中的桩体工作状态类似单桩。当桩数较多、桩距较小时,如 $S_a=(3\sim4)d$ 时,桩端处地基中各桩传来的压力相互重叠,如图 4-14(c)所示,使得桩端处的压力比单桩工作时要大,荷载作用面积加宽,并影响深度。其结果一方面使桩端持力层总应力超过土层承载力;另一方面由于附加应力数值加大,范围加宽、加深而使群桩基础的沉降量大于单桩基础的沉降量,尤其是桩端持力层下存在高压缩性土层时,如图 4-14(d)所示,则可能由于沉降控制明显减小桩的承载力。对于端承摩擦桩及摩擦端承桩，群桩摩擦力的扩散和相邻桩的端承压力，使每个桩端底面的外侧附加应力增大，故会提高单桩承载力。

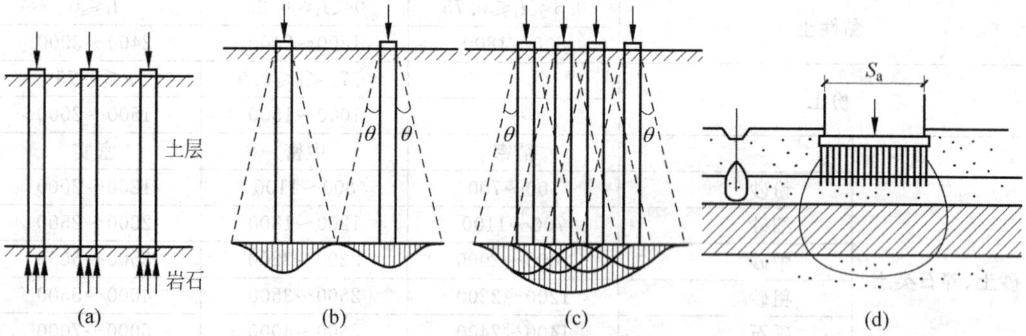

图 4-14 群桩效应

其次，承台在群桩基础中也起着重要作用。承台与桩间土直接接触，在竖向压力作用下承台发生向下位移，桩间土表面承压，分担了作用于桩上的荷载。但在以下几种情况下承台与土可能分开或不能紧密接触：①桩基础承受动力荷载如铁路桥梁；②承台下存在可能出现负摩擦力的土层如湿陷性黄土；③在饱和软黏土中沉入密集的群桩引起超净孔隙水压力和土体隆起，随后桩间土逐渐固结而下沉的情况。但因工程安全考虑一般不考虑承台下桩间土的承载力。

最后，在承台底部，由于土、桩、承台三者有基本相同的位移，因而减小了桩与土之间的相对位移，使桩顶部的侧阻力不能正常发挥。承台底面向地面施加的竖向附加应力，使桩的侧阻力和端阻力增加。由刚性承台连接群桩可起调节各桩受力的作用。在中心荷载作用下各桩分担的竖向力并不相等，一般是角桩的受力分配大于边桩的，边桩的大于中心桩的，呈马鞍形分布。群桩基础增加了基础的整体性，提高了桩基础的总体可靠度。

群桩基础有些是有利的、有些是不利的，这与群桩基础的土层分布和各土层的性质、桩距、桩数、桩的长径比等诸多因素有关。用以度量群桩承载力因群桩效应而降低或提高的幅度的系数叫做群桩效应系数 η_p，具体公式为

$$\eta_p = \frac{\text{群桩基础承载力}}{\text{组成群桩基础的各单桩承载力之和}}$$

η_p 值受上述各因素的影响，在砂土、长桩、大间距情况下，η_p 值大一些。在《桩基规范》中有详细规定，但在工程中 η_p 通常取 1.0。

4.4.5 桩的竖向承载力验算

1. 桩顶作用效应计算

对于一般建筑物和受水平力较小的高层建筑群桩基础，假定承台为刚性板，并且反力线呈线性分布，可计算柱、墙、核心筒群桩中桩基或复合桩基的桩顶作用效应如图 4-15 所示。

轴心竖向力作用下

$$N_k = \frac{F_k + G_k}{n} \tag{4-16}$$

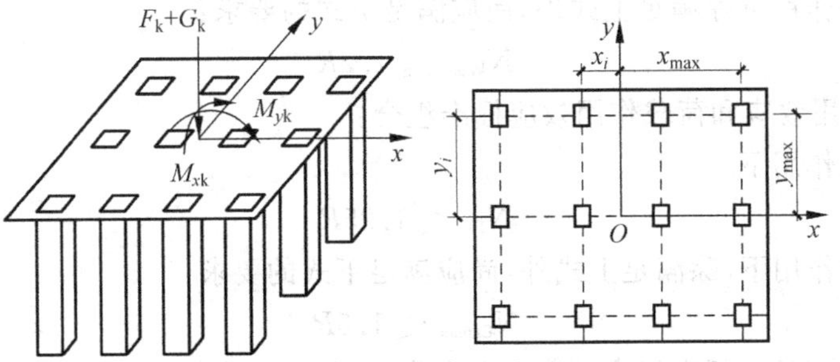

图 4-15　桩基的桩顶效应计算简图

偏心竖向力作用下

$$N_{ik}=\frac{F_k+G_k}{n}\pm\frac{M_{xk}y_i}{\sum\limits_{j=1}^{n}y_j^2}\pm\frac{M_{yk}x_i}{\sum\limits_{j=1}^{n}x_j^2} \tag{4-17}$$

式中：F_k——荷载效应标准组合下，作用于承台顶面的竖向力；

G_k——桩基承台和承台上土自重标准值，对稳定的地下水位以下部分应扣除水的浮力；

N_k——荷载效应标准组合轴心竖向力作用下，基桩或复合基桩的平均竖向力；

N_{ik}——荷载效应标准组合偏心竖向力作用下，第 i 基桩或复合基桩的竖向力；

M_{xk}，M_{yk}——荷载效应标准组合下，作用于承台底面，绕通过桩群形心的 x、y 主轴的力矩；

x_i，x_j，y_i，y_j——第 i、j 基桩或复合基桩至 y、x 轴的距离；

n——桩基中的桩数。

当作用于桩基上的外力主要为水平力时，应对桩基的水平承载力进行验算。在由相同截面桩组成的桩基础中，可假设各桩所受的水平力 H_{ik} 相同，即

$$H_{ik}=\frac{H_k}{n} \tag{4-18}$$

式中：H_k——荷载效应标准组合下，作用于桩基承台底面的水平力。

主要承受竖向荷载的抗震设防区低承台桩基，在满足下列条件时，桩顶作用效应计算可不考虑地震作用：①按现行国家标准《建筑抗震设计规范》(GB 50011—2010)(简称《抗震规范》)规定可不进行桩基抗震承载力验算的建筑；②建筑场地位于建筑抗震有利地段。

属于下列情况之一的桩基，计算各桩基的作用效应、桩身内力、位移时宜考虑承台与桩基协同工作和土的弹性抗力作用：①位于 8 度和 8 度以上的抗震设防区的建筑，当其桩基承台刚度较大或由于上部结构与承台协同作用能增强承台的刚度时；②其他受较大水平力的桩基。

2. 桩基竖向承载力计算

(1) 荷载效应组合标准

轴心竖向力作用下

$$N_k\leqslant R \tag{4-19}$$

偏心竖向力作用下除满足上式外，尚应满足下式的要求：

$$N_{kmax} \leqslant 1.2R \tag{4-20}$$

(2) 地震作用效应和荷载作用效应标准组合：

轴心竖向力作用下

$$N_{Ek} \leqslant 1.25R \tag{4-21}$$

偏心竖向力作用下，除满足上式外，尚应满足下式的要求：

$$N_{Ekmax} \leqslant 1.5R \tag{4-22}$$

式中：N_k——荷载效应标准组合轴心竖向力作用下，基桩或复合基桩的平均竖向力；

N_{kmax}——荷载效应标准组合偏心竖向力作用下，桩顶最大竖向力；

N_{Ek}——地震作用效应和荷载效应标准组合下，基桩或复合基桩的平均竖向力；

N_{Ekmax}——地震作用效应和荷载效应标准组合下，基桩或复合基桩的最大竖向力；

R——基桩或复合基桩竖向承载力特征值。

3. 软弱下卧层验算

桩距不超过 $6d$ 的群桩基础，当桩端平面以下软弱下卧层承载力与桩端持力层承载力相差过大(超过持力层承载力的 1/3)且荷载引起的局部承载力超出其承载力过多时，将会挤出软弱下卧层，引起桩基倾斜，或整体失稳。按式(4-23)验算软弱下卧层的承载力(见图 4-16)：

$$\sigma_z + \gamma_m Z \leqslant f_{az}$$

$$\sigma_z = \frac{(F_k + G_k) - 3/2(A_0 + B_0)\sum q_{sik} l_i}{(A_0 + 2t\tan\theta)(B_0 + 2t\tan\theta)} \tag{4-23}$$

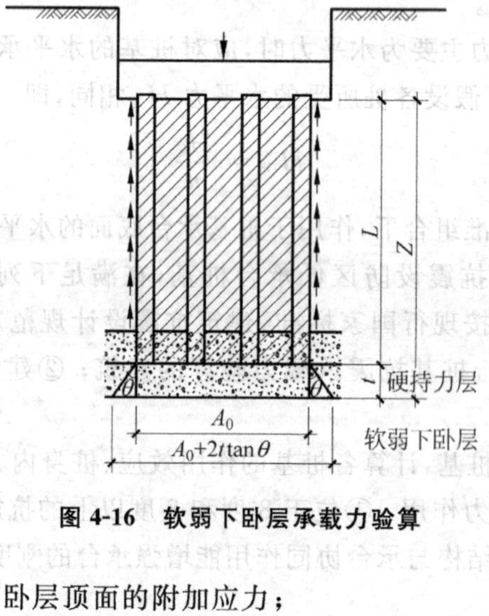

图 4-16 软弱下卧层承载力验算

式中：σ_z——作用于软弱下卧层顶面的附加应力；

γ_m——软弱层顶面各土层重度(地下水位以下扣除浮力)按厚度加权平均值；

f_{az}——软弱下卧层经深度 z 修正的地基承载力特征值；

A_0, B_0——桩群外缘矩形底面的长、短边边长；

q_{sik}——桩周第 i 层土的极限侧阻力标准值，无经验时按表 4-4 取值；

θ——桩端硬持力层压力扩散角，按表 4-8 取值。

表 4-8　桩端硬持力层压力扩散角

E_{s1}/E_{s2}	$t=0.25B_0$	$t\geqslant 0.5B_0$	E_{s1}/E_{s2}	$t=0.25B_0$	$t\geqslant 0.5B_0$
1	4°	12°	5	10°	25°
3	6°	23°	10	20°	30°

注：1. E_{s1}、E_{s2}分别为硬持力层、软弱下卧层的压缩模量；

2. 当 $t<0.25B_0$ 时 $\theta=0°$，必要时可通过试验确定，当 $0.25B_0<t<0.5B_0$ 时，内插法取值。

验算过程中应注意以下几点：

(1) 验算范围。规定在桩端以下受力层范围内存在低于持力层承载力 1/3 的软弱下卧层时进行验算。

(2) 传递至桩端平面的荷载按扣除实体基础外表面总极限侧阻力的 3/4 计算。因为在软弱下卧层进入临界状态前侧阻力平均值已接近极限值。

(3) 桩端荷载扩散。持力层刚度越大则扩散角越大，这里的压力扩散角与《基础规范》一致。

(4) 软弱下卧层承载力只进行深度修正。下卧层受压区应力分布不均匀，呈现内大外小，故不做宽度修正。考虑承台底面以上土体已挖除，故修正深度从承台底部计算至软弱下卧层顶面。一般深度修正系数取 1.0。

4.5　桩的抗拔力与负摩擦力

一般的竖向受压桩都是桩在竖向荷载下相对于桩周土有向下的相对位移，桩周土则对桩身作用向上的摩阻力，但有时会发生相反的情况，这就是抗拔桩和发生负摩擦力的工作状态。

4.5.1　单桩抗拔承载力

埋置较深的轻型建(构)筑物、有抗浮要求的地下结构、受到较大倾覆力矩的高大建(构)筑物，桩经常会发生部分或全部承受上拔力，此时需要验算桩的抗拔承载力。

单桩抗拔力主要取决于桩身材料强度、土的性质、桩侧抗拔阻力和桩身自重等。当桩受到上拔力时，桩相对于土产生向上的位移，则桩周土的受力状态、应力传递路径和土的变形都与承压桩不同。而且抗拔的摩阻力一般较抗压的摩阻力小，在砂土中尤为明显。但在饱和黏土中，较快的上拔在土中会产生较大的负超静孔隙水压力，但负超静孔隙水压力会随着时间而消散，且可靠性不高，因此一般不做计算。

在上拔力作用下桩基受拔破坏模式有两种情况，可能会发生全部单桩都被单个拔出或连同桩间土群桩整体受拔出破坏情况，这取决于哪种情况提供的总抗力较小。

由于目前对桩的抗拔研究不够充分，对于甲级、乙级建筑物，现场试桩是确定单桩抗拔承载力最有效的方法。对群桩基础及设计等级为丙级的建筑桩基，基桩的抗拔极限承载力取值可按下列规定计算。

(1) 群桩基础呈非整体破坏时，基桩的抗拔极限承载力标准值 T_{uk} 为

$$T_{uk}=\sum_{i=1}^{n}\lambda_i q_{sik}u_i l_i \tag{4-24}$$

式中：λ_i——第 i 层土的抗拔系数，可参考表 4-9 取值；

u_i——桩身周长，对于等直径桩，$u_i=\pi d$；对于扩底桩，可参考表 4-10 取值；

q_{sik}——桩侧第 i 层土抗压极限侧阻力标准值，可按表 4-4 取值。

表 4-9 抗拔系数 λ

土类	砂土	黏性土、粉土
λ	0.50～0.70	0.70～0.80

注：桩长 L 与桩径 d 之比小于 20 时，λ 取小值。

表 4-10 扩底桩破坏表面周长 u_i

自桩底起算长度 l_i	$\leqslant(4\sim10)d$	$>(4\sim10)d$
u_i	πD	πd

注：1. d 为桩径，D 为扩底部分桩径；

2. l_i 对于软土取低值，对于卵石、砾石取高值，l_i 取值按内摩擦角增大而增大。

单桩的抗拔验算可用式(4-25)进行：

$$N_k\leqslant T_{uk}/2+G_p \tag{4-25}$$

式中：N_k——按荷载效应标准组合计算的基桩拔力；

G_p——基桩自重，地下水位以下取浮重度。

(2) 当群桩整体破坏时，基桩的抗拔极限承载力标准值 T_{gk} 可按下式计算：

$$T_{gk}=\frac{1}{n}u\sum_{i=1}^{n}\lambda_i q_{sik}l_i \tag{4-26}$$

式中：u——群桩的外围周长；

n——总桩数。

这时单桩的抗拔验算可用下式进行：

$$N_k\leqslant T_{gk}/2+G_{gp} \tag{4-27}$$

式中：N_k——按作用标准组合效应计算的单桩拔力；

G_{gp}—群桩基础所包围的体积的桩土总自重除以总桩数 n，地下水位扣除浮力。

4.5.2 桩的负摩擦力

1. 负摩擦力的概念和形成

在桩顶竖向荷载作用下，桩相对于桩侧土体产生向下的位移，土对桩作用向上的摩擦力，组成了承压桩承载力的一部分，称为正摩擦力。

但是由于某些原因，桩侧土体发生下沉，使周围土体向下的位移量大于桩本身向下的位移量，土对桩作用向下的摩擦力，称为负摩擦力。桩身受到负摩擦力作用时，相当于在桩身上施加了一个竖直向下的荷载，减少了受压桩的承载力，从而使桩身的轴力加大，并可能导致过量的沉降，当桩周土层产生的沉降超过基桩的沉降量时，在计算基桩承载力时应计入并进行验算负摩擦力。

产生负摩擦力的原因有多种，如：

(1) 大面积的堆载使桩周土压密，例如仓库中大面积堆载(见图 4-17(a))；

(2) 桩端支承于较坚硬的土层上，桩身位于欠固结软黏土或新填土层，土在重力作用下固结沉降；

(3) 由于地下水位下降(例如长期抽取地下水)，使桩周土有效应力增加，引起大面积沉降(见图 4-17(b))；

(4) 自重湿陷性黄土浸水湿陷，冻土融陷；

(5) 打桩时孔隙水压力剧增，桩周围土的结构破坏而重塑和固结下沉(见图 4-17(c))。

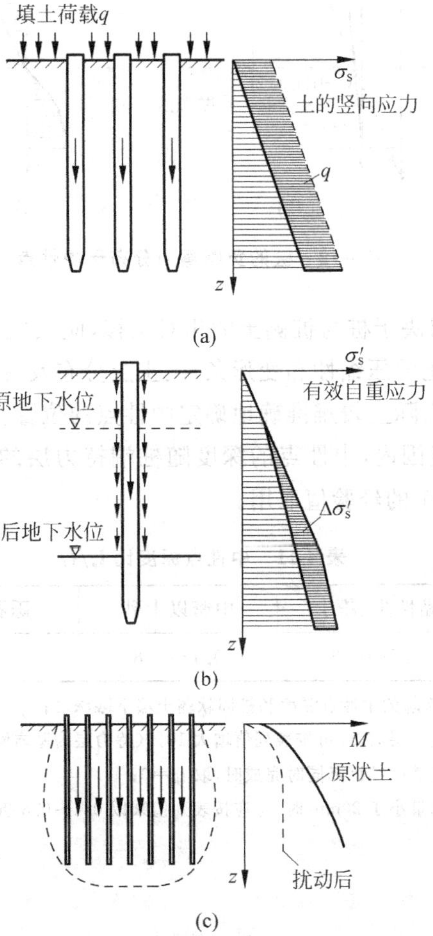

图 4-17 几种产生负摩擦力的情况

2. 负摩擦力的分布

了解桩身上负摩擦力的分布特征，首先应知道桩身与桩周土的相对位移之间的关系，一般除支承在基岩上的非长桩以外，沿桩身并不一定全部分布着负摩擦力。

图 4-18(b)中 ab 线为不同深度的位移曲线，其中 S_e 表示地面土的沉降量；cd 线为桩身各截面位移曲线，可以看出 ab 线与 cd 线的交点为 O，在 O 点处桩与桩周土位移相等，没有相对位移及摩擦力的作用，称 O 点为中性点。在中性点以上，土层产生相对于桩身的向下位移，是负摩擦区；在中性点以下，桩身各点向下的位移大于土的下沉量，因而是正摩擦区。

中性点是正负摩擦分界点，因而它是桩轴力的最大点，见图 4-18(d)。作用于桩侧负摩擦力的分布如图 4-18(c)所示。

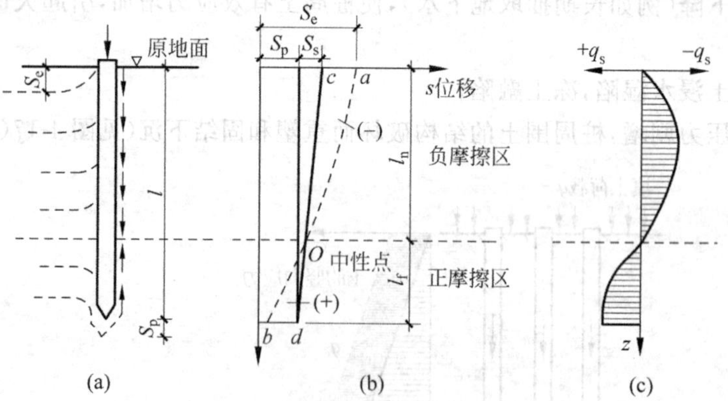

图 4-18　桩的负摩擦力分布于中性点

中性点深度 l_n 主要取决于桩与桩侧土的相对位移，应按桩周土层沉降与桩沉降相等的条件计算确定，且与桩周土的压缩性和变形条件、土层分布及桩的刚度等条件有关。但影响中性点位置的因素较多，实际上较难准确地确定中性点的位置。

在可压缩土层 l_0 的范围内，中性点的深度随桩端持力层的强度和刚度的增大而增加，其深度比 l_n/l_0 可按表 4-11 的经验值取用。

表 4-11　中性点深度比 l_n/l_0

持力层性质	黏性土、粉土	中密以上砂	砾石、卵石	基岩
中性点深度比 l_n/l_0	0.5～0.6	0.7～0.8	0.9	1.0

注：1. l_n、l_0 分别为自桩顶算起的中性点深度和桩周软弱土层下限深度；
2. 桩穿过自重湿陷性黄土层时，l_n 可按表列值增大 10%(持力层为基岩除外)；
3. 当桩周土层固结与桩基固结沉降同时完成时，取 $l_n=0$；
4. 当桩周土层计算沉降量小于 20mm 时，l_n 应按表列值乘以 0.4～0.8 折减。

3. 负摩擦力的计算

目前，有很多计算负摩擦力的公式方法，但影响桩身负摩擦力的因素很多(地面堆载的大小与范围、地下水降低的幅度与范围、桩的类型与成桩工艺等)，因此精确计算负摩擦力比较困难。多数学者认为桩侧摩擦力大小与桩侧有效应力有关，根据大量试验及工程实测表明，贝伦(L. Bjerrum)提出的“有效应力法”与实际情况较为接近，因此我国的《桩基规范》也用该方法计算负摩擦力的标准值：

$$q_{si}^{n} = \xi_{ni}\sigma'_i \tag{4-28}$$

式中：q_{si}^{n}——第 i 层土桩侧负摩擦力标准值，计算值大于正摩擦力标准值时，取正摩擦力标准值进行设计；

σ'_i——桩周第 i 层土平均竖向有效应力(kPa)；

ξ_{ni}——桩周第 i 层土负摩擦力因数，与土的类别和状态有关，可参考表 4-12。

表 4-12 负摩擦力因数 ξ_n

土类	饱和软土	黏性土、粉土	砂土	自重湿陷性黄土
ξ_n	0.15～0.25	0.25～0.4	0.35～0.50	0.20～0.35

注：1. 在同一类土中，对于挤土桩，取表中较大值，对于非挤土桩，取表中较小值；

2. 填土按其组成取表中同类土的较大值。

桩周土沉降可能引起桩侧负摩擦力时，应根据工程具体情况考虑负摩擦力对桩基承载力和沉降的影响；当缺乏可参照的工程经验时，可按下列规定验算。

(1) 对于摩擦型基桩可取桩身计算中性点以上侧阻力为零，并可按下式验算基桩承载力：

$$N_k \leqslant R_a \tag{4-29}$$

(2) 对于端承型基桩除应满足上式要求外，尚应考虑负摩擦力引起基桩的下拉荷载 Q_g^n，并可按下式验算基桩承载力：

$$N_k + Q_g^n \leqslant R_a \tag{4-30}$$

式中：竖向承载力特征值 R_a 只计中性点以下部分侧阻值及端阻值。

(3) 当土层不均匀或建筑物对不均匀沉降较敏感时，尚应将负摩擦力引起的下拉荷载计入附加荷载验算桩基沉降。

4. 减小摩擦力的工程措施

负摩擦力的存在减少了受压桩的承载力，增加了桩上竖直向下荷载，在设计桩时可采取一些措施避免或减小负摩擦力。对于预制混凝土桩和钢桩，在液化土层、欠固结土层、地下水位变动范围及受地面堆载影响发生沉降的土层中，一般喷涂软沥青层来减小负摩擦力，需注意桩侧正摩擦力部分不要涂层。涂层宜采用软化点较低的沥青；对于灌注桩，浇筑混凝土之前可在孔壁铺设塑料薄膜，在桩身与孔壁之间形成可自由滑动的塑料薄膜隔离层或采用高稠度膨润土泥浆填充预制桩段外围形成隔离层。

4.6 桩的水平承载力

在民用建筑工程中，大多数桩基以承受竖向压荷载为主，但有时也要承受一定的水平荷载。作用在桩基础上的水平荷载包括：长期作用的水平荷载，如上部结构传递的水平荷载；反复作用的水平荷载，如风力、波浪力等水平荷载和地震作用所产生的水平力。

由于大多数情况下水平荷载不大，当水平荷载和竖向荷载的合力与竖直线的夹角不超过5°时，竖直桩的水平承载力能够满足设计要求，为了施工便利，往往采用竖直桩同时抵抗水平力，所以下面仅讨论竖直桩在水平荷载下的情况及承载力。

4.6.1 桩在水平荷载作用下的工作性状

在水平荷载作用下桩发生变位并挤压桩周土，促使桩周土发生变形而产生水平抗力。当水平荷载较小时，由靠近地面部分的土提供水平抗力，桩周土主要是弹性压缩变形，随着水平荷载的增大，桩的变形也不断增加，地表土逐步产生塑性屈服，从而使水平荷载传递到更深土层。当变形增大到允许的极限程度或者桩周土失稳时，就达到了桩的水平极限承载能力。所以在水平荷载作用下桩的工作性状取决于桩土的相互作用。

与竖向抗压承载力一样，单桩水平承载力，也应满足如下三个要求：

(1) 桩周土不会丧失稳定；

(2) 桩身不会发生断裂破坏；

(3) 建筑物不会因桩顶水平位移过大而影响正常使用。

能否满足要求取决于桩周土质条件、桩入土深度、桩的截面刚度、桩的材料强度以及建筑物的性质等因素。土质越好，桩入土越深，土的水平抗力越大，桩的材料强度越高，桩的水平承载力也就越高。另外，还有桩顶的嵌固条件和群桩中各桩的相互影响等因素。

图 4-19 所示为不同类型的桩在有无桩顶嵌固条件下变形与破坏性状的示意图。当桩较短或桩周土比较软弱时，桩相对于土的刚度很大，属于刚性桩。由于刚性桩的桩身不会发生挠曲变形，桩端不能很好嵌固于土中，所以桩顶自由端绕桩端一点作刚体转动，而有刚性承台约束时，桩顶不能转动，只能平移，在同样的水平荷载下，它使承台的水平位移减小，而使桩顶的弯矩加大。半刚性和柔性桩的桩土相对刚度低，在水平荷载作用下桩身发生挠曲变形，桩端能很好地嵌固于土中而不能转动，随着水平荷载的增加，屈服区向下发展，最大弯矩截面也因上部土抗力减小向下部转移，一般半刚性桩有一个位移零点，柔性桩有两个以上位移零点和弯矩零点。

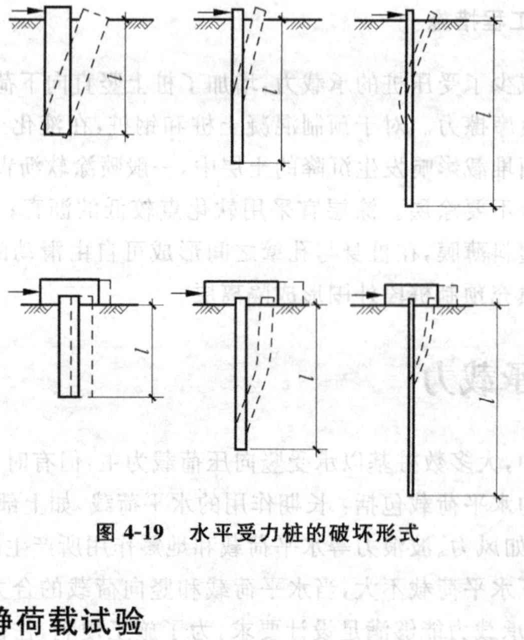

图 4-19　水平受力桩的破坏形式

4.6.2　单桩水平静荷载试验

在现场条件下，通过单桩静荷载试验确定单桩水平承载力的特征值最为真实，图 4-20 为试验的示意图。首先，在现场制作两根相同的试桩，用水平放置的千斤顶对两根试桩同时加载。宜采用多循环加卸载法，以便与桩基所承载的瞬时、反复的水平荷载情况一致；对于受长期水平荷载的桩基，也可采用慢速加载法进行试验。

每级的加载增量取单桩预估水平极限承载力的 1/10～1/15，每级荷载施加后，保持恒载 4min 测读水平位移，然后卸载到零，停 2min 测读残余水平位移，每级各加卸载 5 次，至此完成一个加卸载循环。然后再进行下一级荷载的试验，如此循环共进行 10～15 级荷载的测试。试验不得中途停顿，直至出现桩身断裂、地表出现明显裂缝和隆起、水平位移急剧增加、桩顶水平位移超过 30～40mm 时，可终止试验。

根据水平载荷试验记录，可绘制出水平荷载-时间-位移（H_0-t-x_0）曲线，可取该曲线明显陡降的前一级荷载为极限荷载 H_u（见图 4-21）。如果没有明显的陡变和断桩，可取水平力-位移梯度（H_0-$\Delta X_0/\Delta H_0$）曲线第二直线段的终点荷载为极限荷载（见图 4-22）。

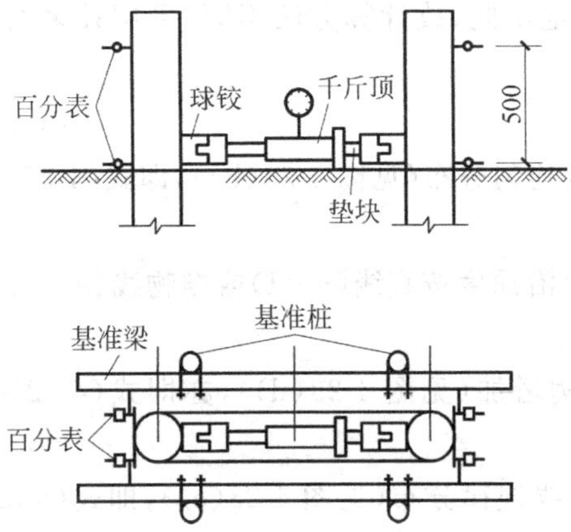

图 4-20　单桩静力水平载荷试验

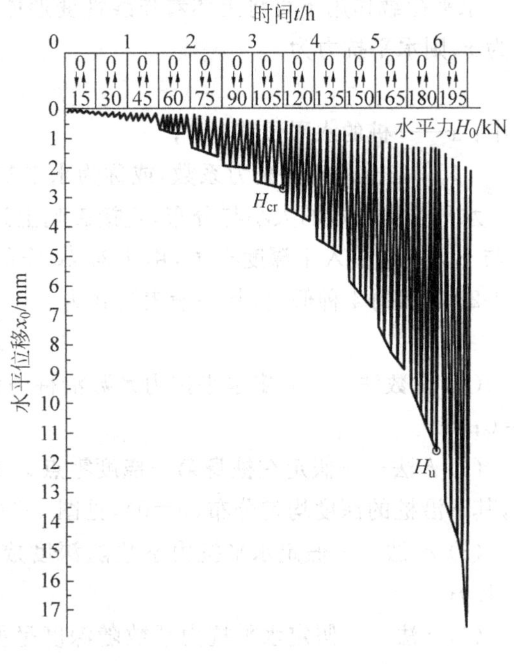

图 4-21　单桩水平静载荷试验 H_0-t-x_0 曲线

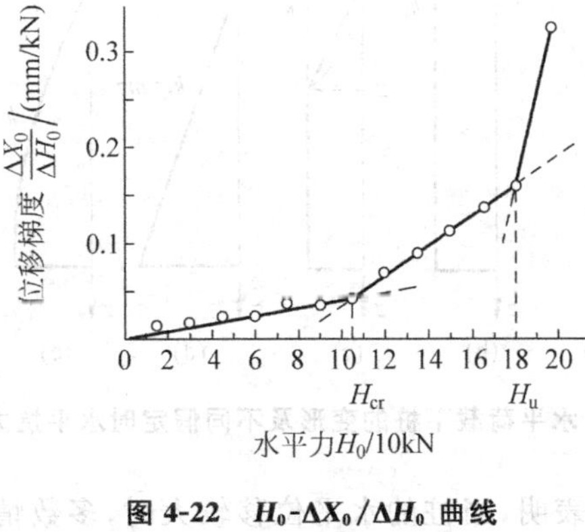

图 4-22　H_0-$\Delta X_0/\Delta H_0$ 曲线

对于钢筋混凝土预制桩、钢桩、桩身正截面配筋率不小于 0.65%的灌注桩，可根据静载试验结果取地面处水平位移为 10mm（对于水平位移敏感的建筑物取水平位移 6mm）所对应的荷载的 75%为单桩水平承载力特征值。对于桩身配筋率小于 0.65%的灌注桩，可取单桩水平静载试验的临界荷载的 75%为单桩水平承载力特征值。

4.6.3 弹性长桩在水平荷载作用下的理论分析

弹性长桩在水平荷载作用下的理论分析计算方法主要有地基反力系数法、弹性理论法等，目前常用的是地基反力系数法。文克尔地基模型把受水平荷载的单桩看作弹性地基中的竖直梁，研究在横向荷载和桩侧土抗力共同作用下桩的挠度曲线(见图 4-23(a))，通过求解挠度曲线微分方程，可求出桩身各截面的弯矩、剪力和桩的水平承载力。

水平荷载作用下可将土体看作线性变形体，假定单桩沿深度 z 处在水平方向产生的位移为 x，则水平抗力为

$$p_x = k_h x \tag{4-31}$$

式中：x——桩的水平位移(m)；

k_h——土的水平抗力系数，或称为水平基床系数(kN/m^3)。

水平抗力系数的大小与分布，直接影响上述方程的求解、截面的内力及桩身变形计算，k_h 与土类别和桩入土深度有关，由于对 k_h 作的假定不同，故计算方法不同，采用较多的是图 4-23 所示的 4 种假定，其一般表达式为

$$k_h = mz^n \tag{4-32}$$

(1) 常数法——假定水平抗力系数沿桩的深度均匀分布(见图 4-23(b))，即式(4-32)中 $n=0$；

(2) k 法——假定在桩身第一挠度零点 z_t 以上沿深度按直线($n=1$)或抛物线($n=2$)变化，其下沿桩的深度均匀分布($n=0$)，见图 4-23(c)。

(3) m 法——假定水平抗力系数随深度成比例增加(见图 4-23(d))，亦即式(4-32)中 $n=1.0$；

(4) c 法——假定水平抗力系数随深度呈抛物线规律分布(见图 4-23(e))，即式(4-32)中 $n=0.5$。

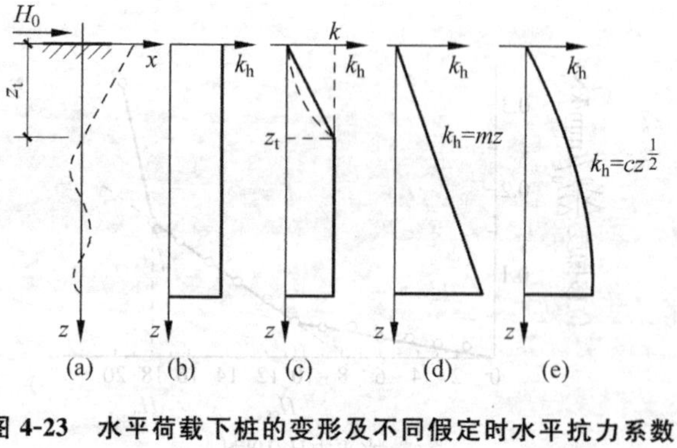

图 4-23 水平荷载下桩的变形及不同假定时水平抗力系数

大量现场实测数据资料表明，当桩的水平位移较大时，多数情况下 m 法的计算结果较为接近实际，在我国 m 法应用的也比较多。

1. m 法

桩侧土水平抗力系数的比例系数 m，宜通过单桩水平静载试验确定，当无静载试验资料时，可按表 4-13 取值。

表 4-13 地基土水平抗力系数的比例系数 m 值

序号	地基土类别	预制桩、钢桩		灌注桩	
		$m/(\mathrm{MN/m^4})$	相应单桩在地面处水平位移/mm	$m/(\mathrm{MN/m^4})$	相应单桩在地面处水平位移/mm
1	淤泥；淤泥质土；饱和湿陷性黄土	2～4.5	10	2.5～6	6～12
2	流塑($I_1>1$)、软塑($0.75<I_1\leqslant1$)状黏性土；$e>0.9$粉土；松散粉细砂；松散、稍密填土	4.5～6.0	10	6～14	4～8
3	可塑($0.25<I_1\leqslant0.75$)状黏性土、湿陷性黄土；$e=0.75\sim0.9$粉土；中密填土；稍密细砂	6.0～10	10	14～35	3～6
4	硬塑($0<I_1\leqslant0.25$)、坚硬($I_1\leqslant0$)状黏性土、湿陷性黄土；$e<0.75$粉土；中密的中粗砂；密实老填土	10～22	10	35～100	2～5
5	中密、密实的砾砂、碎石类土			100～300	1.5～3

注：1. 当桩顶水平位移大于表列数值或灌注桩配筋率较高(≥0.65%)时，m 值应适当降低；当预制桩的水平向位移小于10mm时，m 值可适当提高；
2. 当水平荷载为长期或经常出现的荷载时，应将表列数值乘以0.4降低采用。

单桩在水平荷载作用下所引起的桩周土的抗力，不仅分布于荷载作用的平面内，还受桩截面影响，计算时简化为平面受力，桩的计算宽度 b_0 见表 4-14。

表 4-14 桩身截面计算宽度 b_0

截面宽度 b 或直径 d/m	圆桩	方桩
>1	$0.9(d+1)$	$b+1$
$\leqslant1$	$0.9(1.5d+0.5)$	$1.5b+0.5$

2. 单桩挠度曲线微分方程

将 $n=1$ 代入式(4-32)，已知单桩桩顶作用荷载为水平荷载 H_0，弯矩为 M_0，则得到微分方程

$$\frac{\mathrm{d}^4x}{\mathrm{d}z^4}+\frac{mb_0}{EI}zx=0 \tag{4-33}$$

根据式

$$\alpha=\sqrt[5]{mb_0/EI} \tag{4-34}$$

α 为桩的水平变形系数，单位为 $\mathrm{m^{-1}}$，则式(4-33)变成

$$\frac{\mathrm{d}^4x}{\mathrm{d}z^4}+\alpha^5zx=0 \tag{4-35}$$

代入边界条件，求解得到完全埋置桩沿桩身 z 的水平土压力、各截面的内力和变形，其简化表达式如下。

位移：

$$x_z=\frac{H_0}{\alpha^3EI}A_x+\frac{M_0}{\alpha^2EI}B_x \tag{4-36}$$

转角：

$$\varphi_z = \frac{H_0}{\alpha^2 EI}A_\varphi + \frac{M_0}{\alpha EI}B_\varphi \tag{4-37}$$

弯矩：

$$M_z = \frac{H_0}{\alpha}A_M + M_0 B_M \tag{4-38}$$

剪力：

$$V_z = H_0 A_V + \alpha M_0 B_V \tag{4-39}$$

土抗力：

$$p_{x(z)} = \frac{1}{b_0}(\alpha H_0 A_p + \alpha^2 M_0 B_p) \tag{4-40}$$

对弹性长桩，式中 A_x、B_x，A_φ、B_φ，A_V、B_V，A_p、B_p 均可从系数表中查出，其中 $\alpha z=\bar{h}$，称为折算深度。按上式可计算并绘出单桩的水平土压力、内力和变形随深度的分布，如图 4-24 所示。

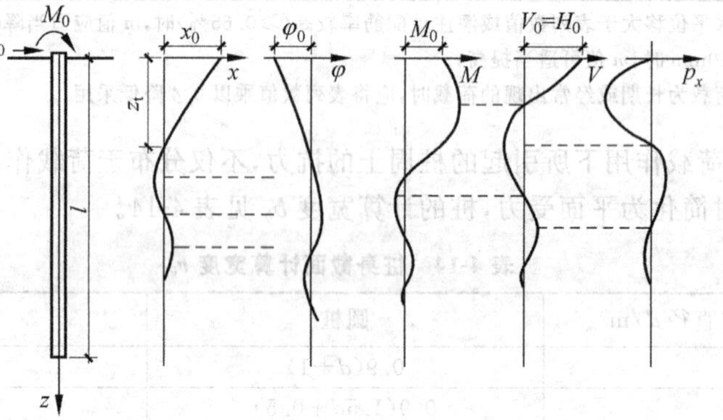

图 4-24 水平荷载下弹性长桩的内力与变形

3. 桩顶的水平位移 x_0

桩顶水平位移是控制单桩横向承载力的主要因素，可从系数表中查出折算深度 $\alpha z=\bar{h}=0$ 时的 A_x 和 B_x 值，代入式(4-35)求得的位移 $x_z=0$ 就是弹性长桩的水平位移；对于弹性中长桩($2.5<\alpha l<4$)及刚性短桩($\alpha l<2.5$)的情况，可由表 4-15 根据 αl 及桩端支承条件查得桩顶处的位移系数 A_x 和 B_x，代入式(4-35)，即可计算桩顶的水平位移。

表 4-15 各类桩的桩顶位移系数 $A_x(z=0)$ 和 $B_x(z=0)$

αl	桩端支撑在土上		桩端支撑在岩石上		桩端嵌固在岩石中	
	$A_x(z=0)$	$B_x(z=0)$	$A_x(z=0)$	$B_x(z=0)$	$A_x(z=0)$	$B_x(z=0)$
0.5	72.004	192.026	48.006	96.037	0.042	0.125
1.0	18.030	24.106	12.049	12.149	0.329	0.494
1.5	8.101	7.349	5.498	3.889	1.014	1.028
2.0	4.737	3.418	3.381	2.081	1.841	1.468
3.0	2.727	1.758	2.406	1.568	2.385	1.586
≥4.0	2.441	1.621	2.419	1.618	2.401	1.600

4. 桩身最大弯矩及其位置

为进行配筋计算，设计受水平荷载桩时需要确定桩身最大弯矩的大小及位置，当配筋率较小时，桩身能承受的最大弯矩决定了桩的水平承载力。

最大弯矩点的深度 z_0 的位置为

$$z_0 = \frac{\bar{h}_0}{\alpha} \tag{4-41}$$

式中：$\bar{h}_0$——最大弯矩点的折算深度，对弹性长桩，可在表 4-16 中，通过系数 C_{I} 查得 $\bar{h}_0$。

$$C_{\mathrm{I}} = \alpha \frac{M_0}{H_0} \tag{4-42}$$

最大弯矩值可用下式计算：

$$M_{\max} = C_{\mathrm{II}} M_0 \tag{4-43}$$

对于弹性长桩，式中系数 C_{II} 也可从表 4-16 中查得。

表 4-16 计算最大弯矩位置及弯矩系数 C_{I} 和 C_{II} 的值

$\bar{h}_0=\alpha z_0$	C_{I}	C_{II}	$\bar{h}_0=\alpha z_0$	C_{I}	C_{II}
0.0	∞	1.000	0.9	1.238	1.441
0.1	131.252	2.001	1.0	0.824	1.728
0.2	34.182	1.001	1.1	0.503	2.299
0.3	15.544	1.012	1.2	0.246	3.876
0.4	8.781	1.029	1.3	0.034	23.438
0.5	5.539	1.057	1.4	−0.145	−4.596
0.6	3.710	1.101	1.5	−0.299	−1.876
0.7	2.566	1.169	1.6	−0.434	−1.128
0.8	1.791	1.274	1.7	−0.555	−0.740
1.8	−0.665	−0.530	2.6	−1.420	−0.074
1.9	−0.768	−0.396	2.8	−1.635	−0.045
2.0	−0.862	−0.304	3.0	−1.893	−0.026
2.2	−1.048	−0.187	3.5	−2.994	−0.003
2.4	−1.230	−0.118	4.0	−0.045	−0.01

注：此表是根据 $\alpha l=4.0$ 的情况编制的，对 $\alpha l>4.0$ 也可使用。

4.7 桩基沉降计算

随着建筑物的规模和尺寸的增加以及对沉降变形要求的提高，以往以承载力计算作为桩基础设计主要控制条件的做法已经不能完全适应建筑地基基础设计的要求。《基础规范》中规定下列建筑物桩基应进行沉降计算：①地基基础设计等级为甲级的建筑物桩基；②体型复杂、荷载不均匀或桩端以下存在软弱土层的设计等级为乙级的建筑物桩基；③摩擦型桩基(包括摩擦桩和端承摩擦桩)。可见对于多数桩基还应以沉降作为一个控制条件，进行沉降计算。

4.7.1 桩基沉降变形控制指标

需要计算变形的建筑物，其桩基变形计算值不应大于桩基变形允许值。桩基沉降变形可用下列指标表示：

(1) 沉降量；

(2) 沉降差；

(3) 整体倾斜：建筑物桩基础倾斜方向两端点的沉降差与其距离之比值；

(4) 局部倾斜：墙下条形承台沿纵向某一长度范围内桩基础两点的沉降差与其距离之比值。

计算桩基沉降变形时，桩基变形指标应按下列规定选用。

(1) 由于土层厚度与性质不均匀、荷载差异、体型复杂、相互影响等因素引起的地基沉降变形，对于砌体承重结构应由局部倾斜控制。

(2) 对于多层或高层建筑和高耸结构应由整体倾斜值控制。

当其结构为框架、框架—剪力墙、框架—核心筒结构时，尚应控制柱(墙)之间的差异沉降。

4.7.2 建筑桩基沉降变形允许值

建筑物的桩基变形允许值如无当地经验时，应按表 4-17 的规定采用，对于表中未包括的建筑物桩基允许变形值，可根据上部结构对桩基变形的适应能力和使用上的要求确定。

表 4-17 建筑桩基沉降变形允许值

变形特征		允许值
砌体承重结构基础的局部倾斜		0.002
各类建筑相邻柱(墙)基的沉降差		
(1) 框架、框架-剪力墙、框架-核心筒结构		$0.002l_0$
(2) 砌体墙填充的边排柱		$0.0007l_0$
(3) 当基础不均匀沉降时不产生附加应力的结构		$0.005l_0$
单层排架结构(柱距为 6m)桩基的沉降量/mm		120
桥式吊车轨面的倾斜(按不调整轨道考虑)		
纵向		0.004
横向		0.003
多层和高层建筑的整体倾斜	$H_g \leqslant 24$	0.004
	$24 < H_g \leqslant 60$	0.003
	$60 < H_g \leqslant 100$	0.0025
	$H_g > 100$	0.002
高耸结构桩基的整体倾斜	$H_g \leqslant 20$	0.008
	$20 < H_g \leqslant 50$	0.006
	$50 < H_g \leqslant 100$	0.005
	$100 < H_g \leqslant 150$	0.004
	$150 < H_g \leqslant 200$	0.003
	$200 < H_g \leqslant 250$	0.002
高耸结构基础的沉降量/mm	$H_g \leqslant 100$	350
	$100 < H_g \leqslant 200$	250
	$200 < H_g \leqslant 250$	150
体型简单的剪力墙结构 高层建筑桩基最大沉降量/mm	—	200

注：l_0 为相邻柱(墙)两测点间距离，H_g 为自室外地面算起的建筑物高度(m)。

4.7.3 桩基沉降计算

群桩基础的沉降主要由桩间土的压缩变形和桩端平面以下土层受群桩荷载共同作用产生的整体压缩变形两部分组成。与浅基础沉降计算一样，桩基最终沉降计算应采用作用准永久组合的效应，计算的基本方法是基于土的单向压缩、均质各向同性和弹性假设的分层总和法。

目前在工程中应用较广泛的桩基沉降分层总和计算方法主要有两大类：一类是按实体深基础计算模型，采用弹性半空间表面荷载下布辛内斯克应力解计算附加应力，用分层总和法计算沉降；另一类是以半无限弹性体内部集中力作用下的明德林解为基础计算沉降。

下面分别介绍这两种应力解在桩基沉降计算中的应用。

1. 实体深基础法

实体深基础法适用于桩中心距不大于 6 倍桩径的桩基。《基础规范》推荐的群桩沉降计算方法，不考虑桩间土的压缩变形对沉降的影响，采用单向压缩分层总和法计算桩基的最终沉降量：

$$s = \psi_p \sum_{i=1}^{n} \frac{p_i h_i}{E_{si}} \tag{4-44}$$

式中：s——桩基最终计算沉降量(mm)；

n——计算分层数；

E_{si}——第 i 层土在自重应力至自重应力加上附加应力作用段的压缩模量(MPa)；

h_i——桩端平面下第 i 个分层的厚度(m)；

p_i——桩端平面下第 i 个分层土的竖向附加应力平均值(kPa)；

ψ_p——桩基沉降计算经验系数，可按不同地区当地实测资料统计对比确定，在不具备条件时，ψ_p 值可参考表 4-18 选用。

表 4-18 实体深基础法计算桩基沉降经验系数 ψ_p

$\bar{E}_s$/MPa	≤15	25	35	≥45
ψ_p	0.5	0.4	0.35	0.25

注：表内数值可以内插，$\bar{E}_s$ 为变形计算深度范围内压缩模量的当量值。

表中 $\bar{E}_s$ 可按式(4-45)计算：

$$\bar{E}_s = \frac{\sum A_i}{\sum \frac{A_i}{E_{si}}} \tag{4-45}$$

式中：A_i——第 i 层土附加应力系数沿土层厚度的积分值。

关于附加应力计算、沉降计算深度、计算分层等与浅基础沉降计算一样，也同样可以采用平均附加应力系数法计算，计算时需将浅基础的沉降计算经验系数 ψ_s 改为实体深基础的桩基沉降计算经验系数 ψ_p。

实体深基础桩端平面处的附加压力 p_0 可按下列方法考虑。

(1) 考虑扩散作用时

计算示意如图 4-25(a)所示，扩散角取桩所穿过各土层内摩擦角加权平均值的1/4，在桩

端平面处的附加压力 p_0 计算公式为

$$p_0=\frac{F+G_T}{\left(b_0+2l\times\tan\frac{\varphi}{4}\right)\left(a_0+2l\times\tan\frac{\varphi}{4}\right)}-p_c \tag{4-46}$$

式中：F——相应于准永久组合时作用在桩基承台顶面的竖向力(kN)；

G_T——实体深基础自重，包括承台自重、承台上土自重以及承台底面至实体深基础范围内的土重与桩重，一般取 $20kN/m^3$，在地下水位以下部分应扣除浮力(kN)；

a_0，b_0——群桩的外缘矩形面积的长、短边的长度(m)；

φ——桩所穿过土层的内摩擦角加权平均值(°)；

l——桩的入土深度(m)；

p_c——桩端平面上地基土的自重压力($l+d$ 深度)，在地下水位以下部分应扣除浮力(kPa)。

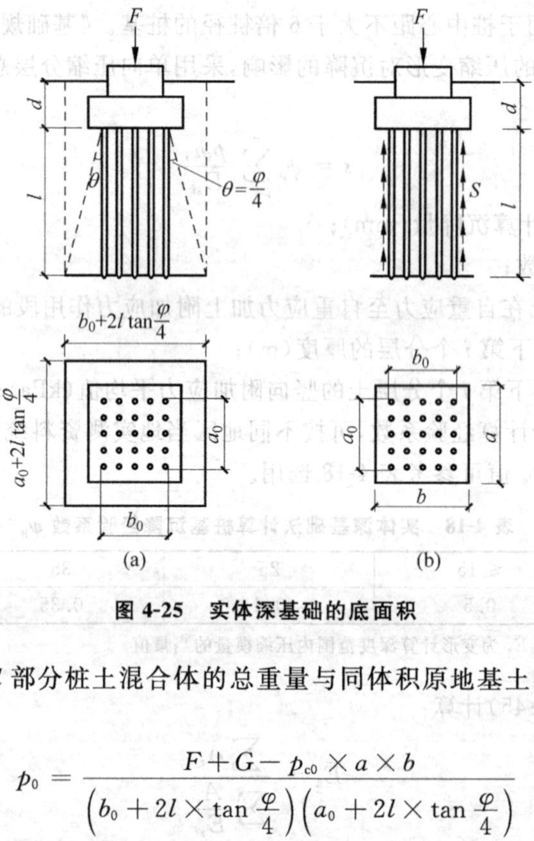

图 4-25 实体深基础的底面积

当忽略桩身长度 l 部分桩土混合体的总重量与同体积原地基土间总重量之差时，则可用式(4-47)近似计算：

$$p_0=\frac{F+G-p_{c0}\times a\times b}{\left(b_0+2l\times\tan\frac{\varphi}{4}\right)\left(a_0+2l\times\tan\frac{\varphi}{4}\right)} \tag{4-47}$$

式中：G——桩基承台自重及承台上土自重，可按 $20kN/m^3$ 计算，在地下水位以下部分应扣除浮力(kN)；

p_{c0}——承台底面高程处地基土的自重压力，在地下水位以下部分应扣除浮力(kPa)；

a，b——承台的长度和宽度(m)。

(2) 不考虑扩散作用时

另一种假想实体深基础沉降计算方法为扣除群桩的侧壁摩阻力法，如图 4-25(b)所示，此时桩端平面的附加压力 p_0 的计算公式为

$$p_0 = \frac{F+G-p_{c0}ab-(a_0+b_0)\sum q_{sik}h_i}{a_0 b_0} \tag{4-48}$$

式中：h_i——桩身所穿越的第 i 层土的厚度(m)；

q_{sik}——桩身所穿越的第 i 层土的极限侧阻力标准值(kPa)。

2. 明德林-盖得斯法

如图 4-26 所示，Q 为单桩在竖向荷载的准永久组合作用下的附加荷载，由桩端阻力 Q_p($Q_p=\alpha Q$)和桩侧摩阻力 Q_s(=$(1-\alpha)Q$)共同承担，而桩侧摩阻力 Q_s 又可分为均匀分布的总摩阻力 Q_{s1}($Q_{s1}=\beta Q$)和随深度线性增加的总摩阻力 Q_{s2}($Q_{s2}=(1-\alpha-\beta)Q$)，其中 α 为端阻力占总荷载的比例，β 为均布摩阻力占总荷载的比例。

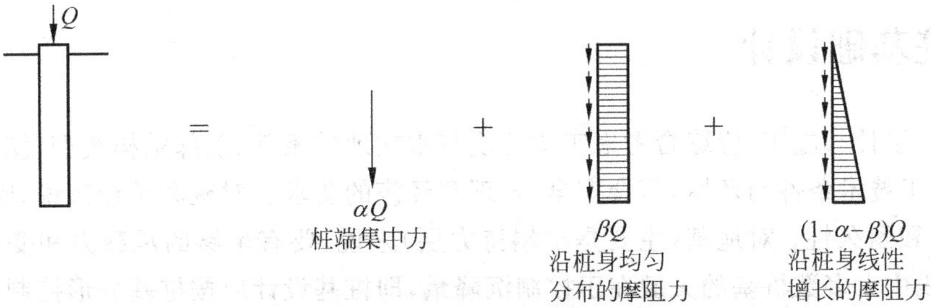

图 4-26　明德林-盖得斯单桩荷载的分解

系数 α 和 β 应根据当地工程的实测资料统计确定，对于一般摩擦桩可假设桩侧阻力全部是沿桩身线性增长，即 $\beta=0$，每根摩擦桩在地基中某点的竖向附加应力为该桩的桩端荷载 Q_p 及桩侧荷载 Q_s 产生的竖向附加应力 σ_{zp} 和 σ_{zs} 之和；对于有 m 根桩的情况，再将每根桩在该点所产生的附加应力逐根叠加按式(4-49)计算：

$$p_i = \sum_{k=1}^{m}(\sigma_{zp,k}+\sigma_{zs,k}) \tag{4-49}$$

式中：p_i——桩端平面下第 i 个土层中点处产生的附加应力。

第 k 根桩的端阻力在深度 z 处产生的附加应力：

$$\sigma_{zp,k} = \frac{\alpha Q}{l^2}I_{p,k} \tag{4-50}$$

第 k 根桩的侧摩阻力在深度 z 处产生的附加应力：

$$\sigma_{zs,k} = \frac{Q}{l^2}[\beta I_{s1,k}+(1-\alpha-\beta)I_{s2,k}] \tag{4-51}$$

对于一般摩擦桩，可假定桩侧摩阻力全部是沿桩身线性增长的(即 $\beta=0$)，则式(4-51)可简化为

$$\sigma_{zs,k} = \frac{Q}{l^2}(1-\alpha)I_{s2,k} \tag{4-52}$$

式中：l——桩入土长度；

I_p,I_{s1},I_{s2}——桩端集中力、桩侧摩阻力沿桩身均匀分布和沿桩身线性增长分布情况下对应力计算点的应力影响系数，按《基础规范》附录 R 计算。

将 $\sigma_{zp,k}$ 及 $\sigma_{zs,k}$ 代入式(4-49)就得到该点由 m 根桩引起的附加应力，再将该附加应力代入式(4-44)进行沉降计算，可得桩基础单向压缩的分层总和法最终沉降量的计算公式为

$$s=\psi_{pm}\frac{Q}{l^2}\sum_{i=1}^{n}\frac{\Delta h_i}{E_{si}}\sum_{k=1}^{m}[\alpha I_{p,k}+(1-\alpha)I_{s2,k}] \tag{4-53}$$

采用式(4-53)计算时，桩基沉降计算经验系数 ψ_{pm} 应根据当地工程实测资料统计确定，《基础规范》给出如下经验值，见表 4-19。

表 4-19 明德林应力公式法计算桩基沉降经验系数 ψ_{pm}

$\bar{E}_s$/MPa	≤15	25	35	≥40
ψ_{pm}	1.00	0.8	0.6	0.3

4.8 桩基础设计

桩基础设计与施工，应综合考虑工程地质与水文地质条件、上部结构类型、使用功能、荷载特征、施工技术条件与环境，符合安全、合理和经济的要求。对桩和承台来说，应有足够的强度、刚度和耐久性；对地基(主要是桩端持力层)来说，要有足够的承载力和变形量要小。在工程实践中大多数桩基的关键在于控制沉降量，即桩基设计应按桩基变形控制设计。

4.8.1 桩基础设计原则

根据建筑规模、功能特征、对差异变形的适应性、场地地基和建筑物体型的复杂性，以及由于桩基问题可能造成建筑破坏或影响正常使用的程度，应将桩基设计分为三个设计等级，参见表 4-20。

表 4-20 建筑桩基设计等级

设计等级	建筑类型
甲级	(1) 重要的建筑 (2) 30 层以上或高度超过 100m 的高层建筑 (3) 体型复杂且层数相差超过 10 层的高低层(含纯地下室)连体建筑 (4) 20 层以上框架-核心筒结构及其他对差异沉降有特殊要求的建筑 (5) 场地和地基条件复杂的 7 层以上的一般建筑及坡地、岸边建筑 (6) 对相邻既有工程影响较大的建筑
乙级	除甲级、丙级以外的建筑
丙级	场地和地基条件简单、荷载分布均匀的 7 层及 7 层以下的一般建筑

桩基设计，应首先确定建筑物设计等级。除临时性建筑外，桩基重要性系数 γ_0 不应小于 1.0，使用年限不宜低于结构设计使用年限。抗震设防区，桩基结构抗震验算时，应采用地震作用效应和荷载效应的标准组合，其承载力调整系数应按《抗震规范》的规定采用。《桩基规范》中桩基极限状态分析同样可分为承载能力极限状态和正常使用极限状态，参见表 4-21。

表 4-21 桩基荷载效应组合与相应的抗力与限值

项 目	内 容	作用效应	抗力与限值
桩基承载力	桩数和布桩	荷载效应标准组合	桩基承载力特征值
桩基变形	沉降、差异沉降、整体与局部倾斜	荷载效应准永久组合	桩基沉降与变形容许值
	桩基水平位移	水平荷载效应准永久组合	桩基变位与变形容许值
	水平地震荷载、风荷载作用下的桩基水平位移	水平地震作用、风荷载效应标准组合	桩基变位与变形容许值
桩基整体稳定	坡地、岸边建筑桩基整体稳定性分析	荷载效应标准组合	综合安全系数
结构承载力	结构尺寸和配筋	荷载效应基本组合	结构材料强度设计值等
结构裂缝验算	结构裂缝控制验算	分别采用荷载效应标准组合和荷载效应准永久组合	

4.8.2 桩型、桩长和截面尺寸选择

桩基设计时，首先应根据建筑物的结构形式、荷载大小、层数、地质条件、施工能力及环境要求(噪声、振动)等条件，合理选择桩的类型、桩的几何尺寸和桩长及桩端持力层等。

1. 桩型选择

场地的地层条件、各类型桩的成桩工艺和适用范围，是桩类选择应考虑的主要因素。按照基础工程选择方案的原则，根据设计等级、荷载情况、地质情况、结构要求、桩的使用功能和施工技术设备能力等因素，选择预制桩或灌注桩的类别。

当土中存在大孤石、废金属以及花岗岩残积层中未风化的石英脉时，预制桩将难以穿越；当土层分布不均匀时，混凝土预制桩的预制长度难以控制；在场地土层分布比较均匀的条件下，采用质量易于保证的预应力高强混凝土管桩比较合理。一般情况下，同一建筑物应避免同时采用不同类型的桩(但沉降缝分开者除外)。

2. 桩长拟定

桩的长度主要取决于桩端持力层的选择。通常，应选择较坚硬的土层或岩层作为桩端持力层，采用嵌岩桩或端承型桩。当坚硬土层埋藏很深时或桩端深度内无坚硬土层时，则宜采用摩擦型桩，应尽量选择低压缩性、中等强度的土层作为桩端持力层。

桩端进入持力层的深度，对于黏性土、粉土不宜小于 $2d$；砂类土不宜小于 $1.5d$；碎石类土不宜小于 $1d$。当存在软弱下卧层时，桩端以下硬持力层厚度不宜小于 $3d$。

嵌岩桩的嵌入深度应综合考虑荷载、上覆土层等各种因素，对于嵌入倾斜完整和较完整岩的全断面，深度不宜小于 $0.4d$ 且不小于 0.5m；对于倾斜度大于30%的中风化岩，宜根据倾斜度及岩石完整性适当加大嵌岩深度；对于嵌入平整、完整的坚硬和较坚硬岩的深度不宜小于 $0.2d$ 且不小于 0.2m。

3. 截面尺寸拟定

当桩型选定后，桩的横截面(桩径)可根据各类桩的特点与常用尺寸选择确定，并初步确

定承台底面标高。选择桩的截面尺寸主要应考虑成桩工艺和结构的荷载情况。一般混凝土预制桩的截面边长不应小于 200mm；预应力混凝土预制实心桩的截面边长不宜小于 350mm。

一般 10 层以下的建筑桩基可考虑采用直径 500mm 的灌注桩或边长为 400mm 的预制桩；10～20 层的可采用直径 800～1000mm 的灌注桩或边长 450～500mm 的预制桩；20～30 层的可采用直径 1000～1200mm 的钻（冲、挖）孔灌注桩、边长或直径≥500mm 的预制桩；楼层数更多的高层建筑可采用的挖孔灌注桩直径可达 5m 左右。

4.8.3 桩的平面布置

1. 桩数 n 的确定

当桩基为竖向轴心受压时，桩数 n 应满足式(4-54)：

$$n \geqslant \frac{F_k + G_k}{R_a} \tag{4-54}$$

式中：F_k——作用在承台上的轴向压力设计值；

G_k——桩基承台及其上方填土的重力；

R_a——单桩承载力特征值。

偏心受压时，桩的根数按式(4-54)确定后，对于偏心距固定的桩基，如果桩的布置使得群桩横截面的重心与荷载合力作用点重合，则仍可按式(4-54)估定桩数，否则桩的根数应再增加 10%～20%。此时，可暂不考虑承台底面地基土参与工作的情况。所选桩数是否合适，尚待各桩受力验算后才能确定。如有必要，还要通过桩基软弱下卧层承载力和桩基沉降验算才能最终确定。

承受水平荷载的桩基础，确定桩的数量时，除了满足上述公式之外，还应满足桩的水平承载力要求。

2. 桩的间距

桩的最小中心距应符合表 4-22 的规定。当施工中采取减小挤土效应的可靠措施时，可根据当地经验适当减小。

表 4-22 桩的最小中心距

土类与成桩工艺		排数不少于 3 排且桩数不少于 9 根的摩擦型桩桩基	其他情况
非挤土灌注桩		3.0d	3.0d
部分挤土桩		3.5d	3.0d
挤土桩	非饱和土	4.0d	3.5d
	饱和黏性土	4.5d	4.0d
钻、挖孔扩底桩		2D 或 D+2.0m(当 D>2m)	1.5D 或 D+1.5m(当 D>2m)
沉管夯扩、钻孔挤扩桩	非饱和土	2.2D 且 4.0d	2.0D 且 3.5d
	饱和黏性土	2.5D 且 4.5d	2.2D 且 4.0d

注：1. d 为圆桩直径或方桩边长，D 为扩大端设计直径。

2. 当纵横向桩距不相等时，其最小中心距应满足"其他情况"一栏的规定。

3. 当为端承型桩时，非挤土灌注桩的"其他情况"一栏可减小至 2.5d。

排列基桩时，宜使桩群承载力合力点与竖向永久荷载合力作用点重合，并使基桩受水平力和力矩较大方向有较大抗弯截面模量。

对于桩箱基础、剪力墙结构桩筏（含平板和梁板式承台）基础，宜将桩布置于墙下。

对于框架-核心筒结构桩筏基础应按荷载分布考虑相互影响，将桩相对集中布置于核心筒和柱下，外围框架柱宜采用复合桩基，桩长宜小于核心筒下基桩（有合适桩端持力层时）。

3. **桩的平面布置**

工程经验表明，合理的平面布置可使桩的承载力得到充分发挥，减小建筑物的沉降量，尤其是不均匀沉降量。因此，桩的平面布置应遵循以下原则：

(1) 布桩尽量紧凑，以便使承台面积减小，同时使各桩充分发挥作用。

(2) 尽可能使桩基础中的各桩受力比较均匀。

(3) 增加基桩受水平力和力矩较大方向的抗弯能力。

常用的桩基平面布置形式包括：墙下桩基采用梅花式或行列式，柱下桩基多采用对称多边形，筏形或箱形基础下尽量沿柱网、肋梁或隔墙的轴线布置，如图 4-27 所示。

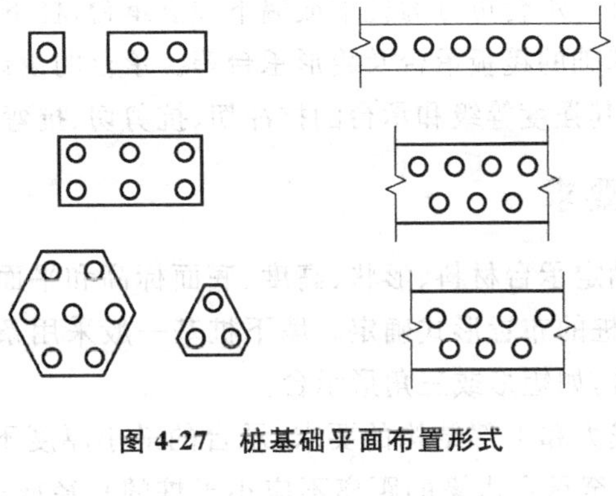

图 4-27　桩基础平面布置形式

4.8.4　桩身结构设计

桩身混凝土强度应满足桩的承载力设计要求。计算中应按桩的类型和成桩工艺的不同将混凝土的轴心抗压强度设计值乘以工作条件系数 ψ_c，桩轴心受压时桩身强度应符合式(4-55)要求：

$$Q \leqslant A_p f_c \psi_c \tag{4-55}$$

式中：f_c——混凝土轴心抗压强度设计值，按现行《结构规范》取值；

Q——相应于荷载效应基本组合时的单桩竖向力设计值；

A_p——桩身横截面面积；

ψ_c——工作条件系数，预制桩取 0.75，灌注桩取 0.6～0.7（水下灌注桩或长桩时用低值）。

桩的主筋应经计算确定。打入式预制桩的最小配筋率不宜小于 0.8%；静压预制桩的最小配筋率不宜小于 0.6%；灌注桩最小配筋率不宜小于 0.2%～0.65%（小直径桩取大值）。

选择配筋长度时要注意以下几点：

(1) 端承型桩和位于坡地岸边的基桩应沿桩身等截面或变截面通长配筋；

(2) 桩径大于 600mm 的摩擦型桩配筋长度不应小于 2/3 桩长；当受水平荷载时，配筋长度尚不宜小于 $4.0/\alpha$(α 为桩的水平变形系数)；

(3) 对于受地震作用的基桩，桩身配筋长度应穿过可液化土层和软弱土层，进入稳定土层的深度不应小于有关规范规定的深度；

(4) 受负摩擦力的桩、因先成桩后开挖基坑而随地基土回弹的桩，其配筋长度应穿过软弱土层并进入稳定土层，进入的深度不应小于 2～3 倍桩身直径；

(5) 专用抗拔桩及因地震作用、冻胀或膨胀力作用而受拔力的桩，应等截面或变截面通长配筋。

4.9 承台的设计与计算

承台是桩基的重要组成部分，桩基通过承台把上部结构和桩连成一个整体，并将上部结构传来的荷载分配于各桩。承台可分为柱下或墙下独立承台、柱下或墙下条形承台梁(梁式承台)、桩筏基础和桩箱基础的筏板承台及箱形承台等。承台的设计包括：承台的几何形状及其尺寸、承台的材料及其强度等级和承台的抗冲切、抗剪切、抗弯承载力计算等。

4.9.1 承台的构造要求

承台外形尺寸包括确定承台材料、形状、高度、底面标高和平面尺寸。承台的平面尺寸一般由上部结构、桩数及桩的布置形式确定。墙下桩基一般采用条形承台梁，即梁式承台；柱下桩基宜采用板式承台，如矩形或三角形承台。

桩基承台应满足承载力和上部结构的要求，承台的最小厚度不小于 300mm，最小宽度不小于 500mm，边桩中心至承台边缘的距离不应小于桩的直径或边长，且桩的边缘至承台边缘的距离不应小于 150mm。对于墙下条形承台梁，由于承台梁与地基的共同工作，增强了承台梁的整体刚度，桩的外边缘至条形承台梁边缘的距离可适当减小，但不应小于 75mm。

为保证群桩与承台之间连接的整体性，桩顶应嵌入承台一定长度，对中等直径桩不宜小于 50mm，对于大直径桩不宜小于 100mm。混凝土桩的桩顶纵向主筋应锚入承台内，锚固长度不宜小于 35 倍主筋直径，对于抗拔桩，其不应小于 40 倍钢筋直径。对于大直径灌注桩，采用一桩一柱时，可设置承台或者将桩和柱直接连接。

承台的混凝土强度等级不低于 C20。纵向钢筋的混凝土保护层厚度不小于桩头嵌入承台内的长度，当设置混凝土垫层时，保护层厚度不应小于 50mm；无垫层时，不应小于 70mm。对于矩形承台，钢筋双向均匀通长布置，钢筋直径不宜小于 10mm，间距不宜大于 200mm；对于三角形承台，钢筋按三向板带均匀布置，最里面的三根钢筋围成的三角形应在桩的截面范围之间，如图 4-28(a)、(b)所示。配筋需满足《结构规范》所规定的最小配筋率要求，纵向主筋不小于 12mm，架立筋不小于 10mm，箍筋不小于 6mm，见图 4-28(c)。

对于两桩桩基的承台，宜在其短向设置联系梁；单桩承台，宜在两个主轴方向设置联系梁。联系梁顶面宜与承台顶面位于同一标高，联系梁宽度不宜小于 250mm，梁高可取承台

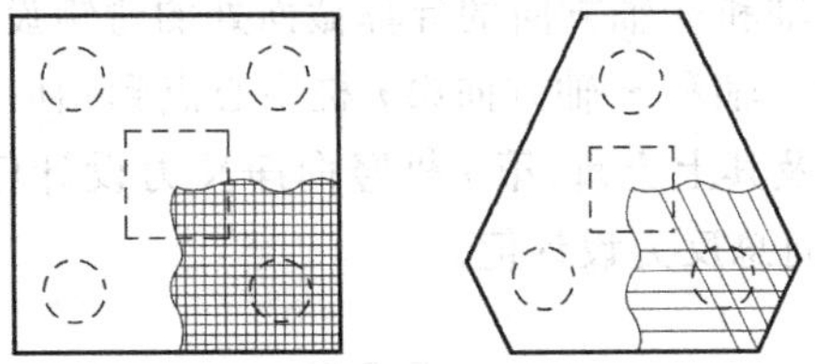
(a)　(b)

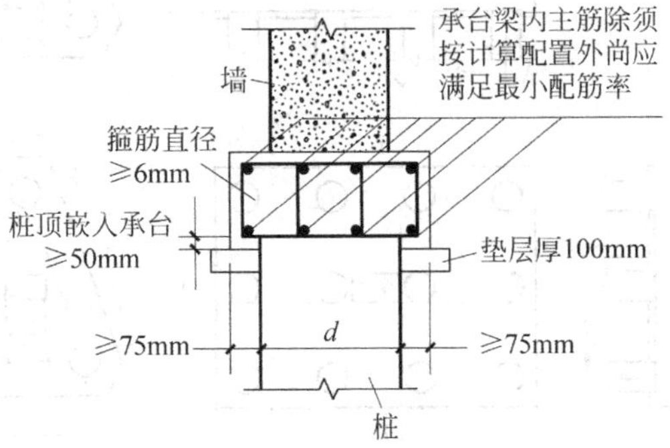

(c)

图 4-28　承台配筋示意图

(a) 矩形承台配筋；(b) 三桩承台配筋；(c) 承台的最小配筋规定

中心距的 1/15～1/10，且不宜小于 400mm。

承台的埋置深度一般不是由承台底土层的承载力决定，在满足建筑物结构设计和环境条件的要求下，可尽量浅埋。对于有抗震要求的桩基，为增加抗水平力可加大承台埋置深度。

设计承台时，不仅要满足承台构造的基本要求，且应对承台进行抗冲切、抗剪切、抗弯计算。当承台的混凝土强度等级低于柱或桩的混凝土强度等级时，尚应验算柱下或桩上承台的局部受压承载力。

4.9.2　承台的内力计算

承台应有足够的厚度和配筋量以保证其抗弯和抗剪切强度。模型试验研究表明，柱下独立桩基承台在配筋不足的情况下将产生弯曲破坏，其破坏特征呈梁式破坏，即挠曲裂缝在平行于柱边的两个方向出现，最大弯矩产生于柱边处，如图 4-29 所示。

1) 多桩矩形承台

对于多桩矩形承台，屈服线沿柱边方向正交规则分布，最大弯矩产生于屈服线所在截面，且全部由钢筋承担。因此，计算截面取在柱边和承台截面变化处，根据极限平衡原理，弯矩计算公式为(见图 4-30(a))

$$M_x = \sum N_i y_i \tag{4-56}$$

$$M_y = \sum N_i x_i \tag{4-57}$$

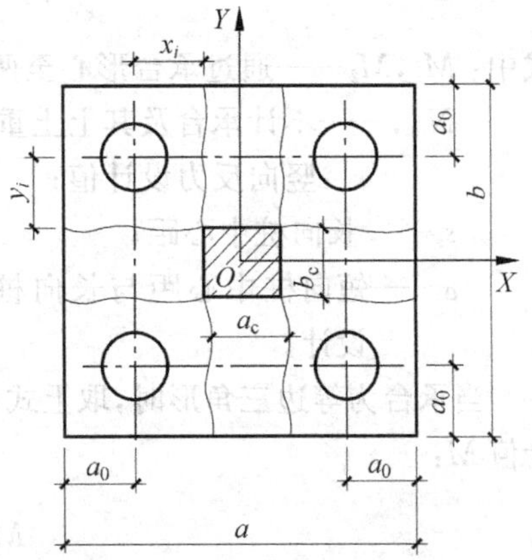

图 4-29　四桩承台的弯曲破坏模式

式中：M_x,M_y——绕 x 轴和 y 轴方向的计算截面处的弯矩设计值；

x_i,y_i——垂直于 y 轴和 x 轴方向第 i 桩中心点到相应计算截面的距离；

N_i——不计承台及其上土重，第 i 桩竖向净反力设计值，当不考虑承台效应时，则为第 i 桩竖向总反力设计值。

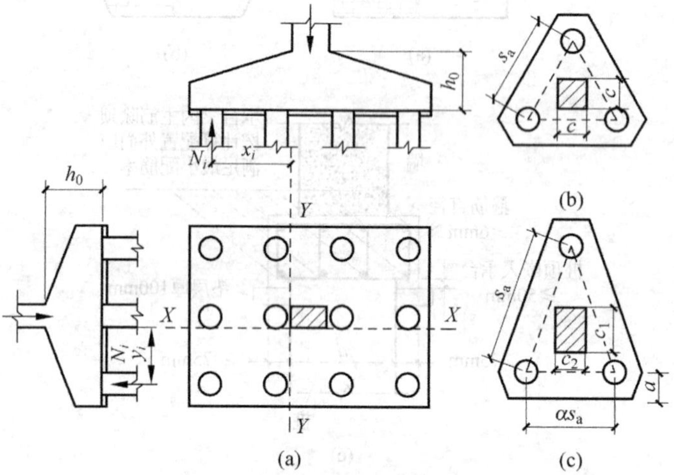

图 4-30　承台的弯矩计算示意图

(a) 多桩矩形承台；(b) 等边三桩承台；(c) 等腰三桩承台

2）三桩三角形承台

对于三桩承台，通常采用三角形承台，可分为等腰三角形和等边三角形两种形式，如图 4-30(b)和(c)所示。三桩三角形承台有两种破坏模型，考虑桩作用时，屈服面通过柱边，不考虑柱作用时，屈服面通过承台中心。根据最不利原则，利用钢筋混凝土板屈服理论，按机动法基本原理，分别得到两种破坏模式对应的控制板带正截面弯矩设计值，平均后可得 M_1 和 M_2：

$$M_1=\frac{N_{\max}}{3}\left(s_a-\frac{0.75}{\sqrt{4-\alpha^2}}c_1\right) \tag{4-58}$$

$$M_2=\frac{N_{\max}}{3}\left(\alpha s_a-\frac{0.75}{\sqrt{4-\alpha^2}}c_2\right) \tag{4-59}$$

式中：M_1,M_2——通过承台形心至两腰边缘和底边边缘正交截面范围内板带的弯矩设值；

$N_{\max}$——不计承台及其上土重，在荷载效应基本组合下三桩中最大基桩或复合基桩竖向反力设计值；

s_a——长向桩中心距；

α——短向桩中心距与长向桩中心距之比，当 $\alpha<0.5$ 时，应按变截面的二桩承台设计。

当承台为等边三角形时，取上式中的中心距之比 $\alpha=1.0$，可得控制板带正截面弯矩设计值 M：

$$M=\frac{N_{\max}}{3}\left(s_a-\frac{\sqrt{3}}{4}c\right) \tag{4-60}$$

式中：$N_{\max}$——不计承台及其上土重，在荷载效应基本组合下三桩中最大基桩或复合基桩竖向反力设计值；

s_a——桩中心距；

c——方柱边长，圆柱时 $c=0.8d$（d 为圆柱直径）。

3）柱下或墙下条形承台梁

柱下或墙下条形承台梁，其正截面弯矩设计一般可按弹性地基梁进行分析计算，地基的计算模型应根据地基土层特性选取。通常可采用文克尔假定，将基桩视为弹簧支承，其刚度系数可由静荷载试验的 Q-s 曲线确定，具体计算参见相关规范。特别指出，当桩端持力层深厚坚硬且桩柱轴线不重合时，可视桩为不动铰支座，按连续梁计算。

4.9.3　承台的强度计算

板式承台的厚度通常由冲切验算决定，一般可先按冲切计算，再按剪切复核，其强度计算包括受冲切、受剪切、受弯及局部承压计算。

1）受冲切计算

若承台有效高度不足，将产生冲切破坏。承台的冲切破坏主要有两种形式：一是由柱边边缘或承台变阶处沿大于或等于 45°斜面拉裂形成冲切锥面破坏，二是角桩顶部对于承台边缘形成大于或等于 45°的向上冲切半锥体破坏，如图 4-31 所示。

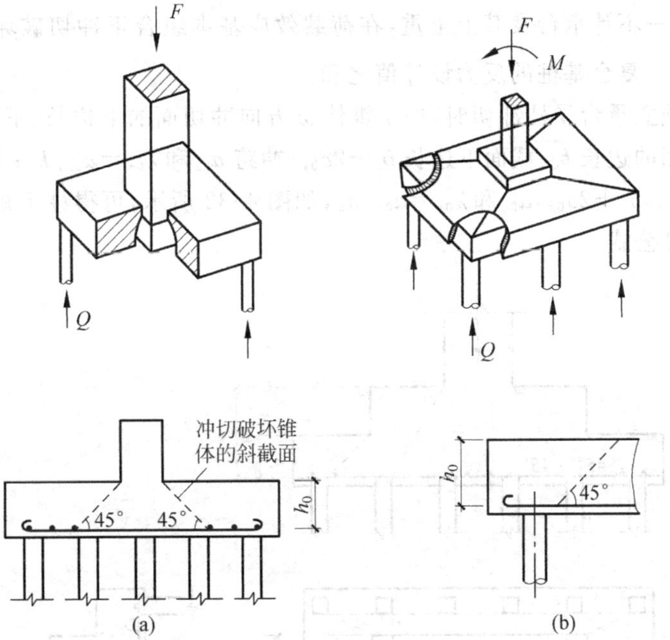

图 4-31　冲切破坏模式

(a) 柱对承台的冲切破坏；(b) 桩对承台的冲切破坏

(1) 柱对承台的冲切

柱边冲切破坏分析一般选用冲切锥体模型，冲切破坏锥体斜面与承台底面的夹角大于或等于 45°，该斜面的上周边位于柱与承台交接处或承台变阶处，下周边位于相应的桩顶内边缘处，如图 4-32 所示。冲切斜截面上下边的水平投影距离称为冲跨 a_0，冲跨 a_0 与承台计算截面有效高度 h_0 之比称为冲跨比 λ，即 $\lambda=a_0/h_0$。冲切破坏锥体上冲切力设计值 F_l 应小

于由承台有效高度 h_0 所提供的冲切抗力，即受柱(墙)冲切承载力可按下列公式计算：

$$F_l \leqslant \beta_{hp}\beta_0 u_m f_t h_0 \tag{4-61}$$

$$F_l = F - \sum Q_i \tag{4-62}$$

$$\beta_0 = \frac{0.84}{\lambda + 0.2} \tag{4-63}$$

式中：F_l——不计承台及其上土重，在荷载效应基本组合下作用于冲切破坏锥体上的冲切力设计值；

f_t——承台混凝土轴心抗拉强度设计值；

h_0——冲切破坏锥体的有效高度，一般为承台受冲切承载力截面的厚度减去保护层厚度；

β_{hp}——承台受冲切承载力截面高度影响系数，当 $h \leqslant 800$mm 时，取 $\beta_{hp}=1.0$，$h \geqslant 2000$mm 时，取 $\beta_{hp}=0.9$，其间按线性内插法取值；

u_m——承台冲切破坏锥体高度 $h_0/2$ 处的周长；

β_0——柱(墙)冲切系数；

λ——冲跨比，$\lambda=a_0/h_0$，当 $\lambda<0.25$ 时，取 $\lambda=0.25$，当 $\lambda>1.0$ 时，取 $\lambda=1.0$；

F——不计承台及其上土重，在荷载效应基本组合作用下柱(墙)底的竖向荷载设计值；

$\sum Q_i$——不计承台及其上土重，在荷载效应基本组合下冲切破坏锥体内各基桩或复合基桩的反力设计值之和。

柱下矩形独立承台受柱冲切时，冲切锥体 x 方向冲切面的上边长、下边长、冲跨和冲跨比分别为柱截面的边长 b_c、截面下边长 b_c+2a_{0y}、冲跨 a_{0x} 和 $\lambda_{0x}=a_{0x}/h_0$；同理，在 y 方向冲切面上分别为 h_c，h_c+2a_{0x}，a_{0y} 和 $\lambda_{0y}=a_{0y}/h_0$，如图 4-32 所示，可得柱下矩形独立承台受柱冲切承载力计算公式：

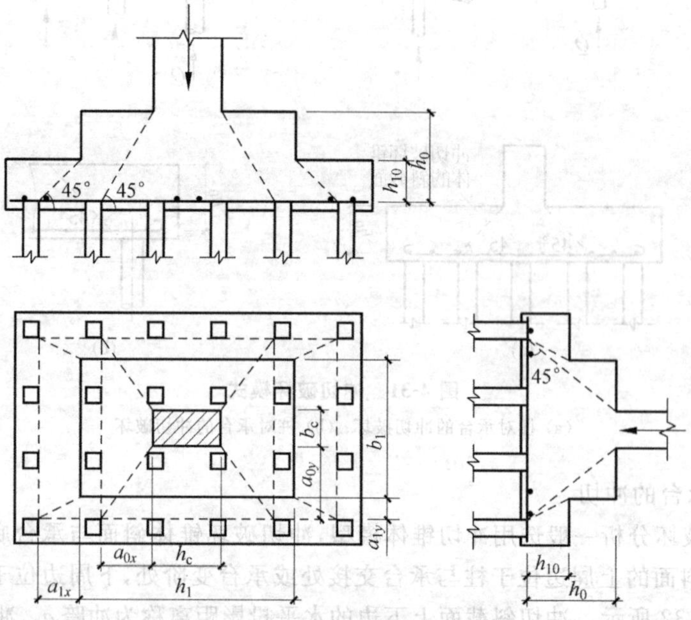

图 4-32 桩对承台的冲切计算

$$F_l \leqslant 2[\beta_{0x}(b_c + a_{0y}) + \beta_{0y}(h_c + a_{0x})]\beta_{hp} f_t h_0 \tag{4-64}$$

$$\beta_{0x} = \frac{0.84}{\lambda_{0x} + 0.2}, \quad \beta_{0y} = \frac{0.84}{\lambda_{0y} + 0.2} \tag{4-65}$$

式中：β_{0x}，β_{0y}——矩形承台短边和长边冲切面的冲切系数；

h_c，b_c——x，y 方向的柱截面边长；

a_{0x}，a_{0y}——x，y 方向柱边与最近桩边的水平距离。

对于圆柱及圆桩，计算时应将其截面换算成方柱及方桩，换算柱截面边长 $b_c = h_c = 0.8d_c$（d_c 为圆柱直径），换算桩截面边长 $b_p = 0.8d$（d 为圆柱直径）。

(2) 角桩对承台的冲切

在偏心荷载下，由于假设相同的桩型在承台按照现行规范分担总的竖向力，即某一角桩会承受最大净竖向力，与此同时，当角桩向上冲切时，抗冲切的锥面只有一半，故角桩的冲切往往是最不利的。

① 多桩矩形承台的角桩冲切计算

承台一般有锥形和阶梯形两种形式，如图 4-33 所示。冲切的半锥体的锥面高度与冲切锥角有关，对于锥形承台而言，高于 h_0 的部分抗冲切面不很可靠，为了安全起见，仍取 h_0 为承台外边缘的有效高度，多桩矩形承台受角桩冲切的承载力可按下列公式计算：

$$N_l \leqslant [\beta_{1x}(c_2 + a_{1y}/2) + \beta_{1y}(c_1 + a_{1x}/2)]\beta_{hp} f_t h_0 \tag{4-66}$$

$$\beta_{1x} = \frac{0.56}{\lambda_{1x} + 0.2}, \quad \beta_{1y} = \frac{0.56}{\lambda_{1y} + 0.2} \tag{4-67}$$

式中：N_l——不计承台及其上土重，在荷载效应基本组合作用下角桩竖向反力设计值；

β_{1x}，β_{1y}——角桩冲切系数；

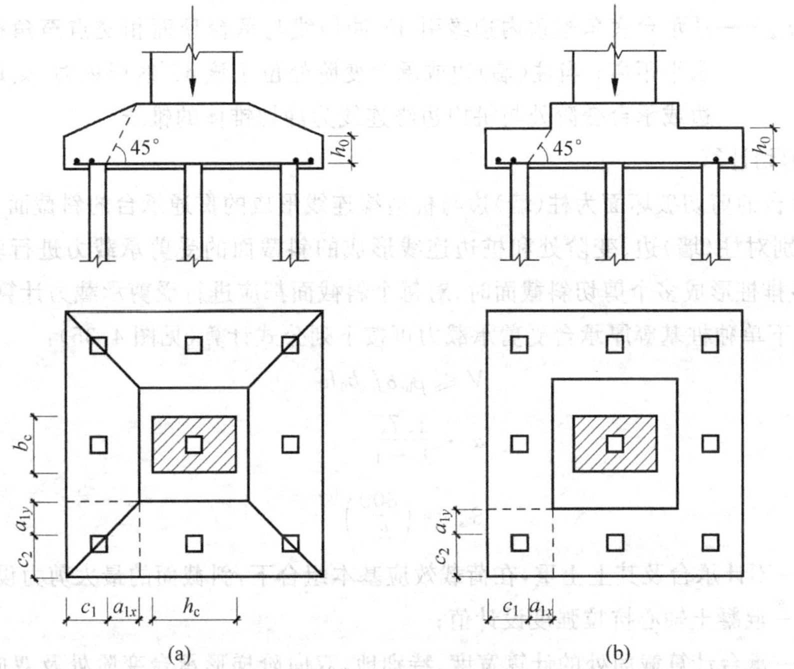

图 4-33　角桩对多桩矩形承台的冲切计算

(a) 锥形承台；(b) 阶梯形承台

a_{1x}, a_{1y}——从承台底角桩顶内边缘引 45°冲切线与承台顶面相交点至角桩内边缘的水平距离；当柱(墙)边或承台变阶处位于该 45°线以内时，则取由柱(墙)边或承台变阶处与桩内边缘连线为冲切锥体的锥线；

h_0——承台外边缘的有效高度；

$\lambda_{1x}, \lambda_{1y}$——角桩冲跨比，$\lambda_{1x}=a_{1x}/h_0$，$\lambda_{1y}=a_{1y}/h_0$，其值为 0.25～1.0；

c_1, c_2——从角桩内边缘至承台外边缘的距离。

② 三桩三角形承台的角桩冲切计算

如图 4-34 所示的三桩三角形承台，根据底部角桩和顶部角桩的不同受力特征，分别按下列公式进行计算。

底部角桩：

$$N_l \leqslant \beta_{11}(2c_1 + a_{11})\tan\frac{\theta_1}{2}\beta_{hp} f_t h_0 \tag{4-68}$$

$$\beta_{11} = \frac{0.56}{\lambda_{11} + 0.2} \tag{4-69}$$

顶部角桩：

$$N_l \leqslant \beta_{12}(2c_2 + a_{12})\tan\frac{\theta_2}{2}\beta_{hp} f_t h_0 \tag{4-70}$$

$$\beta_{12} = \frac{0.56}{\lambda_{12} + 0.2} \tag{4-71}$$

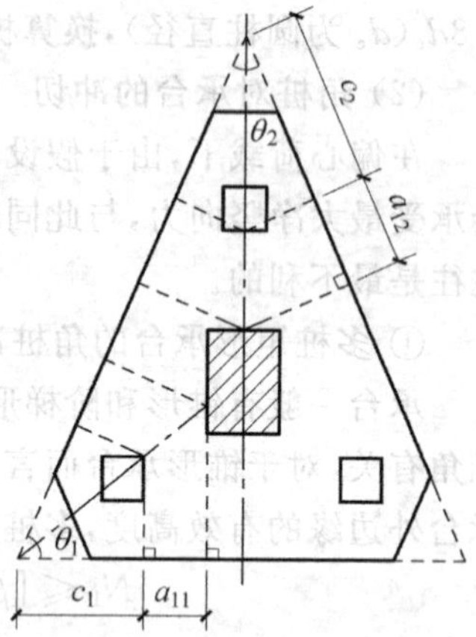

图 4-34 角桩对三桩三角形承台的冲切计算

式中：$\lambda_{11}, \lambda_{12}$——角桩冲跨比，$\lambda_{11}=a_{11}/h_0$，$\lambda_{12}=a_{12}/h_0$，其值为 0.25～1.0；

a_{11}, a_{12}——从承台底角桩顶内边缘引 45°冲切线与承台顶面相交点至角桩内边缘的水平距离；当柱(墙)边或承台变阶处位于该 45°线以内时，则取由柱(墙)边或承台变阶处与桩内边缘连线为冲切锥体的锥线。

2) 受剪切计算

桩基承台的剪切破坏面为柱(墙)边与桩边缘连线形成的贯通承台的斜截面。在承台设计时，应分别对柱(墙)边、变阶处和桩边连线形成的斜截面的受剪承载力进行验算。当柱(墙)边有多排桩形成多个剪切斜截面时，对每个斜截面都应进行受剪承载力计算。

(1) 柱下单独桩基等厚承台受剪承载力可按下列公式计算(见图 4-35)：

$$V \leqslant \beta_{hs}\alpha f_t b_0 h_0 \tag{4-72}$$

$$\alpha = \frac{1.75}{\lambda + 1} \tag{4-73}$$

$$\beta_{hs} = \left(\frac{800}{h_0}\right)^{1/4} \tag{4-74}$$

式中：V——不计承台及其上土重，在荷载效应基本组合下，斜截面的最大剪力设计值；

f_t——混凝土轴心抗拉强度设计值；

b_0——承台计算截面处的计算宽度，特别地，双向阶梯形承台变阶处及双向锥形承台的计算宽度要进行折算；

h_0——承台计算截面处的有效高度；

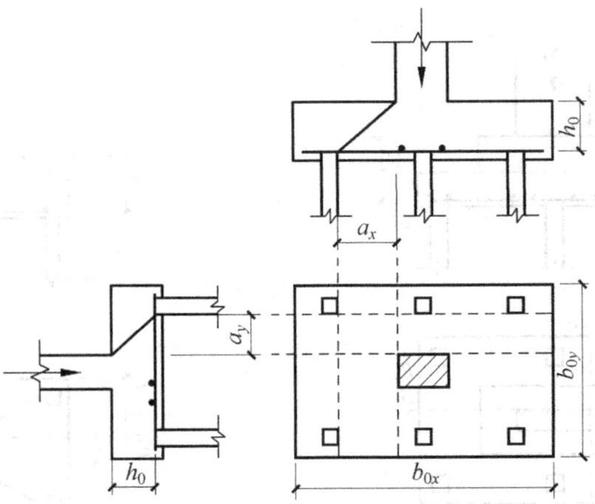

图 4-35　等厚承台受剪切计算

α——承台剪切系数；

β_{hs}——受剪切承载力截面高度影响系数；当 $h_0<800$mm 时，取 $h_0=800$mm；当 $h_0>2000$mm 时，取 $h_0=2000$mm；其间按线性内插法取值；

λ——计算截面的剪跨比，$\lambda_x=a_x/h_0$，$\lambda_y=a_y/h_0$，此处，a_x、a_y 分别为柱边（墙边）或承台变阶处至 y、x 方向计算一排桩的桩边的水平距离，当 $\lambda<0.25$ 时，取 $\lambda=0.25$；当 $\lambda>3$ 时，取 $\lambda=3$。

(2) 对丁阶梯形承台应分别在变阶处（A_1-A_1，B_1-B_1）及柱边处（A_2-A_2，B_2-B_2）进行斜截面受剪承载力计算，如图 4-36 所示。变阶处（A_1-A_1，B_1-B_1）的截面有效高度均为 h_{10}，截面计算宽度分别为 b_{y1} 和 b_{x1}；柱边截面（A_2-A_2，B_2-B_2）的截面有效高度均为 $h_{10}+h_{20}$，根据正截面面积相等原则，可得阶梯形承台柱边斜截面计算宽度 b_{y0}（A_2-A_2），b_{x0}（B_2-B_2）：

$$b_{y0}=\frac{b_{y1}h_{10}+b_{y2}h_{20}}{h_{10}+h_{20}},\quad b_{x0}=\frac{b_{x1}h_{10}+b_{x2}h_{20}}{h_{10}+h_{20}} \tag{4-75}$$

同理，如图 4-37 所示，锥形承台柱边截面有效高度为 h_0，得到锥形承台柱边斜面计算宽度 b_{y0}（$A-A$），b_{x0}（$B-B$）：

$$b_{y0}=\left[1-0.5\frac{h_{20}}{h_0}\left(1-\frac{b_{y2}}{b_{y1}}\right)\right]b_{y1},\quad b_{x0}=\left[1-0.5\frac{h_{20}}{h_0}\left(1-\frac{b_{x2}}{b_{x1}}\right)\right]b_{x1} \tag{4-76}$$

3) 受弯计算

根据承台类型求得承台内力，然后按现行《结构规范》验算正截面受弯承载力。计算方法与一般梁板相同。

4) 局部受压计算

对于柱下桩基承台，当混凝土强度等级低于柱的强度等级时，应按现行《结构规范》验算承台的局部受压承载力。当进行承台的抗震验算时，尚应根据现行《抗震规范》的规定对承台的受弯、受剪承载力进行抗震调整。

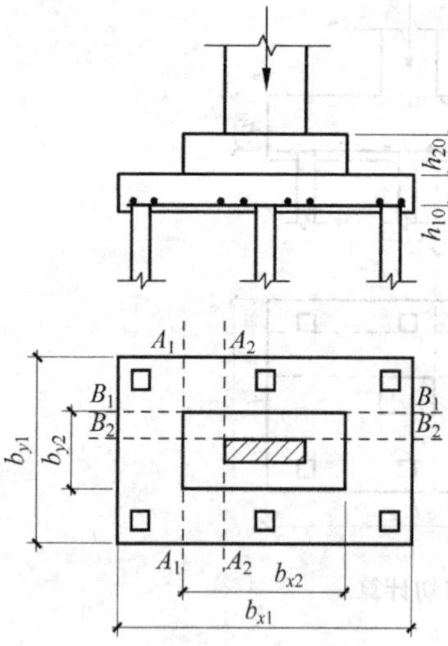

图 4-36 阶梯形承台受剪切计算

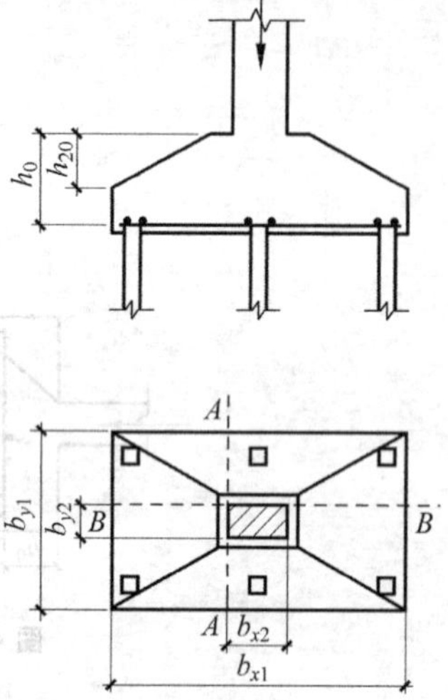

图 4-37 锥形承台受剪切计算

思考题与习题

4-1 试分析桩基础产生负摩擦力的原因。

4-2 试区别桩基础竖向承载力与水平承载力的确定方法。

4-3 某框架柱采用桩基础，正方形承台截面尺寸如图 4-38 所示，承台顶面处柱竖向力 $F_k=2100\text{kN}$，承台及其上覆土自重设计值 $G_k=300\text{kN}$。承台下设置了 5 根直径为 300mm 的实心混凝土预制桩，桩长 12m(从承台底面算起)，桩周土自上而下依次为：淤泥质土，厚 5m，$q_{sia}=8\text{kPa}$；粉土，厚 3.5m，$q_{sia}=23\text{kPa}$；厚硬塑黏性土，$q_{sia}=42\text{kPa}$，$q_{pk}=2000\text{kPa}$。试根据规范经验公式计算单桩竖向承载力特征值和验算桩基础承载力是否满足要求。

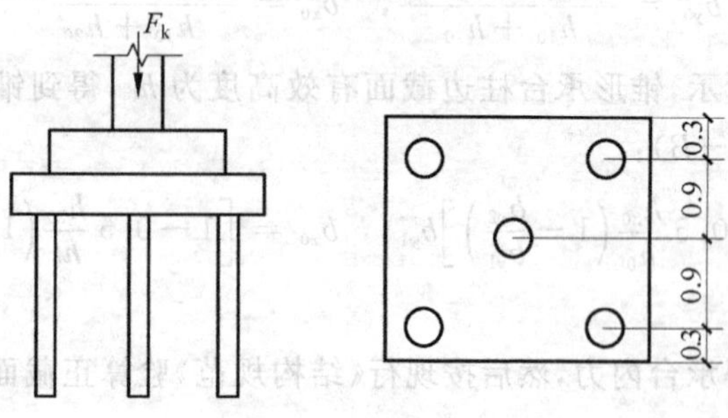

图 4-38 习题 4-3 图

4-4 软土地区采用 5 根桩群钻孔灌注桩基础如图 4-39 所示，承台尺寸 3.8m×3.8m，承台埋深为 1.5m，作用于承台顶准永久组合竖向力 $F=3000\text{kN}$，桩径 0.6m，桩长 11m，已知等效沉降系数 $\psi_e=0.229$，沉降计算深度为桩端下 5m，试计算桩基础中心点的沉降。

4-5 某正方形承台下布端承型灌注桩 9 根，桩身直径为 700mm，纵、横桩间距约为 2.5m，地下水埋深为 0m，桩端持力层为卵石，桩周土 0～5m 为均匀的新填土，以下为正常固结土层，假定填土重度为 18.5kN/m³，桩侧极限负摩擦力标准值为 30kPa。考虑群桩效应时，试计算基桩的下拉荷载。

4-6　某 6 桩承台如图 4-40 所示，C35 混凝土，$f_t = 1.57$MPa，作用基本组合竖向荷载 $F = 12200$kN，承台有效高度 $h_0 = 1.2$m，试计算柱边斜截面受剪承载力。

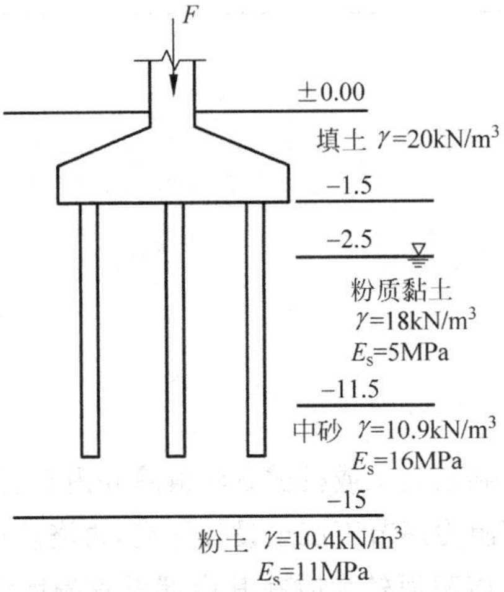

图 4-39　习题 4-4 图

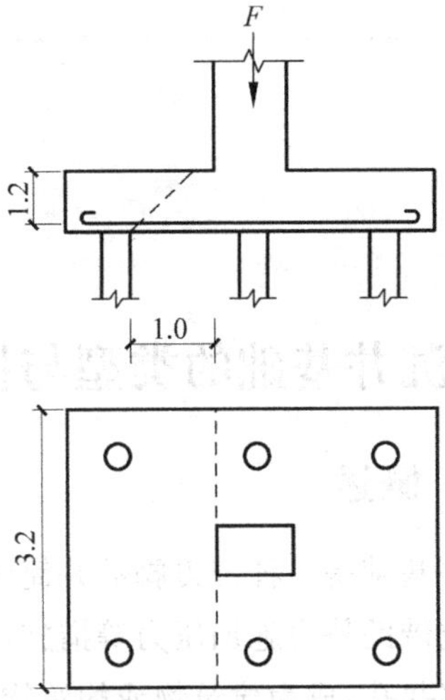

图 4-40　习题 4-6 图

第5章

沉井基础与地下连续墙

5.1 沉井基础的类型与构造

5.1.1 概述

沉井基础是一种带刃脚的井筒状构造物，是利用人工或机械方法清除井内土石，利用自身重量或借助外力施加压力等措施，克服井壁摩阻力逐节下沉至设计标高，再浇筑混凝土封底并填塞井孔，成为建筑物或构筑物的基础。当横截面较大时在其内部设置隔墙增强沉井的受力能力。如图 5-1(a)所示，沉井基础通常在地面上制作，通过机具取出筒内土体并在其自重及其他辅助措施的作用下下沉，下沉至设计标高后进行封底，如图 5-1(b)所示。根据工程需要和地质情况可以设计成多种形式。沉井在地下结构和深基础中使用较多，如桥梁墩台基础、地下泵房、油库、水池、发电机房、矿用竖井，以及大型设备基础，高层、超高层建筑物基础等。

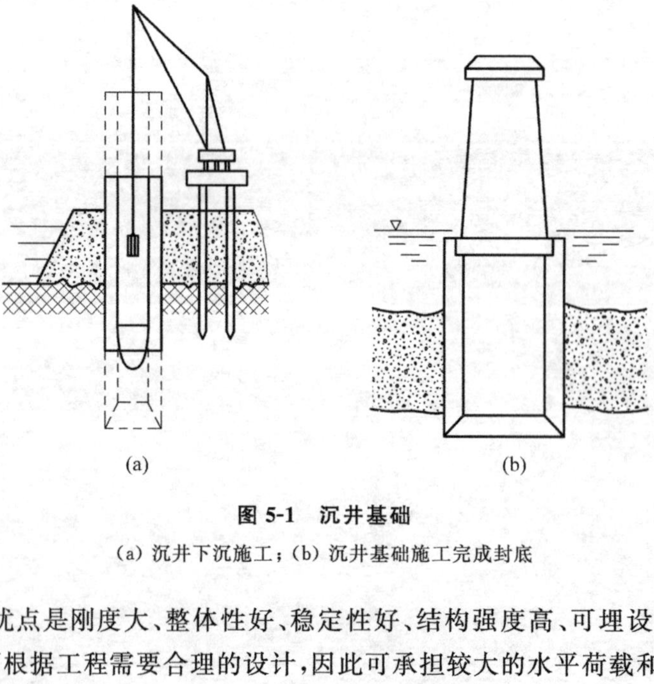

(a)　　　　(b)

图 5-1　沉井基础

(a) 沉井下沉施工；(b) 沉井基础施工完成封底

沉井基础的优点是刚度大、整体性好、稳定性好、结构强度高、可埋设在地下较深的部位，横截面尺寸可根据工程需要合理的设计，因此可承担较大的水平荷载和竖向荷载。沉井在施工过程中具有双重作用，既是施工时的挡土挡水的临时围堰结构，又是工程的基础结构。沉井基础施工时占地面积小，无须专门的基坑围护支挡结构，与大开挖相比较，挖方量较小，对邻近建筑物的干扰较小，操作简便。近年来沉井的施工技术和施工机械都有很大改善和进步。

沉井基础的缺点是施工周期长，在某些地层(如粉细砂类土)中施工时，井筒内部抽水降低地下水位容易引起流砂，导致井体倾斜，造成沉井下沉困难。另外，沉井下沉过程中遇到大的孤石或井底岩层面倾斜度较大，在施工过程中造成不便，用水量大，泥浆排放量大，对环境有一定的污染。

5.1.2　沉井类型

1. 按用途分类

1) 构筑物类

在工业建筑中构筑物若埋置较深，可做成沉井，沉井下沉就位封底后即成为工业建筑物中构筑物的一部分，如水泵房、污水池、给排水工程中的集水井等。

2) 基础类

桥梁工程中的墩台基础可以做成各种形状的沉井，在沉井下沉就位后封底在井筒内部填筑钢筋混凝土材料构成基础。某些高层建筑物的地下室也可以做成沉井基础。

3) 基坑支护类

软弱基础上的深基础施工顶管工程中的临时工作井、接收井等，施工过程中可使用沉井技术挡土。这类沉井作为临时性施工设施在施工结束后失去其使用价值。

2. 按场地分类

1) 陆地沉井

陆地沉井是指在陆地上制作和下沉的沉井，是常用沉井。陆地沉井可就地制造、挖土下沉、封底、填充井孔、浇筑顶板，如图 5-2 所示。

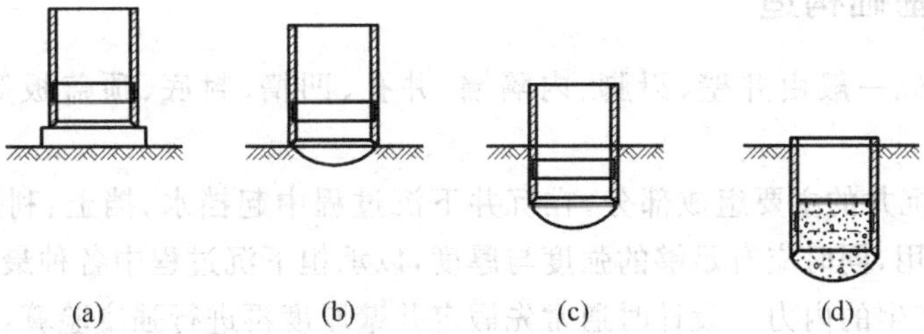

图 5-2　陆地沉井施工顺序

(a) 制作第一节沉井；(b) 抽垫木，挖土下沉；(c) 沉井接高下沉；(d) 封底

2) 筑岛沉井

在河道中施工沉井时如果河流不能断流，在河床水位不大于 3.0m、流速不大于 1.50m/s 时，可采用砂或砾石在水中筑岛，用草袋维护；若水深或流速较大时，可采用围堤防护筑岛，当水深较大(通常小于 15m)或流速较大时，宜采用钢板桩围堰筑岛。

3）浮运沉井

当水位较深，在筑岛有困难的情况下宜在岸边制作沉井，用浮运方法将沉井牵引至水域中预定位置下沉，这类沉井称为浮运沉井。大型浮运沉井可采用钢壳沉井，小型浮运沉井可采用钢筋混凝土沉井。

3. 按外观形状分类

按沉井的横截面形状可分为：圆形、圆端形、椭圆形、矩形、多边形等。其中，①圆形沉井在下沉中，垂直度和中线较易控制，与其他形状沉井相比更能保证刃脚均匀作用在支撑的土层上。在土压力作用下，井壁只受轴向压力，便于取土作业，但圆形沉井应用范围狭窄，只适用于圆形或接近正多边形截面的墩台。②矩形沉井制造简单、基础受力有利，符合大多数墩台的平面形状，可以很好地利用地基的承载力，但在角点处有集中应力存在，且四角处土体不易挖除。矩形沉井的四角不能均匀地接触承载土层，故四角点应做成圆角或钝角。在侧土压力作用下，井壁受到较大的挠曲弯矩，长宽比越大其挠曲弯矩越大，故需在沉井内侧设置隔墙支撑，增加刚度，改善受力情况。矩形沉井的阻水系数较大，在水流中受到较大的冲刷。③圆端形沉井在控制下沉、受力条件、阻水冲刷方面均较矩形沉井有利，但沉井制造较复杂。若沉井平面尺寸较大，可在内侧设置隔墙使单孔变成双孔，有利于沉井受力和下沉过程中纠偏。

4. 按建筑材料分类

按构筑沉井不同的材料组成可分为素混凝土沉井、钢筋混凝土沉井、钢沉井、砖砌沉井等。其中，①素混凝土沉井抗压强度高、抗拉强度低，因此宜制作成为圆形，适用于直径小、下沉深度浅的沉井。②钢筋混凝土沉井抗拉抗压性能均较好，适宜制作各种类型和各种用途的沉井，被广泛应用于工程领域。③用钢材制造井壁外壳，井壁内侧挖土，在封底、顶后填充混凝土。这种沉井强度高，刚度大，质量轻，易于拼装，常用作浮运沉井、修建深水基础，但用钢量大，造价较高。

5.1.3 沉井基础构造

大型沉井基础一般由井壁、刃脚、内隔墙、井孔、凹槽、封底、顶盖板等组成，如图5-3所示。

(1) 井壁是沉井的主要组成部分，在沉井下沉过程中起挡水、挡土、利用自身自重克服摩阻力下沉的作用，同时应有足够的强度与厚度，以承担下沉过程中各种最不利荷载的组合（水、土压力）所产生的内力。设计时通常先假定井壁厚度再进行强度验算，井壁厚度一般在0.7～1.2m。

(2) 刃脚是井壁下端的尖角部分，其主要功能是减小下沉阻力，还应该具有一定强度，以免在下沉过程中损坏。刃脚底平面称为踏面，其宽度视所遇土层的软硬及井壁质量、厚度而定，沉井重、土质软时踏面要宽一些，反之，沉井轻、土质较硬时踏面要窄一些。宽度一般为10～20cm，根据情况可使用角钢加固的钢刃脚。刃脚的高度一般为0.6～1.5m，刃脚的内倾角一般大于45°，如图5-4所示。

刃脚支设方式取决于沉井重量、施工荷载和地基承载力，常用的方法有垫架法、砖砌垫

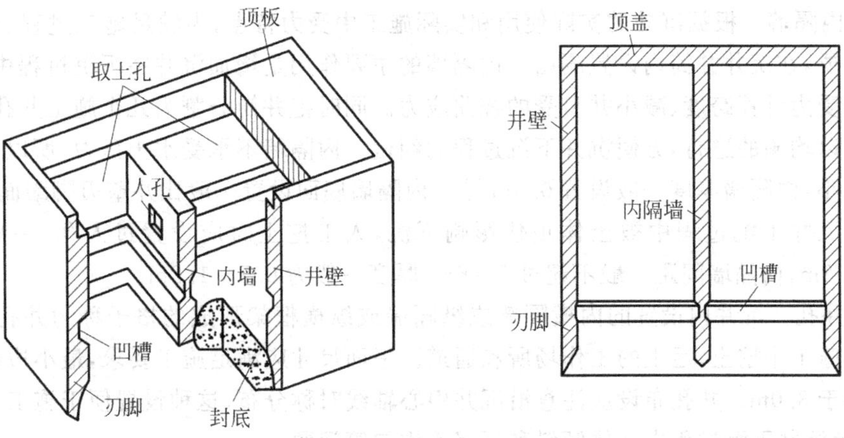

图 5-3　沉井基础的基本构造

座和土胎模。

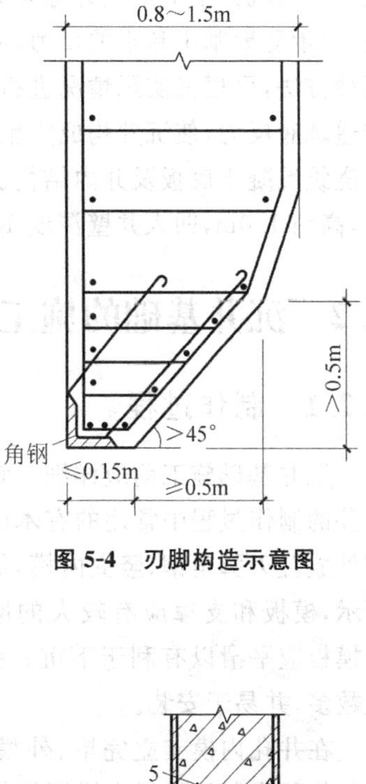

图 5-4　刃脚构造示意图

在软弱地基上浇筑质量较大的沉井常用垫架法(图 5-5(a))。垫架的作用是将上部沉井重量均匀传递给地基，使沉井井身在浇筑过程中不会产生过大均匀沉降，避免井身受力不合理撕裂井身，使井身保持垂直，并便于拆模和支撑。采用垫架法施工时，应计算井身一次浇筑高度，使其不超过地基承载力，其下垫砂层厚度需经过计算确定。

直径或边长不超过 8m 的小型沉井，土质较好时可采用砖垫座法(图 5-5(b))，砖垫座沿沉井横截面周长分成 6～8 段，中间留 20mm 空隙，以便拆除，垫座内壁采用水泥砂浆抹面。

重量较轻的小型沉井，在土质较好时，可采用土胎膜法(图 5-5(c))，即直接在土层中挖槽成模浇筑沉井的刃脚，土胎膜内壁也采用水泥砂浆抹面。

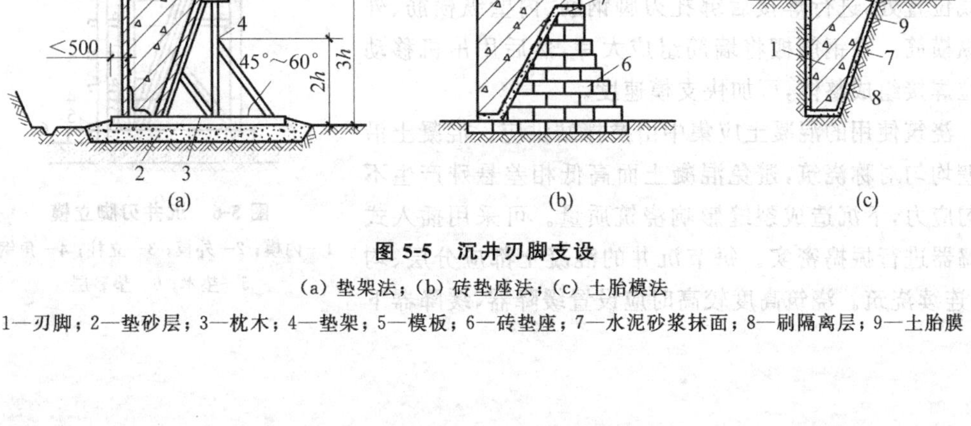

图 5-5　沉井刃脚支设

(a) 垫架法；(b) 砖垫座法；(c) 土胎模法

1—刃脚；2—垫砂层；3—枕木；4—垫架；5—模板；6—砖垫座；7—水泥砂浆抹面；8—刷隔离层；9—土胎膜

(3) 内隔墙。根据沉井的实际使用和实际施工中受力特点，为满足施工过程、使用和结构上的需要，在沉井井筒内设置隔墙。内隔墙的主要作用是增加沉井在下沉过程中的刚度，减小井壁受力计算跨度、减小井身受的挠曲应力。同时把井筒分割为几个施工井孔，使挖土和下沉可以均衡的进行，方便沉井下沉过程的纠偏。内隔墙不承受水土压力，所以其厚度较沉井外壁小，内隔墙厚度一般设置0.5m厚。内隔墙底面设置一般比井壁刃脚踏面高0.5～1m，避免沉井下沉过程中被土体顶住影响下沉，人工挖土时应设置过人孔，一般大小为0.8m×1.2m，内隔墙间距一般不超过5～6m，厚度一般为0.5～1.2m。

(4) 井孔。沉井内设置的内横隔墙或纵隔墙或纵横框架形成的格子称为井孔，井孔是沉井基础施工中挖土、运土的工作场所和通道。平面尺寸应满足施工要求，最小边长(直径)一般不小于3.0m。井孔布设应注意沿沉井中心轴线对称分布，这种设置便于施工中对称挖土，可避免沉井下沉过程中井体倾斜和下沉不均匀等问题。

(5) 封底及顶盖板。封底取决于其下卧地基土的承载力，容许承载力不足时选用封底沉井。当沉井下沉至设计标高时，经技术检验并对井底清理整平后即可进行浇筑混凝土封底，以承受地基土和水的反力，防止地下水涌入井内。通常有干封和湿封(水下浇筑混凝土)两种方法，可根据实际情况进行选择。为使封底混凝土和底板与井壁之间有更好的连接，以传递基底反力，使沉井构成完整的空间受力体系，于刃脚上方井壁内侧预留凹槽，以便在该处浇筑混凝土底板及井内结构。凹槽一般设置在刃脚上方的井壁处，距刃脚踏面2.5m左右，高约1.0m，凹入井壁深度15～25cm。

5.2 沉井基础的施工方法

5.2.1 制作过程

沉井基础施工前应详细了解场地的水文地质条件，以便选择合适的施工方法。目前在沉井的制作过程中常用的有木模、钢模及滑模三种。承垫木或素混凝土垫层铺设好后，在刃脚处放置刃脚角钢，竖立内模，绑扎钢筋，竖立外模，最后浇筑第一节沉井混凝土，如图5-6所示，模板和支撑应有较大的刚度以免发生挠曲变形。外模板应平滑以有利于下沉。钢模较木模刚度大，周转次数多，并易于安装。

在井孔内模支立完毕、外模尚未扣合时进行钢筋绑扎。将预先制好的焊有锚固钢筋的刃脚踏面安置在刃脚划线位置处，进行焊接后绑扎刃脚钢筋、内壁纵横筋、外壁纵横筋。在钢筋棚将墙筋组成大片，然后用吊机移动定位焊接组成整体，可加快支模速度。

浇筑使用的混凝土应集中由搅拌站供应。混凝土沿井壁均匀对称浇筑，避免混凝土面高低相差悬殊产生不均匀应力，下沉造成裂缝影响浇筑质量。可采用插入式振捣器进行振捣密实。每节沉井的混凝土都应分层、均匀、连续浇筑。浇筑高度较高时应设置缓降器，缓降器下

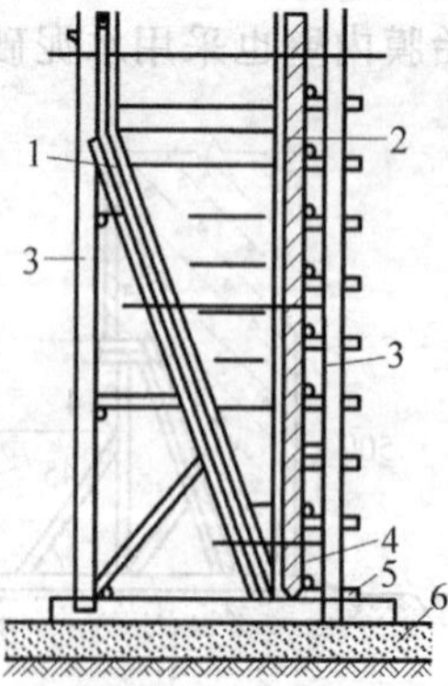

图5-6 沉井刃脚立模

1—内模；2—外模；3—立柱；4—角钢；5—垫木；6—垫砂层

的工作高度不得大于1.0m，在次节钢筋绑扎前对上节沉井顶面的混凝土进行凿毛，并进行残渣清理，用清水清洗凿好的混凝土表面，保证新旧混凝土的连接强度。

当混凝土的抗压强度达到2.5MPa以上时，拆除直立的侧面模板。拆除时应先拆内侧后拆外侧。混凝土强度达到70%(或设计要求)后，拆除隔墙底面、刃脚斜面的支撑与模板。拆模顺序为：井孔模板、外侧模板、隔墙支撑及模板。拆除隔墙及刃脚下的支撑应对称依次进行，宜从隔墙中部向两边拆除。

5.2.2 下沉施工

1) 第一节沉井下沉

沉井下沉施工可分为排水下沉和不排水下沉。当沉井穿过的土层较稳定时，不会因排水而产生流砂时，可采用排水下沉。土的挖除可采用人工挖土或机械挖土，排水下沉常用人工挖土，适用于土层渗流量不大且排水不会产生涌土或流砂的情况。人工挖土可控性强，可使沉井均匀下沉并清除障碍物，但应采取措施保证施工安全。排水下沉时也可用机械挖土。不排水下沉一般都采用机械取土，可用抓土斗或水力吸泥机，当土质较硬时，水力吸泥机需配合水枪射水将土冲击松散。由于水力吸泥机是将水和土一起吸出井外，因此需要经常向井内加水维持井内水位高出井外水位1～2m，以免发生涌土或流砂现象。用抓斗抓泥可避免吸泥机吸砂时出现的翻砂现象，但抓斗无法到达刃脚和隔墙下的死角，使下部土体受力不均容易造成井体倾斜，其施工效率也会随施工深度增加而降低。

正常下沉时应从中间向刃脚处均匀对称挖土。对于排水取土下沉的底节沉井，设计支撑位置处的土层应在分层取土的最后同时挖除。由数个井孔组成的沉井，应控制各井孔之间取土面的高差，并避免内隔墙底部在下沉时受到下面土层的顶托，防止倾斜的产生。

2) 接高第二节沉井

第一节沉井下沉至顶面距离地面还有1～2m的时候停止挖土，保持第一节沉井位置竖直。第二节沉井的中轴线应与第一节沉井的中轴线重合，凿毛顶面，然后立模均匀对称地浇筑混凝土。接高沉井的模板，不得直接支撑在地上，应固定在已浇筑好的前一节的沉井上，并预防沉井接高后使模板及支撑与地面接触，以免沉井因自重增加而下沉，造成新浇筑的混凝土由于拉力而出现裂缝。待混凝土强度达到设计要求后方可进行拆模。

3) 逐节下沉及接高

第二节沉井拆模后，按上述方法继续挖土下沉接高沉井。随着挖土下沉与接高，沉井入土深度越来越大。

4) 加设井顶围堰

当沉井顶面需要下沉至水面或岛面下一定深度时需在井顶筑围堰。围堰的尺寸略小于沉井，围堰的作用是防水和挡土，井顶围堰是临时性的，可由各种材料筑成，按所用材料的不同主要有草(麻)袋围堰、木笼围堰和钢板桩围堰等三种类型。无论采取何种类型的围堰，与沉井的连接应采用合理的形式，以避免围堰因变形不协调或突变而造成严重漏水现象。若水深流急，临时性防水围堰高度大于5.0m时宜采用钢板桩围堰。

5) 地基检验和处理

沉井下沉至距离设计标高尚差2m左右时，须用调平与下沉同时进行的方式使沉井下沉到位，然后进行基底检验。检验基底处地基土质是否和设计相符，是否平整，是否需要对地基土进行必要的处理。如果是排水下沉的沉井可直接进行检查，如果是不排水下沉的沉井需由潜水工人检查或钻土取样鉴定。

5.2.3 下沉问题及处理措施

沉井在下沉过程中会遇到各种问题，必须事先预防，当发生问题时及时处理。现将常见问题简述如下。

1）井壁摩阻力异常

沉井时在一般地质情况下，井内随着挖土的同时依靠沉井自重，沉井就能顺利下沉到位。但随深度增加，土层与井壁的摩擦力增大，沉井可能出现停止下沉的现象。当沉井下沉过慢或停沉，解决措施主要是增加压重和减小井壁摩阻力。

增加压重的方法有：提前接筑下节沉井，增加沉井自重；在井顶堆载压重；不排水下沉时，可从井内排水以减小浮力但不能出现流砂现象。

减小井壁摩阻力的方法：将沉井设计成为阶梯形、钟形或使外壁光滑；井壁内埋设高压射水管组，利用泥浆套或空气幕辅助下沉。若在沉井设计计算中已能预见到摩阻力过大时，可在设计中采用泥浆润滑井壁，然后再压气等施工措施解决。

沉井下沉到接近设计标高而因土层软弱，沉井自重下沉而不能稳定时，或因井壁与土层之间的摩阻力过小，即使停止也不能阻止沉井下沉时，为避免沉井超沉，可及时向井内注水增加沉井的上浮力，使沉井稳定下来，采取水下封底的方法使沉井下沉到位。

2）沉井突沉

在软弱地层施工中，沉井可能出现突然下沉的现象，下沉量一次可达 3m 以上，在发生突沉之前一般是正常下沉停止，然后突然发生下沉。产生突沉的原因一方面是软弱土层具有触变性，摩擦力变化范围很大，这是造成突沉的内因；另一方面，施工时井内挖土掏挖井底太深是造成突沉的外因。

防止突沉的措施一般是控制均匀取土，在刃脚处取土不宜过深，在设计沉井时可采用增大刃脚踏面宽度或增设底部框架梁承担土的反力，也可在井壁顶部设钢筋混凝土悬挑梁进行阻沉，以保证沉井下沉不超过设计标高。

3）井内流砂

在粉、细砂层中下沉沉井时经常会遇到流砂现象，由于渗流力使井外的土、粉砂产生流动状态，随地下水一起涌入井内。此时，井内的涌砂由井外砂土补充，一般出现井内流砂后井内土面将始终保持一定的高度，随挖随涌，井外地面出现大量坍塌现象。

产生流砂现象时可在刃脚部位堆石子压住水头，削弱水压力，或周围堆沙袋围住土体或抛大石块，增加土的压重。通过井点降水降低地下水位从根本上排除流砂的可能。在条件允许时通过地基处理改变土体产生流砂的特性。

4）沉井偏斜

沉井的偏斜包括倾斜和位移两种。产生偏斜的原因有很多，主要包括沉井在下沉过程中土质不均匀或出现障碍物；未均匀地抽取垫木；未均匀挖土下沉；井壁内高差大；刃脚下掏土过多，沉井突然下沉产生倾斜；井外堆土造成的对沉井四周的偏压；井内抽水后产生流砂现象等。

通常可采用取土、压重、顶部施加水平力或刃脚下支垫等方法纠正偏斜；空气幕沉井也可采用单侧压气纠偏的方式；若沉井倾斜可在高侧集中取土，加重物，或用高压射水冲松土层，低侧回填砂石，必要时在井顶施加水平力扶正。当刃脚遇到障碍物时，必须先清除再下沉。

5.3　沉井基础设计

5.3.1　设计的一般原则

沉井结构上的作用可分为永久作用和可变作用两类。永久作用包括沉井结构自重、土的侧向压力、沉井筒内静水压力；可变作用包括沉井顶板和平台活荷载、地面活荷载、地下水压力(侧压力、浮力)、顶管压力、流水压力、融流冰块压力等。沉井进行结构设计时不同荷载采取不同的代表值：永久荷载采用标准值作为代表值；可变荷载根据设计要求采用标准值、组合值或准永久值作为代表值；结构承受两种或两种以上的可变荷载，承载能力极限按作用效应基本组合计算或正常使用极限状态按作用效应标准组合验算时，应采用标准值和组合值作为可变荷载的代表值；正常使用极限状态按作用效应的准永久组合验算时，应采用准永久值作为可变荷载的代表值。

参照《给水排水工程钢筋混凝土沉井结构设计规程》(CECS 137—2015)(简称《沉井规程》)规定，沉井本身的结构设计按照工程一般结构设计原理，应当包含正常使用极限状态和承载能力极限状态。其中极限状态应该由下沉过程及使用过程中最不利工况决定。

(1) 各类沉井结构构件均按承载能力极限状态计算。

(2) 除刃脚外其他沉井结构构件在使用阶段均应进行正常使用极限状态验算。对轴心受拉或小偏心受拉的构件按短期效应组合进行抗裂度验算，对受弯构件和大偏心受拉构件应按长期效应组合进行裂缝宽度验算，对需要控制变形的结构构件应按长期效应组合进行变形验算。

(3) 各种形式的沉井均应进行沉井下沉、下沉稳定性及抗浮稳定性验算，必要时应进行沉井结构的倾覆和滑移验算。

对于应用广泛的中小型沉井，其几何尺寸和下沉深度一般不超过 30m，在其下沉过程中遇到的不利工况带来的附加影响一般不大，其承载力极限状态一般出现在使用过程中。对于在桥梁工程中应用的大型沉井，承载力极限状态一般出现在下沉阶段。《沉井规程》规定了沉井设计的特征系数，详见表 5-1。

表 5-1　沉井设计特征系数

稳定特性	设计系数	稳定特性	设 计 系 数
下沉	≥1.05	抗倾覆	≥1.50
下沉稳定	0.8～0.9	抗上浮	≥1.0(不计侧壁摩阻力)
抗滑动	≥1.30		

承载力极限状态下永久荷载和可变荷载的分项系数按表 5-2 和表 5-3 选用，两种极限状态下强度计算的作用组合，根据沉井所处不同环境及其工况取不同组合项目，按表 5-4 确定。

表 5-2 永久荷载分项系数

永久荷载	分项系数
结构自重	1.20；当结构有利时取 1.00，仅有自重时取 1.27
沉井内水压	1.27；当对结构有利时取 1.00
沉井外土压	1.27；当对结构有利时取 1.00

表 5-3 可变荷载分项系数

可变荷载	分项系数	可变荷载	分项系数
顶板和平台活荷载	1.40	流水压力	1.40
地面活荷载	1.40	融流冰块压力	1.40
地下水压力	1.27	顶管压力	1.30

表 5-4 不同工况的作用组合

沉井环境及工况			作用项目							
			永久荷载			可变荷载				
			结构自重 G_1	沉井内水压 G_2	沉井外水压 G_3	顶板活荷载 Q_1	沉井外水压 Q_2	顶管压力 Q_3	流水压力 Q_4	融冰块压力 Q_5
陆地沉井	施工期间	工作井	√	△	√		√	√		
		非工作井	√	△	√		√			
	使用期间	沉井无水	√		√	√	√			
		沉井内有水	√	√	√	√	√			
江心沉井	施工期间	工作井	√	△	√		√	√		
		非工作井	√	△	√		√		√	
	使用期间	沉井无水	√		√	√	√		√	√
		沉井内有水	√	√	√	√	√		√	√

注：1. 符号“√”表示排水下沉沉井的荷载作用；

2. 符号“△”表示不排水下沉沉井的荷载作用。

分项系数：地面活荷载取 1.40，沉井外地下水压力取 1.27。

正常使用极限状态裂缝宽度的计算准永久组合系数，地面堆载及车辆荷载取 0，水、土压力取 1.0。裂缝宽度公式可参考《沉井规程》或按《结构规范》。

5.3.2 荷载取值

1）沉井自重标准值

沉井结构自重的标准值可按照结构构件的设计尺寸和相应构筑材料的重度计算确定。钢筋混凝土的重度可取 $25kN/m^3$，素混凝土重度可取 $23kN/m^3$。永久设备的自重标准值可按照设备样本提供的数据采用；构件上设备转动部分的自重和轴流泵的轴向力应乘以动力系数后作为标准值计算，动力系数可取 2.0。

2）侧向主动土压力标准值

沉井在下沉时侧向受力主要以静水压力和主动土压力为主。作用在沉井井壁上的主动土压力标准值按朗肯土压力理论计算，采用有效黏聚力 c'，并将内摩擦角 φ 折算成有效内摩擦角 φ' 计算土压力。《建筑基坑支护技术规程》(JGJ 120—2012)（简称《基坑规范》）中规定 c、φ 采用三轴试验固结不排水抗剪强度指标，有效内摩擦角折算公式如式(5-1)：

$$\tan\left(45^\circ-\frac{\varphi'}{2}\right)=\tan\left(45^\circ-\frac{\varphi}{2}\right)-\frac{2c}{\gamma z} \tag{5-1}$$

式中：γ——土的重度(kN/m³)；

z——自地面至计算截面处的深度(m)。

在计算水土压力时，当沉井不排水下沉时水压力计算应考虑井内外水位差 2～3m；计算土压力时水下部分土体取浮重度。当沉井为排水下沉时，对于砂类土，宜将水土分算再叠加计算其荷载；对于黏性土，水土合算。

3）沉井外壁与土的侧摩阻力计算

保持稳定下沉是沉井基础下沉过程的关键。沉井外壁的摩阻力大小是下沉过程中的一个重要参数，也是一个比较复杂的问题。长期以来设计中采用的摩阻力分布图和规范建议都是由大直径桩的下沉原理分析得出。

沉井壁大于 5m 的沉井由《沉井规程》对沉井井壁外侧摩阻力分布做出如下规定。

(1) 当沉井外侧壁为直壁时，假定摩阻力随土深度线性增大，并在 5m 深度处增大到最大值 f_k，5m 以下保持常值，如表 5-5 所列；如图 5-7(a)所示

(2) 当井壁外侧为阶梯形时，在 5m 深处增到 $(0.5\sim0.7)f_k$，5m 以下保持不变，在台阶处增大到 f_k，如图 5-7(b)所示。

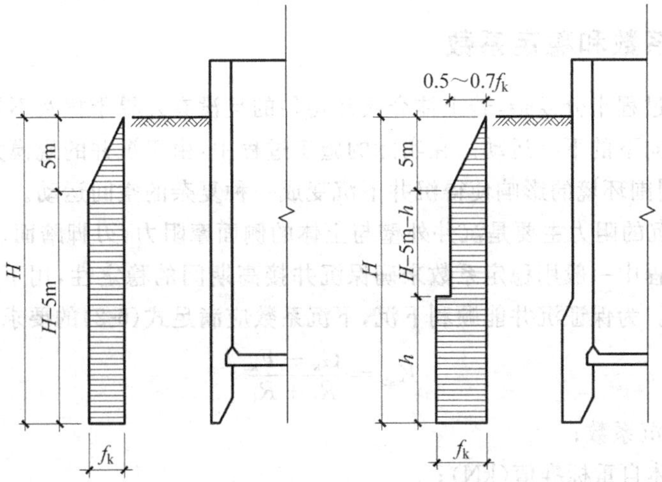

图 5-7　沉井外壁的侧摩阻力分布

(a) 直壁式井壁外侧；(b) 阶梯式井壁外侧

图 5-7(a)适用于井壁外侧无台阶的沉井；图 5-7(b)由于井壁外侧台阶以上的土体与井壁接触并不紧密，可在空隙中灌砂助沉，故摩阻力减小。

现行的《沉井规程》指出沉井下沉计算时，沉井外壁单位面积的摩阻力标准值，应根据工

程地质条件、井壁外形、施工方法，通过经验资料或试验确定。缺乏可靠的地质资料时，井壁单位面积的摩阻力可参考表 5-5。

表 5-5 土体与井壁的单位面积摩阻力标准值 f_k（CECS 137—2015）

土层类别	f_k/kPa	土层类别	f_k/kPa
流塑状态黏性土	10～15	砂性土	12～25
可塑、软塑状态黏性土	10～25	砂砾土	15～20
硬塑状态黏性土	25～50	卵石	18～30
泥浆套	3～5		

注：井壁外侧为阶梯式且采用灌砂助沉时，灌砂段的单位摩阻力标准值可取（0.5～0.7）f_k。

《公路桥涵地基与基础设计规范》（JTGD 63—2007）（简称《公路规范》）也提供了摩阻力标准值，详见表 5-6，与表 5-5 相比内容相似，都强调采用地区经验值或试验数据。在适用性方面，规范说明建议使用的范围是沉井下沉深度在 20m 以内，最大不超过 30m。另外，《铁路桥涵地基和基础规范》（TB 10093—2017）同样强调参考试验资料，其提供了与这两个表相同的摩阻力参考值。

表 5-6 摩阻力标准值（JTGD 63—2007）

土的名称	摩阻力标准值/kPa	土的名称	摩阻力标准值/kPa
黏性土	25～50	砾石	15～20
砂性土	12～25	软土	10～12
卵石	15～30	泥浆套	3～5

注：泥浆套为灌注井壁外侧的触变泥浆，是一种助沉材料。

5.3.3 下沉系数和稳定系数

沉井的下沉过程十分复杂，若土体介质是均匀的且没有外界干扰及不均匀取土等因素，沉井在土中只做向下的下沉运动。在实际的施工过程中，由于沉井的规模大，施工现场存在不确定因素，受周围环境的影响使得沉井下沉变成一种复杂的空间运动。

(1) 沉井下沉的阻力主要是沉井外壁与土体的侧面摩阻力，刃脚踏面、隔墙下土体的正面阻力。实际工程中一般用稳定系数来确保沉井接高期间的稳定性，用下沉系数法来验算沉井的下沉条件。为保证沉井能顺利下沉，下沉系数应满足式(5-2)的要求：

$$K_{st}=\frac{G_k-F_k}{R_r+R_f} \tag{5-2}$$

式中：K_{st}——下沉系数；

G_k——井体自重标准值(kN)；

F_k——下沉过程中水对沉井的浮力标准值(kN)，当排水下沉时为 0；

R_f——井壁总摩阻力标准值(kN)；

R_r——井底地基总反力标准值(kN)。

在下沉过程中由于速度相对较慢，故在实际施工过程中惯性力对下沉过程的影响较小。但在初始下沉时其相对速度较大，惯性力对沉井下沉有一定影响。针对下沉速度的具体情况，在 K_{st} 取值时加以考虑，即在初始下沉及下沉速度较快时 K_{st} 取值要稍小，工程中取值一般为 1.15～1.25，位于淤泥质土层 K_{st} 取小值，位于其他土层 K_{st} 取大值。根据不同时刻下沉量和开挖量的量测值计算下沉系数。

（2）沉井在软弱土层中下沉，当 K_{st} 较大（一般大于 1.5），或在下沉过程中遇到特别软弱的土层时，需要进行下沉稳定验算，以防止突沉或下沉标高不能控制的情况发生。沉井下沉的稳定系数应满足式(5-3)的要求：

$$K'_{st}=\frac{G_k-F_k}{R_f+R_b} \tag{5-3}$$

式中：K'_{st}——稳定系数；

R_b——沉井刃脚踏面及斜面下土、隔墙和井底横梁下地基土极限承载力之和(kN)，取值可参考表 5-7。

注意：式(5-3)中 F_k 和 R_f 为验算状态下的标准值。

表 5-7　地基土的极限承载力

土层类别	极限承载力/kN	土 层 类 别	极限承载力/kN
淤泥	100～200	软可塑状态亚黏土	200～300
淤泥质土	200～300	坚硬、硬塑状态亚黏土	300～400
细砂	200～400	软可塑状态黏土	200～400
中砂	300～500	坚硬、硬塑状态黏土	300～500
粗砂	400～600		

沉井首次接高时，为防止地基承载能力不足而初期就发生突沉，要求稳定系数 $K'_{st}<1$，一般取 0.8～0.9。当 $K'_{st}>1$ 时地基的极限承载力较小，不足以承担沉井的重量，需要进行地基处理以提高地基土的承载力，为安全平稳的下沉作有效准备。

5.4　沉井基础计算

5.4.1　沉井作为刚性深基础整体计算

根据所设计的沉井尺寸及其他参数，按最不利荷载组合，分别验算基底应力、横向抗力、墩(台)顶面水平位移、稳定性等。

当沉井在最大冲刷线以下的埋置深度小于或等于 5m，可不考虑基础侧面的土的横向抗力影响，与浅基础的设计相同，但应验算地基的强度、稳定性和沉降量。

1）作用效应计算

当沉井基础在最大冲刷线以下的埋置深度大于 5m 且计算深度 $\alpha h\leqslant 2.5$（α 为沉井基础的变形系数）时，应考虑周围土体对沉井的约束作用，将沉井视为刚性桩来计算它的内力和土的抗力。

计算的基本假定：

（1）地基土作为弹性变形介质，水平向地基系数随深度成正比例增加，即 $C_z=mz$；

（2）不考虑基础与土之间的黏着力和摩阻力；

（3）沉井基础的刚度与土的刚度之比可认为是无限大。

根据基底的地质情况可分为土质地基和岩石地基两种计算方法。以下仅介绍土质地基上沉井基础的计算方法，岩石地基的计算方法可参考《公路规范》附录 Q。

沉井基础受水平力 H 和竖向偏心力 N 作用时(图 5-8)，为方便计算，把外力简化为只受中心荷载和水平力的作用，其简化后的水平力 H 作用的高度 λ 计算公式为

$$\lambda = \frac{Ne + FL}{H} = \frac{\sum M}{H} \tag{5-4}$$

式中：$\sum M$—— 对沉井底各力矩之和。

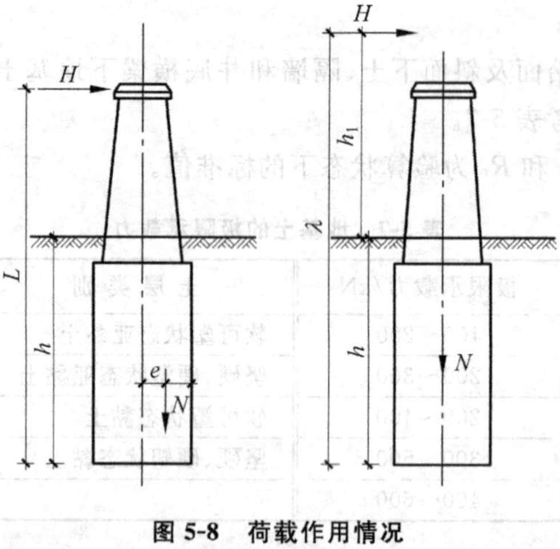

图 5-8　荷载作用情况

在水平力的作用下沉井将围绕位于地面以下 Z_0 深度处的 A 点旋转 ω 角(见式(5-10))。在地面或最大冲刷线以下深度 z 处的水平位移 Δx 和对土的水平压力 σ_{zx} 分别为

$$\Delta x = (z_0 - z)\tan\omega \tag{5-5}$$

$$\sigma_{zx} = \Delta x C_z = C_z(z_0 - z)\tan\omega \tag{5-6}$$

式中：z_0——转动中心与地面的距离(m)；

C_z——深度 z 处水平向地基抗力系数(kN/m³)。

C_z 可用水平向地基抗力系数的比例 m(kN/m⁴)表示，即 $C_z = mz$；沉井底部的竖向抗力系数为 $C_0 = m_0 z$(当 $h < 10$m 时，$C_0 = 10m_0$)，其中 m_0 是沉井基底处地基竖向抗力系数的比例系数。m 和 m_0 应通过试验确定；缺乏资料时可查看相关表格。当基础侧面有两层土时，应将两层土的比例系数换算成一个 m 值，作为整个深度的 m 值。其中岩石地基的抗力系数不随岩层埋深变化，取 $C_z = C_0$。将 C_z 代入式(5-6)，即得 $\sigma_{xz} = mz(z_0 - z)\tan\omega$。

由此可知土的横向抗力沿深度呈二次抛物线变化。考虑到水平面的竖向地基系数 C_0 不变，基础底面处的压应力图形与基础竖向位移图相似，图 5-9 所示的基底边缘的压力

$$\sigma_{d/2} = C_0 \frac{d}{2}\tan\omega \tag{5-7}$$

式中：C_0—— $C_0 = m_0 h$，其中 m_0 为基底处地基竖向抗力系数的比例系数；

d ——基底宽度或直径。

在上面各式中未知数 z_0 和 ω 需要以下两个方程求得其值

$$\sum X = 0, H - \int_0^h \sigma_{zx} b_1 \mathrm{d}z = H - b_1 m\tan\omega \int_0^h z(z - z_0)\mathrm{d}z = 0 \tag{5-8}$$

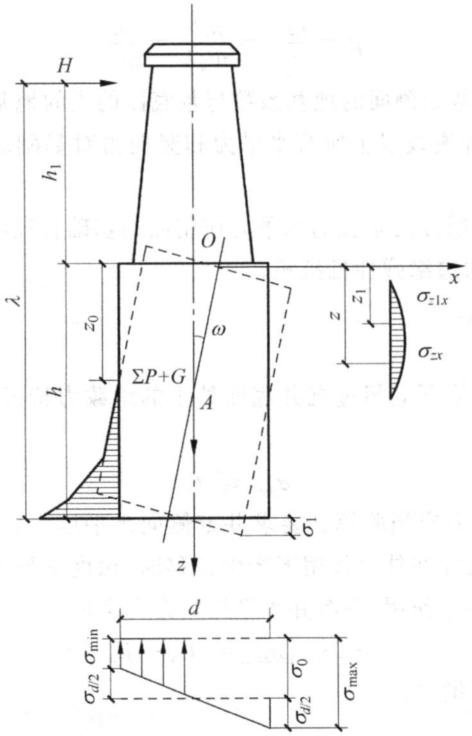

图 5-9　水平力及竖直偏心荷载作用下的应力分布

$$\sum M = 0,\quad Hh_1 + \int_0^h \sigma_{zx} b_1 z \mathrm{d}z - \sigma_{\frac{d}{2}} W_0 = 0 \tag{5-9}$$

式中：b_1——沉井的计算宽度，计算方法同桩基"m"法计算。

联立方程解得基础转角 ω：

$$\omega \approx \tan\omega = \frac{6H}{Amh} \tag{5-10}$$

基础旋转中心点与地面或局部冲刷线的距离 z_0 为

$$z_0 = \frac{\beta b_1 h^2 (4\lambda - h) + 6dW_0}{2\beta b_1 h(3\lambda - h)} \tag{5-11}$$

把结果代入以上各式得到地面或局部冲刷线以下深度 z 处基础截面上的弯矩 M_z 为

$$M_z = H(\lambda - h + z) - \int_0^z \sigma_{zx} b_1 (z - z_1)\mathrm{d}z_1 = H(\lambda - h + z) - \frac{Hb_1 z^3}{2hA}(2z_0 - z) \tag{5-12}$$

地面或局部冲刷线以下深度 z 处的基础侧面水平压力 σ_{zx} 为

$$\sigma_{zx} = \frac{6H}{Ah} z (z_0 - z) \tag{5-13}$$

基底压力在基底边缘处的值：

$$p_{\min}^{\max} = \sigma_{\min}^{\max} = \frac{N}{A_0} \pm \frac{3dH}{A\beta} \tag{5-14}$$

以上各式中各系数为

$$A = \frac{\beta b_1 h^3 + 18dW_0}{2\beta(3\lambda - h)} \tag{5-15}$$

$$\beta = \frac{mh}{c_0} = \frac{mh}{m_0 h} = \frac{m}{m_0} \tag{5-16}$$

式中：β——深度为 h 处基础侧面的地基系数与基底面的土的地基系数之比；

λ——地面或局部冲刷线以上所有水平力和竖向力对基础底面重心总弯矩与水平力合力之比；

d——与水平力作用方向垂直的水平力作用面的基础直径或宽度；

W_0——基础底面的边缘弹性抵抗矩；

A_0——基础底面积。

2）验算

（1）基底压力的最大值不应超过沉井底面处土的承载力特征值 f_a 或地基承载力的允许值$[f_a]$：

$$\sigma_{max} \leqslant f_a \tag{5-17}$$

（2）井壁的水平压应力应当验算。要求井壁侧向水平压力 σ_{zx} 小于沉井周围土的极限抗力$[\sigma_{zx}]$。计算时认为沉井在外力作用下产生位移时，深度 z 处沉井一侧产生主动土压力 E_a，另一侧受被动土压力 E_p 作用，则沉井水平压应力应满足：

$$\sigma_{zx} \leqslant [\sigma_{zx}] = E_p - E_a \tag{5-18}$$

由朗肯土压力理论可推出：

$$\sigma_{zx} \leqslant \frac{4}{\cos\varphi}(\gamma z \tan\varphi + c) \tag{5-19}$$

式中：γ——土的重度；

φ, c——土的内摩擦角和黏聚力。

考虑到桥梁结构性质和荷载情况，结合经验可确定最大的横向抗力大致在 $z=h/3$ 和 $z=h$ 处，以此式代入式(5-19)，基础侧面的水平力应满足以下条件：

$$\sigma_{\frac{h}{3}} \leqslant \frac{4}{\cos\varphi}\left(\frac{\gamma h}{3}\tan\varphi + c\right)\eta_1\eta_2 \tag{5-20}$$

$$\sigma_h \leqslant \frac{4}{\cos\varphi}(\gamma h \tan\varphi + c)\eta_1\eta_2$$

式中：$\sigma_{\frac{h}{3}}, \sigma_h$——相应于 $z=h/3$ 和 $z=h$ 深度处的水平压力；

η_1——取决于上部结构形式的系数，对于超静定外推力拱桥的墩台取 0.7，其他结构体系的墩台取 1.0；

η_2——考虑结构重力在总荷载中所占百分比的系数。

$$\eta_2 = 1 - 0.8\frac{M_g}{M} \tag{5-21}$$

式中：M_g——结构自重对基础底面重心产生的弯矩；

M——全部荷载对基础底面重心产生的弯矩。

除此之外，还需根据实际需要验算结构顶部的水平位移及施工允许偏差的影响。

5.4.2 抗浮验算

沉井结构因其埋深大承受的地下水浮力大，在设计中要考虑沉井的抗浮验算。抗浮验算分为封底阶段和使用阶段，按照可能出现的最大水位进行验算。在沉井下沉到设计标高并浇筑封底混凝土后进行抗浮验算，验算公式如下：

$$k_{\mathrm{fw}} = \frac{G_{\mathrm{k}}}{F^{\mathrm{b}}_{\mathrm{kw},k}} \tag{5-22}$$

式中：k_{fw}——沉井抗浮系数，不计侧摩阻力时，取 $k_{\mathrm{fw}} \geqslant 1.0$；计侧摩阻力时，取 $k_{\mathrm{fw}} \geqslant 1.25$；

$F^{\mathrm{b}}_{\mathrm{kw},k}$——水浮托力标准值(kN)。

5.4.3　下沉计算

沉井下沉前抽去垫木时，落至在定位垫木上，故沉井应根据其下沉前的支撑情况对井壁竖向受力进行内力计算。垫木支撑的不利布置一般按支点沿周围均匀布置考虑，定位支垫数量根据沉井大小和地表土层的极限承载力确定。以下通过圆形沉井为例进行分析。

圆形沉井常用的有 4 个支点和 2 个支点支撑，如图 5-10 所示，大型沉井也采用 8 支点。

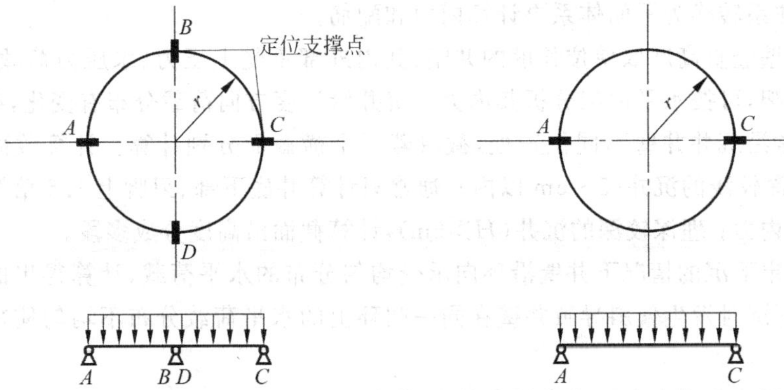

图 5-10　圆形沉井支撑垫木分布

1) 4 支点情况

圆形井壁沿四周均匀分布四个支点，其井壁承受的最大内力按下列公式计算：

跨中最大弯矩

$$M_0 = 0.035\pi q r^2 \tag{5-23}$$

支座弯矩

$$M_{\mathrm{s}} = -0.068\pi q r^2 \tag{5-24}$$

最大扭矩

$$T_{\max} = 0.011\pi q r^2 \tag{5-25}$$

最大剪力

$$V_{\max} = 0.25\pi q r \tag{5-26}$$

2) 2 支点情况

在不排水施工情况下，硬土地区沉井下沉过程中可能遇到孤石、树根等障碍物而被搁置，此时井壁可按照支撑于直径上的两个支点进行竖向弯曲计算，内力计算公式为

跨中最大弯矩

$$M_0 = 0.027 q r^2 \tag{5-27}$$

支座弯矩

$$M_{\mathrm{s}} = -q r^2 \tag{5-28}$$

跨中最大扭矩

$$T_0 = 0.142qr^2 \tag{5-29}$$

支座扭矩

$$T_s = 0.302qr^2 \tag{5-30}$$

最大剪力

$$V_{max} = 1.571qr \tag{5-31}$$

式中：q——单位周长井壁自重(kN/m)；

r——沉井井壁中心半径(m)。

5.4.4 井壁受力计算

沉井下沉至设计标高时，刃脚下的土体被清除，在土压力和水压力作用下进行内力计算时，可将空间体系转换为平面体系再计算内力和配筋。

沿沉井井壁竖直高度取单位长度的井壁，其内外部承受土压力、水压力荷载，其作用如同一个水平框架，可按水平框架分析其内力。沉井沿深度方向荷载分布有变化，截面厚度也可能不同，通常沿沉井井壁不同位置处，截取若干个横截面分别计算。计算截面的选取如下：一般对埋深较浅的沉井(5～6m 以内)，通常只计算井底下部、刃脚上 1.5 倍厚的壁厚高度圆环截面的内力；埋深较深的沉井(H>6m)，计算截面沿高度分成多段。

在沉井稳定下沉的情况下井壁沿环向承受均匀分布的水平荷载，计算得出的弯曲应力不大，沉井在下沉时发生偏斜导致井壁在同一圆环上的水平荷载分布不均匀使得井壁的弯矩变大。

目前圆形沉井井壁内力计算常用方法是将井壁视为受对称不均匀压力作用的封闭圆环，取 1/4 圆环进行计算，如图 5-11 所示，并假定 90°的井壁圆环上两个土的内摩擦角相差 5°～10°(一般大直径沉井取 5°，小直径沉井取 10°)，井壁上一点的土压力按式(5-32)和式(5-33)计算：

$$P_\theta = P_A(1+\omega'\sin\theta) \tag{5-32}$$

$$\omega' = \frac{P_B}{P_A} - 1 \tag{5-33}$$

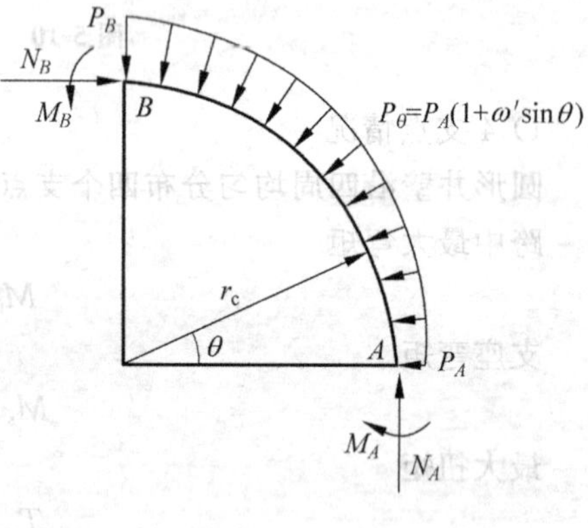

图 5-11 圆形沉井内力计算简图

式中：P_A，P_B——井壁 A、B 点外侧的水平向土压力强度(kPa)；

P_θ——由 PA 变成 PB 时，井壁上任一点的土压力强度(kPa)；

ω'——土压力不均衡度，$\omega'=\omega-1$，$\omega=\dfrac{P_B}{P_A}$。

由材料力学的知识可以得到以下内力公式：

$$N_A = P_A r_c(1+0.785\omega') \tag{5-34}$$

$$N_B = P_A r_c(1+0.5\omega') \tag{5-35}$$

$$M_A = -0.1488 P_A r_c^2 \omega' \tag{5-36}$$

$$M_B = -0.1366 P_A r_c^2 \omega' \tag{5-37}$$

式中：N_A，M_A——较小侧压力的 A 截面上的轴力(kN/m)和弯矩(kN·m/m)；

N_B，M_B——较大侧压力的 B 截面上的轴力(kN/m)和弯矩(kN·m/m)；

r_c——井壁的中心半径，即井壁厚度中点的半径(m)。

1. **施工阶段井壁竖向抗拉验算**

沉井下沉至接近标高时，刃脚下的土已被清除，即没有支撑反力，沉井靠井壁与土体之间的摩阻力来维持平衡，在井壁内有沉井自重产生的竖向拉应力；或井壁被上部某处卡住，下部处于悬吊状态，故井壁会出现较大的竖向拉力。

在土质较好下沉系数接近 1.0 时，假定作用在井壁上的摩擦力按倒三角形分布(图 5-12)，距刃脚底面高度 x 处断面上的拉力 S_x 为

$$S_x = \frac{Gx}{h} - \frac{Gx^2}{h^2} \tag{5-38}$$

式中：G——沉井下沉时的总重量设计值，自重分项系数取 1.2，不排水下沉时扣除浮力(kN)；

h——沉井高度(m)。

沉井的最大拉力 S_{max} 为

$$S_{max} = \frac{G}{4} \tag{5-39}$$

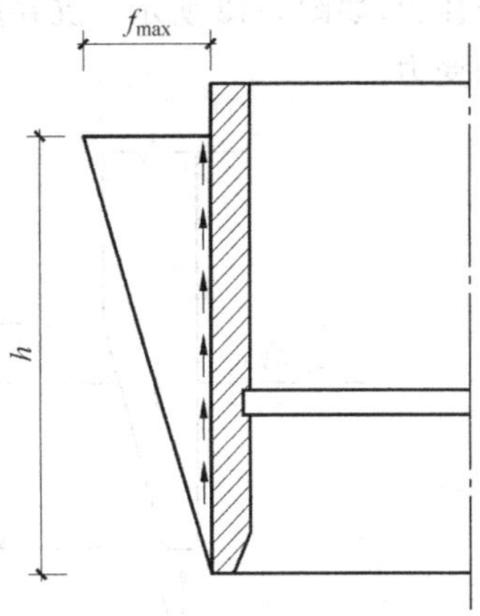

图 5-12　井壁框架拉断模式

其位置发生在 $x=h/2$ 的断面上。在土质均匀的软土层中沉井下沉系数较大时(大于等于 1.5)，可不进行竖向拉断验算。但竖向配筋必须满足最小配筋率及使用阶段的受力要求。

2. **刃脚受力计算**

刃脚受力计算是指沉井在下沉阶段选择最不利情况分别计算刃脚内、外侧的竖向钢筋及水平向钢筋，验算竖向和水平向的弯曲强度。其计算荷载为沉井下沉时，作用在刃脚侧面和斜面的水、土压力，刃脚与土的摩擦力，以及沉井自重在刃脚踏面和斜面上产生的垂直反力和水平推力。

沉井刃脚一方面可看做固定在刃脚根部的悬臂梁，梁长等于外壁刃脚斜面部分的高度；另一方面，刃脚可视为一个封闭的水平框架。故作用在刃脚斜面的部分水平力竖向由刃脚根部承担(悬臂部分)，部分由框架承担(框架作用)。按照变形协调关系得到分配系数如下：

悬臂作用

$$\alpha = \frac{0.1 l_1^4}{h^4 + 0.05 l_1^4} \leqslant 1.0 \tag{5-40}$$

框架作用

$$\beta = \frac{h^4}{h^4 + 0.05 l_2^4} \tag{5-41}$$

式中：l_1，l_2——沉井外壁的最大和最小计算宽度(m)；

h——刃脚斜面部分的高度(m)；

α，β——分配系数，当 $\alpha > 1.0$ 时，取 1.0。

以上公式适用于当内隔墙或底梁的底面与刃脚底面距离不大于 0.5m，或大于 0.5m 但有竖直承托加强的情况。

3. **悬臂作用**

1）刃脚竖向向外弯曲

参照《沉井规程》按沉井自地面开始下沉，刃脚已嵌入土中的工况计算，忽略刃脚外侧水土压力，如图 5-13 所示。沉井高度较大时，采用分节浇筑多次下沉的方法减小刃脚向外弯曲受力。

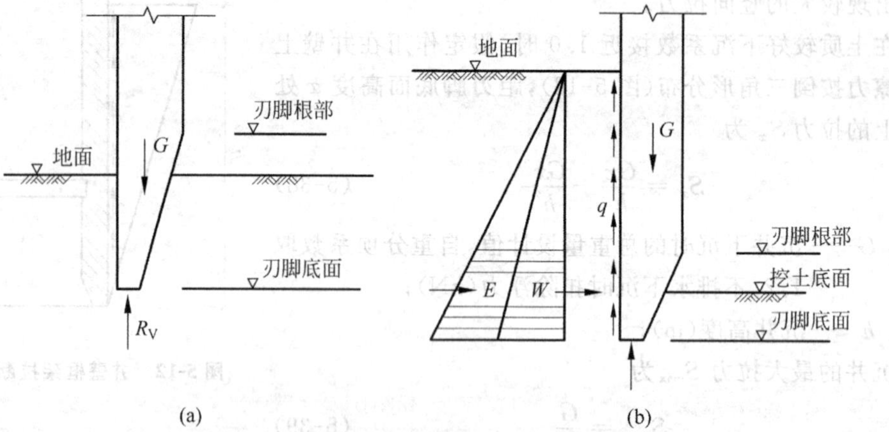

图 5-13 刃脚竖向向外弯曲计算的工作状况

(a) CECS 137—2002；(b) JTG D63—2007

按照《公路规范》规定，在沉井下沉过程中，刃脚已切入土中 1m 左右，沉井顶部露出水面上一定高度(多节沉井约为一节沉井高度)时，如图 5-13(b)所示，验算刃脚因受井孔内土体的侧向压力而向外弯曲的强度。

以《公路规范》为例，说明内力计算方法。若令井壁外侧面的摩阻力、水土压力均为 0，即是按照《沉井规程》的方法进行计算。

刃脚受力分析：沿井壁单位周长自重设计值 G，刃脚侧面受到土的摩阻力 T，刃脚单位周长的水压力 W、土压力 E，刃脚踏面和斜面的地基土反力 R_v，作用在刃脚斜面上的水平力 U，刃脚重力 g，如图 5-14 所示，单位均为 kN/m。

沿井壁单位周长自重设计值 G，即该高度沉井总重力设计值除以沉井的周长，在不排水取土下沉时，扣除淹没水中部分的浮力。

刃脚侧面受到土的摩阻力 T 是刃脚部分作用在井壁外侧单位宽度上的摩阻力，按下列两式计算，取其较小值。

$$T = \mu E = E\tan\varphi = 0.5E \tag{5-42}$$

$$T = qA \tag{5-43}$$

式中：μ——井壁与土的摩擦系数，$\mu = \tan\varphi$；

φ——土的内摩擦角，一般在水中可取 $26°30'$，$\tan 26°30' = 0.5$；

q——土与井壁的单位摩阻力，可按表 5-5 选取；

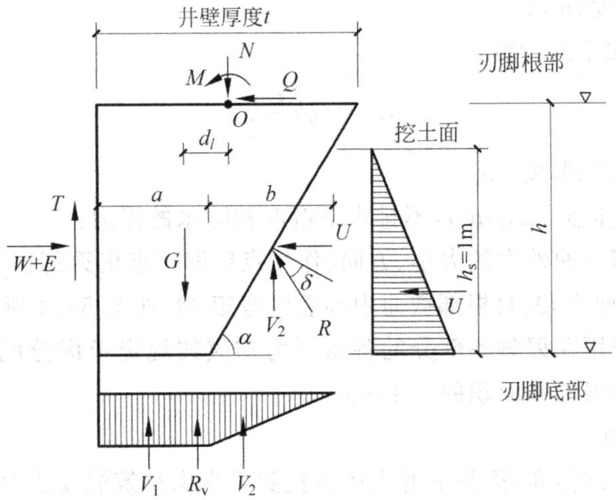

图 5-14 刃脚竖向向外弯曲验算受力简图

A——沉井侧面与土接触的单位宽度的总面积(m^2)：

$$A = l \times h(h\text{ 为刃脚，即刃脚根部至刃脚端部的距离})$$

刃脚单位周长的水压力 W 和土压力 E 的总和不应大于静水压力的 70%，否则按静水压力的 70%计算。二者在刃脚的根部至底面呈梯形分布。

以下计算刃脚踏面的地基反力 R_v：

$$R_v = G - T \tag{5-44}$$

作用在刃脚斜面上的土的反力 R 与斜面法线方向成 δ 角，δ 为土与刃脚斜面的外摩擦角，一般取 $\delta=30°$或与土的内摩擦角相等。R 可分解为竖直力 V_2 和水平力 U。为简化计算，假定竖直力 V_2 与水平力 U 的强度分别沿水平和竖直方向呈三角形分布，作用点在其分布的三角形的形心处，如图 5-14 所示，R_v 由刃脚踏面部分土反力 V_1 和 V_2 组成，即

$$R_v = V_1 + V_2 \tag{5-45}$$

$$\frac{V_1}{V_2} = \frac{af}{0.5bf} = \frac{2a}{b} \tag{5-46}$$

$$b = \frac{h_s}{\tan\alpha} \tag{5-47}$$

式中：f——竖直反力强度(kN/m)；

a——刃脚踏面宽度(m)；

b——刃脚入土斜面的水平投影(m)；

h_s——刃脚入土深度(一般取 1m)；

α——刃脚斜面与水平面的夹角。

$$V_1 = \frac{2a}{2a+b}R_v,\quad V_2 = \frac{b}{2a+b}R_v \tag{5-48}$$

$$U = V_2\tan(\alpha-\delta) = \frac{R_v h_s \tan(\alpha-\delta)}{2a\tan\alpha + h_s} \tag{5-49}$$

R_v 的作用点与刃脚根部截面中心 O 点的水平距离为

$$d_l = \frac{h_l}{2\tan\alpha} - \frac{h_l(3a+2b)}{6h_s + 12a\tan\alpha} \tag{5-50}$$

式中：h_l——刃脚高度(m)；

刃脚重力 G 按照下式计算：

$$G = \gamma_h h \frac{t+a}{2} \tag{5-51}$$

式中：t——刃脚根部的厚度(m)；

γ_h——混凝土重度(kN/m^3)，不排水下沉时扣除水的浮力。

求得作用在刃脚上的外力的大小、方向、作用点后即可求出刃脚根部截面上每个单位周长的轴向力 N、水平剪力 Q、对根部截面中心点的弯矩 M，如图 5-14 所示，据此计算出刃脚内侧的竖向钢筋。作用在刃脚各部分的各水平力均应按规定考虑分配系数 α，一般刃脚钢筋截面积不少于刃脚根部截面积的 0.1%。

2）刃脚向内弯曲

当沉井下沉到设计标高，刃脚下的土体被挖除而尚未浇筑混凝土时，如图 5-15 所示，此时刃脚处于向内弯曲的最不利状态，按此状态确定刃脚外侧竖向钢筋。

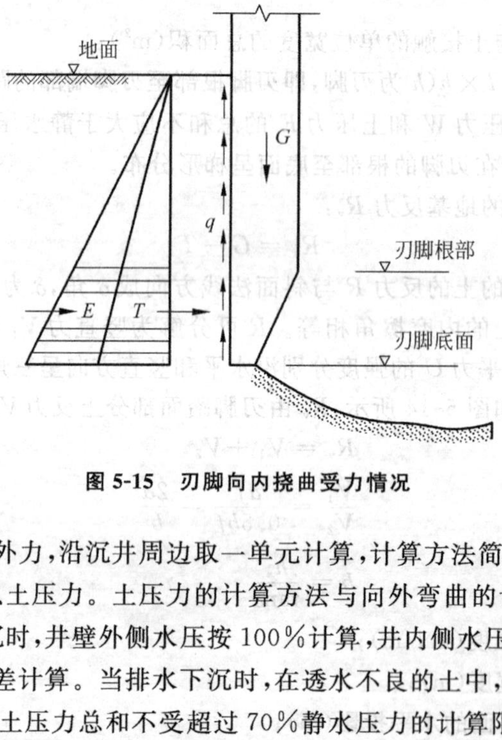

图 5-15　刃脚向内挠曲受力情况

作用在刃脚外侧的外力，沿沉井周边取一单元计算，计算方法简述如下：

计算刃脚外侧的水、土压力。土压力的计算方法与向外弯曲的计算方法相同。对于水压力计算，当不排水下沉时，井壁外侧水压按 100% 计算，井内侧水压按 50% 计算，也可按照施工中可能出现的水头差计算。当排水下沉时，在透水不良的土中，外侧水压力可按静水压力的 70% 计算，此时水、土压力总和不受超过 70% 静水压力的计算限制。

刃脚下无土体，故刃脚下的 R_v 和刃脚水平力 U 均为 0；作用在井壁外侧的摩阻力 T 与向外弯曲中的计算方法相同；刃脚重力按式(5-51)计算。

根据以上计算的外力，算出刃脚根部截面上每单位周长(外侧)内的轴向力 N、水平剪力 Q、对根部截面中心点的弯矩 M，同上进行配筋计算。

3）刃脚作为水平框架计算水平方向的弯曲强度

刃脚下无土时，刃脚受到最大的水平力。作用于刃脚上的外力使其向内挠曲，且所有水平力应乘以分配系数 β，由此可计算水平框架中控制断面上的内力，计算水平钢筋。

对不同形式框架的内力，可按照一般结构力学方法计算。作用在矩形沉井上的最大弯

矩 M、轴向力 N 和剪力 Q 按下列公式近似计算

$$M=\frac{ql_1^2}{16} \tag{5-52}$$

$$N=\frac{ql_2}{2} \tag{5-53}$$

$$Q=\frac{ql_1}{2} \tag{5-54}$$

式中：q——作用在刃脚水平框架上的水平均布荷载；

l_1, l_2——沉井外壁的最大和最小计算跨径。

根据以上公式计算的 M、N、Q，设计刃脚的水平钢筋。为方便施工不必按正负弯矩将钢筋弯起，可按正负弯矩的需要布置成内外两圈。

4) 封底混凝土厚度计算

沉井下沉至设计标高，在浇筑混凝土底板之前，先浇筑封底混凝土(图 5-16)，根据施工方法的不同、工程地质、水文地质条件采取干封底或湿封底(水下封底)。干封底的厚度可视具体情况确定，一般保证钢筋混凝土底板顺利施工即可。若有地下水而在浇筑钢筋混凝土底板之前停止降水，则必须进行封底混凝土强度计算，确定适当的封底厚度。

对于水下混凝土封底，由于一般沉井在水下封底养护后都要将井内的水排干进行底板钢筋绑扎和混凝土浇筑工作，故水下封底混凝土的厚度要根据强度和沉井抗浮两个条件确定。作用在板底面的向上荷载，可视为均布荷载，按下列两种方法计算确定，取其较大值。

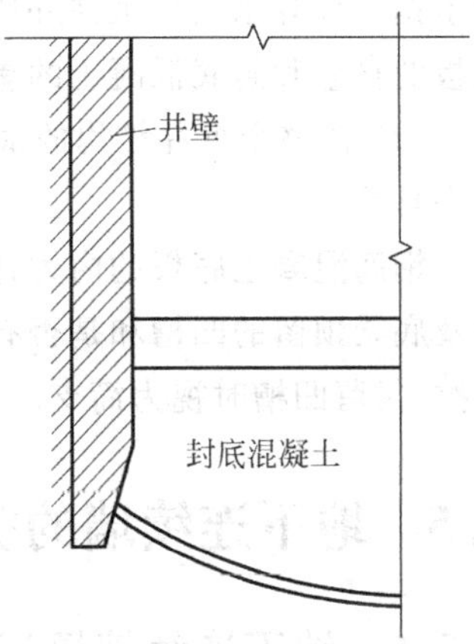

图 5-16　沉井封底混凝土

板底面向上的浮力减去素混凝土板的重量，即

$$q=\gamma_w h_w-q_1 \tag{5-55}$$

式中：γ_w——水的重度，取 10kN/m^3；

h_w——作用在封底混凝土板底的水头(m)；

q_1——单位面积素混凝土板的重量(kN/m^2)。

沉井自重反力，计算时应扣除封底混凝土自重。在以上两种计算所选定的荷载最大值作用下，计算跨中最大弯矩。假定封底素混凝土板与刃脚斜面连接为简支，如板中有梁分割，只要梁边有支撑面，也可考虑简支。

矩形板周边简支时根据实际情况可按单向板或双向板计算其跨中最大弯矩。圆形板周边简支时跨中最大弯矩为

$$M=0.1979qr^2 \tag{5-56}$$

式中：r——圆板的计算半径(m)，一般取至刃脚斜面水平投影的中点。

按受弯计算跨中厚度，按受剪验算控制边缘厚度。一般情况下如果封底混凝土厚度按最大弯矩计算取值，在边缘厚度不变的情况下不必验算。

封底厚度按无筋混凝土受弯构件计算：

$$h_t=\sqrt{\frac{5.72M}{bf_t}}+h_u \tag{5-57}$$

式中：h_t——水下封底混凝土厚度(mm)；

M——每米宽度内最大弯矩的设计值(N·mm)；

f_t——混凝土轴心抗拉强度(N/mm^2)；

b——计算宽度(mm)，取 1000mm；

h_u——附加厚度(mm)，取 300mm。

沉井孔内用混凝土填实时，封底混凝土应承受基础设计的最大反力，并计入井孔内填充物的重力。封底混凝土厚度一般不小于 1.5 倍井孔直径或短边边长。

5）钢筋混凝土底板计算

沉井钢筋混凝土底板的计算基本与封底混凝土板的荷载计算相同，取浮力或地基反力的较大值作为计算荷载，需要注意：

(1) 选用浮力作为外荷载计算时，一般不考虑封底混凝土的作用，全部由钢筋混凝土底板承担。计算水头从沉井外历史最高地下水位开始计算至钢筋混凝土底板面。计算时扣除底板的自重和封底混凝土的重量。

(2) 按整个沉井结构的最大荷载计算均布反力时，不计井壁侧面摩阻力和底板自重及封底自重。

钢筋混凝土底板的内力计算可按单跨或多跨板计算。底板边界支撑条件应根据沉井井壁及底梁预留的凹槽和是否有水平插筋的具体情况确定。边界预留受力钢筋时可视为固定支撑，仅留凹槽时视为简支。

5.5 地下连续墙的类型与构造

5.5.1 地下连续墙概述

地下连续墙自 1950 年首次应用于意大利米兰的工程以来已有 60 多年的历史。近年来不仅在欧洲和日本等国家相当普及，而且在我国也日益得到广泛的应用，特别是在 1997 年上海试制成功了导板抓斗和多头钻成槽机等专用设备后。我国最早于 1958 年在密云水库白河主坝中采用壁板式素混凝土地下连续墙做防渗芯墙获得成功，其后相继应用于地下停车场、高层建筑、地铁、桥梁工程及水利水电工程等项目。

地下连续墙是在地面利用专业设备，在泥浆或无固相钻井液护壁的情况下，沿已构筑好的导墙钻挖一段深槽，在槽内放置钢筋笼并浇筑混凝土，筑成一段钢筋混凝土墙，再将每个墙段顺次施工并连接成整体，形成一条连续的地下基础构筑物。地下连续墙可起到围护、防渗、承重作用，其施工过程如图 5-17 所示。

地下连续墙之所以能得到广泛的应用，其优点如下：

(1) 适用于多种土质。目前我国除在熔岩地区和承压水头很高的砂砾层难以采用外，在其他土质中均可应用地下连续墙。

(2) 可减少工程施工对周围环境的影响。施工时振动少，噪声低，施工过程全盘机械化，精度高，速度快，适用于城市密集建筑群及夜间施工。

(3) 地下连续墙的墙体刚度大、整体性好以及强度高。地下连续墙用于深基坑时，变形较小，基坑周围地面沉降小，在建筑物、构筑物密集地区可以施工，能够紧邻建筑物及地下管

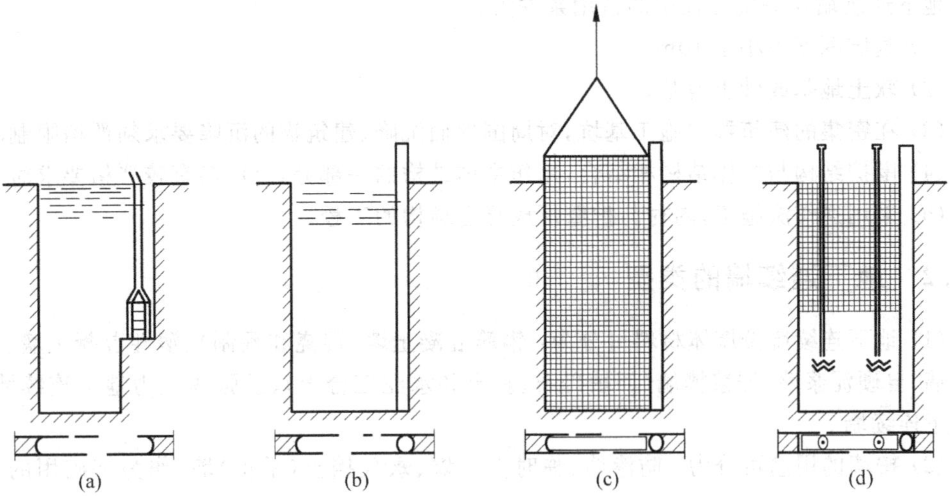

图 5-17 地下连续墙施工过程

(a) 单元槽段开挖；(b) 安设接头管；(c) 吊放钢筋笼；(d) 浇筑混凝土

线施工。

(4) 地下连续墙为整体连续结构，钢筋保护层又较厚，耐久性好，抗渗性能亦较好。

(5) 可实行逆作法施工，有利于施工安全，加快施工进度，降低工程造价。

(6) 开挖基坑无须放坡，土方量小，浇筑混凝土无须支模和养护，可以节约施工费用和材料，并可在低温下施工。

(7) 用触变泥浆保护孔壁和止水，施工安全可靠，不会引起水位降低而造成周围地基沉降，保证施工质量。

地下连续墙也有自身的缺点和尚待完善的方面，如：

(1) 每段连续墙之间的接头质量较难控制，往往容易形成结构的薄弱点。

(2) 墙面虽可保证垂直度，但比较粗糙，尚需加工处理或做衬壁。

(3) 施工技术要求高，无论是成槽机械选择、槽体施工、泥浆下浇筑混凝土、接头、泥浆处理等环节，均应处理得当、不容疏漏。

(4) 弃土及废泥浆的处理。除增加工程费用外，若处理不当，会造成新的环境污染。

(5) 地质条件和施工的适应性。地下连续墙最适应的地层为软塑、可塑的黏性土层，当地质条件复杂时，会增加施工难度和影响工程造价。

(6) 槽壁坍塌。引起槽壁坍塌的原因，主要是地下水位急剧上升，护壁泥浆液面急剧下降，有软弱疏松或砂性夹层，以及泥浆的性质不当或者已经变质，此外，还有施工管理等方面的因素。槽壁坍塌轻则引起墙体混凝土超方和结构尺寸超出允许的界限，重则引起相邻地面沉降、坍塌，危害邻近建筑和地下管线的安全。

由于地下连续墙优点多，适用范围广，目前广泛应用在建筑物的地下基础、深基坑支护结构、地下车库、地铁、地下城、地下电站及水坝的防渗墙等工程中，而且随着对地下连续墙施工要求的不断提高，目前地下连续墙不仅仅用于临时支护的挡土、挡水，已集支护、结构墙、承重等于一体。

地下连续墙在基础工程中的适用条件为：

(1) 基坑深度不小于 10m。

(2) 软土地基或砂土地基。

(3) 在密集的建筑群中施工基坑，对周围地面沉降、建筑物的沉降要求须严格限制时。

(4) 围护结构与主体结构相结合，用作主体结构的一部分，对抗渗有较严格要求时。

(5) 采用逆作法施工，内衬与护壁形成复合结构的工程。

5.5.2 地下连续墙的类型

(1) 地下连续墙按墙体材料可分为：钢筋混凝土墙(现浇和预制)、塑性混凝土墙、固化灰浆墙、自硬泥浆墙、泥浆槽墙(回填砾石、黏土和水泥三合土)、后张预应力地下连续墙、钢制地下连续墙。

(2) 按墙的用途可分为：防渗墙、临时挡土墙、永久挡土(承重)墙、作为基础用的地下连续墙。

(3) 按开挖情况可分为：地下连续墙(开挖)和地下防渗墙(不开挖)。

(4) 按成墙方式可分为：桩排式、槽板式、组合式。

①桩排式地下墙：是利用回转钻具成孔，放入钢筋笼，浇筑混凝土成单桩，再将相邻单桩依次连接，形成一道连续墙体。其设计和施工可归类于钻孔灌注桩。

② 槽板式地下墙：它是向地下钻掘一段深槽，吊放钢筋笼入槽，在泥浆护壁的条件下进行水下混凝土浇筑，形成一段墙体，再将每段墙体连接起来，形成一道完整的地下墙。

③ 组合式地下墙：是一种将桩排式和槽板式组合起来施工的地下连续墙。

5.5.3 地下连续墙的构造

(1) 墙体的截面形式和分段长度应根据整体平面布置、受力情况、槽壁稳定性、环境条件和施工条件等确定。单元墙段长度可取 4～8m。墙体厚度应考虑成槽机械能力由计算确定，不宜小于 600mm。成槽竖直度不应大于 1/200。

(2) 墙体、支撑、环梁(含竖肋)及内衬的混凝土强度等级均不应低于 C25。地下连续墙应满足防渗要求；当地下水具有侵蚀性时，应选择适用的抗侵蚀混凝土。

(3) 墙体主筋净保护层厚度应根据使用要求、地质条件、施工条件和环境条件确定，不宜小于 70mm。墙体的受力钢筋直径不宜小于 20mm 且不应大于 40mm，构造钢筋直径不宜小于 16mm。

(4) 墙体单元槽段间可采用接头管接头。当整体性和抗渗性要求较高时，宜采用铣削接头、钢隔板或接头箱等接头形式。

(5) 地下连续墙钢筋笼的钢筋配置应满足结构受力和吊装要求。竖直主筋应放置在内侧，净距不应小于 75mm，构造钢筋间距不应大于 300mm。当必须配置双层钢筋时，内外排钢筋间距不应小于 100mm。钢筋笼竖向接头位置应选在受力较小处。钢筋笼分幅长度应根据单元槽段长度、接头形式和起重设备能力等因素确定。钢筋笼底部在厚度方向宜适当缩窄，并与墙底之间留 100～500mm 的空隙；主筋应伸入墙顶帽梁内，伸入长度不应小于锚固长度。采用接头管接头时，钢筋笼侧端与接头管之间宜留 150～200mm 的空隙；采用铣削接头时，钢筋笼侧端与混凝土端面之间宜留不小于 250mm 的空隙。

(6) 墙体顶部应设置混凝土帽梁，帽梁两侧应各宽于墙体不小于 150mm。

(7) 直线形地下连续墙的支撑可采用钢结构或混凝土结构。现浇混凝土支撑的截面竖向高度不应小于其竖向平面计算跨径的 1/20。腰梁的截面水平向尺寸不应小于其水平向计算跨径的 1/8，截面竖向尺寸不应小于支撑的截面高度。锚杆（锚索）锚固体竖向间距不宜小于 2.5m，水平向间距不宜小于 1.5m。锚固体上覆土层厚度不宜小于 4.0m。倾斜锚杆的倾角宜采用 15°～30°。锚固段长度应通过计算确定，并不应小于 4.0m，自由段长度不宜小于 5.0m，并应超过潜在破裂面 1.5m。圆形地下连续墙支护结构的环梁（含竖肋）或内衬的截面高度及厚度根据计算确定，竖肋可按构造配筋。

5.6　地下连续墙的设计与计算

5.6.1　受力特点

地下连续墙作为深基坑的一种支护形式，其受力与钢板桩、桩排式灌注桩等挡土结构有许多相似之处，但地下连续墙入土深、刚度大，施工过程的工况多，特别是当地下连续墙兼做临时挡土结构和地下主体结构一部分时，应分别按施工阶段和使用阶段两种工况进行结构分析。

图 5-18 为连续墙施工阶段和使用阶段的几种典型工作状态：图 5-18(a)为槽段土方开挖阶段，这时地下墙还未形成，槽段内的泥浆起到护壁作用，槽段侧壁的稳定是此阶段的关注点；图 5-18(b)为地下连续墙已浇筑形成，作为基坑开挖前的初始受力状态；图 5-18(c)为基坑第一层土方开挖，地下连续墙处于悬臂受力状态，此时，地下连续墙悬臂状态的强度问题和地面侧向位移的大小成为设计的关注问题；图 5-18(d)为基坑土方开挖过程中，有若干道水平支撑作用时的地下连续墙的工作状态，此时连续墙的结构强度和基坑稳定及变形量的大小是设计计算的重要内容；图 5-18(e)为基坑土方工程结束，将要浇筑底板前的工况，需要验算基坑隆起、基坑整体失稳，防止基坑发生管涌、流砂等破坏；图 5-18(f)是工程竣工时的情况，地下连续墙作为主体结构的一部分，承受水土压力和上部垂直荷载共同作用。

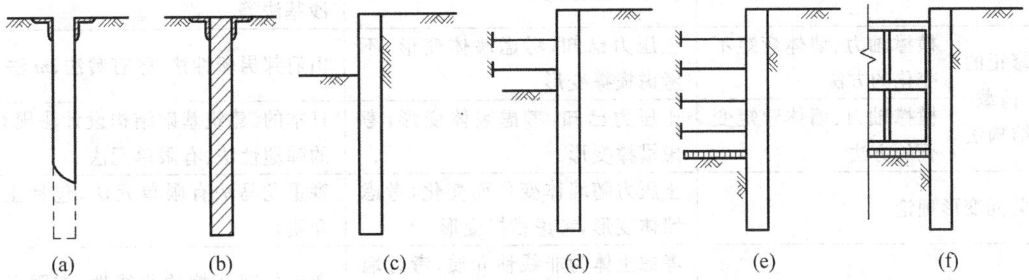

图 5-18　地下连续墙的几种典型工作状态

(a) 槽段土方开挖；(b) 墙体浇筑；(c) 基坑开挖；(d) 设置支撑；(e) 土方开挖结束；(f) 主体地下结构竣工

5.6.2　设计内容

(1) 地下连续墙的强度计算。计算作用于地下连续墙上的水压力、土压力以及上部传来的竖向荷载。当地下连续墙设计为围护结构兼做主体结构一部分时，施工阶段的荷载主要有基坑开挖阶段的水、土压力，地面施工荷载、逆作法施工时上部结构传递的垂直承重荷载等。作为主体结构外墙时，使用阶段的荷载包括水、土压力及主体结构传递的恒载和活载等。作为挡土为主的地下结构，确定地下连续墙施工和使用阶段的水、土压力大小是荷载确定的关键。

(2) 地下连续墙入土深度的确定。可根据静力平衡条件初步选定地下连续墙在基坑开挖面以下的入土深度，在满足抗管涌、抗隆起、防止基坑失稳破坏及满足地基承载力的需要后综合确定入土深度。

(3) 地下连续墙墙厚确定。对于临时围护墙体，目前地下连续墙墙厚多为0.6～0.8m；对于墙体合一或有其他要求时，多为0.8～1.0m。确定墙厚还需要考虑目前常用的成槽设备、设计计算后需要的厚度及经济等因素。

(4) 验算开挖单元槽段的槽壁稳定，必要时需调整槽段的尺寸。

(5) 地下连续墙结构体系(包括墙体和支撑)的静力分析和变形验算。

(6) 地下连续墙结构的截面设计，包括墙体和支撑的配筋设计或截面强度验算，节点、接头的联结强度验算和构造处理。

(7) 估算基坑施工对周围环境的影响程度，包括地下连续墙的墙顶位移和墙后地面沉降值的大小和范围。

5.6.3 静力计算理论

地下连续墙的静力计算理论是从古典的假定土压力为已知，不考虑墙体变形，不考虑横撑变形，逐渐发展到考虑墙体变形，考虑横撑变形，直至考虑土体与结构的共同作用，土压力随墙体变化而变化。地下连续墙的计算理论及方法汇总见表5-8。

表5-8 地下连续墙的计算理论及方法

计算理论及方法		假设条件	方法名称
古典理论计算方法——荷载结构法		土压力已知，不考虑墙体变形，不考虑横撑变形	自由端法、弹性线法、等值梁法、1/2分割法、矩形荷载经验法、太沙基法等
修正的荷载结构法	横撑轴力、墙体弯矩不变化的方法	土压力已知，考虑墙体变形，不考虑横撑变形	山肩邦男塑性法、张有龄法、*m*法
	横撑轴力、墙体弯矩变化的方法	土压力已知，考虑墙体变形，考虑横撑变形	日本的《建筑基础结构设计法规》的弹塑性法、有限单元法
共同变形理论		土压力随墙体变位而变化，考虑墙体变形，考虑横撑变形	森重龙马法有限单元法(包括土介质)
非线性变形理论		考虑土体为非线性介质，考虑墙体变形，考虑横撑变形，考虑施工分部开挖	考虑分部开挖的非线性，有限单元法

1. 古典理论计算方法

计算板桩墙的常用方法，即假定作用在地下连续墙上的水、土压力均为已知，且墙体和支撑的变形不会引起墙体上水、土压力的变化，也称之为荷载结构法。具体计算步骤如下：

(1) 首先采用土压力计算的经典理论(如朗肯土压力理论),确定作用于连续墙上水、土压力的大小和分布;

(2) 利用结构力学方法确定墙体和支撑的内力,根据内力大小确定配筋量,验算截面强度;

(3) 在引入一些假定后,可确定连续墙的入土深度。

极限平衡法、等值梁法、1/2分割法、太沙基法(Terzaghi)等理论均属于古典法,此类方法对荷载的计算和边界约束条件的确定,与结构的实际受力情况可能有较大的差别,但这种方法理论计算公式、图表简单明了,利用解析法可直接求得结果,在工程上还是得到了广泛的应用。根据地下连续墙在不同支撑和不同施工阶段的受力状态,可按下列不同情况计算。

1) 水土压力的计算

地下连续墙主要荷载是地层中水土的水平压力,水土压力是由定值的垂直水土压力按照一定规律转化成为水平压力作用于基坑支护上。其荷载与上部结构荷载的根本区别在于它不仅与土的自重及地面堆载有关,还与土的强度、变形特性和渗透性有关,具有很大的不确定性。由于作用在基坑支护上的荷载主要是水平荷载,而这种水平荷载是通过转化得出的,故水平荷载的精确度又直接影响到基坑支护结构内力与变形的计算结果。

目前,工程上常采用的土压力计算方法有朗肯土压力、库仑土压力和各种经验土压力确定方法。在水土分算时,水压力的计算方法有:按静水压力计算的方法、按渗流计算确定水压力分布的方法等;而水土合算则不需要单独考虑水压力的作用。

(1) 水土分算

水土分算是分别计算土压力和水压力,以两者之和为总的侧向压力。水土分算适用于土孔隙中存在自由的重力水的情况或土的渗透性较好的情况,一般适用于碎石土、砂土,这些土无黏聚性或弱黏聚性,地下水在土颗粒间容易流动,重力水在土颗粒空隙中产生孔隙水压力。

对于砂土、碎石土等透水性较好的土层,应采用水土分算的原则来确定支护结构的侧向压力,侧向土压力通常采用朗肯主动土压力和被动土压力公式计算。地下水无渗流时,作用于挡土结构上的水压力按静水压力三角形分布计算。地下水有稳定渗流时,作用于挡土结构上的水压力可通过渗流分析计算各点的水压力,或近似地按静水压力计算,水位以下的土的重度应采用浮重度,土的抗剪强度指标宜取有效抗剪强度指标 c' 和 φ'。

(2) 水土合算

水土合算是将土和孔隙中的水视为同一分析对象,适用于不透水和弱透水的黏土、粉质黏土、粉土。通过现场测试资料的分析,黏性土中实测的水压力往往达不到静水压力值,可认为孔隙中的水主要是结合水,不是自由的重力水,因此它不易自由流动而不单独考虑静水压力。可将土粒与孔隙看作一个整体,直接用土的饱和重度和总应力抗剪强度指标 c 和 φ 计算侧压力。然而黏性土并不是完全理想的不透水层,因此在黏性土层尤其是粉土中,采用水土合算只是一种近似方法。

下面仅列出朗肯土压力理论确定水土压力的计算方法。

(1) 水土合算时的水土压力。水平荷载和抗力可按下面公式计算,如图5-19所示。

$$e_{\mathrm{aik}} = (q_0 + \sum \gamma_i h_i) k_{\mathrm{ai}} - 2C_{\mathrm{ik}} \sqrt{k_{\mathrm{ai}}} \tag{5-58}$$

$$e_{\mathrm{pjk}} = k_{\mathrm{pj}} \sum \gamma_j h_j + 2C_{\mathrm{jk}} \sqrt{k_{\mathrm{pj}}} \tag{5-59}$$

式中:e_{aik}——作用在支护结构上 i 点处水平荷载标准值(主动土压力)(kPa);

e_{pjk}——作用在支护结构上 j 点处抗力标准值(被动土压力)(kPa)；

q_0——地面附加均布荷载(kPa)；

$\gamma_i(\gamma_j)$——第 $i(j)$ 层土的天然重度(kN/m^3)；

$h_i(h_j)$——第 $i(j)$ 层土的厚度(m)；

k_{ai}——第 i 点所在土层的主动土压力，$k_{ai}=\tan^2(45°-\varphi_{ik}/2)$；

k_{pj}——第 j 点所在土层的被动土压力，$k_{pj}=\tan^2(45°+\varphi_{jk}/2)$；

$C_{ik}(C_{jk})$、$\varphi_{ik}(\varphi_{jk})$——第 $i(j)$ 点所在土层的黏聚力标准值(kPa)和内摩擦角标准值(°)。

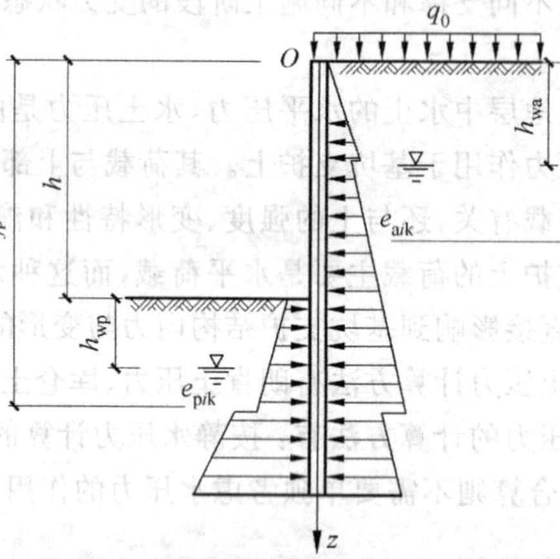

图 5-19 水平荷载和抗力标准值计算简图

(2) 水土分算时的水土压力。当计算点位于地下水位以上时，计算公式与水土合算时公式相同；当计算点位于地下水位以下时：

$$e_{aik}=(q_0+\sum\gamma_i h_i)k_{ai}-2C_{ik}\sqrt{k_{ai}}+\gamma_w(z_{ia}-h_{wa}) \tag{5-60}$$

$$e_{pjk}=k_{pj}\sum\gamma_j h_j+2C_{jk}\sqrt{k_{pj}}+\gamma_w(z_{jp}-h-h_{wp}) \tag{5-61}$$

式中：$\gamma_i(\gamma_j)$——第 $i(j)$ 层土的有效重度(kN/m^3)；

$h_i(h_j)$——第 $i(j)$ 层土的厚度(m)；

k_{ai}——第 i 点所在土层的主动土压力，$k_{ai}=\tan^2(45°-\varphi_{ik}/2)$；

k_{pj}——第 j 点所在土层的被动土压力，$k_{pj}=\tan^2(45°+\varphi_{jk}/2)$；

$C_{ik}(C_{jk})$，$\varphi_{ik}(\varphi_{jk})$——第 $i(j)$ 点所在土层的有效黏聚力标准值(kPa)和有效内摩擦角标准值(°)；

γ_w——地下水的重度(kN/m^3)；

z_{ia}——水平荷载标准值计算点深度(m)；

z_{jp}——抗力标准值计算点深度(m)；

h——基坑深度(m)；

h_{wa}——基坑外地下水位深度(m)；

h_{wp}——基坑内地下水位至基坑底的距离(m)。

2) 悬臂支护结构

地下连续墙一般用于深基坑支护，在土方开挖到基坑底面处时，通常设置多道水平支撑或锚杆。但开挖到第一层土体时，第一道支撑或锚杆还未设置，墙体处于悬臂状态，可按悬臂墙计算，其受力如图 5-20 所示。

作用于墙上的荷载有：墙后（基坑外）荷载，主动土压力、水压力、地面均布荷载产生压力，通常由朗肯土压力理论确定；墙前（基坑内）荷载，被动土压力，通常由朗肯土压力理论确定。图中 d 为被动土压力强度与主动土压力强度相抵为零的压力零点 O 到基坑底面的距离；t 为压力零点 O 以下所需的板桩插入深度；z 为墙前土抗力转折点到板桩墙底的距离；e_p 为墙底处的墙前被动土压力强度值，按深度 D 计算；e_a 为墙底处的墙后主动土压力强度值，按深度 $D+h$ 计算，并考虑超载 q 的影响；e_p' 为墙底处的墙后被动土压力强度值，按深度 $D+h$ 计算；e_a' 为墙底处的墙前主动土压力强度值，按深度 D 计算。在求出墙后主动土压力合力 E_a 及合力作用点到 O 的距离 y，墙后水压力合力 E_w 及合力作用点到墙身底的距离 h_w 后，设 t 值、z 值为未知量，通过建立水平合力 $\sum H=0$ 和对墙底弯矩 $\sum M=0$ 的平衡条件，求出 t 值、z 值，最后再求出墙身各点的弯矩、剪力。

对于悬臂式板桩，其入土深度可取 $d+1.2t$，地下连续墙悬臂式工况一般不控制入土深度。上述计算的主要目的是为了确定该工况下地下连续墙的内力。至于墙顶的水平位移，可假定连续墙为嵌固于最大弯矩处的悬臂梁，计算得到墙顶位移。

3）单支点连续墙结构

等值梁法是极限平衡法中的一种方法，适用于带支锚的桩墙支护结构支点力及嵌固深度的计算，根据支锚情况的不同可分为单支点结构的等值梁法和多支点结构的等值梁法。

当地下连续墙为一道水平支撑的工作状态时，可取图 5-21 所示的计算简图，由于地下连续墙的刚度相对于土体刚度大得多，周围土体对地下连续墙底的嵌固作用不大，也即认为地下连续墙底为自由端，因此单支点结构的等值梁法又称为“自由端法”。该方法的关键是确定最小入土深度 D，以满足墙身在荷载作用下的静力平衡。

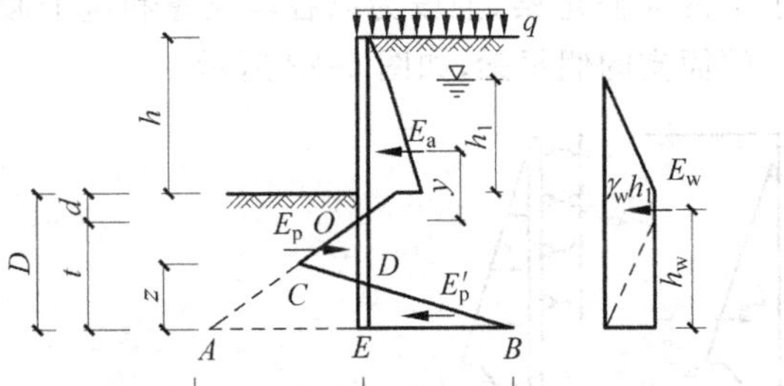

图 5-20　悬臂支护结构计算简图

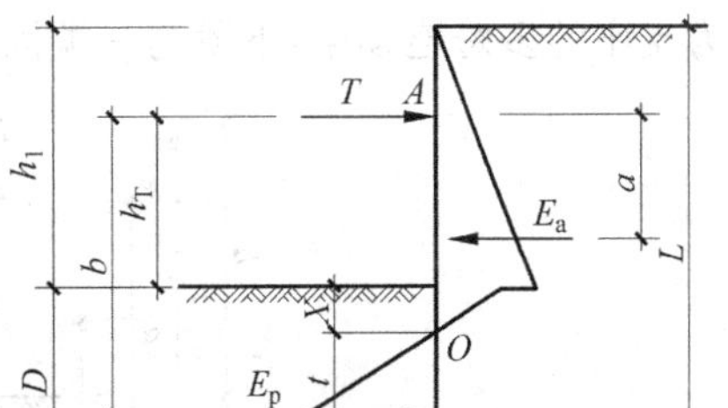

图 5-21　单支点墙的计算简图

单支点结构等值梁法的前提也是已知土压力的大小和分布情况。在计算简图中，墙后作用的主动土压力和墙前作用的被动土压力均为已知，A 点为单支撑点，O 点为土压力零点。E_p 和 E_a 分别为墙底处的墙前被动土压力强度值和墙后主动土压力强度值。其中 t 为待求的土压力零点以下连续墙最小插入深度。

假定土压力零点 O 为反弯点（铰支点），可得到点 O 以上土压力 $\sum E_a$ 及其到 A 点的距离 a；假定连续墙最小插入深度 t，则可求出 O 点以下土压力 $\sum E_p$ 及其到 A 点的距离 b；对

支撑 A 点取矩，即 $\sum E_A=0$，可求得土压力零点以下连续墙最小插入深度 t，然后取水平方向 $\sum x=0$，求得支点力 T 的大小。这时地下连续墙成为外力均已知的静定结构，不难求出各截面弯矩和剪力。具体计算步骤如下：

$$e_{ak}=e_{pk} \tag{5-62}$$

(1) 求出基坑底面以下支护结构土压力零点位置到基坑底面的距离 X；

(2) 用力学方法求出 O 点以上土压力 E_a 及其到 A 点的距离 a，O 点以下土压力 E_p 及其到 A 点的距离 b；

(3) 取 $\sum M_A=0$，求得连续墙最小插入深度 t，通过几何关系再间接求得

$$E_a\cdot a-E_p\cdot b=0 \tag{5-63}$$

(4) 取 $\sum X=0$，可求出支点力 T 的大小，即

$$E_a-E_p-T=0 \tag{5-64}$$

(5) 求出连续墙的弯矩和剪力大小。

对于多道支撑的连续墙，第一道支撑一般不会控制连续墙的插入深度，上述计算只是为了求出连续墙的内力。如果只设置一道支撑的地下连续墙，按以上方法求出最小插入深度 t 后，考虑一定的安全度，墙体的总高度 L 可取为

$$L=h_1+X+1.2t \tag{5-65}$$

确定墙体的插入深度，同时还应满足基坑抗管涌、抗隆起等要求。

4) 多支点连续墙结构

多支点连续墙结构可采用等值梁法，其计算简图如图 5-22 所示。等值梁法的前提是作用在地下连续墙上的水土压力已知，且水土压力不因墙体变形而改变。

等值梁法的基本思想是在基坑底面以下找到地下连续墙弯矩为零的某一点，将该点假想为一个铰。该假想铰将地下连续墙分为上下两段假想梁，上段为以各段支撑和这个假想铰为支座的多跨连续梁，下段为一端固定、一端简支的假想梁，如图 5-22 所示。

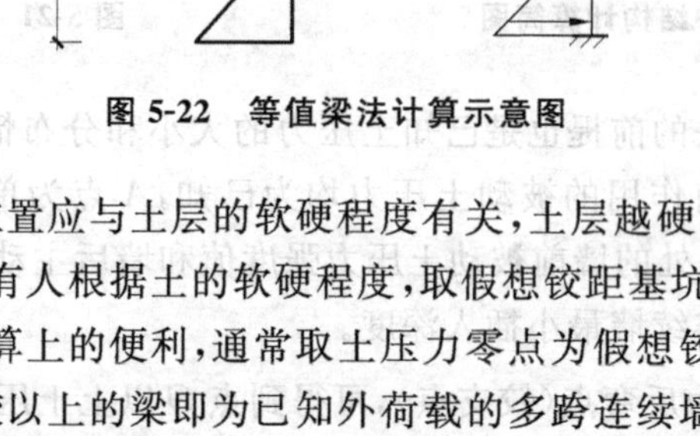

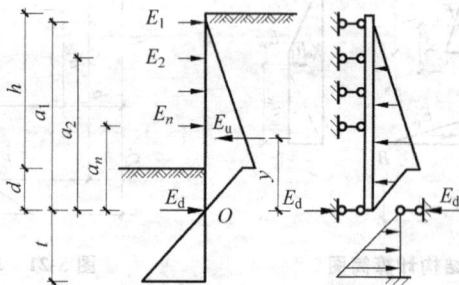

图 5-22 等值梁法计算示意图

一般而言，假想铰的位置应与土层的软硬程度有关，土层越硬，其对墙体的嵌固作用越大，铰的位置越靠近地面，有人根据土的软硬程度，取假想铰距基坑底面的位置为 0.1～0.2 倍的基坑深度。但为了计算上的便利，通常取土压力零点为假想铰位置，即其弯矩也为零。确定假想铰位置后，假想铰以上的梁即为已知外荷载的多跨连续墙。用结构力学的方法不难求出等值梁的内力和支座反力，而支座反力即为各支撑的轴力。假想铰处的反力即下段

等值梁的端点力。

求墙底最小插入深度，可采用图中一端固定一端简支的下段梁的计算图式。假定净土压力合力 E_p 和梁端 O 剪力 E_d 相等，有

$$t=\sqrt{\frac{2E_d}{\gamma(E_p-E_a)}} \tag{5-66}$$

式中：E_d——梁端 O 剪力，即为上段梁的支座反力；

γ——基坑底面以下土的重度；

E_p——被动土压力系数；

E_a——主动土压力系数。

用等值梁法计算多层支撑的地下连续墙时，求解超静定结构多跨连续梁的内力，仍是比较麻烦，为进一步简化计算，引入"1/2 分割法""土压力为矩形分布时的经验法"和"太沙基法"。

(1) 1/2 分割法。假定每一层支撑只承受跨中到跨中的那部分水、土压力，如图 5-23(a)所示，已知水、土压力的情况下可近似确定每一层支撑的轴力，已知支撑轴力后，用静力平衡法求出墙体各截面的弯矩和剪力。

(2) 土压力为矩形分布时的经验法。采用太沙基-派克建议的矩形土压力包络图作荷载时，可将设有多层支撑的地下连续墙作为一刚性支撑连续梁，并利用以下经验公式求出内力。如图 5-23(b)所示，支座弯矩为

$$M=\frac{PL}{10} \tag{5-67}$$

式中：P——横撑的轴向力；

L——计算跨度。

支座间最大弯矩为

$$M_{max}=\frac{QL'}{10} \tag{5-68}$$

式中：Q——跨内总荷载；

L'——计算跨度。

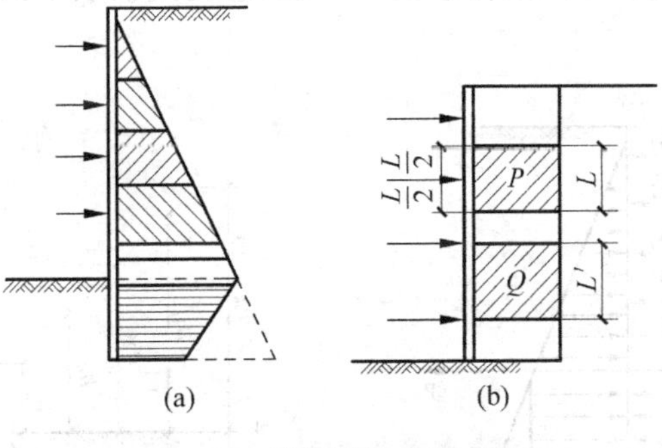

图 5-23　等值梁简化计算图

(3) 太沙基法。太沙基假定墙体在横撑(第一道支撑除外)支点及开挖底面处形成塑性铰，其与 1/2 分割法相比较，横撑轴向力相差不大，但弯矩则主要为开挖侧的正弯矩。

2. 修正的古典法

地下连续墙一般用于深基坑开挖的挡土结构，基坑土体的开挖和支撑设置是分层进行的，作用于地下连续墙上的水土压力也是逐步增加的。实际上各工况的受力简图是不一样的，而前述的方法采用的是一种支撑情况、荷载一次作用的计算简图，它无法反映施工过程中挡土结构受力的变化情况，为此产生了修正的荷载结构法，其代表为日本学者山肩邦男法和《日本建筑结构基础设计规范》中的弹性法和塑性法。

山肩邦男法考虑了逐层开挖和逐层设置支撑的施工过程，修正荷载结构法假定土压力也是已知的，另外根据实测资料，引入一些简化的假定。

(1) 下道支撑设置以后，上道支撑的轴力不变。

(2) 下道支撑支点以上挡土结构的变位是在下道支撑设置以前产生的，下道支撑以上的墙体仍保持原来的位置，因此下道支撑点以上的地下连续墙弯矩不变。

(3) 在黏土地层中，地下连续墙为无限长弹性体。

(4) 地下连续墙背侧主动土压力在开挖面以上为三角形，开挖面以下取为矩形，这是考虑了已抵消开挖面一侧静止土压力的结果。

(5) 开挖面以下土体抵抗反力作用范围可分为两个区域，即高度为 l 的被动土压力塑性区以及被动抗力与墙体变位值成正比的弹性区。

山肩邦男法的计算简图如图 5-24 所示，沿地下连续墙可分为三个区域：①第 k 道横支撑到开挖面的区域；②开挖面以下的塑性区；③开挖面以下的弹性区。建立微分方程后，根据边界条件和连续条件即可导出第 k 道横支撑轴力 N_k 的计算公式及其变位和内力公式，该方法称为山肩邦男法的精确解。

由于精确计算方程式中有 5 次函数，因此手算是非常繁琐的，为简化计算，山肩邦男又提出了近似解法，其计算简图如图 5-25 所示，其基本假定与精确解法大同小异，所不同处为三点：

(1) 在黏土地层中，地下连续墙为有限长弹性体；

(2) 开挖面以下土的横向抵抗反力采用线性分布的被动土压力；

(3) 开挖面以下弯矩为零的点假想为一个铰，忽略此铰以下的挡土结构对铰以上挡土结构的剪力传递。

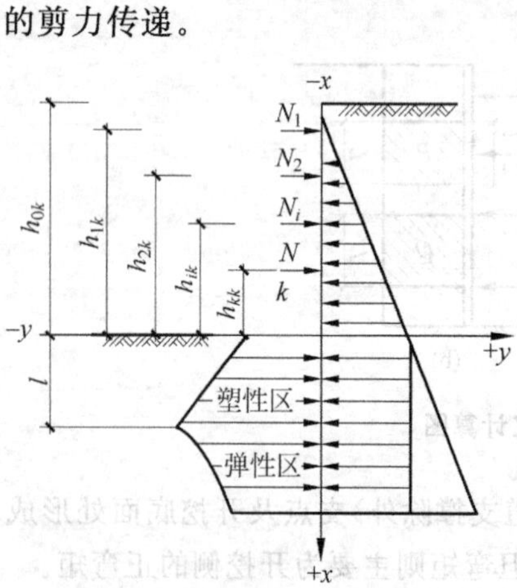

图 5-24　山肩邦男精确解计算简图

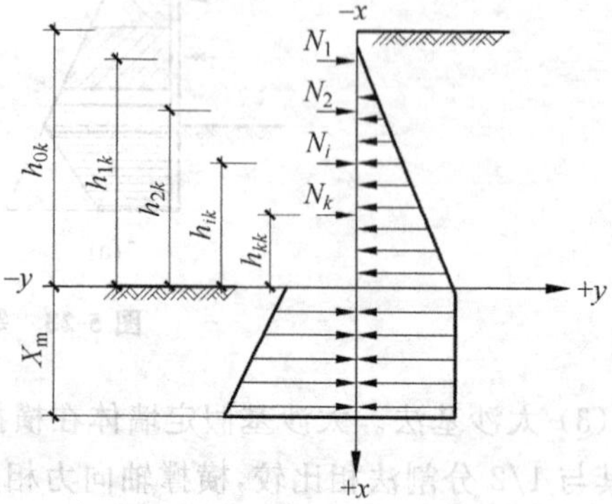

图 5-25　山肩邦男近似解计算简图

建立两个静力平衡方程。作用于地下连续墙上所有水平作用力合力为零，即 $\sum Y=0$；所有水平作用力对地下连续墙墙底自由端合力矩为零，即 $\sum M_A=0$。

$$N_k=\frac{1}{2}\eta h_{ok}^2+\eta h_{ok}x_m-\sum_{i=1}^{k-1}N_i-\zeta x_m-\frac{1}{2}\xi x_m^2 \tag{5-69}$$

$$\frac{1}{3}\xi x_m^3-\frac{1}{2}(\eta h_{ok}-\zeta-\xi h_{kk})x_m^2-(\eta h_{ok}-\zeta)h_{kk}x_m$$
$$-\left[\sum_{i=1}^{k-1}N_ih_{ik}-h_{kk}\sum_{i=1}^{k-1}N_i+\frac{1}{2}\eta h_{ok}^2\left(h_{kk}-\frac{1}{3}h_{ok}\right)\right]=0 \tag{5-70}$$

式中：N_i——第 i 道支撑的轴力；

h_{ik}——第 i 道支撑到基坑底面的距离；

η——主动压力系数；

$\xi x+\zeta$——基坑底面下 x 处被动土压力减静止土压力(η_x)后的净土压力值。

近似解法的计算具体步骤如下：

(1) 在基坑第一次开挖和设置第一道支撑时，令式(5-69)和式(5-70)中的下标 $k=1$，而且 N_i 取为零，由式(5-70)求出 x_m，然后代入式(5-69)中求得第一道轴力 N_1；

(2) 第二次开挖和设置第二道支撑时，相应式(5-69)和式(5-70)中的下标 $k=2$，而且 N_i 为已知的第一道轴力 N_1，而 N_k 为第二道轴力 N_2，从式(5-70)求出 x_m，然后代入式(5-69)中求得第二道轴力 N_2；

(3) 第二次开挖和设置第二道支撑时，$k=3$，而且 N_i 有 2 个(即 N_1，N_2)是已知的，从式(5-70)求出 x_m，然后代入式(5-69)中求得第三道轴力 N_3。

以此类推可求得各道支撑轴力，地下连续墙结构内力也可相应求出。

《日本建筑结构基础设计规范》中的弹性法和弹塑性法两种计算方法和山肩邦男法的基本假定和计算过程相差不大，此处不作讨论。从上述计算过程中可以看出，山肩邦男法是已知外荷载的结构分析方法，应该归类于古典法，但它的计算过程一定程度上反映了逐步开挖和逐道设置支撑的施工过程，为区别于经典的古典法，故称它为修正的古典法。

3. 有限单元法

地下连续墙属于柔性挡土支护结构，柔性挡土支护结构是指其主要借助于板桩嵌固部分的土抗力和基底以上的支撑(或锚杆)力来抵抗墙背作用的土压力及水压力的一类结构，这类支护结构内力的大小与其变形值有直接关系。而上述的古典法只能计算结构的内力和支座反力，不能计算结构的位移，没有考虑地下连续墙与墙后土体的变形协调，具有一定的局限性。随着计算机的普及应用，弹性抗力法被广泛应用到地下连续墙结构的计算与分析中。

弹性抗力法又称为杆系有限单元法。该方法实际上是矩阵位移法与弹性地基梁法的结合。该计算方法沿纵向取单位宽度的地下连续墙挡土结构，将其视为一个竖放的弹性地基梁。连续墙墙体根据要求剖分为若干段梁单元，支撑可用二力桁架单元模拟，地层对地下连续墙的约束作用可用连续弹簧来模拟。弹簧的作用可按通常的弹性地基梁方法假定，既可采用弹性地基梁的局部变形理论，即文克尔假定，也可考虑土体弹簧之间的相互影响，即采用共同变形理论。

有限单元法在地下连续墙的设计计算、施工开挖等方面的理论和具体公式可参阅相关的教材和手册。

5.6.4 地下连续墙的防渗设计

地下防渗墙是修建在透水地基中的起防渗作用的地下连续墙。地下连续墙技术首先是应用于水利水电工程中的防渗工程，而后逐渐推广到城市建设和交通、矿山和港口等建设工程中去的。

1. 防渗墙的厚度选择

防渗墙的基本要求有：墙体材料要有足够的耐久性和抗渗性；墙体能满足各种强度变形的要求；与周边基岩、岸坡和坝体之间有可靠的连接措施。

影响防渗墙厚度的因素：

(1) 渗透稳定条件。目前采用允许水力梯度(坡降)和抗化学溶蚀法来选择和核算防渗墙的厚度。

(2) 强度和变形条件。对于刚性和塑性防渗墙，根据所求的内力，按偏心受压构件核算断面拉压应力是否满足要求；对于柔性防渗墙，应注意其变形是否满足要求。

(3) 地质条件。地基土中的颗粒组成及其物理力学性质等指标对防渗墙厚度设计是有一定影响的；在软土地基中墙过厚则可能出现槽孔坍塌，故可薄些；在处理很深地基时，墙厚过薄则无法保证底部墙体连续。

(4) 施工条件。当设计防渗墙厚度的时候，需考虑现有成槽机械在厚度和深度方面的适用范围。

(5) 墙体材料。防渗墙的不同墙体材料、所能承受的荷载及抵抗的变形和渗透的能力是各不相同的；当承受相同的水头的情况下，墙体厚度也是不同的。

2. 防渗墙的深度确定

在确定防渗墙的深度时，应考虑以下几方面的要求：

(1) 防渗墙墙底与相对不透水层之间接触带的渗透稳定和水量损失。

(2) 防渗墙本身的支撑条件、允许应力和不均匀沉降的要求。

(3) 为了便于造孔和浇筑，各单孔孔底之间的高差不宜过大。

3. 防渗墙的墙体材料

地下防渗墙既要防渗，又要有较低的弹性模量，以使墙体变形适应地基土的变形。目前，常用的地下防渗墙的墙体材料有混凝土、钢筋混凝土和黏土混凝土等刚性材料；此外，还包括多种塑性和柔性材料，如塑性混凝土、固化砂浆、自硬泥浆和黏土类混合料以及土工合成材料等。

5.6.5 地下连续墙的接头设计

地下连续墙的接头按其作用可分为施工接头和结构接头。施工接头是指地下连续墙槽段之间的接头，施工接头连接两相邻单元槽段。结构接头是指地下连续墙与主体结构构件

(底板、楼板、墙、梁、柱等)相连的接头,通过结构接头的连接,地下连续墙与主体基础结构共同承担上部结构的垂直荷载。

1. 地下连续墙施工接头

施工接头按受力特性可分为柔性接头和刚性接头,当连续墙仅作为基坑围护结构时,柔性接头已满足挡土及抗渗要求,故可采用柔性接头;当地下连续墙作为主体结构一部分时,除了要求接头满足抗渗挡土外,还要求其具有抗剪能力,此时可采用刚性接头。

(1) 柔性接头。柔性接头在工程中应用的主要有圆形锁口管接头、钢筋混凝土预制接头、波形管(双波管、三波管)接头和橡胶止水带接头。柔性接头由于抗剪、抗弯能力较差,一般不用于作为主体结构的地下连续墙接头,但适用于地下连续墙仅作为地下室外墙,不承担上部结构的垂直荷载或分担较小的荷载,以及对槽段施工接头抗剪、抗弯能力要求不高的基坑工程中。锁口管接头是最常用的接头形式之一,其构造简单,施工适应性较强,在地下连续墙混凝土浇筑时锁口管可作为侧模,防止混凝土的绕流,增加了槽段接缝位置地下水的渗流路径。钢筋混凝土预制接头可在工厂进行预制加工后运至现场,也可现场预制,由于预制接头无须拔除,特别适用于锁口管拔出困难的超深地下连续墙工程。

(2) 刚性接头。刚性接头在工程中应用的主要有穿孔钢板接头、钢筋搭接接头和十字形钢插入式接头。刚性接头可适用于地下连续墙需承担自重、地下室楼板传递的一部分荷载和上部分结构的一部分竖向荷载(柱荷载或墙荷载)直接作用于地下连续墙顶情况。穿孔钢板接头可承受地下连续墙垂直接缝上的剪力,使相邻地下连续墙槽段共同承担上部结构的垂直荷载,协调槽段不均匀沉降,同时穿孔钢板接头也具有较好的止水性能。钢筋搭接接头采用相邻槽段水平钢筋凹凸搭接,先施工槽段的钢筋笼两面伸出搭接部分,浇灌混凝土时可留下钢筋搭接部分的空间,先行施工槽段形成后,后施工槽段的钢筋笼一部分与先施工槽段伸出的钢筋搭接,然后浇灌后施工槽段的混凝土。在接头位置有地下连续墙钢筋通过(水平钢筋和纵向主筋),为完全的刚性连接。其结构连接刚度和接头抗剪能力均优于穿孔钢板接头。十字形钢插入式接头是在工字形型钢接头上焊接两块型钢,增加了地下水的绕流路径,既增强了止水效果,同时也增强了墙段之间的抗剪性能,形成了整体性好的地下连续墙。

2. 地下连续墙结构接头

在设计地下连续墙和结构板接头时,可采用刚性接头、铰接接头和不完全刚性接头等形式。

(1) 刚性接头。当地下连续墙与结构板在接头处共同承受较大的弯矩,两种构件抗弯刚度相近,同时板厚足以允许配置确保刚性连接的钢筋时,地下连续墙与结构板的连接宜采用刚性接头。常用连接方式主要有预埋钢筋接驳器连接(锥螺纹接头、直螺纹接头)和预埋钢筋连接等形式。

(2) 铰接接头。当结构板相对地下连续墙厚度来说较小时(如地下室楼板),接头处板所承受的弯矩较小,可认为该节点不承受弯矩,仅起竖向支座作用,此时可采用铰接接头。

(3) 不完全刚性接头。当结构板与地下连续墙厚度相差较小时,可在板内布置适量的钢筋,但不能布置过多而形成刚性连接,以承受一定的弯矩,此时可采用不完全刚性接头。

上述的连接接头方式,主要考虑了接头处的抗弯性能,但同时也要验算接头处板的抗剪能力。若接头处的抗剪能力不足,则需采取相应的构造措施(如在接头处配置足量的抗剪钢筋等),来满足接头处的抗剪性能。

5.7 地下连续墙的施工

5.7.1 导墙施工

1. 导墙的作用

地下连续墙成槽前应构筑导墙,其作用主要有:

(1) 控制地下连续墙的施工精度。导墙位于地下连续墙的墙面线两侧,其中心与地下连续墙相一致,规定了沟槽的位置走向,可作为量测挖槽的标高、垂直度的标准,导墙顶部的平整,有利于机架式挖土机械导向钢轨的架设和定位。

(2) 保持地面土体稳定。由于地基表层比深层土质差,当地表土层经常受到邻近荷载影响或受地面超载影响时,容易坍塌,在导墙起到挡土作用时,一般在导墙内侧每隔 1～2m 架设上下两道木支撑,以保持地面土稳定。

(3) 重物支撑台。施工期间,其承受钢筋笼、灌注混凝土用的导管、接头管,以及其他施工机械的动、静荷载。

(4) 维持泥浆液面。导墙内存蓄泥浆,为保证槽壁的稳定,需使泥浆液面始终保持高于地下水位一定高度。

2. 导墙的设计形式

导墙一般采用强度等级不低于 C20 的钢筋混凝土现场浇筑,也可采用预制钢筋混凝土装配式结构。根据工程实践,采用现浇的混凝土导墙易于将底部与土层贴合,防止泥浆流失,其他预制式导墙难以做到这点。现浇的钢筋混凝土导墙形式有很多种,其结构形式应根据地质条件和施工荷载等情况确定,其中倒“L”型和“[”型应用较多,适用于表层土为杂填土、软黏土等承载性能较弱的土层。常见的“L”型和“[”型导墙形式如图 5-26 所示,其混凝土强度等级不应低于 C20,厚度不应小于 200mm。导墙应采用双向配筋,钢筋不应小于 $\phi12$ (HRB 335),间距不应大于 200mm。

3. 导墙的施工流程及要求

导墙的施工流程为:平整场地→测量定位→挖槽→绑扎钢筋→支模板→浇筑混凝土→拆模并设置横撑→导墙外侧回填黏土压实。

导墙的施工要求有:

(1) 导墙顶面宜高出地面 100mm,且应高于地下水位 0.5m 以上。

(2) 导墙内侧墙面应垂直,导墙净距应比地下连续墙设计厚度加宽 30～50mm。

(3) 导墙底面应进入原状土 200mm 以上,且导墙高度不应小于 1.2m;导墙外侧应用黏性土填实;导墙混凝土应对称浇筑,强度达到 70%后方可拆模,拆模后导墙应加设对撑。

(4) 遇杂填土等不良地质时,宜进行土体加固或采用深导墙。成槽机作业一侧的导墙

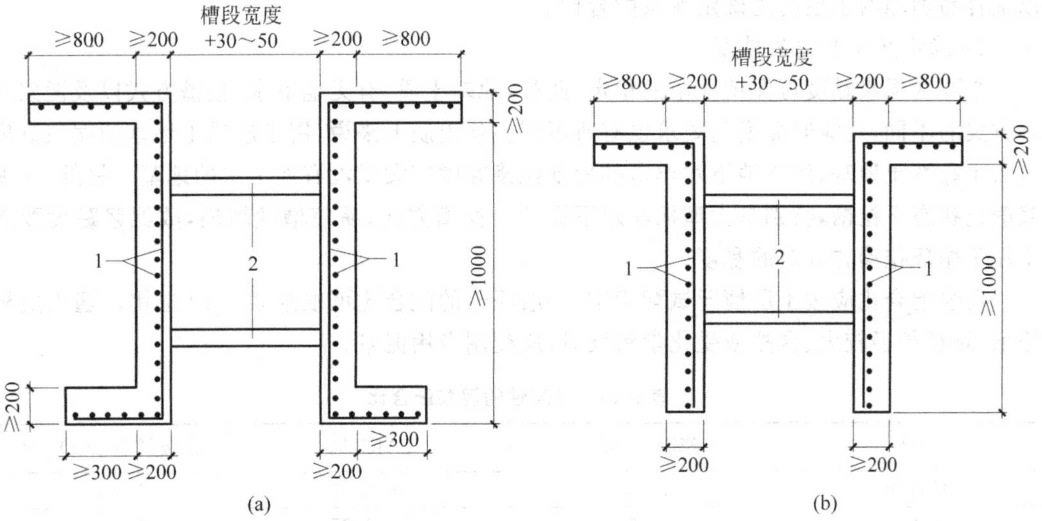

图 5-26　[型和 L 型导墙(单位：mm)

主筋应与路面钢筋连接。

(5) 导墙养护期间,重型机械设备不宜在导墙附近作业或停留。拐角处导墙应外放,外放尺寸应根据设备及墙厚确定。

(6) 导墙允许偏差应符合表 5-9 的规定。

表 5-9　导墙允许偏差

检查项目	允许偏差或允许值/mm	检查方法
导墙宽度	$w+40$	用钢尺量
墙面平整度	<5	用钢尺量
平面位置	±10	用钢尺量

5.7.2　泥浆护壁

1. 泥浆的作用

(1) 地下连续墙在挖槽过程中,泥浆起到护壁、携渣、冷却机具和切土润滑的作用。

(2) 泥浆的静水压力可抵抗作用在槽壁上的土压力和水压力,并防止地下水的渗入。

(3) 泥浆在槽壁上形成不透水的泥皮,从而使泥浆的静压力有效地作用在槽壁上,同时防止槽壁剥落。

(4) 泥浆从槽壁表面向地层内渗透到一定范围就黏附在土颗粒上,通过这种黏附作用可使槽壁减少坍塌和透水。

2. 泥浆的制备

1) 最容易坍塌土层的确定

通过地下水、地基土以及施工条件的调查,确定泥浆的拌制材料,另加适量的增黏剂 CMC 和分散剂等。根据地下连续墙的施工土层(包括黏土、粉质黏土、粉土、粉砂等),从而以最容易坍塌的土层为主确定泥浆配合比。

2）确定必要的泥浆黏度

必要的泥浆黏度可保证地基的稳定，此外，地基土质、有无地下水、挖槽方式以及泥浆循环方式的不同，对泥浆黏度的要求也有所不同。从土质上来说，用于砂质土地基的泥浆黏度应大于黏性土地基，用于地下水丰富的地基泥浆黏度应大于没有地下水的地基。另外，在泥浆静止状态下挖槽，特别是大型抓斗水下提拉的挖槽方式，易使槽壁坍塌，故泥浆黏度要大于泥浆循环挖槽方式时的黏度。

泥浆配合比应按土层情况试配确定，一般泥浆的配合比可根据表 5-10 选用。遇土层极松散、颗粒粒径较大、含盐或受化学污染时，应配制专用泥浆。

表 5-10　代表性的泥浆配合比

土质	膨润土/%	CMC/%	分散剂 Na_2CO_3/%
黏性土	6～8	0～0.02	0～0.5
砂土	6～8	0～0.05	0～0.5
砂砾	8～12	0.05～0.1	0～0.5

3）泥浆的试配与修正

在试验段施工中，对前面确定的基本配合比进行检测和确定，根据护壁情况，确定合适的配合比，并在正式施工中根据实际情况进行调整。搅拌泥浆的顺序为水→膨润土→CMC→分散剂 Na_2CO_3→其他外加添加剂。搅拌出的新浆在贮浆池内一般静止 24h 以上，以便膨润土的膨胀、充分水化等，新拌制泥浆的性能指标应符合表 5-11 的要求，循环泥浆的性能指标应符合表 5-12 的要求。

表 5-11　新浆液性能指标及其测定

项目	性能指标	测试方法
相对密度	1.05～1.15	泥浆比重秤
黏度	20～25s	500mL/700mL 漏斗法
含砂量	＜4%	含砂量测定仪
泥皮厚度	1～3mm/30min	失水量仪
pH 值	8～9	pH 试纸

表 5-12　循环泥浆性能指标及其测定

项目	性能指标	测试方法
相对密度	＜1.20	泥浆比重秤
黏度	20～30s	500mL/700mL 漏斗法
含砂量	＜5%	含砂量测定仪
泥皮厚度	1～3mm/30min	失水量仪
pH 值	＜11	pH 试纸

4）泥浆的质量控制

泥浆是地下连续墙施工中深槽槽壁稳定的关键，故泥浆制备过程中应注意以下几个方面：

(1) 要按泥浆的使用状态及时进行泥浆指标的检验。

(2) 成本控制。泥浆制作主要用膨润土、CMC、纯碱这三种材料，其中膨润土最廉价，CMC、纯碱则非常贵，故在保证质量的情况下节约成本，就成为一个关键问题。

(3) 泥浆制作与工程整体的衔接问题。

(4) 泥浆制作具体放量的确定。

5.7.3 成槽施工

开挖槽段是地下连续墙施工中的重要环节，而挖槽的精度又决定了墙体制作精度，所以是决定施工进程和质量的关键工序。地下连续墙通常是分段施工的，每一段称为一个槽段，一个槽段是一次混凝土浇筑单位。单元槽段应综合考虑地质条件、结构要求、周围环境、机械设备、施工条件等因素进行划分。单元槽段长度宜为 4～6m。

1. 成槽

根据槽段的划分，各槽段按照“跳一挖一”施工。成槽工序是地下连续墙施工关键工序之一，既控制工期又影响质量，根据地质情况，采用地下连续墙液压抓斗施工。在抓斗过程中，抓斗应对准导墙中心挖土，通过液压抓斗导向杆调整抓斗的位置和垂直度，以控制成槽的进度。单元槽段一般采用一槽三抓挖槽法，先两边后中间，异形槽也基本采用一槽三抓挖槽法施工。

2. 刷壁与清槽

成槽后，应对相邻段混凝土的端面进行清刷，刷壁应到底部，刷壁次数不得少于 20 次，且刷壁器上无泥，以清除混凝土壁上的杂物。刷壁要点如下：

(1) 刷壁过程中要注意钢丝绳偏移变化，判断接头位置是否异常。

(2) 刷壁要斜向拉，相邻槽段要尽早施工，以免泥皮过厚，附着过硬，难以清洗。

(3) 成槽后，抓斗要尽量在锁口管位置紧贴已浇槽段向下除去混凝土。

挖槽过程中残留在槽内的土渣以及吊放钢筋笼时从槽壁上刮落的泥皮等都会堆积在槽底。挖槽结束后，悬浮在泥浆中的土颗粒也将逐渐沉淀到槽底，造成槽底成渣。在地下连续墙施工中要求沉渣厚度不超过 200mm。

沉渣的检查工具有测锤和测钟，在浇筑地下连续墙之前，必须清除以沉渣为主的槽底沉淀物，目前清底的基本方法有置换法和沉淀法。

(1) 置换法

在挖槽结束后就对槽底进行清扫，在土渣还没沉淀之前就用新泥浆把槽内泥浆置换出槽外，槽底沉渣厚度控制在 200mm 以内，且槽底以上 200mm 处稳定液的密度不大于 1.20。

(2) 沉淀法

在土渣沉淀到槽底之后进行清底，一般是在插入钢筋笼之前或之后清底，但后者受钢筋笼妨碍，不可能完全清理干净。常用清底方式有三种：导管吸泥泵方式、空气升液方式和泥浆泵方式。

3. 成槽质量控制

地下连续墙的槽壁及槽段接头均应保持垂直,垂直度偏差应符合设计要求,接头处相邻两槽段的挖槽中心线在槽任一深度位置的偏差值,不得大于墙厚的1/3,其次,槽顶中心线的允许偏差为±30mm。成槽质量控制措施主要有:

(1) 严加控制偏斜度和垂直度。尤其是由地面至地下10m左右的初始挖槽精度,对以后整个槽壁精度影响很大,必须慢速均匀掘进。

(2) 开槽速度要根据地质情况、机械性能、成槽精度要求及其他环境条件等来选定。

(3) 挖槽要连续施工,因故中断施工时,应将液压抓斗从沟槽内提出,并使设备远离槽段,防止坍塌埋钻或设备侧翻。

(4) 掘进过程中应保持护壁泥浆不低于规定高度,特别对渗透系数较大的砂砾层、卵石层,应保持一定浆位。对有承压水及渗漏层的地层,应加强对泥浆的调整和管理,以防大量水进入槽内稀释泥浆,危及槽壁安全。

(5) 成槽过程中局部遇岩石层或坚硬地层,钻抓或钻孔进尺困难时,可配合冲击钻联合作业,用冲击钻冲击破碎进行成槽。

(6) 成槽连续进行,在上一段接头管拔出2h左右,应开始下一槽段施工。

5.7.4 接头施工

地下连续墙接头的施工形式与施工质量,直接影响地下连续墙的工作性能。划分单元槽段时必须考虑槽段之间的接头位置,以保证地下连续墙的整体性。一般接头应避免设在转角处以及墙内部结构的连接处,对接头的要求有:

(1) 不能妨碍下一单元槽段的挖掘。

(2) 能传递单元槽段之间的应力,起到伸缩接头的作用。

(3) 混凝土不得从接头下端流向背面,也不得从接头与槽壁之间流向背面。

(4) 在接头表面上不应黏附沉渣或变质泥浆的胶凝物,以免造成强度降低或漏水。

目前,地下连续墙中最常见的接头为接头管接头和接头箱接头。接头管接头(锁口管接头)是地下连续墙最常用的一种接头,是一种非刚性接头,拔管操作技术难,槽段挖好后吊入接头管。接头管施工过程如图5-27所示。接头箱接头,以接头箱代替接头管,可弥补接头管式接头的不足,使地下连续墙形成更好的整体,接头刚度好。接头箱接头与接头管接头施工相似,在单元槽开挖后,吊接头箱,再吊放钢筋笼,其施工过程如图5-28所示。

接头管(箱)施工应符合下列规定:

(1) 接头管(箱)及连接件应具有足够的强度和刚度。

(2) 接头管(箱)进场后在首次使用前,应在现场进行组装试验。

(3) 接头管(箱)应露出导墙顶1.5~2.0m以上。

(4) 接头管(箱)的吊装应垂直缓慢下放,严格控制垂直度。

(5) 接头管(箱)背后应填实。

(6) 接头管(箱)在混凝土灌注初凝后开始提升,每30min提升一次,每次50~100mm,应在混凝土终凝前全部拔出。

(7) 接头管(箱)起拔应垂直、匀速、缓慢、连续,不应损坏接头处的混凝土。

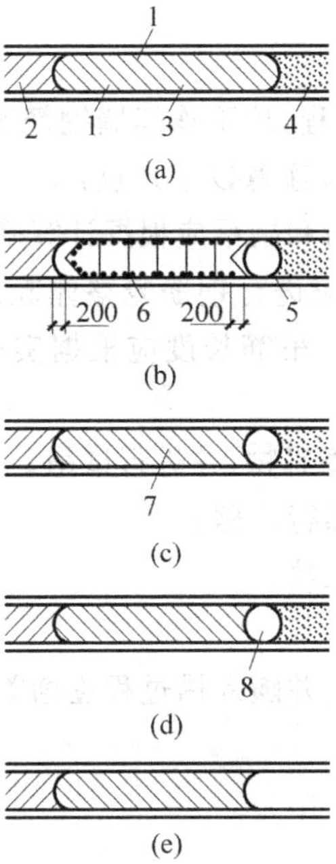

图 5-27　接头管接头的施工过程

(a) 开挖槽段；(b) 吊放接头管和钢筋笼；(c) 浇筑混凝土；(d) 拔出接头管；(e) 形成接头

1—导墙；2—已浇筑混凝土的单元槽段；3—开挖的槽段；4—未开挖的槽段；5—接头管；6—钢筋笼；7—正浇筑混凝土的单元槽段；8—接头管拔出后形成的圆孔

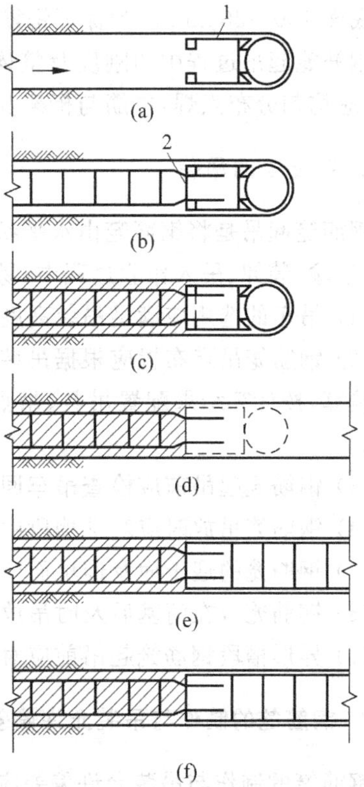

图 5-28　接头箱接头的施工过程

(a) 插入接头箱；(b) 吊放钢筋笼；(c) 浇筑混凝土；(d) 吊出接头箱；(e) 吊放后一个槽段的钢筋笼；(f) 浇筑后一个槽段的混凝土形成整体接头

1—接头箱；2—焊在钢筋笼端部的钢板

(8) 接头管(箱)起拔后应及时清洗干净。

5.7.5　钢筋笼制作与吊放

1. 钢筋笼的制作

首先，钢筋笼的加工场地尽量设置在工地场地，便于运输，减少钢筋笼在运输中的变形或损坏的可能性。其次，钢筋笼加工场地和制作平台应平整，分节制作的钢筋笼在同胎制作时应试拼装，采用焊接或机械连接，主筋接头搭接长度应满足设计要求。

在制作平台上，应按设计图纸的钢筋品种、长度和排列间距，从上到下，按横筋→纵筋→桁架→纵筋→横筋顺序铺设钢筋，钢筋交点采用焊接成型。

在钢筋笼制作过程中，钢筋笼端部与接头管或混凝土接头面间应有 150～200mm 的间隙。主筋保护层厚度为 70～80mm，一般用薄钢板制作垫块，其厚度为 50mm，焊于钢筋笼上。制作钢筋笼时应预留纵向混凝土灌注导管位置，并上下贯通，周围须增设箍筋和连接筋加固。为避开导管插入受横向钢筋影响，故横向钢筋置于外侧，纵向钢筋置于内侧且底端距离槽底面 100～200mm。为保证钢筋笼吊放的刚度，应采用纵向桁架架筋方式，起吊桁架应根据钢筋笼起吊过程中的刚度及整体稳定性的计算结果确定。钢筋笼主筋交点应 50％点焊，并应均匀分布点焊，主筋与桁架及吊点处应 100％点焊。

2. 钢筋笼的吊装

钢筋笼起吊是将钢筋笼由水平状态转成垂直状态的过程，地下连续墙钢筋笼重量大，在堆放、运输、装卸、吊入作业过程中，易发生变形，故吊装时应注意以下几点：

(1) 吊车的选用应满足吊装高度及起重量的要求，主吊和副吊应根据计算确定。

(2) 钢筋笼吊点布置应根据吊装工艺和计算确定，并应进行钢筋笼整体起吊的刚度等安全验算，按计算结果配置吊具、吊点加固钢筋和吊筋等。吊筋长度应根据实测导墙标高确定。

(3) 钢筋笼起吊前应检查吊车回转半径 600mm 内无障碍物，并进行试吊。

(4) 钢筋笼吊放时应对准槽段中心线缓慢沉入，不得强行入槽。

(5) 钢筋笼的迎土面及迎坑面朝向应正确放置，严禁反放。

(6) 钢筋笼应在清基后及时吊放。

(7) 异形槽段钢筋笼起吊前应对转角处进行加强处理，并随入槽过程逐渐割除。

3. 钢筋笼的制作与吊装允许偏差应符合规定。

钢筋笼的制作与吊装允许偏差应符合表 5-13 的规定。

表 5-13 钢筋笼制作与吊装允许偏差

序号	项　　目	允许偏差/mm
1	长度	±50
2	宽度	±20
3	厚度	+5～−10
4	主筋间距	±10
5	箍筋间距	±20
6	保护层垫板高度	+5～0
7	侧向弯曲矢高	$L/300$
8	预埋件中心位置	±20
9	安装顶高程	±50

注：L 为钢筋笼长度，mm。

5.7.6 水下混凝土浇筑

1. 水下混凝土配置

水下混凝土应具备良好的和易性，初凝时间应满足浇筑要求，现场混凝土坍落度宜为 200mm±20mm，水灰比不宜大于 0.6，水泥用量不少于 370kg/m^3，混凝土的骨料宜选用中砂、粗砂及粒径不大于 40mm 的卵石或碎石。水下混凝土配制强度等级应先进行试验，然后参照表 5-14 确定。

表 5-14　混凝土设计强度等级对照表

混凝土设计强度等级	C25	C30	C35	C40	C45	C50
水下混凝土配制强度等级	C30	C35	C40	C50	C55	C60

2. 水下混凝土浇筑

地下连续墙混凝土是用导管在泥浆中灌注的，导管的数量与槽段长度有关，槽段长度小于 4m 时，可用一根导管；大于 4m 时，应使用 2 根或 2 根以上导管。导管宜采用直径为 200～300mm 的多节钢管，管节连接应密封、牢固，施工前应试拼并进行水密性试验。导管水平布置距离不应大于 3m，距槽段两侧端部不应大于 1.5m。导管下端距离槽底宜为 300～500mm。导管内应放置隔水栓。

在混凝土浇筑过程中，钢筋笼吊放就位后应及时灌注混凝土，间隔不宜超过 4h，导管下口插入混凝土深度宜为 2～4m，相邻两导管间混凝土高差应小于 0.5m，不宜过浅或过深。过浅则混凝土呈覆盖式流动，容易把混凝土表面的浮浆卷入混凝土内，影响混凝土强度；过深则导管内外压力差小，混凝土流动不畅，当内外压力差平衡时，混凝土无法进入槽内。因此，导管底端埋入混凝土深度不得小于 1.5m，也不宜大于 6m。

在施工过程中，混凝土浇筑应均匀连续，间隔时间不宜超过 30min。混凝土搅拌好之后，一般应在 1.5h 内浇入槽，当在高温天气下，由于混凝土凝固较快，必须在搅拌好后 1h 内浇完，否则应掺入适当的缓凝剂。

浇筑过程中在导管之间和槽段两端用测锤每隔 30～60min 量测混凝土上升高度，要保证混凝土液面上升速度在 2m/h 以上。浇筑混凝土时应经常转动及提及接头管，接头管的起拔时间一般在浇筑后 2～3h 开始，每次拔 100mm，拔到 500～1000mm 后暂停，待混凝土终凝后全部拔出。混凝土浇筑面宜高出设计标高 300～500mm，凿去浮浆后的墙顶标高和墙体混凝土强度应满足设计要求。

思考题与习题

5-1　什么是沉井基础？与桩基础相比，其荷载传递有何不同？

5-2　沉井基础主要由哪几部分构成？工程实践中如何选择沉井类型？

5-3　沉井作为整体深基础，其设计计算应考虑哪些内容？

5-4　沉井在施工过程应进行哪些验算？

5-5　何谓地下连续墙？其适用条件是什么？

5-6　简述地下连续墙的计算理论与方法。

第6章

地基处理

未经处理的天然地基由于土体特性的不同,其地基承载力可能不能满足设计要求,这类不能满足建筑物对地基要求的天然地基通常为不良地基。常见的不良地基土主要包括:软黏土、人工填土、部分砂土和粉土、湿陷性土、有机质土和泥炭土、膨胀土、盐渍土、垃圾土、多年冻土、岩溶、土洞和山区地基等。若采用桩基础或其他深基础,施工及造价太高,这种情况下,工程中普遍采用地基处理手段来满足工程需要。近年来我国地基处理技术发展迅速,从设计理念、施工工艺到加固材料以及施工机械都取得了重大的进展,并出现了多种地基处理方式综合应用,并获得了明显的经济效益。同时地基处理的设计和施工必须认真贯彻和执行国家的技术经济政策,做到安全适用、技术先进、经济合理、确保质量和保护环境。

6.1 概述

6.1.1 常见不良土特性

1) 软弱土

软弱土是指天然孔隙比大于或等于1.0,且天然含水量大于液限的细粒土,包括淤泥、淤泥质土、泥炭、泥炭质土等,其分类标准如表6-1所示。

表6-1 软弱土的分类标准

土的名称	淤泥	淤泥质土	泥炭	泥炭质土
划分标准	$e\geqslant1.5, I_l>1$	$1.5>e\geqslant1.0, I_l>1$	$W_u>60\%$	$10\%<W_u\leqslant60\%$

注:e为天然孔隙比,I_l为土的液性指数,W_u为有机质含量。

软弱土的特点如下:

(1) 易触变。软土受到扰动或振动之后,土体结构发生破坏,强度大幅降低,软土的灵敏度一般为3~4,甚至8~9,属于高灵敏度或极灵敏度土。

(2) 高压缩性。压缩系数α_{1-2}大于0.5MPa^{-1},沿海地区大多大于1.5MPa^{-1};

(3) 抗剪强度低。不排水抗剪强度一般小于25kPa,无侧限抗压强度一般小于50kPa。

(4) 渗透性很小。渗透系数一般为$1\times10^{-8}\sim1\times10^{-10}$m/s。

(5) 流变性。在长期荷载作用下,土体除固结沉降外,还会发生较大的随时间增长的剪切变形,使建筑物(构筑物)产生较大的工后沉降。

2）填土

填土是指由人类活动而堆填的土。根据物质组成和堆填方式，可分为素填土、杂填土、冲填土和压实填土。

素填土是指由碎石土、砂土、粉土和黏性土等一种或几种材料组成，不含杂物或含杂物很少。素填土的工程性质取决于其均匀性和密实度。

杂填土是指含有大量建筑垃圾、工业废料或生活垃圾等杂物。杂填土通常具有性质不均、厚度和密度变化较大；变形大，并有湿陷性；压缩性大，强度低；孔隙大且渗透性不均匀等特点。

冲填土也称吹填土，是指由水力充填泥砂形成，是沿海地区常见的人工填土之一。冲填土通常具有不均匀性，且透水性能弱、排水固结差。

压实填土：按一定标准控制材料成分、密度、含水量，分层压实或夯实而成。

一般来说，填土具有不均匀性、湿陷性、自重压密性以及低强度、高压缩性。

3）湿陷性土

湿陷性土是指在一定的压力作用下受水浸湿时，因其结构迅速破坏而发生显著附加竖向变形的非饱和的、结构不稳定的土。湿陷性土可以分为自重湿陷性土和非自重湿陷性土。在上覆土层自重作用下受水浸湿发生湿陷的，称为自重湿陷性土；反之，称之为非自重湿陷性土。湿陷性土作为建筑物或构筑物地基时，一旦浸水，就可能产生严重的沉降，影响结构的使用，甚至导致严重的破坏。

6.1.2 不良地基的问题与加固基本原理

上述不良地基作为土木工程建筑基础存在以下几个方面的问题：①强度及稳定性问题。当土体的抗剪强度不能满足结构自重及上部荷载，土体发生破坏，不能继续承担荷载或导致地基发生严重变形。②变形过大问题。在建筑荷载作用下，地基土体产生的变形超过相应的允许值。或由于水文条件发生变化，导致土体发生湿陷、膨胀等，导致建筑地基发生超过允许值的变形，影响建筑正常使用。③渗透破坏问题。由于水力坡降超过允许值，土体可能发生水土流失、潜蚀、管涌、流砂等，造成事故。④振动液化问题。在地震、机器振动、波浪、爆破等动力荷载作用下，可能引起饱和无黏性土的液化失稳或震陷等问题。

地基处理是指提高地基承载力，改善其变形性能或渗透性能而采取的技术措施。根据地基处理加固原理，将地基处理方法分为如表6-2所示几个类别。①置换：置换是指用物理力学性质较好的岩土材料置换天然地基中部分或全部软弱土体，以形成双层地基或复合地基，达到提高地基承载力、减小沉降的目的。②排水固结：排水固结是指土体在一定荷载作用下排水固结，使土体抗剪强度提高，以达到提高地基承载力，减少工后沉降的目的。③灌入固化物：灌入固化物是指向土体中灌入或拌入水泥、石灰或其他化学固化浆材，在地基中形成增强体，以达到地基处理的目的。④振密、挤密：振密、挤密是指采用振动或挤密的方法使地基土体密实以提高地基承载力和减小沉降。⑤加筋：加筋是在地基中设置强度高、模量大的筋材，以达到提高地基承载力、减小沉降的目的。⑥冷热处理：冷热处理是通过冻结地基土体，或加热土体以改变土体物理力学性质达到地基处理的目的。

表 6-2 地基处理方式及基本原理

基本原理	加固方法	适用范围
置换	换填垫层法	各种软弱地基
	强夯置换法	粉砂土和软黏土等
排水固结	堆载预压法	软黏土、杂填土、泥炭土等
	真空预压法	软黏土
	真空预压法与堆载联合作用	软黏土
灌入固化物	深层搅拌法	淤泥、淤泥质土、黏性土、粉质黏土等
	注浆加固	砂土、粉土、黏性土和人工填土
振密、挤密	强夯法	碎石土、砂土、湿陷性黄土等
	灰土桩	地下水位以上的湿陷性黄土、杂填土、素填土等地基
	夯实水泥土桩	地下水位以上的湿陷性黄土、杂填土、素填土等地基
加筋	树根桩	各类地基
	长短桩复合地基	深厚软弱地基
冷热处理	冻结法	饱和砂土或软黏土，作施工临时措施
	烧结法	软黏土、湿陷性黄土，适用于有富余热源的地区

6.1.3 处理原则与注意事项

因地制宜、就地取材、保护环境和节约资源是地基处理工程应该遵循的原则，符合国家的技术经济政策。

根据《建筑地基处理技术规范》(JGJ 79—2012)(简称《地基规范》)建议的地基处理方法，宜按下列步骤进行：

(1) 根据结构类型、荷载大小及使用要求，结合地形地貌、地层结构、土质条件、地下水特征、环境情况和相邻近建筑的影响等因素进行综合分析，初步选出几种可供考虑的地基处理方案，包括选择两种或多种地基处理措施组成的综合处理方案。

(2) 对初步选出的各种地基处理方案，分别从加固原理、适用范围、预期处理效果、耗用材料、施工机械、工期要求和对环境的影响等方面进行经济技术分析和对比，选择最佳的地基处理方法。

(3) 对已选定的地基处理方法，应按建筑物地基基础设计等级和场地复杂程度以及该种地基处理方法在本地区使用的成熟程度，在场地有代表性的区域进行相应的现场试验或试验性施工，并进行必要的测试，以检验设计参数和处理效果。如达不到设计要求时，应查明原因，修改设计参数或调整地基处理方案。

6.2 换填垫层

当地基承载力或变形不能满足设计要求时，若软弱土层较薄且埋深较浅时，可以挖出基础底面下一定范围内的软弱土层或不均匀土层，回填其他性能稳定、无侵蚀性、强度高的材料，并夯压密实形成的垫层，称为换填垫层。换填垫层适用于浅层软弱土层或不均匀土层的地基处理。设计时应根据建筑体型、结构特点、荷载性质、场地土质条件、施工机械设备及填料性质和来源等综合分析后，进行换填垫层的设计，并选择施工方法。对于工程量较大的换填垫层，应按所选用的施工机械、换填材料及场地的土质条件进行现场试验，确定换填垫层压实效果和施工质量控制标准。

换填垫层的厚度应根据置换软弱土的深度以及下卧层的承载力确定，垫层需要有足够的厚度和宽度来满足置换软弱土层，同时要保证垫层两侧不被挤出，厚度宜为 0.5～3.0m。对于有排水要求的垫层，还需要形成排水通道，以利于下部土体的固结，提高下部土体的承载力。

根据需置换软弱土(层)的深度或下卧层的承载力，垫层的厚度一般根据垫层地面处的自重应力与附加应力之和不大于同一标高处软土层的容许承载力来确定，如图 6-1 所示。

$$p_z + p_{cz} \leqslant f_{az} \tag{6-1}$$

式中：p_z——相应于作用的标准组合时，垫层底面处的附加应力值(kPa)；

P_{cz}——垫层底面处的自重应力值(kPa)；

f_{az}——垫层底面处经深度修正后的地基承载力特征值(kPa)。

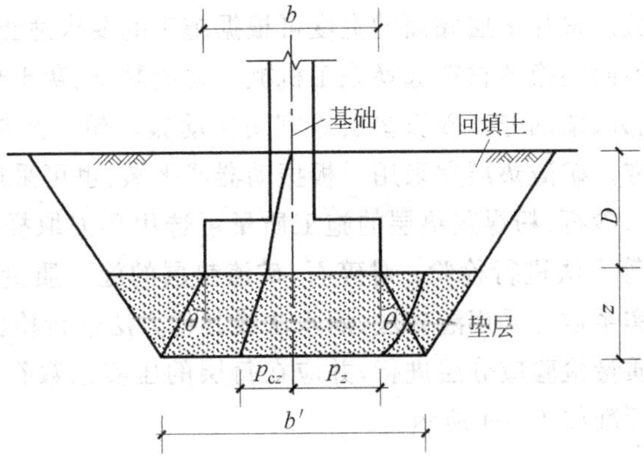

图 6-1　换填垫层法

垫层底面处的附加应力值 p_z 根据基础的几何形式，可分别按式(6-2)或式(6-3)计算：

条形基础：

$$p_z = \frac{b(p_k - p_c)}{b + 2z\tan\theta} \tag{6-2}$$

矩形基础：

$$p_z = \frac{bl(p_k - p_c)}{(b + 2z\tan\theta)(l + 2z\tan\theta)} \tag{6-3}$$

式中：b——矩形基础或条形基础底面的宽度(m)；

l——矩形基础底面的长度(m)；

p_k——相应于作用的标准组合时，基础底面处的平均压力值(kPa)；

p_c——基础底面处土的自重应力值(kPa)；

z——基础底面下垫层的厚度(m)；

θ——垫层(材料)的压力扩散角(°)，宜通过试验确定。无试验资料时，可按表 6-3 采用。

表 6-3 土和砂石材料压力扩散角 θ (°)

换填材料	中砂、粗砂、砾砂、圆砾、角砾、石屑、卵石、碎石、矿渣	粉质黏土、粉煤灰	灰土
$z/b=0.25$	20	6	28
$z/b\geqslant 0.50$	30	23	

注：1. 当 $z/b<0.25$ 时，除灰土取 $\theta=28°$ 外，其他材料均取 $\theta=0°$，必要时宜由试验确定；

2. 当 $0.25<z/b<0.5$ 时，θ 值可以内插；

3. 土工合成材料加筋垫层的压力扩散角宜由现场静载荷试验确定。

垫层底面宽度应满足基础底面应力扩散的要求，可按式(6-4)确定：

$$b' \geqslant b + 2z\tan\theta \tag{6-4}$$

式中：b'——垫层底面宽度(m)；

θ——压力扩散角，按照表 6-3 取值；当 $z/b<0.25$ 时，按表 6-3 中 $z/b=0.25$ 取值。

垫层顶面每边超出基础底边缘不应小于 300mm，且从垫层底面两侧向上，按当地基坑开挖的经验及要求放坡。整片垫层底面的宽度可根据施工的要求适当放宽。

垫层施工应根据不同的换填材料选择施工机械。粉质黏土、灰土垫层宜采用平碾、振动碾或羊足碾，以及蛙式夯、柴油夯。砂石垫层等宜用振动碾。粉煤灰垫层宜采用平碾、振动碾、平板振动器、蛙式夯。矿渣垫层宜采用平板振动器或平碾，也可采用振动碾。

对粉质黏土、灰土、砂石、粉煤灰垫层的施工质量可选用环刀取样、静力触探、轻型动力触探或标准贯入试验等方法进行检验；对碎石、矿渣垫层的施工质量可采用重型动力触探试验等进行检验。压实系数可采用灌砂法、灌水法或其他方法进行检验。

换填垫层的施工质量检验应分层进行，并应在每层的压实系数符合设计要求后铺填上层。各种垫层的压实标准如表 6-4 所示。

表 6-4 垫层压实标准

施工方法	换填材料类别	压实系数 λ_c
碾压振密夯实	碎石、卵石	$\geqslant 0.97$
	砂夹石(其中碎石、卵石占全重的 30%～50%)	
	土夹石(其中碎石、卵石占全重的 30%～50%)	
	中砂、粗砂、砾砂、角砾、圆砾、石屑	
	粉质黏土	$\geqslant 0.97$
	灰土	$\geqslant 0.95$
	粉煤灰	$\geqslant 0.95$

注：1. 压实系数 λ_c 为土的控制干密度 ρ_d 与最大干密度 ρ_{dmax} 的比值；土的最大干密度宜采用击实试验确定；碎石或卵石的最大干密度可取 $2.1 \sim 2.2 t/m^3$；

2. 表中压实系数 λ_c 系使用轻型击实试验测定土的最大干密度 ρ_{dmax} 时给出的压实控制标准，采用重型击实试验时，对粉质黏土、灰土、粉煤灰及其他材料压实标准应为压实系数 $\lambda_c \geqslant 0.94$。

【例 6-1】 建筑基础采用独立柱基，柱基础尺寸为 5m×5m，埋深 1.5m，基础顶面的轴心荷载 $F_k=4000$kN，基础和基础上土重 $G_k=1000$kN，场地地层为粉质黏土，$f_{ak}=120$kPa，$\gamma=18$kN/m^3，由于承载力不能满足要求，拟采用灰土换填垫层处理，当垫层厚度为 2.0m 时，计算垫层底面处的附加应力。

【解】 基础底面处的平均压力为

$$p_k = \frac{F_k + G_k}{A} = \frac{4000 + 1000}{5 \times 5}\text{kPa} = 200\text{kPa}$$

基础底面处的土体自重应力值为

$$p_c = \gamma h = 18 \times 1.5\text{kPa} = 27\text{kPa}$$

灰土垫层，应力扩散角 $\theta = 28°$，

$$p_z = \frac{bl(p_k - p_c)}{(b + 2z\tan\theta)(l + 2z\tan\theta)} = \frac{5 \times 5 \times (200 - 27)}{(5 + 2 \times 2 \times \tan 28°)^2}\text{kPa} = 85.2\text{kPa}$$

垫层底面处的附加应力为 85.2kPa。

6.3 预压地基

对于淤泥、淤泥质土和冲填土等深厚饱和软土地基，可采用预压法加速土体固结，提高地基承载力。预压处理地基按照施工形式的不同可分为堆载预压、真空预压、堆载-真空联合预压。

预压法进行地基处理需要同时存在加压系统和排水系统。堆载预压时，加压系统为基础上堆加的荷载，其作用在于使地基下土体产生超孔隙水压力，产生渗流。采用真空预压时，通过对覆盖于竖井地基表面的封闭薄膜内抽真空，使得土体内部产生负压，使地基土固结压密。排水系统可分为竖向排水井和水平排水层两部分。

6.3.1 加载系统

对堆载预压工程(图 6-2)，预压荷载应分级施加，并确保每级荷载下地基的稳定性。对真空预压工程(图 6-3)，可采用一次连续抽真空至最大压力的加载方式。真空预压适用于处理以黏性土为主的软弱地基。当存在粉土、砂土等透水、透气层时，加固区周边应采取确保膜下真空压力满足设计要求的密封措施。对塑性指数大于 25 且含水量大于 85%的淤泥，应通过现场试验确定其适用性。加固土层上覆盖有厚度大于 5m 以上的回填土或承载力较高的黏性土层时，不宜采用真空预压处理。

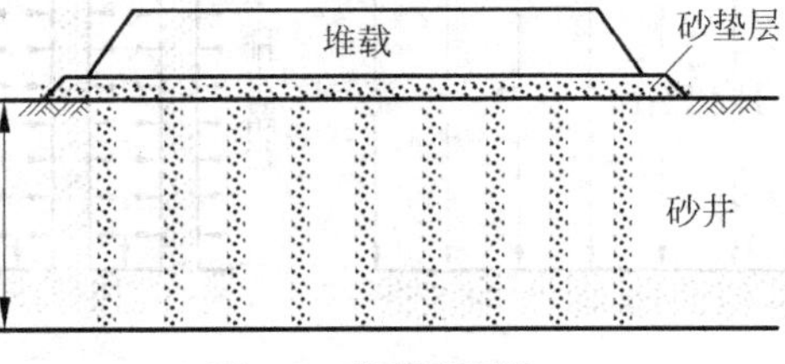

图 6-2 堆载预压法

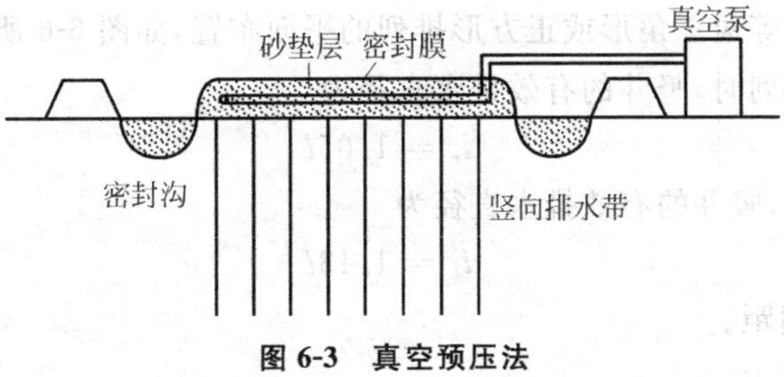

图 6-3 真空预压法

当建筑物的荷载超过真空预压的压力，或建筑物对地基变形有严格要求时，可采用真空和堆载联合预压(图 6-4)，其总压力值宜超过建筑物的竖向荷载。预压地基加固应考虑预压施工对相邻建筑物、地下管线等产生附加沉降的影响。真空预压地基加固区边线与相邻建筑物、地下管线等的距离不宜小于 20m，当距离较近时，应对相邻建筑物、地下管线等采取保护措施。对深厚软黏土地基，应设置塑料排水带或砂井等排水竖井。当软土层厚度较小或软土层中含较多薄粉砂夹层，且固结速率能满足工期要求时，可不设置排水竖井。

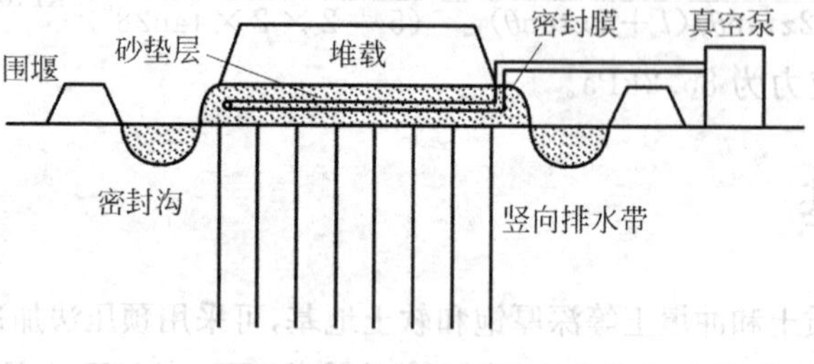

图 6-4 堆载-真空联合预压

6.3.2 排水系统设计

排水竖井分普通砂井、袋装砂井和塑料排水带，如图 6-5 所示。普通砂井直径宜为 300～500mm，袋装砂井直径宜为 70～120mm。塑料排水带的当量换算直径可按下式计算：

$$d_{\mathrm{p}} = \frac{2(b+\delta)}{\pi} \tag{6-5}$$

式中：b——塑料排水带宽度(mm)；

δ——塑料排水带厚度(mm)。

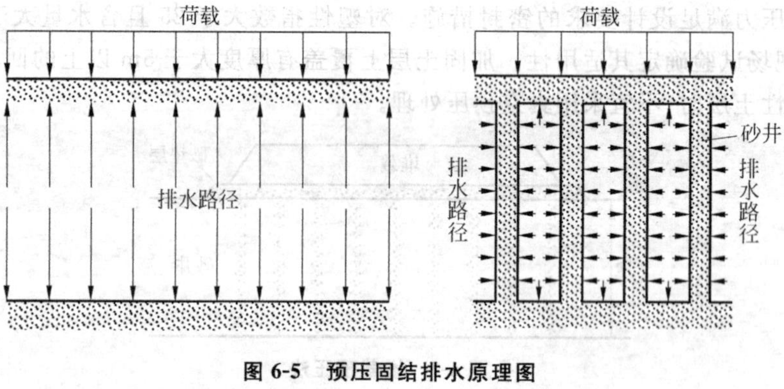

图 6-5 预压固结排水原理图

排水竖井可采用等边三角形或正方形排列的平面布置，如图 6-6 所示：

当等边三角形排列时，竖井的有效排水直径为

$$d_{\mathrm{e}} = 1.05l \tag{6-6}$$

当正方形排列时，竖井的有效排水直径为

$$d_{\mathrm{e}} = 1.13l \tag{6-7}$$

式中：l——竖井的间距。

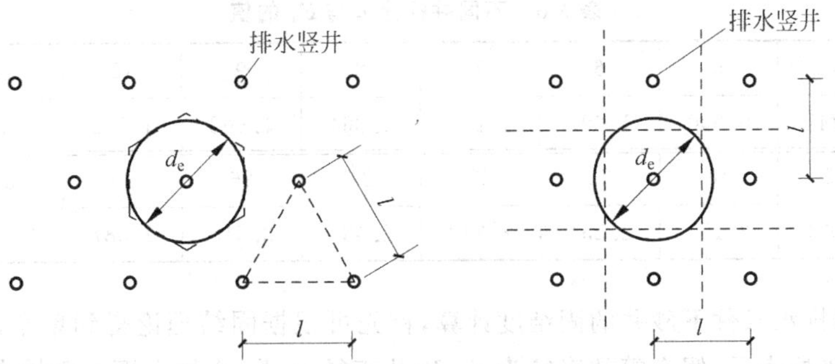

图 6-6 排水竖井等效直径

排水竖井的间距可根据地基土的固结特性和预定时间内所要求达到的固结度确定。设计时，竖井的间距可按井径比 n 选用。$n=d_e/d_w$，d_w 为竖井直径，对塑料排水带可取 $d_w=d_p$。塑料排水带或袋装砂井的间距 n 可按 15～22 选用，普通砂井的间距 n 可按 6～8 选用。

一级或多级等速加载条件下，当固结时间为 t 时，对应总荷载的地基平均固结度可按下式计算：

$$\overline{U}_t=\sum_{i=1}^{n}\frac{\dot{q}_i}{\sum\Delta p}\left[(T_i-T_{i-1})-\frac{\alpha}{\beta}e^{-\beta t}(e^{\beta T_i}-e^{\beta T_{i-1}})\right] \tag{6-8}$$

式中：$\dot{q}_i$——第 i 级荷载的加载速率(kPa/d)；

$\sum\Delta p$—— 各级荷载的累加值(kPa)；

T_{i-1}，T_i——第 i 级荷载加载的起始和终止时间(从零点起算)(d)，当计算第 i 级荷载加载过程中某时间 t 的固结度时，T_i 改为 t；

α，β——参数，根据地基土排水固结条件按照表 6-5 采用。对竖井地基，表 6-5 中所列 β 为不考虑涂抹和井阻影响的参数值。

表 6-5 α 和 β 值

参数	排水固结条件		
	$\overline{U}_z>30\%$	内径向排水固结	竖向和内径向排水固结(竖井穿透受压土层)
α	$\frac{8}{\pi^2}$	1	$\frac{8}{\pi^2}$
β	$\frac{\pi^2 c_v}{4H^2}$	$\frac{8c_h}{F_n d_e^2}$	$\frac{8c_h}{F_n d_e^2}+\frac{\pi^2 c_v}{4H^2}$

$$F_n=\frac{n^2}{n^2-1}\ln n-\frac{3n^2-1}{4n^2} \tag{6-9}$$

c_h——土的径向排水固结系数(cm²/s)；

c_v——土的竖向排水固结系数(cm²/s)；

H——土层竖向排水距离(cm)；

$\overline{U}_z$——双面排水土层或固结应力均匀分布的单面排水土层平均固结度。

表 6-6 给出了不同井径比 n 与 F_n 之间的关系。

表 6-6 不同井径比 n 与 F_n 的值

n	4	5	6	7	8	9	10	12	14
F_n	0.741	0.940	1.097	1.240	1.364	1.468	1.572	1.752	1.904
n	16	18	20	22	24	26	28	30	40
F_n	2.034	2.150	2.254	2.348	2.434	2.513	2.587	2.655	2.941

对于理想排水条件下砂井的固结度计算，首先可根据固结理论得到单个砂井的固结微分方程，以柱坐标表示，假定等效直径为 d_e，砂井直径为 d_w，土层上下双面排水，在一定压力作用下，土层中的固结渗流沿径向和竖向流动，任意点(r,z)处的孔隙水压力为 u，则固结微分方程为

$$\frac{\partial u}{\partial t}=c_v\frac{\partial^2 u}{\partial z^2}+c_h\left(\frac{\partial^2 u}{\partial r^2}+\frac{1}{r}\frac{\partial u}{\partial r}\right) \tag{6-10}$$

对土层为双面排水条件或土层中的附加压力为均匀分布时，某一时刻竖向固结度 $\overline{U}_z$ 的计算公式为

$$\overline{U}_z=1-\frac{8}{\pi^2}\sum_{m=1,3,5,\cdots}^{\infty}\frac{1}{m^2}e^{-\frac{m^2\pi^2}{4}T_v} \tag{6-11}$$

$$T_v=\frac{c_v t}{H^2} \tag{6-12}$$

当 $\overline{U}_z>30\%$时，竖向排水平均固结度 $\overline{U}_z$ 可采用式(6-13)计算：

$$\overline{U}_z=1-\frac{8}{\pi^2}e^{-\frac{\pi^2}{4}T_v} \tag{6-13}$$

径向排水固结时，平均固结度 $\overline{U}_r$ 为

$$\overline{U}_r=1-\exp\left(-\frac{8T_h}{F_n}\right) \tag{6-14}$$

式中：

$$T_h=\frac{c_h}{d_e^2}t \tag{6-15}$$

计算预压荷载下饱和黏性土地基中某点的抗剪强度时，应考虑土体原来的固结状态。对正常固结饱和黏性土地基，某点某一时间的抗剪强度可按下式计算：

$$\tau_{ft}=\tau_{f0}+\Delta\sigma_z\cdot U_t\tan\varphi_{cu} \tag{6-16}$$

式中：τ_{ft}——t 时刻，该点土的抗剪强度(kPa)；

τ_{f0}——地基土天然抗剪强度(kPa)；

$\Delta\sigma_z$——预压荷载引起的该点的竖向附加应力(kPa)；

U_t——该点土的固结度；

φ_{cu}——三轴固结不排水压缩试验求得的土的内摩擦角(°)。

【例 6-2】 建筑场地分布有 12m 厚的软黏土层，其下为粉土夹砂层，采用砂井处理，砂井直径 d_w=0.5m，井距为 3.0m，按正方形布置。土的固结系数 $c_v=c_h=1.25\times10^{-3}\text{cm}^2/\text{s}$，在大面积荷载作用下，按径向固结计算，求当固结度达到 90%所要的时间。

【解】 正方形布置，砂井影响区等效直径：

$$d_e = 1.13 \times 3.0\text{m} = 3.39\text{m}$$

求得井径比：

$$n = \frac{d_e}{d_w} = \frac{3.39}{0.5} = 6.78$$

$$c_v = c_h = 1.25 \times 10^{-3}\text{cm}^2/\text{s} = 1.08 \times 10^{-2}\text{m/d}$$

$$F_n = \frac{n^2}{n^2-1}\ln n - \frac{3n^2-1}{4n^2} = \frac{45.968}{45.968-1}\ln 6.78 - \frac{3\times 45.968-1}{4\times 45.968} = 1.21$$

由 $\overline{U}_r = 1-\exp\left(-\frac{8T_h}{F_n}\right)$，则

$$T_h = -\frac{F_n}{8}\ln(1-\overline{U}_r) = -\frac{1.21}{8}\times\ln(1-0.9) = 0.3483$$

$$t = \frac{T_h d_e^2}{C_h} = \frac{0.3483\times 3.39^2}{1.08\times 10^{-2}}\text{d} = 371\text{d}$$

6.4 压实地基和夯实地基

6.4.1 压实地基

压实地基是指利用平碾、振动碾、冲击碾或其他碾压设备将填土分层密实处理的地基，施工机械如图6-7所示。

(a)　(b)　(c)　(d)

图6-7　压实地基

(a) 平碾；(b) 振动碾；(c) 冲击碾；(d) 羊足碾

压实地基适用于处理大面积填土地基。对于地下水位以上填土，可采用碾压法和振动压实法，非黏性土或黏粒含量少、透水性较好的松散填土地基宜采用振动压实法。压实地基的设计和施工方法的选择，应根据建筑物体型、结构与荷载特点、场地土层条件、变形要求及填料等因素确定。对大型、重要或场地地层条件复杂的工程，在正式使用前，应通过现场试验确定地基处理效果。

压实填土的填料可选用粉质黏土、灰土、粉煤灰、级配良好的砂土或碎石土，以及质地坚硬、性能稳定、无腐蚀性和无放射性危害的工业废料等，并应满足下列要求：①以碎石土作为填料时，最大粒径不宜大于100mm；②以粉质黏土、粉土作为填料时，其含水量宜为最优含水量，可采用击实试验确定；③不得使用淤泥、耕土、冻土、膨胀土以及有机质含量大于

5%的土料；④采用振动压密法时，宜降低地下水位到振实面以下600mm。

碾压法和振动压实法施工时，应根据压实机械的压实性能、地基土性质、密实度、压实系数和施工含水量等，并结合现场试验确定碾压分层厚度、碾压遍数、碾压范围和有效加固深度等施工参数。初步设计可按表6-7确定。

表6-7 填土每层铺填厚度及压实遍数

施工设备	每层铺填厚度/mm	每层压实遍数
平碾(8～12t)	200～300	6～8
羊足碾(5～16t)	200～350	8～16
振动碾(8～15t)	500～1200	6～8
冲击碾压(冲击势能15～25kJ)	600～1500	20～40

对已经回填完成且回填厚度超过上表中的铺填厚度，或粒径超过100mm的填料含量超过50%的填土地基，应采用较高性能的压实设备或采用夯实法进行加固。

压实填土的质量以压实系数λ_c控制，并应根据结构类型和压实填土所在部位按表6-8确定。

表6-8 压实填土的质量控制

结构类型	填土部位	压实系数λ_c	控制含水量/%
砌体承重结构和框架结构	在地基主要受力层范围以内	≥0.97	$\omega_{op}\pm 2$
	在地基主要受力范围以下	≥0.95	
排架结构	在地基主要受力层范围以内	≥0.96	
	在地基主要受力范围以下	≥0.94	

注：地坪垫层以下及基础底面标高以上的压实填土，压实系数不应小于0.94。

压实填土的最大干密度和最优含水量，宜采用击实试验确定，当无试验资料时，最大干密度可按下式计算：

$$\rho_{dmax}=\eta\frac{\rho_w d_s}{1+0.01\omega_{op}d_s} \tag{6-17}$$

式中，ρ_{dmax}——分层压实填土的最大干密度(t/m³)；

η——经验系数，粉质黏土取0.96，粉土取0.97；

ρ_w——水的密度(t/m³)；

d_s——土粒相对密度(t/m³)；

ω_{op}——填料的最优含水量(%)。

当填料为碎石或卵石时，其最大干密度可取2.1～2.2t/m³。

设置在斜坡上的压实填土，应验算其稳定性。当天然地面坡度大于20%时，应采取防止压实填土可能沿坡面滑动的措施，并应避免雨水沿斜坡排泄。当压实填土阻碍原地表水畅通排泄时，应根据地形修筑雨水截水沟，或设置其他排水设施。设置在压实填土区的上、下水管道，应采取严格防渗、防漏措施。

压实填土的边坡坡度允许值，应根据其厚度、填料性质等因素，按照填土自身稳定性、填土下原地基的稳定性的验算结果确定，初步设计时，可按表6-9确定。

表 6-9 压实填土的边坡坡度允许值

填土类型	边坡坡度允许值(高宽比)		压实系数 λ_c
	坡高在 8m 以内	坡高在 8～15m	
碎石、卵石	1∶1.50～1∶1.25	1∶1.75～1∶1.50	0.94
砂夹石(碎石、卵石占全重 30%～50%)	1∶1.50～1∶1.25	1∶1.75～1∶1.50	
土夹石(碎石、卵石占全重 30%～50%)	1∶1.50～1∶1.25	1∶2.00～1∶1.50	
粉质黏土,黏粒含量 $\rho_d \geqslant 10\%$ 的粉土	1∶1.75～1∶1.50	1∶2.25～1∶1.75	

注：当压实填土厚度 H 大于 15m 时,可设计成台阶或采用土工格栅加筋等措施,验算满足稳定性要求后进行填土的施工。

压实地基的施工质量检验应分层进行。每完成一道工序,应按设计要求进行验收,未经验收或验收不合格时,不得进行下一道工序施工。

6.4.2 夯实地基

夯实地基是指将夯锤反复提到高处使其自由落下,给地基以冲击和振动能量,将原有地基土密实处理或置换形成密实墩体的地基,如图 6-8 所示。

图 6-8 强夯地基

夯实地基可分为强夯和强夯置换处理地基。强夯处理地基适用于碎石土、砂土、低饱和度的粉土与黏性土、湿陷性黄土、素填土和杂填土等地基；强夯置换适用于高饱和度的粉土与软塑～流塑的黏性土地基对变形要求不严格的工程。

强夯和强夯置换施工前,应在施工现场有代表性的场地选取一个或者几个试验区,进行试夯或试验性施工。每个试验区面积不宜小于 20m×20m,试验区数量应根据建筑场地复杂程度、建筑规模及建筑类型确定。场地地下水位高,影响施工或夯实效果时,应采取降水或其他技术措施进行处理。强夯置换处理地基,必须通过现场试验确定其适用性和处理效果。

强夯法的有效加固深度,创始人梅那(Menard)曾提出以下公式来估算影响深度：

$$H \approx \sqrt{Mh} \tag{6-18}$$

式中：M——夯锤质量(t)；

h——落距(m)。

大量试验研究和工程实测资料表明,采用上述公式计算得到的有效加固深度结果偏大。国内外学者研究建议对公式进行修正,修正系数范围为 0.34～0.80,根据不同土体类型选择不同的修正系数。但是大量工程实践表明,对于同一类土体,采用不同能量夯击时,修正系数也不相同。

《地基规范》认为,强夯处理的有效加固深度,应根据现场试夯或地区经验确定。在缺少试验资料或经验时,可按表 6-10 进行评估。

表 6-10 强夯的有效加固深度

单击夯击能 E/(kN·m)	碎石土、砂土等粗颗粒土/m	粉土、粉质黏土、湿陷性黄土等细颗粒土/m
1000	4.0～5.0	3.0～4.0
2000	5.0～6.0	4.0～5.0
3000	6.0～7.0	5.0～6.0
4000	8.0～9.0	7.0～8.0
5000	8.0～8.5	7.0～7.5
6000	8.5～9.0	7.5～8.0
8000	9.0～9.5	8.0～8.5
10000	9.5～10.0	8.5～9.0
12000	10.0～11.0	9.0～10.0

注：强夯法的有效加固深度应从最初起夯面算起；单击夯击能 E 大于 12000kN·m 时，强夯的有效加固深度应通过试验确定。

夯点的夯击次数，应根据现场试夯的夯击次数和夯沉量关系曲线确定，并应同时满足下列条件：①最后两击的平均夯沉量，宜满足表的要求，当单击夯击能 E 大于 12000kN·m 时，应通过试验确定；②夯坑周围地面不应发生过大的隆起；③不因夯坑过深而发生提锤困难。

强夯夯锤质量宜为 10～60t，其底面形式宜采用圆形，锤底面积宜按土的性质确定，锤底静接地压力值宜为 25～80kPa，单击夯击能高时，取高值，单击夯击能低时，取低值，对于细颗粒土宜取低值。锤的底面宜对称设置若干上下贯通的排气孔，孔径宜为 300～600mm。

夯击遍数应根据地基土的性质确定，可采用点夯 2～4 遍。一般来说，由粗颗粒土组成的渗透性强的地基，夯击遍数可少些，对于渗透性较差的细颗粒土，应适当增加夯击遍数。最后以低能量满夯 2 遍，满夯可采用轻锤或低落距锤多次夯击，锤印搭接。两遍夯击之间，应有一定的时间间隔，以利于土中超孔隙水压力的消散，间隔时间取决于土中超静孔隙水压力的消散时间。当缺少实测资料，可根据地基土的渗透性确定，对于渗透性较差的黏性土地基，间隔时间不应少于 2～3 周；对于渗透性好的地基可连续夯击。夯击点位置可根据基础底面形状，采用等边三角形、等腰三角形或正方形布置。第一遍夯击点间距可取夯锤直径的 2.5～3.5 倍，第二遍夯击点应位于第一遍夯击点之间。以后各遍夯击点间距可适当减小。对处理深度较深或单击夯击能较大的工程，第一遍夯击点间距宜适当增大。

强夯处理范围应大于建筑物基础范围，每边超出基础外缘的宽度宜为基底下设计处理深度的 1/2～2/3，且不应小于 3m；对可液化地基，基础边缘的处理宽度，不应小于 5m。

强夯置换墩的深度应由土质条件决定。除厚层饱和粉土外，应穿透软土层，到达较硬土层上，深度不宜超过 10m。强夯置换的单击夯击能应根据现场试验确定。在可行性研究或初步设计时可按图 6-9 中的实线（平均值）与虚线（下限）所代表的式(6-19)～式(6-20)估算。

较适宜的夯击能

$$\bar{E} = 940(H_1 - 2.1) \tag{6-19}$$

夯击能最低值：

$$E_W = 940(H_1 - 3.3) \tag{6-20}$$

式中：H_1——置换墩深度(m)。

墩体材料可采用级配良好的石块、碎石、矿渣、工业废渣、建筑垃圾等坚硬粗颗粒材料，

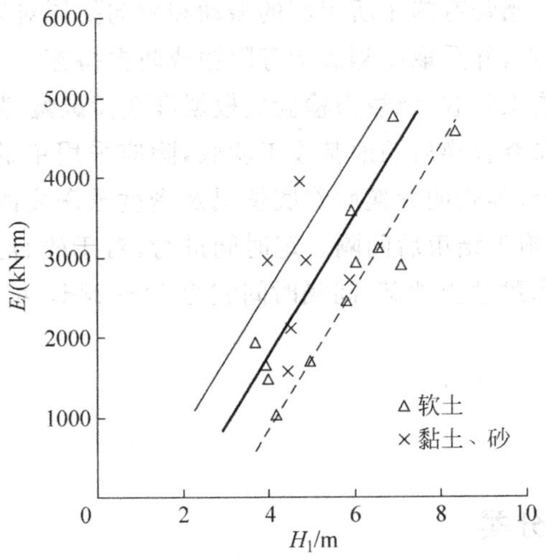

图 6-9 夯击能与实测置换深度的关系

且粒径大于300mm的颗粒含量不宜超过30%。夯点的夯击次数应通过现场试夯确定，并应满足下列条件：①墩底穿透软弱土层，且达到设计墩长；②累计夯沉量为设计墩长的1.5～2.0倍；③最后两击的平均夯沉量可按表6-11确定。强夯置换夯锤底面宜采用圆形，夯锤底静接地压力值宜大于80kPa。强夯置换施工时，应首先清理并平整施工场地，当表层土松软时，可铺设1.0～2.0m厚的砂石垫层；应按照"由内而外，隔行跳打"的原则进行。

表 6-11 强夯法最后两击平均夯沉量 mm

单击夯击能 E/(kN·m)	最后两击平均夯沉量(≤)
$E<4000$	50
$4000\leqslant E<6000$	100
$6000\leqslant E<8000$	150
$8000\leqslant E<12000$	200

墩位布置宜采用等边三角形或正方形。对独立基础或条形基础可根据基础形状与宽度作相应布置。墩间距应根据荷载大小和原状土的承载力选定，当满堂布置时，可取夯锤直径的2～3倍。对独立基础或条形基础可取夯锤直径的1.5～2.0倍。墩的计算直径可取夯锤直径的1.1～1.2倍。强夯置换处理范围与强夯类似，范围应大于建筑物基础范围，每边超出基础外缘的宽度宜为基底下设计处理深度的1/2～2/3，且不应小于3m；对可液化地基，基础边缘的处理宽度，不应小于5m。墩顶应铺设一层厚度不小于500mm的压实垫层，垫层材料与墩体材料相同，粒径不宜大于100mm。强夯置换设计时，应预估底面抬高值，并在试夯时校正。

当场地表层土软弱或地下水位较高，宜采用人工降低地下水位或铺填一定厚度的砂石材料的施工措施。施工前，宜将地下水位降低至坑底面以下2m。施工时，坑内或场地给水应及时排除。对细颗粒土，尚应采取晾晒等措施降低含水量。当地基土的含水量低，影响处理效果时，应采取增湿措施。施工前应查明施工影响范围内地下构筑物和地下管线的位置，并采取必要的保护措施。当强夯施工所引起的振动和侧向挤压对邻近建筑物或构筑物产生不利影响时，应设置监测点，并采取挖隔震沟等隔振或防振措施。

强夯处理后的地基竣工验收、承载力检验应根据静载荷试验、其他原位测试和室内土工试验等方法综合确定。强夯置换后的地基竣工验收，除应采用单墩静载荷试验进行承载力检验外，尚应采用动力触探等查明置换墩着底情况及密度随深度的变化情况。强夯处理后的地基承载力检验，应在施工结束后间隔一定时间进行，对于碎石土和砂土地基，间隔时间宜为 7～14d；对于粉土和黏性土地基，间隔时间宜为 14～28d；对于强夯置换地基，间隔时间宜为 28d。

6.5 复合地基

6.5.1 复合地基的分类

复合地基是指天然地基在地基处理过程中部分土体得到增强，或被置换，或在天然地基中设置加筋材料，加固区是由基体(天然地基土体)和增强体两部分组成的人工地基。

根据增强体的加固方向，复合地基可以分为竖向增强体(桩)和水平向增强体复合地基，如图 6-10 所示。根据材料是否黏结，可分为散体材料桩复合地基和黏结材料桩复合地基，常见的复合地基形式分类如图 6-11 所示。

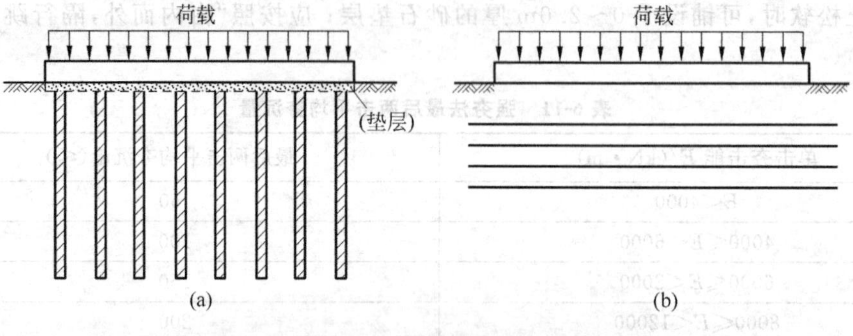

图 6-10 竖向和水平向增强体桩复合地基

(a) 竖向增强体桩复合地基；(b) 水平向增强体桩复合地基

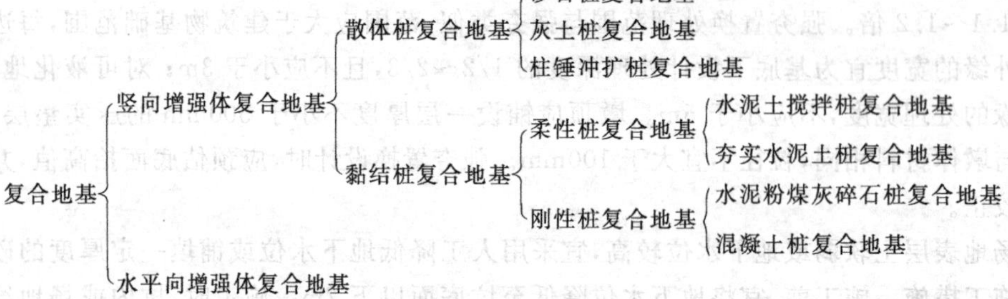

图 6-11 复合地基形式分类

6.5.2 承载力及沉降计算

复合地基承载力特征值应通过复合地基静载荷试验或采用增强体静载荷试验结果和其周边土的承载力特征值结合经验确定，初步设计时可按下列公式估算：

对散体材料增强体复合地基应按下式计算：

$$f_{spk} = [1 + m(n-1)]f_{sk} \tag{6-21}$$

式中：f_{sk}——处理后桩间土承载力特征值(kPa)，可按地区经验确定；

n——复合地基桩土应力比，可按地区经验确定；

m——面积置换率，$m=d^2/d_e^2$，d 为桩身平均直径(m)，d_e 为一根桩分担的处理地基面积的等效圆直径(m)；等边三角形布桩 $d_e=1.05s$，正方形布桩 $d_e=1.13s$，矩形布桩 $d_e=1.13\sqrt{s_1 s_2}$，s、s_1、s_2 分别为桩间距、纵向桩间距和横向桩间距。

对有黏结强度增强体复合地基应按式(6-22)计算：

$$f_{spk} = \lambda m \frac{R_a}{A_p} + \beta(1-m)f_{sk} \tag{6-22}$$

式中：λ——单桩承载力发挥系数，可按地区经验取值；

R_a——单桩竖向承载力特征值(kN)；

A_p——桩的截面积(m^2)；

β——桩间土承载力发挥系数，可按地区经验取值。

增强体单桩竖向承载力特征值可按下式估算：

$$R_a = u_p \sum_{i=1}^{n} q_{si} l_{pi} + \alpha_p q_p A_p \tag{6-23}$$

式中：u_p——桩的周长(m)；

q_{si}——桩周第 i 层土的侧阻力特征值(kPa)，可按地区经验确定；

l_{pi}——桩长范围内第 i 层土的厚度(m)；

α_p——桩端端阻力发挥系数，应按地区经验确定；

q_p——桩端端阻力特征值(kPa)，可按地区经验确定；对于水泥土搅拌桩、旋喷桩应取未经修正的桩端地基土承载力特征值。

有黏结强度复合地基增强体桩身强度应满足下式的要求。

$$f_{cu} \geqslant 4 \frac{\lambda R_a}{A_p} \tag{6-24}$$

当复合地基承载力进行基础埋深的深度修正时，增强体桩身强度应满足下式要求。

$$f_{cu} \geqslant 4 \frac{\lambda R_a}{A_p}\left[1 + \frac{\gamma_m(d-0.5)}{f_{spa}}\right] \tag{6-25}$$

式中：f_{cu}——桩体试块(边长 150mm 立方体)标准养护 28d 的立方体抗压强度平均值(kPa)；

γ_m——基础底面以上土的加权平均重度(kN/m^3)，地下水位以下取有效重度；

d——基础埋置深度(m)；

f_{spa}——深度修正的复合地基承载力特征值(kPa)。

复合地基变形计算应符合现行国家标准《基础规范》的有关规定，地基变形计算深度应大于复合土层的深度。复合土层的分层与天然地基相同，各复合土层的压缩模量等于该层天然地基压缩模量的 ζ 倍，ζ 值可按式(6-26)确定：

$$\zeta=\frac{f_{spk}}{f_{ak}} \tag{6-26}$$

式中，f_{ak}——基础底面下天然地基承载力特征值(kPa)。

复合地基的沉降计算经验系数 ψ_s 可根据地区沉降观测资料统计值确定，无经验取值时，可采用表 6-12 的数值。

表 6-12 复合地基沉降计算经验系数 ψ_s

$\bar{E}_s$/MPa	4.0	7.0	15.0	20.0	35.0
ψ_s	1.0	0.7	0.4	0.25	0.2

$\bar{E}_s$ 为变形计算深度范围内压缩模量的当量值，应按下列计算：

$$\bar{E}_s=\frac{\sum_{i=1}^{n}A_i+\sum_{j=1}^{n}A_j}{\sum_{i=1}^{n}\frac{A_i}{E_{spi}}+\sum_{j=1}^{n}\frac{A_j}{E_{sj}}} \tag{6-27}$$

式中：A_i——第 i 层复合土附加应力系数沿土层厚度的积分值；

A_j——加固土层以下第 j 层土附加应力系数沿土层厚度的积分值；

E_{spi}——第 i 层复合土层的压缩模量(MPa)；

E_{sj}——加固土层以下第 j 层土的压缩模量(MPa)。

6.5.3 砂石桩复合地基

砂石桩复合地基是指将碎石、砂或砂石混合料挤压入已成形的孔中，形成密实砂石竖向增强体的复合地基，适用于挤密处理松散砂土、粉土、粉质黏土、素填土、杂填土等地基，以及用于处理可液化地基。饱和黏土地基，如对变形控制不严格，可采用砂石桩置换处理，其成桩工艺包括振动成桩和冲击成桩两种，如图 6-12 所示。

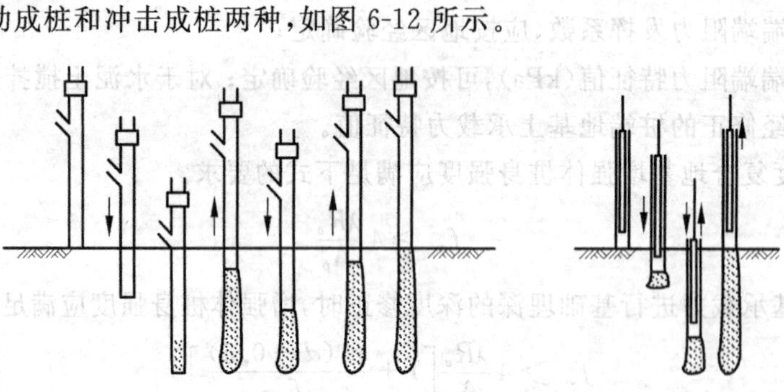

(a) (b)

图 6-12 挤密桩成桩示意图

(a) 振动成桩；(b) 冲击成桩

桩径可根据地基土质情况、成桩方式和成桩设备等因素确定，桩的平均直径可按每根桩所用填料量计算。振冲碎石桩桩径宜为 800～1200mm；沉管砂石桩桩径宜为 300～800mm。

振冲碎石桩的桩间距应根据上部结构荷载大小和场地土层情况，并结合所采用的振冲器功率大小综合考虑；30kW 振冲器布桩间距可采用 1.3～2.0m；55kW 振冲器布桩间距可采用 1.4～2.5m；75kW 振冲器布桩间距可采用 1.5～3.0m；不加填振冲挤密孔距可为 2～33m。

沉管砂石桩的桩间距，不宜大于砂石桩直径的 4.5 倍；初步设计时，对松散粉土和砂土地基，应根据挤密后要求达到的孔隙比确定，可按下列公式估算：

等边三角形布置：

$$s = 0.95\xi d\sqrt{\frac{1+e_0}{e_0-e_1}} \tag{6-28}$$

正方形布置：

$$s = 0.89\xi d\sqrt{\frac{1+e_0}{e_0-e_1}} \tag{6-29}$$

$$e_1 = e_{\max} - D_{r1}(e_{\max} - e_{\min}) \tag{6-30}$$

式中：s——砂石桩间距(m)；

d——砂石桩直径(m)；

ξ——修正系数，当考虑振动下沉密实作用时，可取 1.1～1.2；不考虑振动下沉密实作用时，可取 1.0；

e_0——地基处理前砂土的孔隙比，可按原状土样试验确定，也可根据动力或静力触探等对比试验确定；

e_1——地基挤密后要求达到的孔隙比；

$e_{\max}$，$e_{\min}$——砂土最大和最小孔隙比；

D_{r1}——地基挤密后要求砂土达到的相对密实度，可取 0.70～0.85。

6.5.4 水泥粉煤灰碎石桩复合地基

水泥粉煤灰碎石桩复合地基是指由水泥、粉煤灰、碎石等混合料加水拌合在土中灌注形成竖向增强体的复合地基。水泥粉煤灰碎石桩复合地基适用于处理黏性土、粉土、砂土和自重固结已完成的素填土地基。对淤泥质土应按地区经验或通过现场试验确定其适用性。

水泥粉煤灰碎石桩，应选择承载力和压缩模量相对较高的土层作为桩端持力层。长螺旋钻中心压灌、干成孔和振动沉管成桩宜为 350～600mm；泥浆护壁钻孔成桩宜为 600～800mm；钢筋混凝土预制桩宜为 300～600mm。

桩间距应根据基础形式、设计要求的复合地基承载力和变形、土性以及施工工艺确定：①采用非挤土成桩工艺和部分挤土桩成桩工艺，桩间距宜为 3～5 倍桩径；②采用挤土成桩工艺和墙下条形基础单排布桩的桩间距宜为 3～6 倍桩径；③桩长范围内有饱和粉土、粉细砂、淤泥、淤泥质土层，采用长螺旋钻中心压灌成桩施工中可能发生窜孔时宜采用较大桩距。

桩顶和基础之间应设置褥垫层，褥垫层厚度宜为桩径的 40%～60%。褥垫材料宜采用中砂、粗砂、级配砂石和碎石等，最大粒径不宜大于 30mm。水泥粉煤灰碎石桩可只在基础范围内布桩，并可根据建筑物荷载分布、基础形式和地基性状，合理确定布桩参数。

初步设计时复合地基承载力特征值可按式(6-22)估算，其中单桩承载力发挥系数 λ 和桩间土承载力发挥系数 β 应按地区经验取值，无经验时 λ 可取 0.8～0.9，β 可取 0.9～1.0；处理后桩间土的承载力特征值 f_{ak}，对非挤土成桩工艺，可取天然地基承载力特征值；对挤土成桩工艺，一般黏性土可取天然地基承载力特征值；松散砂土、粉土可取天然地基承载力特征值的 1.2～1.5 倍，原土强度低的取大值。按式(6-23)估算单桩承载力时，桩端端阻力发挥系数 α_p 可取 1.0；桩身强度应满足式(6-23)～式(6-24)。

褥垫层铺设宜采用静力压实法，当基础底面下桩间土的含水量较低时，也可采用动力夯实法，夯填度不应大于 0.9。

6.5.5 水泥土搅拌桩复合地基

水泥土搅拌桩复合地基是以水泥作为固化剂的主要材料，通过深层搅拌机械，将固化剂和地基土强制搅拌形成竖向增强体的复合地基(图 6-13)。

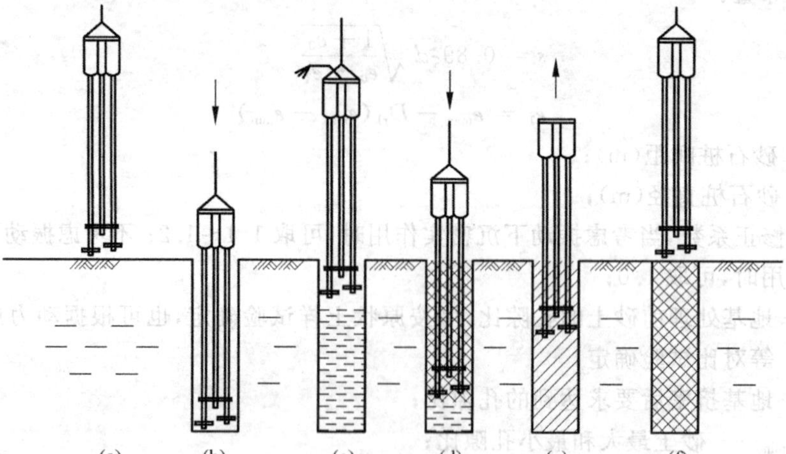

图 6-13 深层搅拌桩施工顺序

(a) 定位；(b) 预搅下沉；(c) 喷浆搅拌上升；(d) 重复搅拌下沉；(e) 重复搅拌上升；(f) 完成

水泥土搅拌桩复合地基处理适用于处理正常固结的淤泥、淤泥质土、素填土、黏性土(软塑、可塑)、粉土(稍密、中密)、粉细砂(松散、中密)、中粗砂(松散、密实)、饱和黄土等土层。不适用于含大孤石或障碍物较多且不易清除的杂填土、欠固结的淤泥和淤泥质土、硬塑及坚硬的黏性土、密实的砂类土，以及地下水渗流影响成桩质量的土层。当地基土的天然含水量小于 30%(黄土含水量小于 25%)时不宜采用粉体搅拌法。冬期施工时，应考虑负温对处理地基效果的影响。

水泥土搅拌桩的施工工艺可分为浆液搅拌法(湿法)和粉体搅拌法(干法)。采用单轴、双轴、多轴搅拌或连续成槽搅拌形成柱状、壁状、格栅状或块状水泥土加固体。水泥土搅拌桩用于处理泥炭土、有机质土、pH 值小于 4 的酸性土、塑性指数大于 25 的黏土，或在腐蚀性环境中以及无工程经验的地区使用时，必须通过现场和室内试验确定其适用性。

水泥土搅拌桩复合地基搅拌桩的长度，应根据上部结构对地基承载力和变形的要求确定，并应穿透软弱土层到达地基承载力相对较高的土层；当设置的搅拌桩同时为提高地基稳定性时，其桩长应超过危险滑弧以下不少于 2.0m；干法的加固深度不宜大于 15m，湿法加固深度不宜大于 20m。

复合地基的承载力特征值应通过现场单桩或多桩复合地基静载荷试验确定。初步设计时可按式(6-22)估算，处理后桩间土承载力特征值 f_{sk}(kPa)可取天然地基承载力特征值；桩间土承载力发挥系数 β，对淤泥、淤泥质土和流塑状软土等处理土层，可取 0.1～0.4，对其他土层可取 0.4～0.8；单桩承载力发挥系数 λ 可取 1.0。

单桩承载力特征值应通过现场静载荷试验确定，初步设计时可按式(6-22)估算，桩端端阻力发挥系数可取 0.4～0.6；桩端端阻力特征值，可取桩端土未修正的地基承载力特征值，并应满足式(6-31)的要求，应使由桩身材料强度确定的单桩承载力不小于由桩周土和桩端土的抗力所提供的单桩承载力。

$$R_a = \eta f_{cu} A_p \tag{6-31}$$

式中，f_{cu}——与搅拌桩桩身水泥土配比相同的室内加固土试块，边长为 70.7mm 的立方体在标准养护条件下 90d 龄期的立方体抗压强度平均值(kPa)。

当桩长超过 10m 时，可采用固化剂变掺量设计。在全长桩身水泥总掺量不变的前提下，桩身上部 1/3 桩长范围内，可适当增加水泥产量及搅拌次数。

桩的平面布置可根据上部结构特点及地基承载力和变形的要求，采用柱状、壁状、格栅状或块状等加固形式。独立基础下的桩数不宜少于 4 根。

水泥土搅拌桩干法施工机械配置经国家计量部门认证，必须具有瞬时检测并记录该处粉体计量装置及搅拌深度自动记录仪。

6.5.6 旋喷桩复合地基

旋喷桩复合地基是指通过钻杆的旋转、提升，高压水泥浆由水平方向的喷嘴喷出，形成喷射流，以此切割土体并与土拌合形成水泥土竖向增强体的复合地基，高压旋喷桩施工过程如图 6-14 所示。

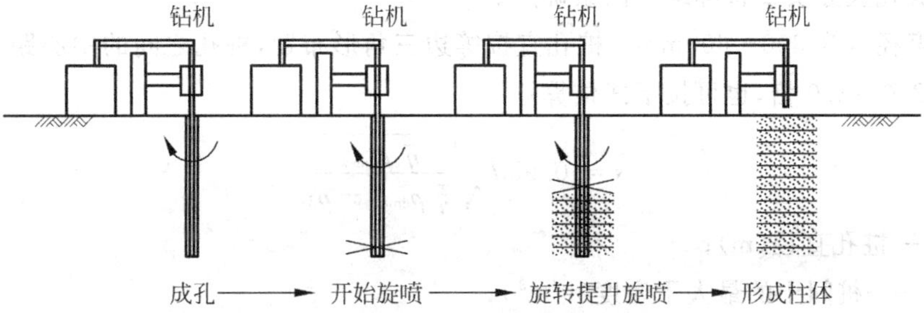

图 6-14　高压旋喷桩成桩过程

旋喷桩复合地基处理适用于处理淤泥、淤泥质土、黏性土(流塑、软塑和可塑)、粉土、砂土、黄土、素填土和碎石土等地基。对土中含有较多的大直径块石、大量植物根茎和高含量的有机质，以及点下水流速度较大的工程，应根据现场试验结果确定其适应性。

旋喷桩施工，应根据工程需要和土质条件选用单管法、双管法和三管法；旋喷桩加固体性状可分为柱状、壁状、条状或块状。旋喷桩复合地基宜在基础和桩顶之间设置褥垫层，褥垫层厚度宜为 150～300mm，褥垫层材料可选用中砂、粗砂和级配砂石等，褥垫层最大粒径不宜大于 20mm。褥垫层的夯填度不应大于 0.9。旋喷桩的平面布置可根据上部结构和基础特点确定，独立基础下的桩数不应少于 4 根。旋喷注浆，宜采用强度等级为 42.5 级的普通硅酸盐水泥，可根据需要加入适量的外加剂和掺合料。外加剂和掺合料的用量，应通过试验确定。

水泥浆液的水灰比宜为 0.8～1.2。当喷射注浆管贯入土中，喷嘴达到设计标高时，即可喷射注浆。在喷射注浆参数达到规定值后，随即按旋喷的工艺要求，提升喷射管，由下而上旋转喷射注浆。喷射管分段提升的搭接长度不得小于 100mm。对需要局部扩大加固范围或提高强度的部位，可采用复喷措施。在旋喷注浆过程中出现压力骤然下降、上升或冒浆异常时，应查明原因并及时采取措施。旋喷桩施工完毕，应迅速拔出喷射管。为防止浆液凝固收缩影响桩顶高程，可在原孔位采用冒浆回灌或第二次注浆等措施。

6.5.7 灰土桩复合地基

灰土桩复合地基是指用灰土填入孔内分层夯实形成竖向增强体的复合地基。灰土挤密桩、土挤密桩复合地基适用于处理地下水位以上的粉土、黏性土、素填土、杂填土和湿陷性黄土等地基，可处理地基的厚度宜为 3～15m；当以消除地基土的湿陷性为主要目的时，可选用土挤密桩；当以提高地基土的承载力或增强其水稳定性为主要目的时，宜选用灰土挤密桩；当地基土的含水量大于 24%、饱和度大于 65%时，应通过试验确定其适用性；对重要工程或缺乏经验的地区，施工前应按设计要求，在有代表性的地段进行现场试验。

灰土挤密桩、土挤密桩复合地基处理的面积，当采用整片处理时，应大于基础或建筑物底层平面的面积，超出建筑物外墙基础底面外缘的宽度，每边不宜小于处理土层厚度的 1/2，且不应小于 2m；当采用局部处理时，对非自重湿陷性黄土、素填土和杂填土等地基，每边不应小于基础底面宽度的 25%，且不应小于 0.5m；对自重湿陷性黄土地基，每边不应小于基础底面宽度的 75%，且不应小于 1.0m。处理地基的深度，应根据建筑场地的土质情况、工程要求和成孔及夯实设备等综合因素确定。

桩孔直径宜为 300～600mm。桩孔宜按等边三角形布置，桩孔之间的中心距离，可为桩孔直径的 2.0～3.0 倍，也可按下式估算：

$$s = 0.95d\sqrt{\frac{\bar{\eta}_c\rho_{dmax}}{\bar{\eta}_c\rho_{dmax} - \bar{\rho}_d}} \tag{6-32}$$

式中：d——桩孔直径(m)；

ρ_{dmax}——桩间土的最大干密度(t/m^3)；

$\bar{\rho}_d$—— 地基处理前土的平均干密度(t/m^3)；

$\bar{\eta}_c$——桩间土经成孔挤密后的平均挤密系数，不宜小于 0.93。

桩间土的平均挤密系数 $\bar{\eta}_c$，应按下式计算：

$$\bar{\eta}_c = \frac{\bar{\rho}_{d1}}{\rho_{dmax}} \tag{6-33}$$

式中：$\bar{\rho}_{d1}$——在成孔挤密深度内，桩间土的平均干密度(t/m^3)，平均试样数不应少于 6 组。

桩孔的数量可按下式估算：

$$n = \frac{A}{A_e} \tag{6-34}$$

式中：A——拟处理地基的面积(m^2)；

A_e——单根土或灰土挤密桩所承担的处理地基面积(m^2)，即

$$A_e = \frac{\pi d_e^2}{4} \tag{6-35}$$

式中，d_e——单根桩分担的处理地基面积的等效圆直径(m)。

桩孔内的灰土填料，其消石灰与土的体积配合比，宜为 2∶8 或 3∶7。土料宜选用粉质黏土，土料中的有机质含量不应超过5%，且不得含有冻土，渣土垃圾粒径不应超过15mm。石灰可选用新鲜的消石灰或生石灰粉，粒径不应大于5mm。消石灰的质量应合格，有效 $CaO+MgO$ 含量不得低于60%。

孔填料应分层回填夯实，填料的平均压实系数 $\bar{\lambda}_c$ 不应低于0.97，其中压实系数最小值不应低于0.93。

桩顶标高以上应设置300～600mm厚的褥垫层。垫层材料可根据工程要求采用2∶8或3∶7灰土、水泥土等。其压实系数均不应低于0.95。

【例6-3】 某黄土场地，底面以下8m为自重湿陷性黄土，其下为非湿陷性土层。建筑物采用筏板基础，底面积为20m×40m，基础埋深3.00m，采用灰土挤密桩法处理自重湿陷性黄土的湿陷性，灰土桩直径400mm，桩间距1.00m，等边三角形布置。求处理该场地的灰土桩数量。

【解】 采用整片处理时，超出基础底面外缘的宽度，每边不宜小于处理土层厚度的1/2，并不应小于2.00m，故处理面积为

$$A = \left(20 + \frac{8-3}{2} \times 2\right) \times \left(40 + \frac{8-3}{2} \times 2\right) m^2 = 1125 m^3$$

灰土桩根数为

$$n = \frac{A}{A_c} = \frac{A}{\frac{\pi d_e^2}{4}} = \frac{1125}{\frac{3.14 \times (1.05 \times 1)^2}{4}} = 1300 \text{ 根}$$

故处理该场地需要的灰土桩数量为1300根。

6.5.8 柱锤冲扩桩复合地基

柱锤冲扩桩复合地基是指用柱锤冲击方法成孔并分层夯扩填料形成竖向增强体的复合地基。柱锤冲扩桩复合地基适用于处理地下水位以上的杂填土、粉土、黏性土、素填土和黄土等地基；对地下水位以下饱和土层处理，应通过现场试验确定其适用性。

柱锤冲扩桩处理地基的深度不宜超过10m。对大型的、重要的或场地复杂的工程，在正式施工期应在有代表性的场地进行试验。

柱锤冲扩桩复合地基处理范围应大于基底面积。对一般地基，在基础外缘应扩大1～3排桩，且不应小于基底下处理土层厚度的1/2；对可液化地基，在基础外缘扩大的宽度，不应小于基底下可液化土层厚度的1/2，且不应小于5m；桩位布置宜为正方形和等边三角形，桩距宜为1.2～2.5m或取桩径的2～3倍；桩径宜为500～800mm，桩孔内填料应通过现场试验确定；地基处理深度对相对硬土层埋藏较浅地基，应达到相对硬土层深度；对相对硬土层埋藏较深地基，应按下卧层地基承载力及建筑物地基的变形允许值确定；可液化地基，应按现行国家标准《抗震规范》的有关规定确定。桩顶部应铺设200～300mm厚砂石垫层，垫

层的夯填度不应大于 0.9；对湿陷性黄土，垫层材料应采用灰土，桩顶标高以上应设置 300～600mm 厚的褥垫层。垫层材料可根据工程要求采用 2∶8 或 3∶7 灰土、水泥土等。其压实系数均不应低于 0.95。

桩体材料可采用碎砖三合土、级配砂石、矿渣、灰土、水泥混合土等，当采用碎砖三合土时，其体积比可采用生石灰∶碎砖∶黏性土为 1∶2∶4，当采用其他材料时，应通过试验确定其适用性和配合比。承载力特征值应通过现场复合地基静载荷试验确定；初步设计时可按式(6-21)估算，置换率 m 宜取 0.2～0.5；桩土应力比 n 应通过试验确定或按地区经验确定；无经验值时，可取 2～4。

柱锤冲扩桩施工宜采用直径 300～500mm、长度 2～6m、质量 2～10t 的柱状锤进行施工。成孔和填料夯实的施工顺序，宜间隔跳打。

6.5.9 多桩型复合地基

多桩型复合地基是指采用两种及两种以上不同材料增强体，或采用同一材料、不同长度增强体加固形成的复合地基，如长短桩 CFG 桩组合、水泥土桩与 CFG 桩、砂石桩与 CFG 桩、石灰桩与深层搅拌桩等。

多桩型复合地基适用于处理不同深度存在相对硬层的正常固结土，或浅层存在欠固结土、湿陷性黄土、可液化土等特殊土，以及地基承载力和变形要求较高的地基。

多桩型复合地基垫层设置，对刚性长、短桩复合地基宜选择砂石垫层，垫层厚度宜取对复合地基承载力贡献大的增强体直径的 1/2；对刚性桩与其他材料增强体桩组合的复合地基，垫层厚度宜取刚性桩直径的 1/2；对湿陷性的黄土地基，垫层材料应采用灰土，垫层厚度宜为 300mm。

多桩型复合地基承载力特征值，应采用多桩复合地基静力载荷试验确定，初步设计时，可采用下列公式估算：

对具有黏结强度的两种桩组合形成的多桩型复合地基承载力特征值：

$$f_{spk} = m_1 \frac{\lambda_1 R_{a1}}{A_{p1}} + m_2 \frac{\lambda_2 R_{a2}}{A_{p2}} + \beta(1 - m_1 - m_2) f_{sk} \tag{6-36}$$

式中：m_1, m_2——桩 1、桩 2 的面积置换率；

λ_1, λ_2——桩 1、桩 2 的单桩承载力发挥系数；应由单桩复合地基试验按等变形原则或多桩复合地基静载荷试验确定，有地区经验时也可按地区经验确定；

R_{a1}, R_{a2}——桩 1、桩 2 的单桩承载力特征值(kN)；

A_{p1}, A_{p2}——桩 1、桩 2 的截面面积(m^2)；

β——桩间土承载力发挥系数，无经验时可取 0.9～1.0；

f_{sk}——处理后复合地基桩间土承载力特征值(kPa)。

对具有黏结强度的桩与散体材料桩组合形成的复合地基承载力特征值：

$$f_{spk} = m_1 \frac{\lambda_1 R_{a1}}{A_{p1}} + \beta[1 - m_1 + m_2(n-1)] f_{sk} \tag{6-37}$$

式中：β——仅由散体材料桩加固处理形成的复合地基承载力发挥系数；

n——仅由散体材料桩加固处理形成的复合地基的桩土应力比；

f_{sk}——仅由散体材料加固处理后桩间土承载力特征值(kPa)。

多桩型复合地基面积置换率,应根据基础面积和该面积范围内实际的布桩数量进行计算,当基础面积较大或条形基础较长时,可用单元面积置换率替代。

当按图 6-15 矩形布桩时,$m_1=\dfrac{A_{p1}}{2s_1s_2}$,$m_2=\dfrac{A_{p2}}{2s_1s_2}$;

当按图 6-16 三角形布桩且 $s_1=s_2$ 时,$m_1=\dfrac{A_{p1}}{2s_1^2}$,$m_2=\dfrac{A_{p2}}{2s_1^2}$;

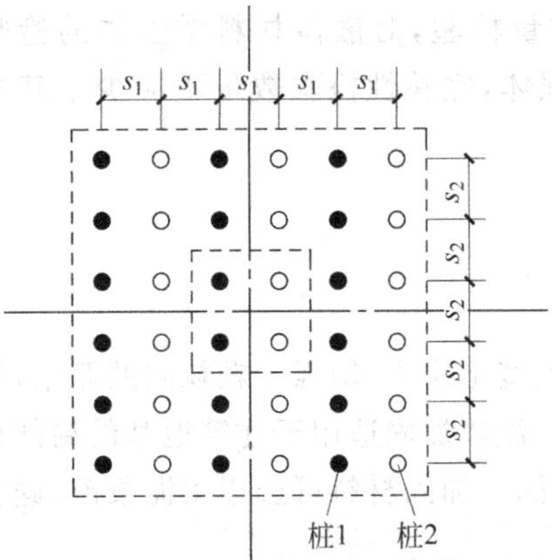

图 6-15　多桩型复合地基矩形布桩单元面积计算模型

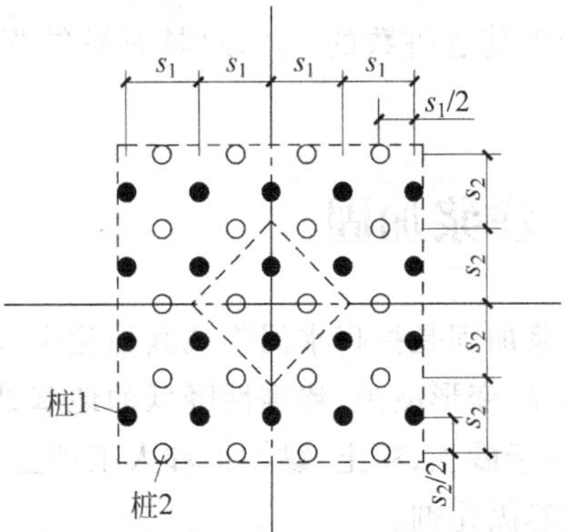

图 6-16　多桩型复合地基三角形布桩单元面积计算模型

多桩型复合地基变形计算可按 6.5.2 节介绍的方法进行,复合土层的压缩模量可按下列公式计算:

有黏结强度增强体的长短桩复合加固区、仅长桩加固区土层压缩模量提高系数分别按下列公式计算:

$$\zeta_1=\frac{f_{spk}}{f_{ak}} \tag{6-38}$$

$$\zeta_2=\frac{f_{spk1}}{f_{ak}} \tag{6-39}$$

式中:f_{spk1},f_{spk}——仅由长桩处理形成复合地基承载力特征值和长短桩复合地基承载力特征值(kPa);

ζ_1,ζ_2——长短桩复合地基加固土层压缩模量提高系数和仅由长桩处理形成复合地基加固土层压缩模量提高系数。

对由有黏结强度的桩与散体材料桩组合形成的复合地基加固区土层压缩模量提高系数,可按下式计算:

$$\zeta_1=\frac{f_{spk}}{f_{spk2}}[1+m(n-1)]\alpha \tag{6-40}$$

式中:f_{spk2}——仅由散体材料桩加固处理后复合地基承载力特征值(kPa);

α——处理后桩间土地基承载力的调整系数,$\alpha=f_{sk}/f_{ak}$;

m——散体材料桩的面积置换率。

复合地基变形计算深度应大于复合地基土层的厚度,且应满足现行国家标准《基础规范》的有关规定。

对处理可液化土层的多桩型复合地基,应先处理液化的增强体;对消除或部分消除湿陷性黄土地基,应先施工处理湿陷性的增强体;应降低或减小施工增强体对施工增强体的质量和承载力的影响。

竣工验收时,多桩型复合地基承载力检验,应采用多桩复合地基静载荷试验和单桩静载荷试验,检验数量不得少于总桩数的1%;多桩复合地基载荷板静载荷试验,对每个单体工程检验数量不得少于3点;增强体施工质量检验,对散体材料增强体的检验数量不应少于其总桩数的2%,对具有黏结强度的增强体,完整性检验数量不应少于其总桩数的10%。

6.6 注浆加固

注浆加固是指将水泥浆或其他化学浆液注入地基土层中,增强土颗粒间的联结,使土体强度提高、变形减少、渗透性降低的地基处理方法。注浆加固适用于建筑地基的局部加固处理,适用于砂土、粉土、黏性土和人工填土等地基加固。加固材料可选用水泥浆液、硅化浆液和碱液等固化剂。

注浆加固设计前,应进行室内浆液配比试验和现场注浆试验,确定设计参数,检验施工方法和设备。注浆加固应保证加固地基在平面和深度连成一体,满足土体渗透性、地基土的强度和变形的设计要求。对地基承载力和变形有特殊要求的建筑地基,注浆加固宜与其他地基处理方法联合使用。

6.6.1 水泥注浆

水泥为主剂的注浆加固设计时,对于软弱地基土处理,可选用以水泥为主剂的浆液及水泥和水玻璃的双液型混合浆液;对有地下水流动的软弱地基,不应采用单液水泥浆液。

注浆孔间距宜取1.0~2.0m。在砂土地基中,浆液的初凝时间宜为5~20min,在黏性土地基中,浆液的初凝时间宜为1~2h。注浆量和注浆有效范围,应通过现场注浆试验确定:在黏性土地基中,浆液注入率宜为15%~20%;注浆点上覆土层厚度应大于2m。

对劈裂注浆的注浆压力,在砂土中,宜为0.2~0.5MPa,在黏性土中,宜为0.2~0.3MPa。对压密注浆,当采用水泥浆液时,坍落度宜为25~75mm,注浆压力宜为1.0~7.0MPa。当采用水泥浆和水玻璃双液时,注浆压力不应大于1.0MPa。

对人工填土地基,应采用多次注浆,间隔时间应按浆液的初凝试验结果确定,且不应大于4h。

6.6.2 硅化浆液注浆

硅化浆液注浆加固设计时,砂土、黏性土宜采用压力双液硅化注浆;渗透系数为0.1~2.0m/d的地下水位以上的湿陷性黄土,可采用无压或压力单液硅化注浆;自重湿陷性黄土宜采用无压单液硅化注浆。防渗注浆加固用的水玻璃模数不宜小于2.2,用于地基加固的水玻璃模数宜为2.5~3.3,且不溶于水的杂质含量不应超过2%。双液硅化注浆用的氧化钙溶液中的杂质含量不得超过0.06%，悬浮颗粒含量不得超过1%，溶液的pH值不得小于5.5。

硅化注浆的加固半径应根据孔隙比、浆液黏度、凝固时间、灌浆速度、灌浆压力和灌浆量等试验确定；无试验资料时，对粗砂、中砂、细砂、粉砂和黄土可按表6-13确定。

表6-13 硅化法注浆加固半径

土的类型及加固方法	渗透系数/(m/d)	加固半径/m
粗砂、中砂、细砂(双液硅化法)	2～10	0.3～0.4
	10～20	0.4～0.6
	20～50	0.6～0.8
	50～80	0.8～1.0
粉砂(单液硅化法)	0.3～0.5	0.3～0.4
	0.5～1.0	0.4～0.6
	1.0～2.0	0.6～0.8
	2.0～5.0	0.8～1.0
黄土(单液硅化法)	0.1～0.3	0.3～0.4
	0.3～0.5	0.4～0.6
	0.5～1.0	0.6～0.8
	1.0～2.0	0.8～1.0

注浆孔的排间距可取加固半径的1.5倍；注浆孔的间距可取加固半径的1.5～1.7倍；最外侧注浆孔位超出基础底面宽度不得小于0.5m；分层注浆时，加固层厚度可按注浆管带孔部分的长度上下各25%加固半径计算。

单液硅化法应采用浓度为10%～15%的硅酸钠，并掺入2.5%氯化钠溶液；加固湿陷性黄土的溶液用量可按下式估算：

$$Q = V\bar{n}d_{N1}\alpha \qquad (6\text{-}41)$$

式中：Q——硅酸钠溶液的用量(m^3)；

V——拟加固湿陷性黄土的体积(m^3)；

$\bar{n}$——地基加固前，土的平均孔隙率；

d_{N1}——灌注时，硅酸钠溶液的相对密度；

α——溶液填充孔隙的系数，可取0.60～0.80。

当硅酸钠溶液浓度大于加固湿陷性黄土所要求的浓度时，应进行稀释，稀释加水量可按下式估算：

$$Q' = \frac{d_N - d_{N1}}{d_{N1} - 1} \times q \qquad (6\text{-}42)$$

式中：Q'——稀释硅酸钠溶液的加水量(t)；

d_N——稀释前，硅酸钠溶液的相对密度；

q——拟稀释硅酸钠溶液的质量(t)。

采用单液硅化法加固湿陷性黄土地基，灌注孔的布置应符合下列规定。①灌注孔间距：压力灌注宜为0.8～1.2m；溶液无压力自渗宜为0.4～0.6m；②对新建建筑物(构筑物)和设备基础的地基，应在基础底面下按等边三角形满堂布孔，超出基础底面外缘的宽度，每边不得小于 1.0m；③对既有建筑(构筑)物和设备基础的地基，应沿基础侧向布孔，每侧不宜少于 2 排；④当基础底面宽度大于 3m 时，除应在基础下每侧布置 2 排灌注孔外，可在基础两侧布置斜向基础底面中心以下的灌注孔或在其台阶上布置穿透基础的灌注孔。

6.6.3 碱液注浆

碱液注浆加固适用于处理地下水位以上渗透系数为 0.1～2.0m/d 的湿陷性黄土地基，对自重湿陷性黄土地基的适应性应通过试验确定。当 100g 干土中可溶性和交换性钙镁离子含量大于 10mg 时，可采用灌注氢氧化钠一种溶液的单液法。其他情况可采用灌注氢氧化钠和氯化钙双液灌注加固。碱液加固地基的深度应根据地基的湿陷类型、地基湿陷等级和湿陷性黄土厚度，并结合建筑物类别与湿陷事故的严重程度等综合因素确定，加固深度宜为 2～5m。

对非自重湿陷性黄土地基，加固深度可为基础宽度的 1.5～2.0 倍，对Ⅱ级自重湿陷性黄土地基，加固深度可为基础宽度的 2.0～3.0 倍。

碱液加固土层的厚度 h，可按下式估算

$$h = l + r \tag{6-43}$$

式中：l——灌注孔长度，从注液管底部到灌注孔底部的距离(m)；

r——有效加固半径(m)；

碱液加固地基的半径 r，宜通过现场试验确定。有效加固半径与碱液灌注量之间，可按下式估算：

$$r = 0.6\sqrt{\frac{V}{nl \times 10^3}} \tag{6-44}$$

式中：V——每孔碱液灌注量(L)，试验前可根据加固要求达到的有效加固半径按式(6-45)进行估算；

n——拟加固土的天然孔隙率；

r——有效加固半径(m)，当无试验条件或工程量较小时，可取 0.4～0.5m。

当采用碱液加固既有建筑物或构筑物地基时，灌注孔的平面布置，可沿条形基础两侧或单独基础周边各布置一排。当地基湿陷性较严重时，孔距宜为 0.7～0.9m；当地基湿陷较轻时，孔距宜为 1.2～2.5m。

每孔碱液灌注量可按式(6-45)估算：

$$V = \alpha\beta\pi^2(l + r)n \tag{6-45}$$

式中：α——碱液充填系数，可取 0.6～0.8；

β——工作条件系数，考虑碱液流失影响，可取 1.1。

6.7 微型桩加固

微型桩是指用桩工机械或其他小型设备在土中形成直径不大于 300mm 的树根桩、预制混凝土桩或钢管桩。微型桩加固适用于既有建筑地基加固或新建建筑的地基处理。微型桩按桩型和施工工艺，可分为树根桩、预制桩和注浆钢管桩等。

软土地基微型桩的设计施工应选择较好的土层作为桩端持力层，进入持力层深度不宜

小于5倍的桩径或边长。对不排水抗剪强度小于10kPa的土层，应进行实验性施工，并应采用护筒或永久套管包裹水泥浆、砂浆或混凝土。应采取间隔施工、控制注浆压力盒速度等措施，减小微型桩施工期间的地基附加变形，控制基础不均匀沉降及总沉降量；在成孔、注浆或压桩施工过程中，应监测相邻建筑和边坡的变形。

6.7.1 树根桩

树根桩适用于淤泥、淤泥质土、黏性土、粉土、砂土、碎石土及人工填土等地基处理。

树根桩加固设计，树根桩的直径宜为150～300mm，桩长不宜超过30m，对新建建筑宜采用直桩型或斜桩网状布置。树根桩的单桩竖向承载力应通过单桩静载荷试验确定。

当无试验资料时，单桩竖向承载力特征值可按式(6-46)估算：

$$R_a = u_p \sum_{i=1}^{n} q_{si} l_{pi} + \alpha_p q_p A_p \tag{6-46}$$

式中：u_p——桩的周长(m)；

q_{si}——桩周第i层土的侧阻力特征值(kPa)，可按地区经验确定；

l_{pi}——桩长范围内第i层土的厚度(m)；

α_p——桩端端阻力发挥系数，应按地区经验确定；

q_p——桩端端阻力特征值(kPa)，可按地区经验确定。

当采用水泥浆二次注浆工艺时，桩侧阻力可乘以1.2～1.4的系数。

桩身材料混凝土强度不应小于C25，灌注材料可用水泥浆、水泥砂浆、细石混凝土或其他灌浆料，也可用碎石或细石充填再灌注水泥浆或水泥砂浆。树根桩主筋不应少于3根，钢筋直径不应小于12mm，且宜通常配筋。对高渗透性土体或存在地下洞室可能导致的胶凝材料流失，以及施工和使用过程中可能出现桩孔变形与移位，造成微型桩的失稳与扭曲时，应采取土层加固等技术措施。

6.7.2 预制桩

预制桩适用于淤泥、淤泥质土、黏性土、粉土、砂土和人工填土等地基处理。

预制桩桩体可采用边长为150～300mm的预制混凝土方桩，直径300mm的预应力混凝土管桩，断面尺寸为100～300mm的钢管桩和型钢等，施工除应满足《桩基规范》的规定外，尚应符合下列规定：对型钢微型桩应保持压桩过程中计算桩体材料最大应力不超过材料抗压强度标准值的90%；对预制混凝土方桩或预应力混凝土管桩，所用材料及预制过程(包括连接件)、压桩力、接桩和截桩等，应符合现行行业标准《桩基规范》的有关规定。除用于减小桩身阻力的涂层外，桩身材料以及连接件的耐久性应符合现行国家标准《工业建筑防腐蚀设计规范》(GB 50046—2008)的有关规定。

预制桩的单桩竖向承载力应通过单桩静载荷试验确定，无试验资料时，初步设计也可按式(6-46)估算。

6.7.3 注浆钢管桩

注浆钢管桩适用于淤泥质土、黏性土、粉土、砂土和人工填土等地基处理。注浆钢管桩单桩承载力的设计计算，应符合现行行业标准《桩基规范》的有关规定，当采用二次注浆工艺时，桩侧摩阻力特征值取值可乘以1.3的系数。钢管桩可采用静压或植入等方法施工。

水泥浆的配合比应采用经认证的计量装置计量，材料掺量符合设计要求；选用的搅拌桩机应能够保证搅拌水泥浆的均匀性；在搅拌槽和注浆泵之间应设置存储池，注浆前应进行搅拌以防止浆液离析和凝固。

水泥浆灌注应缩短桩孔成孔和灌注水泥浆之间的时间间隔；注浆时，应采取措施保证桩长范围内完全灌满水泥浆；灌注方法应根据注浆泵和注浆系统合理选用，注浆泵与注浆孔口距离不宜大于30m；当采用桩身钢管进行注浆时，可通过底部一次或多次灌浆；也可将桩身钢管加工成花管进行多次灌浆；采用花管灌浆时，可通过花管进行全长多次灌浆，也可通过花管及阀门进行分段灌浆，或通过互相交错的后注浆管进行分步灌浆。注浆钢管桩钢管的连接应采用套管焊接。

6.8 检验与检测

6.8.1 处理后的地基承载力特征值

根据《地基规范》处理后的地基承载力特征值通过地基静载荷试验确定。处理后地基静荷载检测试验适用于确定经过地基处理后地基承压板应力影响范围内土层的承载力和变形参数，这类地基处理方法主要是换土垫层、预压地基、夯实地基和注浆加固等。平板静载荷试验采用的压板面积应按需检验土层的厚度确定，且不应小于1.0m^2，对夯实地基，不宜小于2.0m^2。试验基坑宽度不应小于承压板宽度或直径的3倍。应保持试验土层的原状结构和天然湿度。宜在拟试压表面用粗砂或中砂找平，其厚度不超过20mm。基准梁及加荷平台支点(或锚桩)宜设在试坑以外，且与承压板边的净距不应小于2m。加荷分级不应少于8级。最大加载量不应小于设计要求的2倍。每级加载后，开始按间隔10min、10min、10min、15min、15min，以后为每隔0.5h测读一次沉降量，当在连续2h内，每小时的沉降量小于0.1mm时，则认为已趋稳定，可加下一级荷载。

当出现下列情况之一时，即可终止加载，当满足前三种情况之一时，其对应的前一级荷载定为极限荷载：①承压板周围的土明显地侧向挤出；②沉降s急剧增大，压力-沉降曲线出现陡降段；③在某一级荷载下，24h内沉降速率不能达到稳定标准；④承压板的累计沉降量已大于其宽度或直径的6%。

处理后的地基承载力特征值确定应符合下列规定：当压力-沉降曲线上有比例界限时，取该比例界限所对应的荷载值。当极限荷载小于对应该比例界限的荷载值的2倍时，取极限荷载值的一半。当不能按上述两个要求确定时，可取$s/b=0.01$所对应的荷载，但其值不应大于最大加载量的一半。承压板的宽度或直径大于2m时，按2m计算(注：s为静载荷试验承压板的沉降量，b为承压板的宽度)。

同一土层参加统计的试验点不应小于3点，各试验实测值的极差不超过其平均值的30%时，取该平均值作为处理地基的承载力特征值。当极差超过平均值的30%时，应分析极差过大的原因，需要时应增加试验数量并结合工程具体情况确定处理后地基的承载力特征值。

6.8.2 单桩与多桩复合地基承载力特征值

根据《地基规范》，复合地基静载荷试验用于测定承压板下应力主要影响范围内复合土层的承载力。复合地基静载荷试验承压板应具有足够刚度。单桩复合地基静载荷试验的承压板可用圆形或方形，面积为一根桩承担的处理面积；多桩复合地基静载荷试验的承压板可用方形或矩形，其尺寸按实际桩数所承担的处理面积确定。单桩复合地基载荷试验桩的中心(或形心)应与承压板中心保持一致，并与荷载作用点相重合。

试验应在桩顶设计标高进行。承压板底面以下宜铺设粗砂或中砂垫层，垫层厚度可取100～150mm。如采用设计的垫层厚度进行试验，对独立基础和条形基础，试验承压板的宽度应采用基础的设计宽度，对大型基础，试验有困难时应考虑承压板尺寸和垫层厚度对试验结果的影响。垫层施工的夯填度应满足设计要求。

试验标高处的试坑宽度和长度不应小于承压板尺寸的3倍。基准梁及加荷平台支点(或锚桩)宜设在试坑以外，且与承压板边的净距不应小于2m。试验前应采取防水和排水措施，防止试验场地地基土含水量变化或地基土扰动，影响试验结果。

加载等级可分为8～12级。测试前为校核试验系统整体工作性能，预压荷载不得大于总加载量的5%，最大加载压力不应大于总加载量的5%，最大加载压力不应小于设计要求承载力特征值的2倍。每加一级荷载前后均应各读记承压板沉降量一次，以后每0.5h读记一次。当1h内沉降量小于0.1mm时，即可加下一级荷载。

当出现下列现象之一时可终止试验：①沉降急剧增大，土被挤出或承压板周围出现明显的隆起；②承压板的累计沉降量已大于其宽度或直径的6%；③当达不到极限荷载，而最大加载压力已大于设计要求压力值的2倍时。

卸载级数可为加载级数的一半，等量进行，每卸一级，间隔0.5h，读记回弹量，待卸完全部荷载后间隔3h读记总回弹量。

复合地基承载力特征值的确定应符合下列规定：当压力-沉降曲线上极限荷载能确定，而其值不小于对应比例界限的2倍时，可取比例界限；当其值小于对应比例界限的2倍时，可取极限荷载的一半。当压力-沉降曲线是平缓的光滑曲线时，可按相对变形值确定，并应符合下列规定(注：s为静载荷试验承压板的沉降量，b和d分别为承压板宽度和直径)：

(1) 对沉管砂石桩、振冲碎石桩和柱锤冲扩桩复合地基，可取s/b或s/d等于0.01所对应的压力；

(2) 对灰土挤密桩、土挤密桩复合地基，可取s/b或s/d等于0.008所对应的压力；

(3) 对水泥粉煤灰碎石桩或夯实水泥土桩复合地基，对以卵石、圆砾、密实粗中砂为主的地基，可取s/b或s/d等于0.008所对应的压力；对以黏性土、粉土为主的地基，可取s/b或s/d等于0.01所对应的压力；

(4) 对水泥土搅拌桩或旋喷桩复合地基，可取s/b或s/d等于0.006～0.0008所对应的压力，桩身强度大于1.0MPa且桩身质量均匀时可取高值；

(5) 对有经验的地区，可按当地经验确定相对变形值，但原地基土为高压缩性土层时，相对变形值的最大值不应大于0.015；

(6) 复合地基荷载试验，当采用边长或直径大于2m的承压板进行试验时，b或d按2m计；

(7) 按相对变形值确定的承载力特征值不应大于最大加载压力的一半。

试验点的数量不应少于3点，当满足其极差不超过平均值30%时，可取其平均值为复合地基承载力特征值。当极差超过平均值30%时，应分析极差过大的原因，需要时应增加试验数量，并结合工程具体情况确定复合地基承载力特征值。工程验收时应视建筑物结构、基础形式综合评价，对桩数少于5根的独立基础或桩数少于3排的条形基础，复合地基承载力特征值应取最低值。

6.8.3 复合地基增强体单桩承载力特征值

根据《地基规范》，试验应采取慢速维持荷载法。试验提供的反力装置可采用锚桩法或堆载法。当采用堆载法加载时应符合下列规定：

(1) 堆载支点施加于地基的压应力不宜超过地基承载力特征值；

(2) 堆载的支墩位置以不对试桩和基准桩的测试产生较大影响确定，无法避开时应采取有效措施；

(3) 堆载量大时，可利用工程桩作为堆载支点；

(4) 试验反力装置的承重能力应满足试验加载要求。

试压前应对桩头进行加固处理，水泥粉煤灰碎石桩等强度高的桩，桩顶宜设置带水平钢筋网片的混凝土桩锚或采用钢护筒桩帽，其混凝土宜提高强度等级采用早强剂。桩帽高度不宜小于1倍桩的直径。桩帽下复合地基增强体单桩的桩顶标高及地基土标高应与设计标高一致，加固桩头前应凿成平面。百分表架设位置宜在桩顶标高位置。

当出现下列条件之一时可终止加载：①当荷载-沉降(Q-s)曲线上有可判定极限承载力的陡降段，且桩顶总沉降量超过40mm；②若Δs_n为第n级荷载的沉降增量，Δs_{n+1}为第$n+1$级荷载的沉降增量，$\Delta s_{n+1}/\Delta s_n \geqslant 2$，且经24h沉降尚未稳定；③桩身破坏，桩顶变形急剧增大；④当桩长超过25m，Q-s曲线呈缓变形时，桩顶总沉降量大于60～80mm；⑤验收检验时，最大加载量不应小于设计单桩承载力特征值的2倍。

单桩竖向抗压极限承载力的确定应符合下列规定：①作荷载-沉降(Q-s)曲线和其他辅助分析所需的曲线；②曲线陡降段明显时，取相应于陡降段起点的荷载值；③$\Delta s_{n+1}/\Delta s_n \geqslant 2$，且经24h沉降尚未稳定时，取前一级荷载值；④$Q$-$s$曲线呈缓变型时，取桩顶总沉降量$s$为40mm所对应的荷载值；⑤按上述方法判断有困难时，可结合其他辅助分析方法综合判定；⑥参加统计的试桩，当满足其极差不超过平均值的30%时，设计可取其平均值为单桩极限承载力；极差超过平均值的30%时，应分析极差过大的原因，结合工程具体情况确定单桩极限承载力；需要时应增加试桩数量。工程验收时应视建筑物结构、基础形式综合评价，对桩数少于5根的独立基础或桩数少于3排的条形基础，应取最低值。

将单桩极限承载力除以安全系数2，为单桩承载力特征值。

思考题与习题

6-1 试述地基处理的目的。

6-2 试述地基处理的选用原则。

6-3 试述换填垫层法的基本原理。垫层的分类和适用范围是什么？如何确定垫层的厚度？垫层宽度的大小有什么要求？

6-4 试述预压地基的适用范围。堆载预压法与真空预压法的加固机理有何区别？

6-5 试述压实地基和夯实地基的处理效果。

6-6 试述复合地基的概念。承载力和沉降的计算方法分别是什么？

6-7 试述复合地基与桩基础的区别。

6-8 试述多桩型复合地基的适用范围及选用原则。

6-9 试述水泥注浆法的适用范围及注浆量的计算方法。

6-10 试述微型桩加固的适用范围及常见的施工方法。

6-11 试述复合地基静载荷试验判断标准。

6-12 试述复合地基增强体单桩静载荷试验要点。

6-13 试述处理后地基静载荷试验要点。

6-14 建筑基础采用独立柱基，柱基础尺寸为5m×6m，埋深1.5m，基础顶面的轴心荷载F_k=4000kN，基础和基础上土重G_k=1000kN，场地地层为粉质黏土，f_{ak}=120kPa，γ=18kN/m^3，问承载力能否满足要求？若不能采用灰土换填垫层处理，当垫层厚度为2.5m时，计算垫层地面处的附加压力。

6-15 如图6-17所示，饱和软土层厚度6m，采用大面积堆载预压处理，堆载压力P_0=120kPa，在某一时间测得超孔隙水压力分布如图所示，土层的压缩模量E_s=3.0MPa，渗透系数k=6.0×10^{-5}/s，求此时饱和软土的压缩量是多少？（总压缩量计算经验系数为1.0）

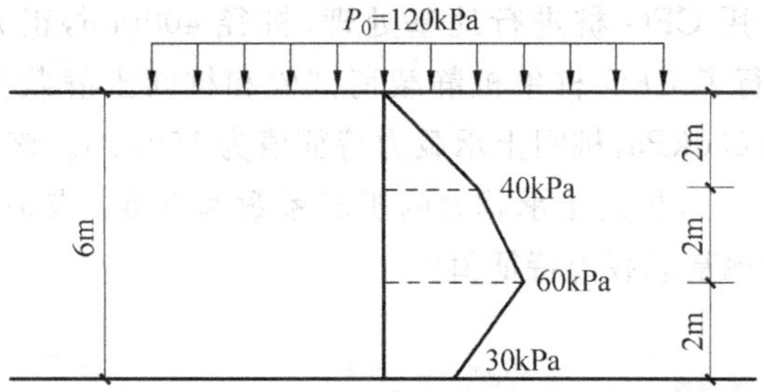

图6-17 习题6-15图

6-16 某地基软黏土层厚12m，其下为砂层，土的固结系数为$C_h=C_v$=2.0×10^{-3}cm^2/s。采用塑料排水板固结排水，排水板宽b=100mm，厚度δ=4mm，塑料排水板正方形排列，间距l=1.2m，深度打至砂层，在大面积瞬时预压荷载150kPa作用下，预压60d时地基达到的固结度约为多少？（为简化计算，不计竖向固结度，不考虑涂抹和井阻影响）

6-17 某新近堆积的自重湿陷性黄土地基，拟采用灰土挤密桩对地下独立基础的地基进行加固，已知基础为1.0m×1.0m的方形，该层黄土平均含水率为11%，最优含水率为19%，平均干密度为1500kg/m^3。为达到最好的加固效果，拟对该基础5.0m深度范围内的黄土进行增湿，求最少加水量。

6-18 某黄土场地，底面以下5m为自重湿陷性黄土，其下为非湿陷性土层。建筑物采用筏板基础，底面积为20m×45m，基础埋深3.00m，采用灰土挤密桩法处理自重湿陷性黄土的湿陷性，灰土桩直径400mm，桩间距1.00m，等边三角形布置。求处理该场地的灰土桩数量。

6-19 如图6-18所示为建筑场地地层分布及参数（均为特征值），拟采用水泥土搅拌桩复合地基。已知基础埋深2.0m，搅拌桩长9.0m，桩径600mm，等边三角形布置，经室内配比试验，水泥加固土试块强度1.5MPa，桩身强度折减系数$\eta=0.25$，桩间土承载力发挥系数$\beta=0.4$，求复合地基承载力特征值达到110kPa（修正前），搅拌桩间距宜为多少？

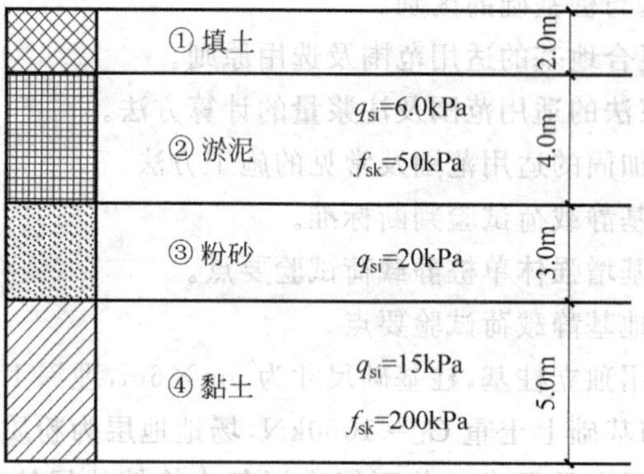

图6-18 习题6-19图

6-20 砂土地基，天然孔隙比$e_0=0.892$，最大孔隙比$e_{max}=0.988$，最小孔隙比$e_{min}=0.742$。该地基拟采用振冲碎石桩加固，按等边三角形布桩，碎石桩桩径0.60m，挤密后要求砂土相对密度$D_{r1}=0.886$，求满足要求的碎石桩桩距（修正系数ξ取1.0）。

6-21 建筑地基采用CFG桩进行地基处理，桩径400mm，正方形布桩，桩距1.5m，CFG桩施工完成后，进行了CFG桩单桩静载荷试验和桩间土静载荷试验，试验得到CFG桩单桩承载力特征值为600kPa，桩间土承载力特征值为150kPa。该地区的工程经验为：单桩承载力的折减系数为0.9，桩间土承载力的折减系数为0.8。求桩土应力比为何值时，复合地基的荷载等于复合地基承载力特征值？

第7章 挡土墙设计与护坡工程

7.1 概述

挡土墙是防止土体坍塌和滑移的构筑物，其广泛应用于房屋建筑、水利、矿山、公路、铁路和桥梁等工程，如地下室的外墙、水利水电工程水闸的边墙、储藏散粒材料的挡墙、道路边坡的挡土墙等。挡土墙分类方法较多，工程上习惯按照挡土墙的结构形式来划分，可以分为重力式、悬臂式、扶壁式、加筋土挡土墙等，如图7-1所示。挡土墙通常用块石、砖、素混凝土及钢筋混凝土等材料建成。

挡土墙与回填土接触的那侧称为墙背，另一侧为墙面，墙背与墙底相交处称为墙踵，墙面与墙底相交处称为墙趾(图7-1(a))。

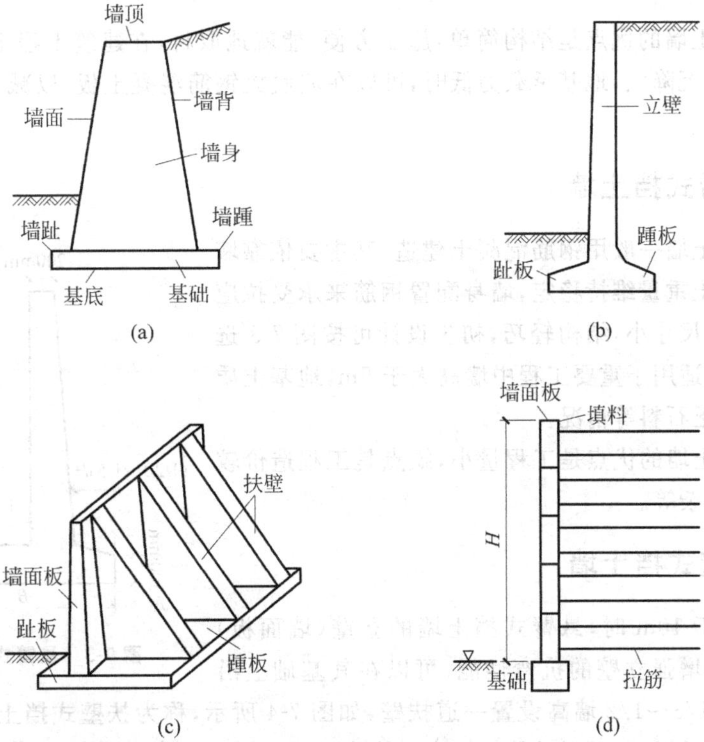

图7-1 挡土墙种类

(a) 重力式；(b) 悬臂式；(c) 扶壁式；(d) 加筋土式

挡土墙的设计是基础工程中一个常见而重要的部分，挡土墙的设计应该包括墙型选择、稳定性验算、地基承载力验算、墙身材料强度验算以及确定一些设计中的构造要求和施工措施。

7.2 挡土墙的种类

7.2.1 重力式挡土墙

重力式挡土墙一般用块石、浆砌石或素混凝土为材料砌筑而成，通常都是依靠墙体自重抵抗土压力来维持墙体稳定。根据墙背倾斜方向可以分为直立、俯斜和仰斜三种(图 7-2)。由于墙体抗弯能力较差，所需墙身断面较大，这有利于提高墙体的强度和稳定性。墙高一般小于 8m，当 h=8～12m 时，宜用衡重式(图 7-2(d))。

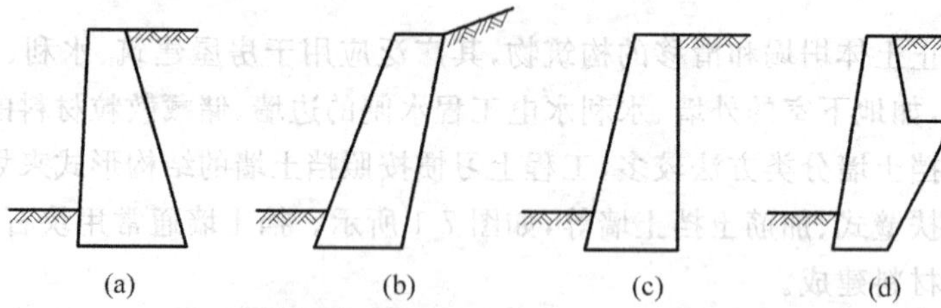

图 7-2 重力式挡土墙的类型

(a) 俯斜式；(b) 仰斜式；(c) 直立式；(d) 衡重式

重力式挡土墙的优点是结构简单，施工方便，能就地取材，在建筑工程中应用广泛；缺点是工程量大，沉降大，地基承载力低时，可以在墙底放钢筋混凝土板，以减小墙身厚度，减少开挖量。

7.2.2 悬臂式挡土墙

悬臂式挡土墙一般用钢筋混凝土建造，其主要依靠墙后基础上方填土重量维持稳定，墙身配置钢筋来承受拉应力，故墙身断面尺寸小，结构轻巧，初步设计可按图 7-3 选取截面尺寸，其适用于重要工程中墙高大于 5m，地基土质较差或当地缺乏石料等情况。

悬臂式挡土墙的优点是工程量小，缺点是工程造价较高，施工技术复杂等。

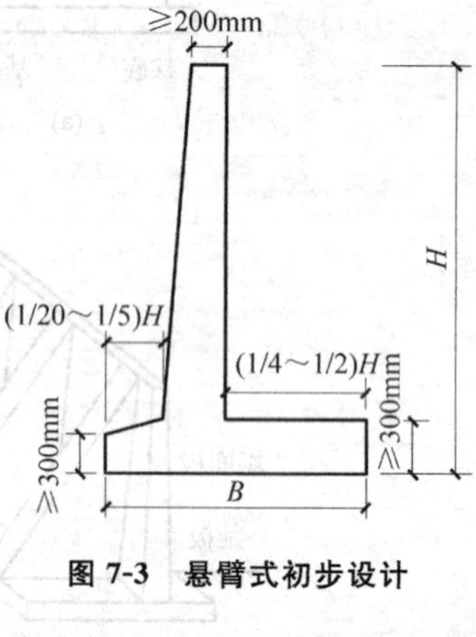

图 7-3 悬臂式初步设计

7.2.3 扶壁式挡土墙

当墙高大于 10m 时，悬臂式挡土墙的立壁(墙面板)挠度较大，为了增强立壁的抗弯性能，可以在其基础上沿墙的纵向每隔 1/3～1/2 墙高设置一道扶壁，如图 7-4 所示，称为扶壁式挡土墙。扶壁式挡土墙由立壁、墙趾板、墙踵板及扶壁组成。扶壁把立壁同墙踵板连接起来，起加劲作用，以改善立壁和墙踵板的受力条件，提高结构的刚度和整体性，减小立壁的变形。由于扶壁间填土增加了挡土墙抗滑和抗倾覆能力，故一般用于一些大型重要工程中。

扶壁式挡土墙的优点是构造简单、施工方便、墙身断面较小、自身质量轻，可以较好地发挥材料的强度性能，能适应承载力较低的地基；缺点是需耗用一定数量的钢材和水泥，特别是墙高较大时，钢材用量急剧增加，影响其经济性能。

7.2.4 加筋土挡土墙

加筋土挡土墙是在土中加入拉筋，利用拉筋与土之间的摩擦作用，改善土体的变形条件和提高土体的工程特性，从而达到稳定土体的目的。加筋土挡土墙由填土、加筋材料及墙面板三部分组成，其基本结构如图 7-5 所示。

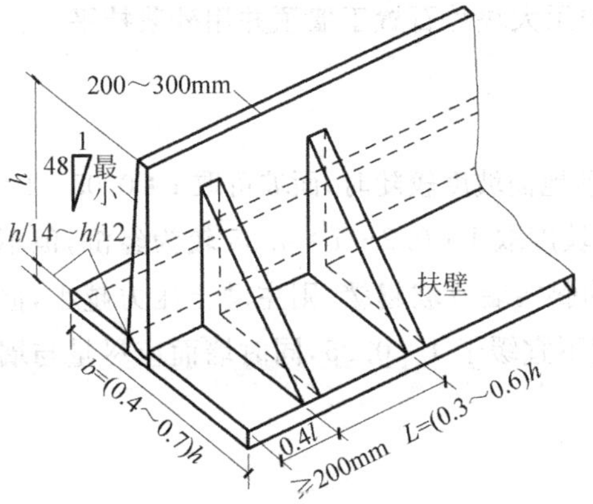

图 7-4 扶壁式挡土墙

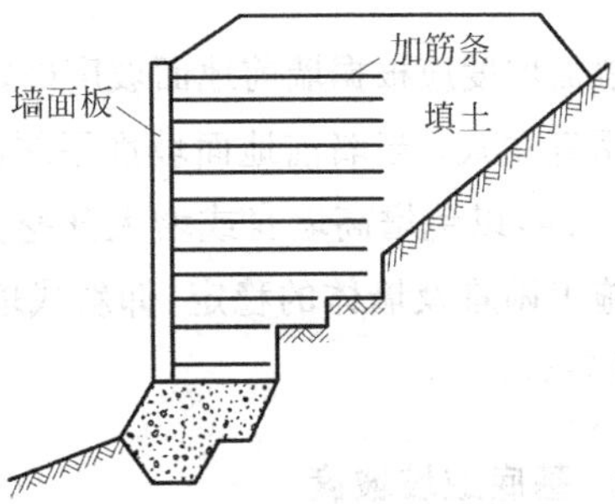

图 7-5 加筋土挡土墙

加筋土挡土墙的优点是可做成很高的垂直挡土墙，对地基土的承载力要求低，可装配式施工，施工简单、快速，节省劳力和缩短工期，节约占地，造型美观，造价低，抗震性能好，现已广泛地应用于支挡填土工程；缺点是工作性状复杂，土压力理论计算不成熟，同时在地震区的高烈度区和强烈腐蚀环境中不宜使用。

7.3 挡土墙的设计

7.3.1 重力式挡土墙设计

重力式挡土墙的设计包括以下几个部分。

1. 墙型的选择

墙型的合理选择对挡土墙设计的安全和经济性有着较大的影响。从受力情况分析，仰斜式主动土压力最小，俯斜式主动土压力最大，直立式主动土压力处于前两者之间。若挡土墙修建时需要开挖，因仰斜式墙背可与开挖的临时边坡相结合，而俯斜式墙背挖后需要回填土，因此对于支挡挖方的边坡工程，以仰斜式墙背为好；填方工程，则宜用俯斜式或直立式墙背，有利于填土易夯实。同时，当墙前地形平缓时，宜用仰斜式；当地形较陡时，宜用直立式。故在进行重力式挡土墙设计时，由于仰斜式较为合理，墙身截面设计较为经济，应优先考虑应用，其次是直立式。

为了减小作用在挡土墙墙背上的主动土压力，除采用上述仰斜式挡土墙外，还可以选择衡重式挡土墙。这种挡土墙的墙背形式有利于减小主动土压力，增大抗倾覆能力，因此应用也较多。

2. 墙顶的设计

重力式挡土墙可采用浆砌或干砌块石和片石。墙顶最小宽度：浆砌时应不小于 0.5m；干砌时应不小于 0.6m；以钢筋混凝土为材料时应不小于 0.2m。干砌挡土墙的高度一般不宜大于 6m，浆砌路肩墙墙顶一般采用粗石料或 C15 混凝土材料做帽石，其厚度不得小于 0.4m。如不做帽石或为路堤墙和路堑墙，应选用大块片石置于墙顶并用砂浆抹平。

3. 挡土墙的墙面坡度和墙背坡度设计

墙面坡度应根据墙前地面坡度确定，当墙前地面坡度较陡时，面坡可取 1∶0.05～1∶0.2，或采用直立式；当墙前地面坡度平缓时，墙面坡度取 1∶0.2～1∶0.35 较为经济，但不宜缓于 1∶0.4，以免增高墙身或增大开挖宽度。仰斜式墙背坡越缓，则主动土压力越小，但为了避免施工困难及墙体的稳定，仰斜式墙背坡度不宜缓于 1∶0.25，同时墙面应尽量与墙背平行(图 7-6)。

4. 基底逆坡坡度

在墙体稳定性验算中，倾覆稳定较易满足要求，而抗滑稳定较难满足。为了提高墙体的抗滑稳定性，将基底做成逆坡是提高墙体抗滑稳定的一项有效措施。对于土质地基的基底逆坡，一般不宜大于 0.1∶1；对于岩质地基，一般不宜大于 0.2∶1。由于基底倾斜，会使基底承载力减少，因此需将基底承载力特征值折减。当基底逆坡为 0.1∶1 时，折减系数为 0.9；当基底逆坡为 0.2∶1 时，折减系数为 0.8，如图 7-7 所示。

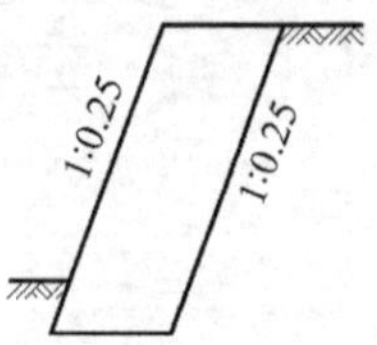

图 7-6　墙的墙面坡度和墙背面坡度

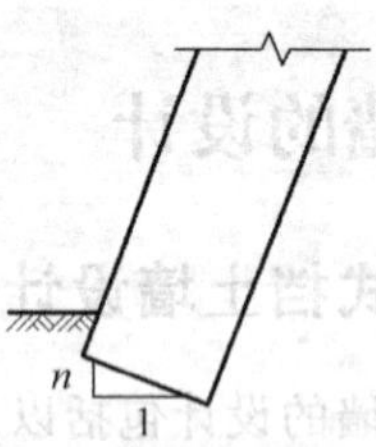

图 7-7　基底逆坡坡度

5. 墙趾台阶设计

当墙身高度超过一定限度时，基底压应力往往是控制截面尺寸的重要因素。为了使基底压应力不超过地基承载力和增大挡土墙抗倾覆稳定性，可在墙底加设墙趾台阶，以扩大基底宽度，增大承压面积，有利于挡土墙的抗倾覆和滑动稳定性增大。

墙趾台阶高宽比可取 2∶1，但宽度不得小于 0.2m，如图 7-8 所示。墙趾台阶的夹角一般应保持直角或钝角，若为锐角时不宜小于 60°。此外，基底法向反力的偏心距必须满足 $e \leqslant 0.25b$（b 为无台阶时的基底宽度）。

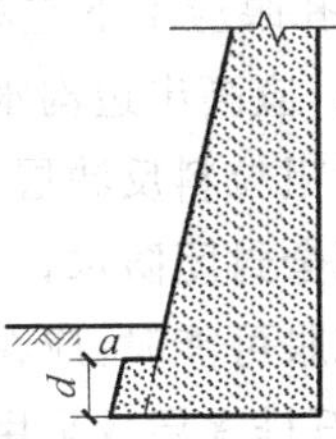

图 7-8　墙趾的台阶尺寸

6. 基础埋置深度

挡土墙基础的埋置深度，应根据持力层地基承载力、冻结深度、水流冲刷情况和岩石风化程度等因素确定，并从坡脚排水沟底开始计算，如基底倾斜，则按最浅的墙趾处计算。

1）当基础埋置于土质地基上时

（1）无冲刷时，一般应在天然地面以下至少 1m；

（2）有冲刷时，应在冲刷线以下至少 1m；

（3）受冻胀影响时，应在冻结线以下不少于 0.25m，但冻胀深度超过 1m 时，仍采用 1.25m，此时基底应夯填一定厚度的砂砾或碎石垫层，垫层底面应位于冻结线以下不小于 0.25m。

2）碎石、砾石和砂类地基：基础埋深至少 0.5～0.8m，不考虑冻胀影响。

3）岩石地基：基础埋深不宜小于 0.3m。若基底为风化岩层时，应将其全部清除外，一般应加挖并将基底埋置于未风化的岩层内 0.15～0.25m；如基底为基岩，挡土墙嵌入岩层的尺寸应不小于表 7-1 的规定。

表 7-1　挡土墙基础嵌入层尺寸表

岩层种类	安全襟边长度 L/m	基础埋深 h/m
较完整的坚硬岩石	0.25～0.50	0.25
一般岩石（如砂页岩互层）	0.60～1.50	0.60
松散岩石（如千枚岩等）	1.00～2.00	1.00
砂夹砾石	1.50～2.50	≥1.00

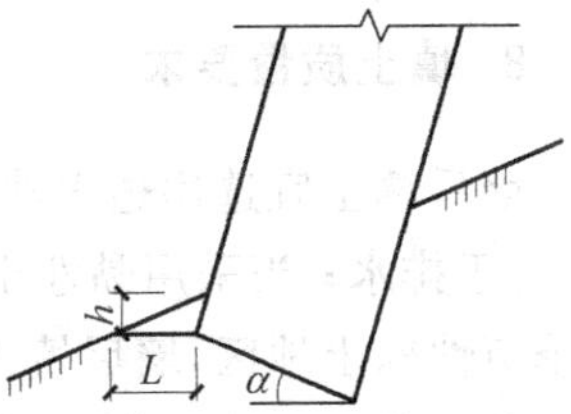

7. 排水措施

挡土墙的排水处理是否得当，直接影响到挡土墙的安全及使用效果，因此，挡土墙应设置排水设施，用来疏干墙后坡料中的水分，防止地表水下渗造成墙后积水，从而使墙身免受额外的静水压力；消除黏性土填料因含水量增加产生的膨胀压力；减少季节性冰冻地区填料的冻胀压力。

挡土墙的排水设施通常由地面排水和墙身排水两部分组成，如图 7-9 所示。地面排水主要是防止地表水渗入墙后土体或地基，地面排水可设置地面排水沟，截引地面水；夯实回填土顶面和地表松土，防止雨水和地面水下渗，必要时可加设铺砌层；对路堑挡土墙墙趾前的边沟应予以铺砌加固，以防止边沟水渗入基础。墙身排水主要是为了迅速排除墙后积水。浆砌挡土墙应根据渗水量在墙身的适当高度处布置泄水孔。泄水孔尺寸可视泄水量大小分别采用 0.05m×0.1m、0.1m×0.1m、0.15m×0.2m 的方孔，或直径 0.05～0.1m 的圆孔。泄水孔间距一般为 2～3m，干旱地区可增大，多雨地区则可减小。浸水挡土墙则为 1.0～

1.5m,孔眼应上下左右交错设置。最下一排泄水孔的出水口应高出地面0.3m；如为路堑挡土墙,应高出边沟水位0.3m；浸水挡土墙则应高出常水位0.3m。泄水孔的进水口部分应设置粗粒料反滤层,以防孔道淤塞。泄水孔应有向外倾斜的坡度。在特殊情况下,墙后填土采用全封闭防水,一般不设泄水孔。干砌挡土墙可不设泄水孔。当墙背填土透水性不良或有冻胀可能时,应在墙后最低一排泄水孔到墙顶以下0.5m之间设置厚度不小于0.3m的砂、卵石排水层或采用土工合成材料反滤层,既可减轻冻胀力对墙的影响,又可防止墙后产生静水压力,同时起反滤作用。反滤层的顶部与下部应设置隔水层。

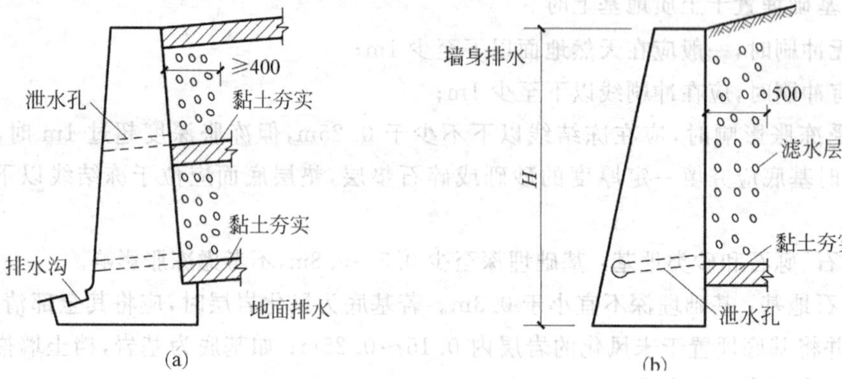

图7-9 挡土墙的排水措施

(a) 地面排水；(b) 墙身排水

8. 填土质量要求

墙后填土宜选用透水性较强的填料,如砂土、砾石、碎石等,因为这类土抗剪强度较稳定,易于排水；当采用黏性土作填料时,宜掺入适量的碎石,以利于夯实和提高抗剪强度；在季节性冻土地区,墙后填土应选用非冻胀性填料,如炉渣、碎石、粗砂等。但对于重要的、高度较大的挡土墙,不宜采用黏性填土为填料。因黏性土遇水体积会膨胀,干燥时又会收缩,性质不稳定,这种交错变化可能使挡土墙产生比理论计算大许多倍的侧压力,这种侧压力在设计中是无法考虑的,因此会使挡土墙遭到破坏。若难以避免选用黏性土时,应适当掺入碎石、砾石和粗砂等,不能用淤泥、耕植土、成块的硬黏土和膨胀性黏土、杂填土等作回填土。对于常用的砖、石挡土墙,当砌筑的砂浆达到强度的70%时,方可回填,同时回填土应夯实。

9. 沉降缝和伸缩缝

为了防止因地基不均匀沉陷而引起墙身开裂,应根据地基的地质条件及墙高、墙身断面的变化情况设置沉降缝；为了防止砖石砌体因砂浆硬化收缩和温度变化而产生裂缝,必须设置伸缩缝。

工程中通常把沉降缝与伸缩缝合并在一起,统称为沉降伸缩缝或变形缝。沉降伸缩缝的间距按实际情况而定,对于非岩石地基,宜每隔10～15m设置一道沉降伸缩缝；对于岩石地基,其沉降伸缩缝间距可适当增大。沉降伸缩缝的缝宽一般为20～30mm,缝内嵌填柔性防水材料。

10. 重力式挡土墙的计算

挡土墙必须保证结构安全正常使用，因此需要满足以下四个基本条件：挡土墙不能滑移，挡土墙不能倾覆，挡土墙本身具有足够的强度，挡土墙的基础要满足承载力的要求。

1) 抗倾覆验算

从挡土墙的破坏形式来看，大部分破坏是倾覆破坏。要保证挡土墙在土压力作用下不发生绕墙趾 O 点的倾覆(图 7-10)，必须要求抗倾覆安全系数 K_t(绕墙趾 O 点的抗倾覆力矩 M_1 与倾覆力矩 M_2 之比)满足下列式子要求：

$$K_t = \frac{M_1}{M_2} = \frac{Gx_0 + E_{az}x_f}{E_{ax}z_f} \geqslant 1.6 \tag{7-1}$$

式中：K_t——每延米抗倾覆安全系数；

G——每延米挡土墙的自重(kN/m)；

E_{ax}——每延米主动土压力 E_a 的水平分力(kN/m)：

$$E_{ax} = E_a \sin(\alpha - \delta) \tag{7-2}$$

E_{az}——每延米主动土压力 E_a 的竖直分力(kN/m)：

$$E_{az} = E_a \cos(\alpha - \delta) \tag{7-3}$$

x_0——挡土墙重心与墙趾的水平距离(m)；

x_f——土压力作用点与墙趾 O 点的水平距离(m)：

$$x_f = b - z\cot\alpha \tag{7-4}$$

z_f——土压力作用点离 O 点的高度(m)：

$$z_f = z - b\tan\beta \tag{7-5}$$

α——墙背与水平线之间的夹角；

β——基底与水平线之间的夹角；

b——基底的水平投影宽度(m)；

z——土压力作用点离墙趾的高度(m)。

若挡土墙在软弱地基上倾覆时，墙趾可能陷入土中，使力矩中心点 O 点向内移动，导致抗倾覆安全系数降低，有时甚至会沿圆弧滑动而发生整体性破坏，因此验算时应注意土的压缩性。

若验算结果不能满足式(7-1)的要求时，可按以下措施处理：

(1) 增大挡土墙断面尺寸和减小墙面坡度，使 G 及力臂增大，同时抗倾覆力矩也增大，但工程量也相应增大，且墙面坡度受地形限制。

(2) 加长加高墙趾，x_0 增大，使抗倾覆力矩增大。但墙趾过长，使墙趾端部弯矩、剪力较大，易产生拉裂、拉断或剪切破坏，需要配置适量钢筋。

(3) 墙背做成仰斜，可减小土压力。

(4) 在挡土墙垂直墙背上做卸荷台，形状如牛腿(图 7-10)，则平台以上土压力不能传到平台以下，总土压力减小，故抗倾覆稳定性增大。卸荷台适用于钢筋混凝土挡土墙，浆砌石挡土墙不宜做卸荷台。

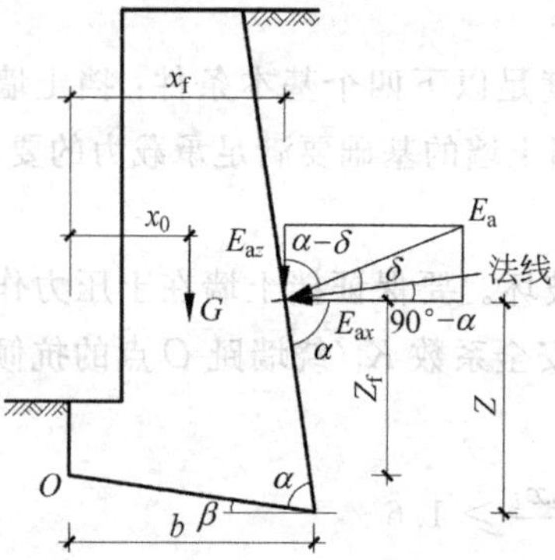

图 7-10　挡土墙的抗倾覆验算

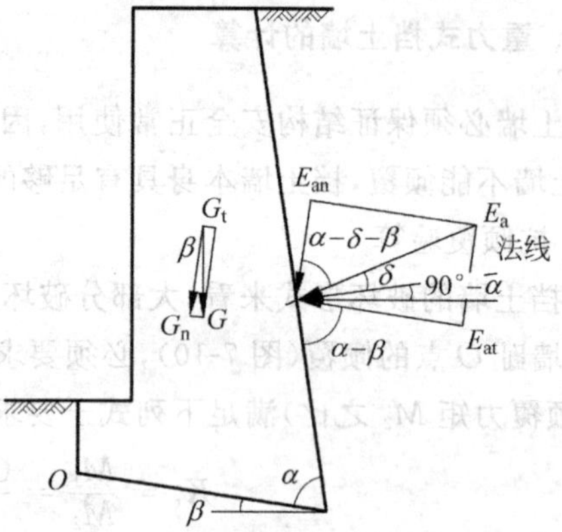

图 7-11　挡土墙的抗滑移验算

2）抗滑动稳定性验算

如图 7-11 所示，在土压力的作用下，挡土墙也可能沿基础底面发生滑动。要保证挡土墙在土压力作用下不发生滑动，要求基底的抗滑安全系数 K_s（抗滑力与滑动力之比）满足式(7-6)：

$$K_s = \frac{(G_n - E_{an})\mu}{E_{at} - G_t} \geqslant 1.3 \tag{7-6}$$

式中：G_n——挡土墙自重在垂直基底平面方向的重力分力：

$$G_n = G\cos\beta \tag{7-7}$$

G_t——挡土墙自重在平行于基底平面方向的重力分力：

$$G_t = G\sin\beta \tag{7-8}$$

E_{an}——垂直于基底的土压力分力：

$$E_{an} = E_a\cos(\alpha - \beta - \delta) \tag{7-9}$$

E_{at}——平行于基底的土压力分力：

$$E_{at} = E_a\sin(\alpha - \beta - \delta) \tag{7-10}$$

μ——地基与挡土墙基底之间的摩擦系数，一般由试验来确定，当无试验资料时，可查表 7-2 确定

表 7-2　挡土墙基底对地基的摩擦系数 μ 值

土的类别及其状态		摩擦系数
黏性土	可塑	0.25～0.30
	硬塑	0.30～0.35
	坚塑	0.35～0.45
粉土		0.30～0.40
中砂、粗砂、砾砂		0.40～0.50
碎石土		0.40～0.60
软质岩石		0.40～0.60
表面粗糙的硬质岩石		0.65～0.75

若验算不能满足式(7-6)的要求,可按以下措施加以解决。

(1) 改变挡土墙断面尺寸,使 G 值增大,但同时工程量也相应增大;

(2) 挡土墙基底面做成砂、石垫层,使摩擦系数 μ 增大;

(3) 墙底做成逆坡(图 7-11),利用滑动面上部分反力来抗滑;

(4) 在软土地基上,其他方法无效或不经济时,可以在墙踵后加托板(图 7-12),利用托板上的土重来抵抗滑动力,挡土墙与托板之间应该用钢筋连接。

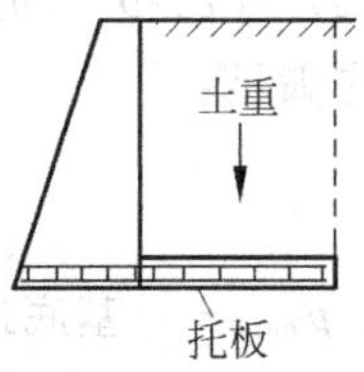

图 7-12　墙踵后加托板

3) 挡土墙的地基承载力验算

(1) 基底垂直合力的偏心距 e

如图 7-13 和图 7-14 所示,挡土墙地基承载力验算与一般偏心受压基础验算方法相同,由合力投影定理可知,作用于挡土墙的重力 G 与土压力 E_a 的合力 E 在基底上法线方向的分力 E_n(即为作用在基底上的垂直合力 N)等于自重力 G 与土压力 E_a 在基底法线方向的代数和,其值为

$$N = E_n = G\cos\beta + E_n\sin(\alpha+\beta+\delta) \tag{7-11}$$

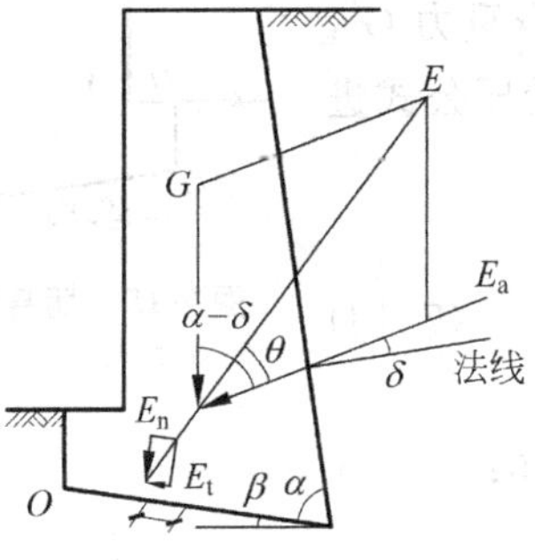

图 7-13　地基承载力验算(一)

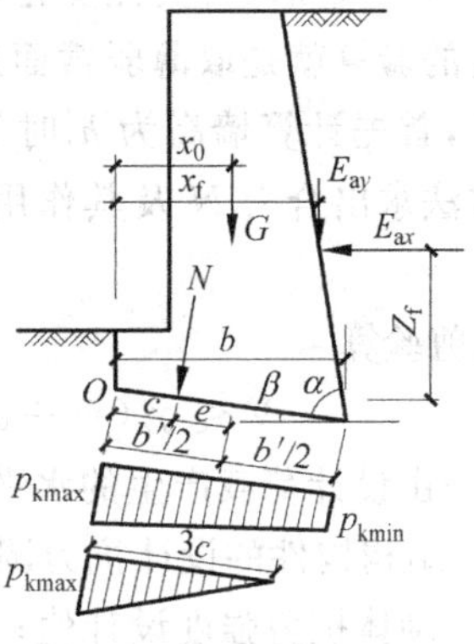

图 7-14　地基承载力验算(二)

同理可得,合力 E 在基底切线方向的分力 E_t 大小为

$$E_t = G\sin\beta + E_a\cos(\alpha+\beta+\delta) \tag{7-12}$$

由力矩平衡得

$$[G\cos\beta + E_a\sin(\alpha+\beta+\delta)]c = Gx_0 + E_{az}x_f - E_{ax}z_f$$

即作用在基底上垂直合力 N 作用点到 O 点距离 c 为

$$c = \frac{Gx_0 + E_{az}x_f - E_{ax}z_f}{G\cos\beta + E_a\sin(\alpha+\beta+\delta)} \tag{7-13}$$

故 N 的偏心距 e 为

$$e = \frac{b'}{2} - c \tag{7-14}$$

式中:b'——基底斜向宽度,$b' = b/\cos\beta$。

(2) 当 $e \leqslant b'/6$ 时,基底压力呈梯形或三角形分布,地基应满足:

$$p = \frac{p_{kmax} + p_{kmin}}{2} = \frac{N}{b'} \leqslant f_a \tag{7-15}$$

$$p_{\mathrm{kmin}}^{\mathrm{kmax}} = \frac{N}{b'}\left(1 \pm \frac{6e}{b'}\right) \leqslant 1.2 f_{\mathrm{a}} \tag{7-16}$$

(3) 当 $e > b'/6$ 时，基底部分受拉，受拉区与地基分离，受压部分压应力呈三角形分布，地基应满足：

$$p_{\mathrm{kmax}} = \frac{2N}{3c} \leqslant 1.2 f_{\mathrm{a}} \tag{7-17}$$

式中：p_{kmax}——基底最大压应力；

p_{kmin}——基底最小压应力；

f_{a}——修正后的地基承载力特征值，当基底倾斜时，应乘以 0.9 的折减系数。

若挡土墙基底水平、墙背垂直时，则 $\alpha = 90°$，$\beta = 0°$，$b' = b$，将其代入上述计算公式中，此时 N 垂直于基底，水平宽度 b，c 及 e 则变为水平距离。当基底压力超过地基土的承载力时，可增大基底宽度。

4) 挡土墙墙身强度验算

重力式挡土墙一般用毛石砌筑，在验算挡土墙墙身任意截面处的法向应力和剪切应力时，这些应力应小于墙身材料的极限承载力。对于截面内力突然变化的地方，应该分别进行验算。即墙身强度的验算就是取薄弱截面进行验算，如图 7-15 所示取截面Ⅰ—Ⅰ，首先计算墙高为 h_{r}' 时的土压力 E_{a}' 及墙身重力 G'，用上述的方法求出合力 N 及其作用点，然后按砌体受压公式进行验算。

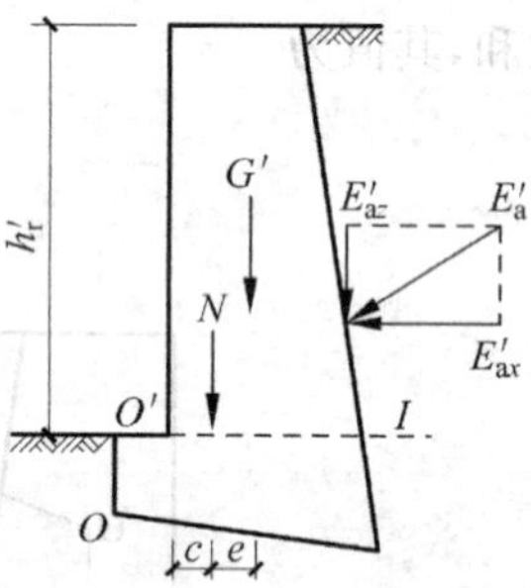

图 7-15 墙身强度验算

(1) 抗剪验算

$$V \leqslant \gamma_{\mathrm{a}}(f_{\mathrm{v}} + \alpha\mu\sigma_0)A \tag{7-18}$$

式中：V——由设计荷载产生的水平荷载；

γ_{a}——结构构件的设计抗力调整系数，取 $\gamma_{\mathrm{a}} = 1.0$；

f_{v}——砌体抗剪强度设计值；

α——修正系数，混凝土砌块砌体取 0.66，砖砌体取 0.64；

μ——剪压复合受力影响系数，$\mu = 0.23 - 0.65\sigma_0/f$；

σ_0——永久荷载设计值产生的水平方向截面的平均压应力，其值不应大于 $0.8f$。

(2) 抗压验算

$$N \leqslant \varphi f A \tag{7-19}$$

式中：N——由设计荷载产生的纵向力；

φ——纵向力影响系数，根据砂浆强度等级、β、e/h 查表求得；

β——挡土墙的高厚比，$\beta = H_0/h$；在求纵向力影响系数时先对 β 值乘以砌体系数，粗料石和毛石砌体的砌体系数为 1.5；H_0 为计算墙高，取 $2h_{\mathrm{r}}'$（h_{r}' 为墙高）；h 为墙的平均厚度；

e——纵向力的偏心距；

A——计算截面面积，取 1m 长度；

f——砌体抗压强度设计值。

【例 7-1】 某挡土墙截面尺寸如图 7-16 所示，墙高 $H=5\text{m}$，墙背垂直光滑，墙后填土面水平，挡土墙采用 M5 水泥砂浆，MU20 毛石砌筑，砌体重度 $\gamma_k=22\text{kN/m}^3$，填土内摩擦角 $\varphi=30°$，黏聚力 $c=0$，填土重度 $\gamma=18\text{kN/m}^3$，地面荷载为 2.0kPa，基底摩擦系数 $\mu=0.5$，地基承载力特征值为 180kPa，试验算该挡土墙的稳定性及其强度。

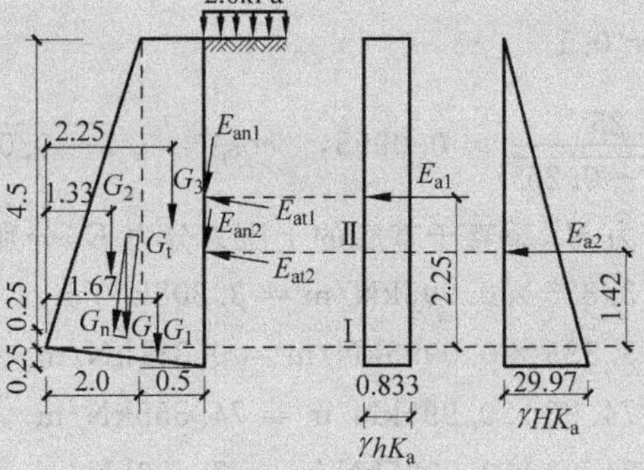

图 7-16　例 7-1 图

【解】 (1) 计算主动土压力 E_a

将外荷载换算成均布土层厚度 h：

$$h=q/\gamma=2/18\text{m}=0.111\text{m}$$

由于墙背垂直光滑，则

$$K_a=\tan^2\left(45°-\frac{\varphi}{2}\right)=\tan^2\left(45°-\frac{30°}{2}\right)=0.333$$

墙顶：$\gamma hK_a=18\times0.111\times0.333\text{kPa}=0.665\text{kPa}$

Ⅰ—Ⅰ截面：$\gamma(h+H)K_a=18\times(0.111+5)\times0.333\text{kPa}=30.635\text{kPa}$

主动土压力合力 E_a：

$$E_a=\frac{1}{2}\times(0.665+30.635)\times5\text{kN/m}=78.25\text{kN/m}$$

矩形面积：

$$E_{a1}=0.665\times5\text{kN/m}=3.325\text{kN/m}$$

三角形面积：

$$E_{a2}=\frac{1}{2}\times(30.635-0.665)\times5\text{kN/m}=74.93\text{kN/m}$$

(2) 抗倾覆验算

将挡土墙截面按图分为三个部分，则三个部分每延米重 G_1，G_2，G_3：

$$G_1=\frac{1}{2}\times0.25\times2.5\times22\text{kN/m}=6.875\text{kN/m}$$

$$G_2=\frac{1}{2}\times2\times4.75\times22\text{kN/m}=104.5\text{kN/m}$$

$$G_3=0.5\times4.75\times2.5\text{kN/m}=52.25\text{kN/m}$$

绕墙趾 O 点的抗倾覆力矩 M_1 与倾覆力矩 M_2 分别为

$$M_1=(6.875\times1.67+104.5\times1.33+52.25\times2.25)\text{kN}\cdot\text{m}=268.029\text{kN}\cdot\text{m}$$

$$M_2 = (3.325 \times 2.25 + 74.93 \times 1.42)\text{kN} \cdot \text{m} = 113.882\text{kN} \cdot \text{m}$$

则抗倾覆安全系数 K_t 为

$$K_t = \frac{M_1}{M_2} = \frac{268.029}{113.882} = 2.354 > 1.6\text{，满足要求}$$

(3) 抗滑移验算

$$\tan\beta = \frac{0.25}{2.5} = 0.1$$

$$\sin\beta = \frac{0.25}{\sqrt{2.5^2 + 0.25^2}} = 0.0995, \quad \cos\beta = \sqrt{1 - 0.0995^2} = 0.995$$

则平行于基底的土压力分力 E_t，垂直于基底的土压力分力 E_n 分别如下：

$$E_{at1} = E_{a1}\cos\beta = 3.325 \times 0.995\text{kN/m} = 3.308\text{kN/m}$$

$$E_{an1} = E_{a1}\sin\beta = 3.325 \times 0.0995\text{kN/m} = 0.331\text{kN/m}$$

$$E_{at2} = E_{a2}\cos\beta = 74.93 \times 0.995\text{kN/m} = 74.555\text{kN/m}$$

$$E_{an2} = E_{a2}\sin\beta = 74.93 \times 0.0995\text{kN/m} = 7.456\text{kN/m}$$

$$\sum G = G_1 + G_2 + G_3 = (6.875 + 104.5 + 52.25)\text{kN/m} = 163.625\text{kN/m}$$

则垂直于基底的重力分力 G_n，平行于基底的重力分力 G_t 分别如下：

$$G_n = \sum G\cos\beta = 163.625 \times 0.995\text{kN/m} = 162.81\text{kN/m}$$

$$G_t = \sum G\sin\beta = 163.625 \times 0.0995\text{kN/m} = 16.281\text{kN/m}$$

则抗滑移安全系数 K_s：

$$K_s = \frac{(G_n + E_{an})\mu}{E_{at} - G_t} = \frac{(162.81 + 0.331 + 7.456) \times 0.5}{3.308 + 74.555 - 16.281} = 1.385 \geqslant 1.3\text{，满足要求}$$

(4) 地基承载力验算

合力 N 对 O 点的距离 c：

$$c = \frac{268.029 - 113.882}{162.81}\text{m} = 0.947\text{m}$$

对基底形心的偏心距 e：

$$e = \frac{b'}{2} - c = \frac{b}{2\cos\beta} = \left(\frac{2.5}{0.995 \times 2} - 0.947\right)\text{m} = 0.309\text{m}$$

$e < \frac{b'}{6} = \frac{2.513}{6}\text{m} = 0.419\text{m}$，故基底应力呈梯形分布，其基底应力为

$$p_{kmax} = \frac{N}{b'}\left(1 + \frac{6e}{b'}\right) = \frac{162.81}{2.513} \times \left(1 + \frac{6 \times 0.309}{2.513}\right)\text{kPa} = 112.585\text{kPa} < 1.2f_a = 216\text{kPa}$$

$$p_k = \frac{162.81}{2.513}\text{kPa} = 64.8\text{kPa} < f_a = 180\text{kPa}\text{，满足要求}$$

(5) 墙身强度验算

① 抗压强度验算

土压力强度

墙顶：$\gamma h K_a = 18 \times 0.111 \times 0.333\text{kPa} = 0.665\text{kPa}$

Ⅱ—Ⅱ截面：$\gamma(h+H)K_a = 18 \times (0.111 + 3) \times 0.333\text{kPa} = 18.647\text{kPa}$

$$E'_{a1} = 0.665 \times 3\text{kN/m} = 1.995\text{kN/m}$$

$$E'_{a2}=\frac{1}{2}\times 3\times(18.647-0.665)\text{kN/m}=26.973\text{kN/m}$$

将挡土墙截面按图分为两个部分，则两个部分每延米重 G'_2，G'_3：

$$G'_2=\frac{1}{2}\times 1.26\times 3\times 22\text{kN/m}=41.58\text{kN/m}$$

$$G'_3=0.5\times 3\times 22\text{kN/m}=33\text{kN/m}$$

合力对 O' 的距离为 c'：

$$c'=\frac{41.58\times 0.84+33\times 1.51-1.995\times 1.5-26.973\times 1}{41.58+33}\text{m}=0.735\text{m}$$

对Ⅱ—Ⅱ截面形心偏心距 e：

$$e=\frac{b}{2}-c'=\left(\frac{1.76}{2}-0.735\right)\text{m}=0.145\text{m}$$

设计荷载

$$N=1.35(G'_2+G'_3)=1.35\times 74.58\text{kN/m}=100.7\text{kN/m}$$

墙身平均厚度

$$h=\frac{0.5+1.76}{2}\text{m}=1.13\text{m}$$

截面积

$$A=1.76\times 1\text{m}^2=1.76\text{m}^2$$

毛砌石体抗压强度设计值

$$f=510\text{kPa}$$

高厚比 $\beta=\frac{H_0}{h}=\frac{2\times 3}{1.13}=5.31$，毛砌石体取 $\beta=5.31\times 1.5=7.965$，

$$\frac{e}{h}=\frac{0.145}{1.13}=0.128$$

由砂浆强度等级、β 及 e/h 查表得纵向力影响系数 $\varphi=0.61$，则

$$\varphi fA=0.61\times 510\times 1.76\text{kN}=547.5\text{kN}>100.7\text{kN}$$

② 抗剪强度验算

设计荷载

$$V=1.4E'_{a1}+1.35E'_{a2}=(1.4\times 1.995+1.35\times 26.973)\text{kN/m}=39.207\text{kN/m}$$

毛石砌体的抗剪强度设计值

$$f_v=160\text{kPa}$$

永久荷载设计值产生的平均压应力：

$$\sigma_0=\frac{N}{A}=\frac{100.7}{1.76}\text{kPa}=57.2\text{kPa}$$

$$\mu=0.23-0.065\sigma_0/f=0.223$$

$$(f_v+\alpha\mu\sigma_0)A=(160+0.64\times 0.223\times 57.2)\times 1.76\text{kN/m}=296\text{kN/m}>V$$
$$=39.207\text{kN/m}$$，满足要求

7.3.2　悬臂式挡土墙设计

1. 构造要求

悬臂式挡土墙是由立壁、墙趾板和墙踵板三部分组成，为便于施工，立壁内侧（即墙背）

做成竖直面，外侧(即墙面)可做成1：0.02～1：0.05的斜坡，具体坡度值将根据立壁的强度和刚度要求确定。当挡土墙墙高不大时，立壁可做成等厚度。墙顶的最小厚度通常采用0.2m。当墙较高时，宜在立壁下部将截面加厚。

挡土墙后应做好排水措施，以减小水压影响和墙背的水平压力。通常在墙身中每隔2～3m设置一个100～150mm孔径的泄水孔。泄水孔的坡度应为4%，向墙外下坡，其进水侧应设置反滤层，厚度不得小于0.3m，在最低一排泄水孔的进水口下部应设置隔水层，在地下水较多的地段或有大股水流处，应加密泄水孔或加大其尺寸，其出水口下部应采取保护措施。

一般每隔20～25m设置一道伸缩缝，当墙面较长时，可采用分段施工以减少收缩影响。在基底的地层变化处，应设置沉降缝，伸缩缝和沉降缝可合并设置，其缝宽均采用20～30mm，缝内填塞沥青麻筋或沥青木板，塞入深度不可小于0.2m。

墙趾板和墙踵板一般水平设置。当墙身受抗滑稳定控制时，多采用凸榫基础。墙踵板长度由墙身抗滑稳定验算确定，并具有一定的刚度。靠近立臂处厚度一般取为墙高的1/12～1/10，且不应小于30mm。墙趾板的长度应根据全墙的抗倾覆稳定、基底应力(即地基承载力)和偏心距等条件来确定，其厚度与墙踵板相同。通常底板的宽度由墙的整体稳定来决定，一般可取墙高度 H 的0.6～0.8倍。当墙后地下水位较高，且地基承载力为很小的软弱地基时，B 值可能会增大到1倍墙高或者更大。

为提高挡土墙抗滑稳定的能力，底板可设置凸榫。凸榫的高度，应根据凸榫前土体的被动土压力能够满足全墙的抗滑稳定要求而定。凸榫的厚度除了满足混凝土的抗剪和抗弯的要求以外，为了便于施工，还不应小于300mm。

钢筋布置的构造要求按设计规范的规定处理。墙身受拉一侧按计算配筋，在受压一侧为了防止产生收缩与温度裂缝也要配置纵横向的构造钢筋网 ϕ 10@300，其配筋率不低于0.2%。计算截面有效高度 h_0 时，钢筋保护层厚度应取30mm；对于底板，不小于40mm，无垫层时不小于70mm。

2. 计算方法

悬臂式挡土墙的计算，包括确定侧压力、墙身(立壁)的内力及配筋计算、地基承载力验算、基础板的内力及配筋计算、抗倾覆稳定验算、抗滑移稳定验算等。在一般情况下，取单位长度为计算长度。

1) 确定侧压力

(1) 无地下水(或排水良好)时

主动土压力 $E_a=E_{a1}+E_{a2}$，当墙背直立、光滑，填土面水平时：

$$K_a=\tan^2\left(45°-\frac{\varphi}{2}\right) \tag{7-20}$$

$$E_{a1}=\frac{1}{2}\gamma H^2\tan^2\left(45°-\frac{\varphi}{2}\right) \tag{7-21}$$

$$E_{a2}=qH\tan^2\left(45°-\frac{\varphi}{2}\right) \tag{7-22}$$

式中：E_{a1}——由墙后土体产生的土压力(kN/m)；

E_{a2}——由填土面上均布荷载 q 产生的土压力(kN/m)。

(2) 有地下水时

地下水位处

$$\sigma_a' = \gamma h_1 \tan^2\left(45° - \frac{\varphi}{2}\right) \tag{7-23}$$

地下水位以下

$$\sigma_a' = \gamma h_1 \tan^2\left(45° - \frac{\varphi}{2}\right) + (\gamma_{sat} - \gamma_w) h_2 \tan^2\left(45° - \frac{\varphi}{2}\right) + \gamma_w h_2$$

$$\sigma_a' = [\gamma h_1 + (\gamma_{sat} - \gamma_w) h_2] \tan^2\left(45° - \frac{\varphi}{2}\right) + \gamma_w h_2 \tag{7-24}$$

2) 墙身内力及配筋计算

墙身按下端嵌固在基础板中的悬臂板进行计算，每延米的设计弯矩值为(图 7-17)

$$M = \gamma_0 \left(\gamma_G E_{a1} \frac{H}{3} + \gamma_Q E_{a2} \frac{H}{2}\right) \tag{7-25}$$

式中：γ_0——结构重要系数，对于重要的构筑物取 $\gamma_0 = 1.1$，对于一般的构筑物取 $\gamma_0 = 1.0$，对于次要的构筑物取 $\gamma_0 = 0.9$；

γ_G——墙后填土的荷载分项系数，取 $\gamma_G = 1.35$；

γ_Q——墙面均布活载的荷载分项系数，取 $\gamma_Q = 1.4$。

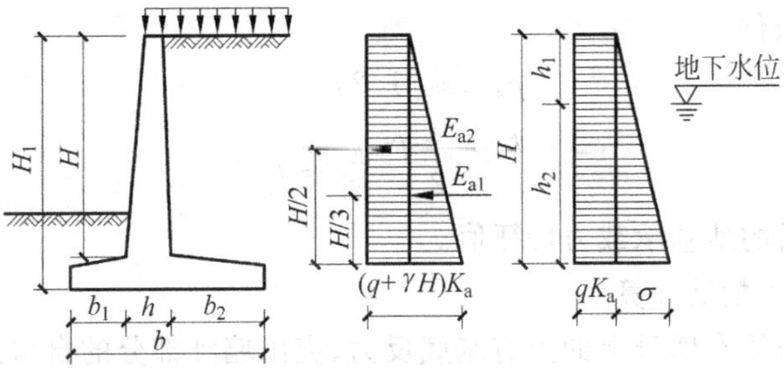

图 7-17　侧压力计算

受力钢筋的数量，可按下列公式进行计算：

$$\alpha_s = \frac{M}{\alpha_1 f_c b h_0^2}, \quad \gamma_s = \frac{1 + \sqrt{1 - 2\alpha_s}}{2}$$

$$A_s = \frac{M}{\gamma_s f_y h_0} \tag{7-26}$$

式中：A_s——受拉钢筋截面面积；

α_s——截面抵抗系数；

γ_s——内力矩的内力臂系数(与受压区相对高度有关)；

f_y——受拉钢筋设计强度；

h_0——截面有效高度。

配筋方法：一般可将底部钢筋的 1/3～1/2 伸至顶部，其余的钢筋可交替在墙高中部的一处或两处切断。受力钢筋应垂直配置于墙背受拉边，而水平分布钢筋则应与受力钢筋绑扎在一起形成钢筋网片，分布钢筋可采ϕ10@300。若墙身较厚，可在墙外侧面(受压的一侧)配置构造钢筋网片ϕ10@300(纵横两个方向)，其配筋率不小于 0.2%。

3）地基承载力验算

墙身截面尺寸及配筋确定后，可假定基础底板截面尺寸，设底板宽度为 b，墙趾宽度为 b_1，墙踵板宽度为 b_2 及底板厚度为 h，并设墙身自重 G_1、基础板自重 G_2、墙踵板在宽 b_2 内的土重 G_3、地面的活荷载 G_4 到合力作用点的水平距离分别为 a_1、a_2、a_3 和 a_4，土的侧压力 E'_{a1} 及 E'_{a2}，由下式可以求得合力的偏心距 e：

$$e = \frac{b}{2} - \frac{(G_1a_1 + G_2a_2 + G_3a_3 + G_4a_4) - E'_{a1}\dfrac{H'}{3} - E'_{a2}\dfrac{H'}{2}}{\sum G} \tag{7-27}$$

（1）当 $e \leqslant b'/6$ 时，截面全部受压

$$p_{\text{kmin}}^{\text{kmax}} = \frac{\sum G}{b}\left(1 \pm \frac{6e}{b}\right) \tag{7-28}$$

（2）当 $e > b'/6$ 时，截面部分受压

$$p_{\text{kmax}} = \frac{2\sum G}{3c} \tag{7-29}$$

式中：$\sum G$——G_1，G_2，G_3，G_4 之和；

c——合力作用点至 O 点的距离。

（3）要求满足条件

$$p_{\text{kmax}} \leqslant 1.2 f_{\text{a}} \tag{7-30}$$

$$\frac{p_{\text{kmax}} + p_{\text{kmin}}}{2} \leqslant f_{\text{a}} \tag{7-31}$$

式中：f_{a}——修正后的地基承载力特征值。

4）基础板的内力配筋计算

突出的墙趾：作用在墙趾上的力有基底反力、突出墙趾部分的自重及其上土体重量，墙趾截面上的弯矩 M 可由式(7-32)算出(图 7-18)：

$$M_1 = \frac{p_1 b_1^2}{2} + \frac{(p_{\text{kmax}} - p_1)b_1}{2} \times \frac{2b_1}{3} - M_{\text{a}} \tag{7-32}$$

$$= \frac{(2p_{\text{kmax}} + p_1)b_1^2}{6} - M_{\text{a}}$$

式中：M_{a}——墙趾板自重及其上土体重量作用下产生的弯矩。

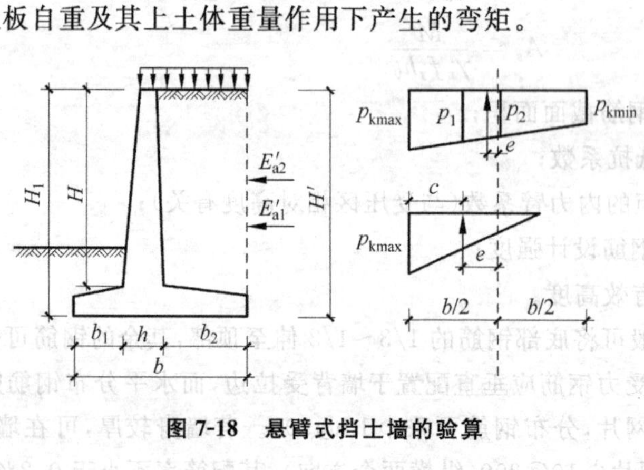

图 7-18　悬臂式挡土墙的验算

由于墙趾板自重很小，其上土体重量在使用过程中有可能被移走，因而一般可忽略这两项力的作用，也即 $M_a=0$。式(7-32)可写为

$$M_1=\frac{(2p_{kmax}+p_1)b_1^2}{6} \tag{7-33}$$

按式(7-26)计算求得的钢筋数量应配置在墙趾的下部。

突出的墙踵：作用在墙踵(墙身后的基础板)上的力有墙踵部分的自重(即 G_2 的一部分，见图 7-18)及其上土体重量 G_3、均布活荷载 G_4、基底反力，在这些力的共同作用下，使突出的墙踵向下弯曲，产生的弯矩 M_2 可由式(7-34)算得(图 7-18)：

$$\begin{aligned}M_2&=\frac{q_1b_2^2}{2}-\frac{p_{kmin}b_2^2}{2}-\frac{(p_2-p_{kmin})b_2^2}{3\times 2}\\&=\frac{[2(q_1-p_{kmin})+(q_1-p_2)]b_2^2}{6}\end{aligned} \tag{7-34}$$

式中：q_1——墙踵自重及 G_3，G_4 产生的均布荷载。

根据弯矩 M_2 计算求得的钢筋应配置在基础板的上部。

5) 稳定性验算

(1) 抗倾覆稳定验算(图 7-18)

$$K_t=\frac{G_1a_1+G_2a_2+G_3a_3}{E'_{a1}\times\frac{H'}{3}+E'_{a2}\times\frac{H'}{2}}\geqslant 1.6 \tag{7-35}$$

式中：G_1，G_2——墙身自重及基础板自重；

G_3——墙踵上填土重量。

(2) 抗滑移稳定验算(图 7-18)

$$K_s=\frac{(G_1+G_2+G_3)\times\mu}{E'_{a1}+E'_{a2}}\geqslant 1.3 \tag{7-36}$$

当挡土墙稳定性不够时，应采取下列措施提高挡土墙稳定性：

① 减少土的侧压力；

② 增加墙踵的悬臂长度；

③ 将基础底板做成倾斜面、设置防滑键或在基础底板面夯填 300～500mm 厚的碎石(增大摩擦系数)来提高基础抗滑能力；

④ 设置防滑键。

如图 7-19 所示，防滑键一般设置于基础底板下部，防滑键的高度 h_i 与键离墙趾端部 A 点的距离 a_i 的比例，应满足下列条件：

$$\frac{h_i}{a_i}=\tan\left(45°-\frac{\varphi}{2}\right) \tag{7-37}$$

被动土压力 E_p：

$$E_p=\frac{p_{kmax}+p_{kmin}}{2}\times\tan^2\left(45°+\frac{\varphi}{2}\right)h_i \tag{7-38}$$

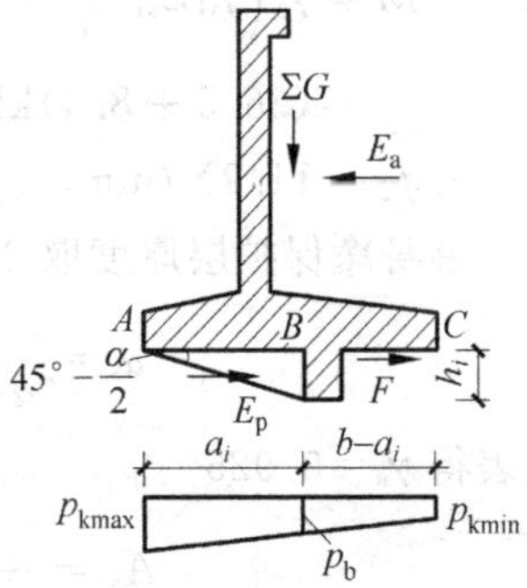

图 7-19　设置防滑键

当防滑键的位置满足式(7-37)时，被动土压力 E_p 最大。键后面土与底板间的摩擦力 F 为

$$F=\frac{p_b+p_{kmin}}{2}(b-a_i)\mu \tag{7-39}$$

应满足条件：

$$\frac{\psi_p E + F}{E_a} \geqslant 1.3 \tag{7-40}$$

式中，ψ_p——考虑被动土压力 E_p 不能充分发挥的一个影响系数，一般可取 $\psi_p = 0.5$。

【例 7-2】 悬臂式挡土墙截面尺寸如图 7-20 所示。地面上活荷载 $q = 4\text{kPa}$，地基土为黏性土，承载力特征值 $f_a = 100\text{kPa}$。墙后填土重度 $\gamma = 18\text{kN/m}$，内摩擦角 $\varphi = 30°$。挡土墙底面处在地下水位以上。求挡土墙墙身及基础底板的配筋，进行稳定性验算和土的承载力验算，挡土墙材料采用 C25 级混凝土及 HPB300、HRB335 级钢筋。

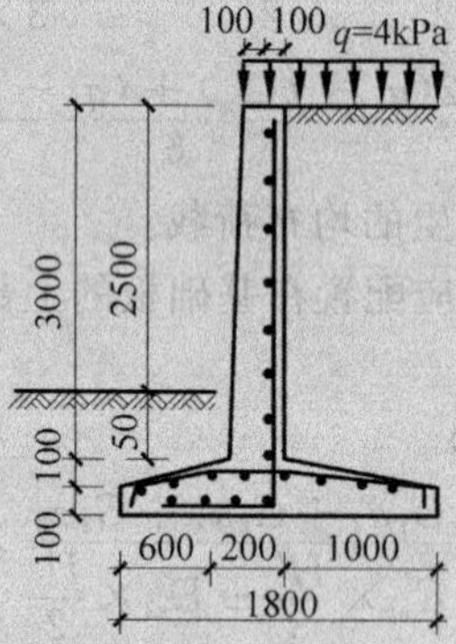

图 7-20 例 7-2 图

【解】 (1) 确定侧压力

$$E_a = E_{a1} + E_{a2} = \frac{1}{2}\gamma H^2 \tan^2\left(45° - \frac{\varphi}{2}\right) + qH\tan^2\left(45° - \frac{\varphi}{2}\right)$$

$$= \left[\frac{1}{2} \times 18 \times 3^2 \times \tan^2\left(45° - \frac{30°}{2}\right) + 4 \times 3 \times \tan^2\left(45° - \frac{30°}{2}\right)\right]\text{kN/m} = 31\text{kN/m}$$

(2) 墙身内力及配筋计算

由式(7-25)可求得每延米设计嵌固弯矩 M：

$$M = \gamma_0\left(\gamma_G E_{a1}\frac{H}{3} + \gamma_Q E_{a2}\frac{H}{2}\right) = \left(1.35 \times 27 \times \frac{3}{3} + 1.4 \times 4 \times \frac{3}{2}\right)\text{kN} \cdot \text{m/m}$$

$$= (36.5 + 8.4)\text{kN} \cdot \text{m/m} = 44.9\text{kN} \cdot \text{m/m}$$

$f_c = 11.9\text{N/mm}$， $f_y = 300\text{N/mm}$ （HRB335 级钢筋）

墙身净保护层厚度取 30mm

$$\alpha_s = \frac{M}{\alpha_1 f_c b h_0^2} = \frac{44900000}{1 \times 11.9 \times 1000 \times 165^2} = 0.139$$

查表得 $\gamma_s = 0.925$

$$A_s = \frac{M}{\gamma_s f_y h_0} = \frac{44900000}{0.925 \times 300 \times 165}\text{mm}^2 = 981\text{mm}^2$$

沿墙身配置Φ1@110($A_s = 1028\text{mm}^2$)的竖向受力钢筋，钢筋的 1/2 伸至顶部，其余的在墙高中部(1/2 墙高处)截断。在水平方向配置构造分布筋Φ10@300。

(3) 地基承载力验算

每延米墙身自重 G_1

$$G_1 = \frac{1}{2}(0.1 + 0.2) \times 3 \times 25\text{kN/m} = 11.3\text{kN/m}$$

每延米基底板自重 G_2

$$G_2 = \left[\frac{1}{2}(0.1 + 0.2) \times 1.6 \times 25 + 0.2 \times 0.2 \times 25\right]\text{kN/m} = 7\text{kN/m}$$

每延米墙踵板在宽度 b_2 内的土重 G_3,

$$G_3 = \left(3 + \frac{0.1}{2}\right) \times 1 \times 18\text{kN/m} = 54.9\text{kN/m}$$

每延米地面活荷载 G_4

$$G_4 = 4 \times 1\text{kN/m} = 4\text{kN/m}$$

挡土墙压力

$$E'_{a1} = \frac{1}{2}\gamma H'^2 \tan^2\left(45° - \frac{\varphi}{2}\right) = \frac{1}{2} \times 18 \times 3.2^2 \times \tan^2\left(45° - \frac{30°}{2}\right)\text{kN/m} = 30.7\text{kN/m}$$

$$E'_{a2} = qH' \tan^2\left(45° - \frac{\varphi}{2}\right) = 4 \times 3.2 \times \tan^2\left(45° - \frac{30°}{2}\right)\text{kN/m} = 4.3\text{kN/m}$$

根据公式计算基础底面土反力的偏心距 e 值:

$$e = \frac{b}{2} - \frac{(G_1 a_1 + G_2 a_2 + G_3 a_3 + G_4 a_4) - \left(E'_{a1}\dfrac{H'}{3} + E'_{a2}\dfrac{H'}{2}\right)}{G_1 + G_2 + G_3 + G_4}$$

$$= \left[\frac{1.8}{2} - \frac{(11.3 \times 0.72 + 7 \times 0.87 + 54.9 \times 1.3 + 4 \times 1.3) - \left(30.7 \times \dfrac{3.2}{3} + 4.3 \times \dfrac{3.2}{2}\right)}{11.3 + 7 + 54.9 + 4}\right]\text{m}$$

$$= 0.237\text{m}$$

$e < \dfrac{b}{6} = \dfrac{1.8}{6}\text{m} = 0.3\text{m}$,截面全部受压

$$p_{kmax} = \frac{\sum G}{b}\left(1 + \frac{6e}{b}\right) = \frac{77.2}{1.8} \times \left(1 + \frac{6 \times 0.237}{1.8}\right)\text{kPa} = 76.8\text{kPa}$$

$$p_{kmin} = \frac{\sum G}{b}\left(1 - \frac{6e}{b}\right) = \frac{77.2}{1.8} \times \left(1 - \frac{6 \times 0.237}{1.8}\right)\text{kPa} = 9\text{kPa}$$

$$p_{kmax} \leqslant 1.2 f_a = 120\text{kPa}$$

$$\frac{p_{kmin} + p_{kmax}}{2} \leqslant f_a, \quad \frac{76.8 + 9}{2}\text{kPa} = 42.9\text{kPa} < 100\text{kPa}$$,满足要求

(4) 基础底板的内力及配筋计算

计算底板配筋时要采用设计荷载,故自重和填土自重要乘以荷载分项系数 1.35,活荷载要乘以荷载分项系数 1.4。根据公式(7-27)计算 e 值。

$$e = \left[\frac{1.8}{2} - \frac{(8.136 + 6.09 + 71.37) \times 1.35 + 5.2 \times 1.4 - (32.75 \times 1.35 + 6.88 \times 1.4)}{(11.3 + 7 + 54.9) \times 1.35 + 4 \times 1.4}\right]\text{m}$$

$$= 0.239\text{m}$$

$e < \dfrac{b}{6} = \dfrac{1.8}{6}\text{m} = 0.3\text{m}$,截面全部受压

$$p_{kmax}=\frac{\sum G}{b}\left(1+\frac{6e}{b}\right)=\frac{104.4}{1.8}\times\left(1+\frac{6\times0.239}{1.8}\right)\text{kPa}=104.2\text{kPa}$$

$$p_{kmin}=\frac{\sum G}{b}\left(1-\frac{6e}{b}\right)=\frac{104.4}{1.8}\times\left(1-\frac{6\times0.239}{1.8}\right)\text{kPa}=11.8\text{kPa}$$

① 墙趾部分

$$P_1=\left[11.8+(104.2-11.8)\times\frac{1+0.2}{1.8}\right]\text{kPa}=73.4\text{kPa}$$

$$M_1=\frac{1}{6}[2P_{max}+P_1]b_1^2=\frac{1}{6}\times(2\times104.2+73.4)\times0.6^2\text{kN}\cdot\text{m/m}=16.91\text{kN}\cdot\text{m/m}$$

基础底板厚 $h_1=200\text{mm}$，则 $h_{01}=200-45\text{mm}=155\text{mm}$（有垫层）：

$$\alpha_s=\frac{M_1}{\alpha_1 f_c b h_{01}^2}=\frac{16910000}{1\times11.9\times1000\times155^2}=0.059$$

$$\gamma_s=\frac{1+\sqrt{(1-2\alpha_s)}}{2}=\frac{1+\sqrt{(1-2\times0.059)}}{2}=0.970$$

$$A_s=\frac{M_1}{\gamma_s h_{01} f_y}=\frac{16910000}{0.970\times155\times300}\text{mm}^2=375\text{mm}^2$$

可利用墙身竖向受力钢筋下弯。

② 墙踵部分

$$q_1=\frac{\gamma_G G_3+\gamma_Q G_4+\gamma_G G_2'}{b_2}$$

$$\gamma_G\cdot G_2'=1.35\times1\times0.15\times25\text{kN/m}=5.1\text{kN/m}$$

$$q_1=\frac{1.35\times54.9+1.4\times4+5.1}{1.0}\text{kN/m}=84.8\text{kN/m}$$

$$p_2=p_{kmin}+(p_{kmax}-p_{kmin})\frac{b_2}{b}=\left[11.8+(104.2-11.8)\times\frac{1.0}{1.8}\right]\text{kPa}=63.1\text{kPa}$$

$$M_2=\frac{[2(q_1-p_{kmin})+(q_1-p_2)]b_2^2}{6}=\frac{[2\times(84.8-11.8)+(84.8-63.1)]}{6}\text{kN}\cdot\text{m/m}$$

$$=27.95\text{kN}\cdot\text{m/m}$$

墙趾与墙踵根部高度相同，$h_1=h_2$，则 $h_{01}=h_{02}=155\text{mm}$，可得

$$\alpha_s=\frac{M_2}{\alpha_1 f_c b h_{02}^2}=\frac{27950000}{1\times11.9\times1000\times155^2}=0.098$$

$$\gamma_s=\frac{1+\sqrt{(1-2\alpha_s)}}{2}=\frac{1+\sqrt{(1-2\times0.098)}}{2}=0.948$$

$$A_s=\frac{M_2}{\gamma_s h_{02} f_y}=\frac{27950000}{0.948\times155\times300}\text{mm}^2=634\text{mm}^2$$

选用 $\Phi 12@170$（$A_s=665\text{mm}^2$）。

(5) 稳定性验算

① 抗倾覆稳定计算

$$K_t=\frac{M_r}{M_s}\geqslant1.6$$

抗倾覆力矩 M_r 的计算

$$M_r=G_1a_1+G_2a_2+G_3a_3=(11.3\times0.72+7\times0.87+54.9\times1.3)\text{kN}\cdot\text{m/m}$$

$$= 85.6\text{kN} \cdot \text{m/m}$$

抗倾覆力矩 M_s 的计算

$$M_s = E'_{a1} \times \frac{H'}{3} + E'_{a2} \times \frac{H'}{2} = \left(30.7 \times \frac{3.2}{3} + 4.3 \times \frac{3.2}{2}\right)\text{kN} \cdot \text{m/m} = 39.6\text{kN} \cdot \text{m/m}$$

$$K_t = \frac{M_r}{M_s} = \frac{85.6}{39.6} = 2.16 > 1.6, \quad \text{满足要求}$$

② 抗滑移验算

对黏性土取基底摩擦系数 $\mu = 0.3$

$$K_s = \frac{(G_1 + G_2 + G_3)\mu}{E'_{a1} + E'_{a2}}$$

$$= \frac{0.3 \times (11.3 + 7 + 54.9)}{30.7 + 4.3}$$

$$= 0.63 < 1.3$$

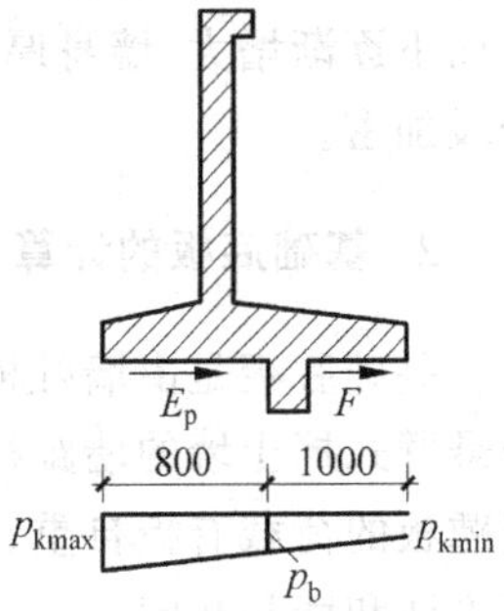

图 7-21　加设防滑键

抗滑移验算结果不满足要求。选用底面夯填 300～500mm 厚碎石提高 μ 值后，仍不满足要求，故采用底板加设防滑键来解决(见图 7-21)。在下面计算中，荷载分项系数取 1.0。

$$P_b = P_{kmin} + (P_{kmax} - P_{kmin})\frac{b - a_j}{b} = \left[9 + (76.8 - 9) \times \frac{1.0}{1.8}\right]\text{kPa} = 46.7\text{kPa}$$

$$a_i = 0.8\text{m}$$

根据公式可得

$$h_i = a_i \tan\left(45° - \frac{\varphi}{2}\right) = 0.8\tan\left(45° - \frac{30°}{2}\right)\text{m} = 0.46\text{m}$$

根据公式得

$$E_p = \frac{p_{kmax} + p_b}{2}\tan^2\left(45° + \frac{\varphi}{2}\right)h_i = \frac{76.8 + 46.7}{2}\tan^2\left(45° + \frac{30°}{2}\right) \times 0.46\text{kN/m}$$

$$= 85.22\text{kN/m}$$

$$F = \frac{p_b + p_{kmin}}{2}(b - a_i)\mu = \frac{46.7 + 9}{2} \times (1.8 - 0.8) \times 0.3\text{kN/m}$$

$$= 8.36\text{kN/m}$$

由公式可得

$$\frac{\psi E_p + F}{E'_a} = \frac{0.5 \times 85.22 + 8.36}{30.7 + 4.3} = 1.46 > 1.3$$

计算结果满足要求，防滑键计算高度为 0.46m，实际工程可取 0.5m。

7.3.3　扶壁式挡土墙设计

在墙高大于 8m 的情况下，如果采用悬臂式挡土墙，会使墙身弯矩大、厚度增加、配筋多而不经济。为了增强悬臂式挡土墙墙身的抗弯性能，常采用扶壁式挡土墙，即沿墙的纵向方向每隔(1/3～1/2)H(H 为墙高)做一道扶壁。扶壁的厚度大小一般为两扶壁间距的 1/8～1/6，可采用 300～400mm。

扶壁式挡土墙与悬臂式挡土墙相比，在结构上仅增加扶壁部分。由于增加了扶壁，墙身和基础底板受力情况有所改变，计算方法也有部分改变。

扶壁式挡土墙的排水、伸缩缝的设计要求与悬臂式挡土墙基本相同。

1. 墙身的计算

扶壁式挡土墙的墙身由竖向扶壁和基础底板支承。当 $l_y/l_x \geqslant 2$ 时，可近似地按三边固定、一边自由的双向板计算内力及配筋；当 $l_y/l_x < 2$ 时，按连续单向板计算内力及配筋。实际上在墙身和基础底板之间存在着垂直方向的弯矩，配筋时应考虑。

由于作用在墙身上的土体侧压力自上而下逐渐增加，呈三角形分布，所以水平弯矩也自上而下逐渐增大，墙身厚度可以采用上薄下厚的变截面，或者在配置水平钢筋时，自上而下分段加密。

2. 基础底板的计算

基础底板是由墙趾板和墙踵板组成。墙趾板突出部分较短，按向上弯曲的悬臂计算，这与悬臂式挡土墙的墙趾板设计方法相同。墙踵板由扶壁的底部和墙身的底部支承，作用在墙踵板的荷载有板自重、土重、土压力的竖向分力以及作用在底板的地基反力，墙踵板的计算方法和墙身相同。

3. 扶壁计算

扶壁与墙身连成一起整体工作，扶壁可以视为固定在基础底板的一个变截面悬臂 T 形梁计算。假定受压区合力 D 作用在墙身的中心，T 为钢筋的拉力，扶壁自重和作用在扶壁上的竖直土压力可忽略不计，则从图 7-22 可得

$$D = T = \frac{\dfrac{H}{3} \cdot E_a \cdot \cos\delta}{b_2 + \dfrac{h}{2} - a} \tag{7-41}$$

式中：a——钢筋保护层厚度，取 $a=70\text{mm}$。

扶壁中配置有三种钢筋：斜筋、水平筋和竖直筋，如图 7-23 所示。斜筋为悬臂 T 形梁的受拉钢筋，沿扶壁的斜边布置。水平筋作为悬臂 T 形梁的箍筋以承受肋中的主拉应力，保证扶壁的斜截面强度；同时，水平筋将扶壁和墙身连系起来，以防止在侧压力作用下扶壁与墙身的连接处被拉断。竖直筋承受着由于基础底板的局部弯曲作用在扶壁内产生的垂直方向上的拉力，并将扶壁和基础底板连系起来，以防止在竖向力作用下扶壁与基础底板的连接处被拉断。

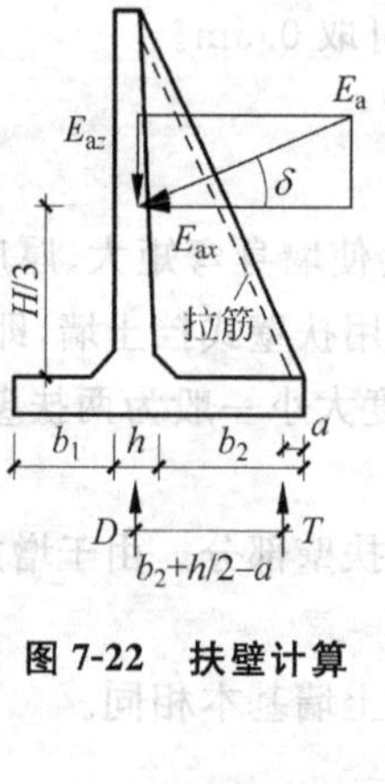

图 7-22 扶壁计算

图 7-23 扶壁配筋图

7.3.4 加筋土挡土墙设计

加筋土挡土墙是指坡面竖直或近似竖直的加筋土支挡结构，其坡面与水平面夹角不小于 70°也不能大于 90°。自然土体在自重作用下能在较小的坡度内直立，当坡角超过临界角度或在外力作用下，则容易发生严重的变形或倒塌，若在土中沿应变方向埋置具有挠性的筋带形成加筋土，则土体与筋带材料之间产生摩擦，犹如使加筋土具有了某种程度的黏性，从而改善土的力学性能。加筋土挡土墙在墙后土体内埋设筋带，使土体与筋带组成复合土体共同作用，以增强其自身稳定性，能够提高土的抗剪强度，弥补抗拉强度不足的弱点。

加筋土挡土墙由面板、拉筋、基础和填料等部分组成，依靠填料与拉筋间的摩擦力来平衡面板所承受的水平土压力，并以拉筋、填料的复合结构来抵抗拉筋尾部填料所产生的土压力，从而保证了挡土墙的稳定。

1. 基本假定

(1) 墙面板承受填料产生的主动土压力，每块面板承受其相应范围内的土压力，将由墙面板上拉筋有效摩阻力即抗拔力来平衡。

(2) 挡土墙内部加筋体分为滑动区和稳定区，这两区分界面为土体的破裂面。此破裂面与竖直面夹角小于非加筋土的主动破裂面。破裂面可按 $0.3H$ 折线法来确定，如图 7-24 所示。靠近面板的滑动区内的拉筋长度 L_f 为无效长度；作用于面板上的土压力由稳定区的拉筋与填料之间的摩阻力平衡，所以在稳定区内拉筋长度 L_a 为有效长度。

(3) 拉筋与填料之间的摩擦系数在拉筋的全长范围内相同。

(4) 压在拉筋有效长度上的填料自重及荷载对拉筋均产生有效的摩阻力。

2. 土压力计算

作用于加筋土挡土墙上的土压力是墙后填料和墙顶面荷载产生的水平土压力之和。

(1) 墙后填料作用于墙面板上产生的水平土压力。

加筋土为一种各向异性复合材料体，计算理论还不够成熟，根据国内外实测资料表明，土压力值接近静止土压力，而应力图形成折线形分布，如图 7-25 所示。

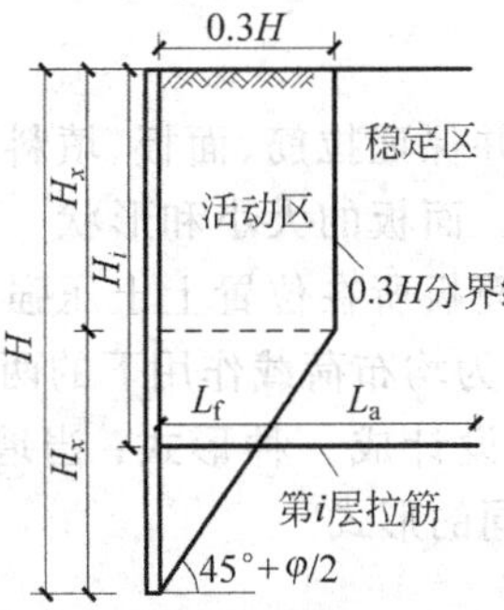

图 7-24 加筋土挡土墙破裂面

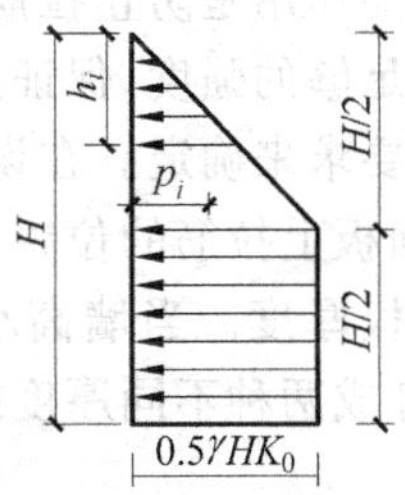

图 7-25 作用于墙面板上的土压力分布

当 $h_i \leqslant H/2$ 时，　　$p_{1i} = K_0 \gamma h_i$

当 $h_i > H/2$ 时，　　$p_{1i} = 0.5K_0 \gamma H$　　(7-42)

式中：p_{i1}——距墙顶 h_i 处土压力；

γ——填料重度(kN/m^3)；

h_i——第 i 层面板重心到墙顶的距离；

H——全墙高；

K_0——静止土压力系数，$K_0=1-\sin\varphi$，其中 φ 为填料有效摩擦角。

(2) 墙顶面上活荷载产生的水平土压力。

由实测可知，墙顶竖向荷载在土体中产生的水平土压力 p_{2i}，随着深度 h_0 的增大逐渐变小，荷载影响越小。为简化计算，其值可由荷载引起的竖向土压力与静止土压力系数乘积而得。竖向荷载产生的水平土压力可按应力扩散角法计算：

$$p_{2i}=K_0\frac{\gamma h_0 L_0}{L_i'} \tag{7-43}$$

式中：h_0——荷载的换算土柱高度(m)；

L_0——荷载的换算土柱宽度(m)；

L_i'——第 i 层拉筋深度处荷载在土中的扩散宽度。

当 $h_i\leqslant a\tan60°$ 时，$L'_i=L_0+2h_i\tan30°$

当 $h_i>a\tan60°$ 时，$L'_i=a+L_0+h_i\tan30°$

式中：a——荷载内边缘与墙背的距离。

$$p_i=p_{1i}+p_{2i} \tag{7-44}$$

式中：p_i——作用于挡土墙上的水平土压力。

3. 作用在拉筋上的竖向压应力

作用在拉筋上的竖向压应力是填料自重应力与荷载引起的竖向压应力之和，即

$$p_{vi}=p_{v1i}+p_{v2i} \tag{7-45}$$

墙后填料的自重应力：

$$p_{vi1}=\gamma h_i \tag{7-46}$$

荷载引起的拉筋上的竖向压应力，采用扩散角法计算(一般取30°)：

$$p_{v2i}=\frac{\gamma h_0 L_0}{L_i'} \tag{7-47}$$

4. 墙面板设计

墙面板的主要作用是防止拉筋间填土从侧向挤出，并保证拉筋、面板、填料构成一个整体。面板应具有足够的强度，保证拉筋端部土体的稳定。面板的大小和形状一般都是根据施工条件和其他要求来确定。在设计时，可以通过取墙面板所在位置上土压强度的最大值作为荷载，根据面板上拉筋的位置和根数，可以将面板视为均布荷载作用下的两端悬臂的简支梁来计算墙面板厚度。当墙高小于8m时，墙面板可设计成一种形式；当墙高大于8m时，墙面板可设计成两种不同厚度或相同厚度而配筋不同的形式。

5. 拉筋设计

加筋土挡土墙的拉筋设计包括拉筋的设计拉力、拉筋的长度计算和拉筋的截面设计。

1) 设计拉力

根据极限平衡原理，在挡土墙加筋土内某一节点处条带筋材所受到的拉力应等于填土

所受到的侧压力，即

$$T_i = p_i K_i S_x S_y \tag{7-48}$$

式中：K_i——安全系数，一般工程取 1.5，铁路取 2.0；

S_x，S_y——筋材的水平和竖向间距。

2）长度计算

拉筋的长度应该保证在拉筋的设计拉力作用下不被拔出来，拉筋的总长度由有效长度 L_a 和无效长度 L_f 组成。

（1）钢板、钢筋混凝土拉筋的有效长度 L_a

拉筋的有效长度应根据填料及荷载在该层拉筋上产生的有效摩阻力，与相应拉筋的设计拉力 T_i 平衡而求得，则

$$L_a = \frac{T_i}{2\mu B p_{vi}} \tag{7-49}$$

式中：μ——填料与拉筋之间的摩擦系数；

B——拉筋宽度；

p_{vi}——根据式(7-45)计算。

（2）聚丙烯土工带拉筋的有效长度

当采用聚丙烯土工带为拉筋时，其有效长度为

$$L_a = \frac{T_i}{2nB\mu p_{vi}} \tag{7-50}$$

（3）拉筋的无效长度 L_f

$$\begin{aligned} &\text{当 } h_i \leqslant H/2 \text{ 时，} \quad L_f = 0.3H \\ &\text{当 } h_i > H/2 \text{ 时，} \quad L_f = 0.3H \times \frac{H - h_i}{0.5H} = 0.6(H - h_i) \end{aligned} \tag{7-51}$$

3）截面设计

（1）钢板拉筋和钢筋混凝土拉筋

由于拉筋的设计拉力已知，根据拉筋材料及其抗拉强度设计值，易求材料截面面积：

$$A_s \geqslant \frac{T_i}{f_y} \tag{7-52}$$

（2）聚丙烯土工带拉筋

聚丙烯土工带按中心受拉构件计算，通常根据试验测得每根拉筋的极限强度，取其 1/5～1/7 为每根拉筋的设计拉力，最后根据设计拉力求出每米拉筋的实际根数。

6. 全墙抗拔稳定性验算

$$K_s = \frac{\sum S_{fi}}{\sum E_{xi}} \geqslant 2 \tag{7-53}$$

式中：$\sum S_{fi}$—— 各层拉筋所产生的摩擦力总和；

$\sum E_{xi}$—— 各层拉筋承受水平土压力的总和。

7. 单块钢筋混凝土拉筋板条稳定性验算

$$K_s = \frac{S_{fi}}{E_{xi}} \tag{7-54}$$

式中：S_{fi}——单根拉筋所产生的摩擦力；

E_{xi}——单根拉筋承受水平土压力。

对于单块钢筋混凝土拉筋板条稳定性验算，一般工程的稳定安全系数不小于1.5，对于重要工程不小于2.0；公路、铁路应当满足相应的设计规范。

7.4 护坡工程

7.4.1 设计原则

开发建设项目在基建施工和生产运行中由于开挖地面或堆置弃土、弃石、弃渣等形成的不稳定边坡，都应采取护坡工程。根据边坡的高度和坡度等不同条件，分别采取不同的护坡工程。主要有以下几种：

(1) 对边坡高度大于4m、坡度大于1.0∶1.5的，应采取削坡开级工程。

(2) 对边坡坡度小于1.0∶1.5的土质或沙质坡面，可采取植物护坡工程。

(3) 对堆置物或山体不稳定处形成的高陡边坡，或坡脚遭受水流淘刷的，应采取工程护坡。

(4) 对条件较复杂的不稳定边坡，应采取综合护坡工程。

(5) 对滑坡地段应采取滑坡治理工程。

7.4.2 削坡开级

削坡是削掉非稳定边坡的部分岩土体，以减缓坡度，削减助滑力，从而保持坡体稳定的一种护坡措施，如图7-26所示。开级则是通过开挖边坡，修筑阶梯或平台，达到相对截短坡长，改变坡型、坡度、坡比，降低荷载重心，维持边坡稳定目的的另一护坡措施，如图7-27所示。二者可单独使用，亦可合并使用，主要用于防止中小规模的土质滑坡和石质崩塌。当非稳定边坡的高度大于4m，坡比大于1.0∶1.5时，应采用削坡开级措施。削坡开级措施主要研究岩土结构及力学特性、周边暴雨径流情况，分析论证边坡稳定性，然后确定工程的具体布设、结构形式、断面尺寸等技术要素。在采取削坡工程时，必须布置山坡截水沟、平台截水沟、急流沟排水边沟等排水系统，防止削坡坡面径流及坡面上方地表径流对坡面的冲刷。大型削坡开级工程还应考虑地震问题。根据岩性将削坡分为土质边坡削坡、石质边坡削坡两种类型。

图7-26 削级护坡

图7-27 开级护坡

1. 土质坡面的削坡开级

土质坡面的削坡开级主要有直线形、折线形、阶梯形和大平台形 4 种形式。

1）直线形

(1) 适用于高度小于 20m、结构紧密的均质土坡，或高度小于 12m 的非均质土坡。

(2) 从上到下，削成同一坡度，削坡后比原坡度减缓，达到该类土质的稳定坡度。

(3) 对有松散夹层的土坡，其松散部分应采取加固措施。

2）折线形

(1) 适用于高 12～20m、结构比较松散的土坡，特别适用于上部结构较松散，下部结构较紧密的土坡。

(2) 重点是削缓上部，削坡后保持上部较缓、下部较陡的折线形。

(3) 上下部的高度和坡比，根据土坡高度与土质情况，具体分析确定，以削坡后能保证稳定安全为原则。

3）阶梯形

(1) 适用于高 12m 以上、结构较松散，或高 20m 以上、结构较紧密的均质土坡。

(2) 每一阶小平台的宽度和两平台间的高差，根据当地土质与暴雨径流情况，具体研究确定。一般小平台宽 1.5～2.0m，两台间高差 6～12m。干旱、半干旱地区，两台间高差大些；湿润、半湿润地区，两台间高差小些。

(3) 开级后应保证土坡稳定。

4）大平台形

(1) 适用于高度大于 30m，或在 8 度以上高烈度地震区的土坡。

(2) 大平台一般开在土坡中部，宽 4m 以上。平台具体位置与尺寸，需根据相关规范对土质边坡高度的限制研究确定。

(3) 大平台尺寸基本确定后，需对边坡进行稳定性验算。

2. 石质坡面的削坡开级

适用于坡度陡直或坡形呈凸形、荷载不平衡或存在软弱交互岩层且岩层走向沿坡体下倾的非稳定边坡，故石质边坡的削坡开级应符合以下要求。

(1) 坡度要求：除坡面石质坚硬、不易风化的外，削坡后的坡比一般应缓于 1∶1。

(2) 石质坡面削坡，应留出齿槽，齿槽间距 3～5m，齿槽宽度 1～2m。在齿槽上修筑排水明沟和渗沟，一般深 10～30cm，宽 20～50cm。

3. 坡脚防护

(1) 削坡后因土质疏松可能产生碎落或塌方的坡脚，应修筑挡土墙予以防护。

(2) 无论土质削坡或石质削坡，都应在距坡脚 1m 处，开挖防洪排水渠，断面尺寸根据坡面来水情况计算确定。

4. 坡面防护

(1) 削坡开级后的坡面，应采取植物护坡措施。在阶梯形的小平台和大平台形的大平台中，宜种植乔木或果树，其余坡面可种植草类、灌木。

(2) 植物护坡有关技术，参照相关规范要求执行。

7.4.3 植被护坡

对于一切稳定和非稳定的人工护坡及自然裸露边坡，都应在工程防护的基础上，尽可能创造条件恢复植被，这不仅能控制水土流失，维护坡面稳定，而且对生态环境改善具有重要意义，如图 7-28 所示。植被护坡具有一定的局限性，对于坡度较陡（>50°）的边坡，必须与工程措施相结合。采用植被防护，就是利用植物覆盖坡面，可以减缓地面水流速度，同时植物比较发达的根系，深入土层，在一定程度上对表层土起了固结土体作用，同时地表植被还可阻挡地面径流，减缓冲刷；也可以调节表土的湿润程度，防止扬尘风蚀。对于边坡坡度或削坡开级后坡度缓于 1.0∶1.5 的土质或砂质坡面，可采取植物护坡措施。植物护坡一般包括种草、植树等。

图 7-28 植被护坡

1. 种草护坡

对坡度比小于 1.0∶1.5、土层较薄的沙质或土质坡面，可采取种草护坡工程。

(1) 种草护坡应先将坡面进行整治，并选用生长快的低矮型草种。

(2) 种草护坡应根据不同的坡面情况，采用不同的方法。一般土质坡面采用直接播种法；密实的土质边坡上，采取坑植法；在风沙坡地，应先设沙障，固定流砂，再播种草籽；在不利于草生长的土坡上，可铺一层 10～15cm 厚的种植土，并挖成小台阶，以防该土层滑动，然后再种草。

(3) 种草后 1～2 年内，进行必要的封禁和抚育措施。

2. 植树护坡

对坡度 10°～20°，在南方坡面土层厚 15cm 以上、北方坡面土层厚 40cm 以上、立地条件较好的地方，采用植树护坡。

(1) 植树护坡应采用深根性与浅根性相结合的乔灌木混交方式，同时选用适应当地条件、速生的乔木和灌木树种。

(2) 在坡面的坡度、坡向和土质较复杂的地方，将造林护坡与种草护坡结合起来，实行乔、灌、草相结合的植物或藤本植物护坡。

(3) 坡面采取植苗造林时，苗木宜带土栽植，并应适当密植。

7.4.4 工程护坡

对堆置固体废弃物或山体不稳定的地段，或坡脚易遭受水流冲刷的地方，应采取工程护坡，其具有保护边坡，防止风化、碎石崩落、崩塌、浅层小滑坡等功能。工程护坡省工、速度快，但投资高。在各项工程类防护措施中，国内对支挡措施的研究尤为丰富。工程类防护的技术措施多种多样，其在具体工程中的先后主次选择显得十分重要。一般而言，应优先考虑改变坡形法和排水法，在仍难以保证边坡稳定的情况下，再选用支挡措施（如抗滑桩、挡墙、预应力锚索抗滑桩、预应力锚索框架梁等）。

常见的工程护坡有：干砌片石和混凝土砌块护坡、浆砌片石和混凝土护坡、格状框条护坡、喷浆和混凝土护坡等。

砌石护坡有干砌石和浆砌石两种形式，根据不同需要分别采用。

1. 干砌石护坡

(1) 坡面较缓(1.0∶2.5～1.0∶3.0)、受水流冲刷较轻的坡面，采用单层干砌块石护坡或双层干砌块石护坡，如图7-29所示。

(2) 坡面有涌水现象时，应在护坡层下铺设15cm以上厚度的碎石、粗砂或砂砾作为反滤层，封顶用平整块石砌护。

(3) 干砌石护坡的坡度，根据土体的结构性质而定，土质坚实的砌石坡度可陡些，反之则应缓些。一般坡度1.0∶2.5～1.0∶3.0，个别可为1.0∶2.0。

2. 浆砌石护坡

(1) 坡度在1∶1～1∶2之间，或坡面位于沟岸、河岸，下部可能遭受水流冲刷，且洪水冲击力强的防护地段，宜采用浆砌石护坡，如图7-30所示。

图7-29 干砌石护坡

图7-30 浆砌石护坡

(2) 浆砌石护坡由面层和起反滤层作用的垫层组成。面层铺砌厚度为25～35cm，垫层又分单层和双层两种，单层厚5～15cm，双层厚20～25cm。原坡面如为砂、砾、卵石，可不设垫层。

(3) 对长度较大的浆砌石护坡，应沿纵向每隔10～15m设置一道宽约2cm的伸缩缝，并用沥青或木条填塞。

3. 格状框条护坡

如图 7-31 用预制构件在现场装配或在现场直接浇制混凝土和钢筋混凝土，修成格式构筑物，格内可进行植被防护，有涌水的地方干砌片石。为防止滑动，应固定框格交叉点或深埋横向框条。

图 7-31　格状护坡

4. 抛石护坡

坡脚为沟岸、河岸，暴雨中可能遭受洪水淘刷的部分，对枯水位以下的坡脚应采取抛石护坡。有散抛块石、石笼抛石和草袋抛石 3 种方式，根据不同情况，分别选用。

5. 混凝土护坡

在边坡坡脚可能遭受强烈洪水冲刷的陡坡段，采取混凝土（或钢筋混凝土）护坡，必要时需加锚固定，如图 7-32 所示。

(1) 边坡介于 1.0：1.0～1.0：0.5 之间的、高度小于 3m 的坡面，用一般混凝土砌块护坡，砌块长宽各 30～50cm；边坡陡于 1.0：0.5 的，用钢筋混凝土护坡。

(2) 坡面有涌水现象时，用粗砂、碎石或砂砾等设置反滤层。涌水量较大时，修筑盲沟排水。盲沟在涌水处下端水平设置，宽 20～50cm，深 20～40cm。

6. 喷浆护坡

如图 7-33 所示，在基岩不太发育裂隙、无大崩塌的坡段，采用喷浆机进行喷浆或喷混凝土护坡，以防止基岩风化剥落。

(1) 喷涂水泥砂浆的砂石料最大粒径 15mm，水泥和砂石的重量比 1：4～1：5，砂率 50%～60%，水灰比 0.4～0.5。速凝剂的添加量为水泥重量的 3%左右。

(2) 喷浆前必须清除坡面活动岩石、废渣、浮土、草根等杂物，填堵大缝隙、大坑洼。

(3) 破碎程度较轻的坡段，可根据当地土料情况，就地取材，用胶泥喷涂护坡，或用胶泥作为喷浆的垫层。

图 7-32　混凝土护坡

图 7-33　喷浆护坡

7.4.5　综合护坡措施

综合护坡技术指将植被防护技术与工程防护技术有机结合起来，实现共同防护的一种方法，通常采用混凝土、浆砌片(块)石、格宾(gabion)等形成框格骨架或做成护垫，然后在框格内、护垫表面植草或草灌(草和低矮灌木)。根据工程防护的材料不同，可分为框格(浆砌石、现浇钢筋混凝土、预制预应力混凝土等)植草护坡、格宾护垫植草护坡等综合护坡形式。

1. 框格(骨架)植草护坡

框格植草护坡是用混凝土、浆砌块(片)石等材料，在边坡上构筑骨架形成框格，并在框格内结合铺草皮、三维土工网、土工格室、喷播植草、栽植苗木等方法形成的一种综合护坡形式，如图 7-34 所示。为分散坡面径流流量、提高边坡粗糙系数减缓径流流速，减轻边坡冲刷，常采用截水型骨架。

根据框架构筑材料的不同可分为混凝土框架、浆砌石框架。框架的结构可根据所需支护坡体稳定情况来确定，坡面条件好且边坡较缓，可采用浆砌石框架；坡面情况较差且边坡又较高的则需要采用钢筋混凝土框架，对于稳定性很差的高陡岩石边坡可在框架交叉处布设一定长度的锚杆或预应力锚索加固坡体，增强框架的抗滑力，保持框架整体的稳定性。

该方法在各地区风化较严重的岩质边坡和坡面稳定的较高土质边坡均适用，但在干旱、半干旱地区应保证供应养护用水。

2. 格宾护垫植草护坡

格宾护垫是借鉴 1000 余年前在中国都江堰及埃及尼罗河被广泛采用的柳条笼及竹笼为基本原理，采用专业设备将符合相关国际标准的高质量的低碳钢丝编制成六边形双绞合金属网面，进而将金属网面制作成箱体结构，并在其内填充符合既定要求的块石或鹅卵石，以达到冲刷防护的目的，如图 7-35 所示。与传统护坡结构相比，格宾护垫具有安全性、耐久性、组装和施工的便捷性、高效性和环保等优良性能。

图 7-34 框格植草护坡

图 7-35 格宾护垫植草护坡

格宾护垫植草护坡适用于以下条件：

(1) 主要用于受水流冲刷或淘刷的边坡或坡脚，挡墙、护坡的基础以及对受水影响的库坝内渣场边坡；宜用于边坡较陡、其他固坡措施较难施工且有绿化要求的坡面或经常浸水且水流方向较平顺的景观河床的路基边坡等。

(2) 不受季节性限制，对于季节性浸水或长期浸水的边坡均可适用，并可在填筑体沉实之前就可施工。

(3) 适用于渣场附近石料较多或沿河废石较多的河道护坡绿化。

(4) 拟防护的边坡坡体本身必须稳定，格宾护垫需加木桩或土钉加以固定。土质边坡一般不陡于 1.0：1.6，土石边坡一般不陡于 1.0：1.5，砂质土坡不陡于 1：2，松散堆体边坡宜缓于 1：2。

7.4.6 滑坡地段的防护措施

滑坡是指斜坡上的土体或者岩体，受河流冲刷、地下水活动、地震及人工切坡等因素影响，在重力作用下，沿着一定的软弱面或者软弱带，整体地或者分散地顺坡向下滑动的自然现象。它经常会破坏地面工程、环境，造成人员伤亡、经济损失惨重等后果。

滑坡主要的诱发因素有：地震、降雨和融雪、地表水的冲刷、浸泡、河流等地表水体对斜坡坡脚的不断冲刷；不合理的人类工程活动：如开挖坡脚、坡体上部堆载、爆破、水库蓄(泄)水、矿山开采等都可诱发滑坡，还有如海啸、风暴潮、冻融等作用也可诱发滑坡。

我国防治滑坡的工程措施很多，归纳起来可分为三种：一是消除或减轻水的危害，二是改变滑坡体的外形，设置抗滑构筑物，三是改善滑动带的土石性质。其主要工程措施简要分述如下。

1. 消除或减轻水的危害

1) 排除地表水

排除地表水是整治滑坡不可缺少的辅助措施，而且应是首先采取并长期运用的措施。其目的在于拦截、旁引滑坡区外的地表水，避免地表水流入滑坡区内；或将滑坡区内的雨水及泉水尽快排除，阻止雨水、泉水进入滑坡体内。主要工程措施有：设置滑坡体外截水沟、滑坡体上地表水排水沟、引泉工程，做好滑坡区的绿化工作等。

2）排除地下水

对于地下水，可疏而不可堵。其主要工程措施有：

(1) 截水盲沟：用于拦截和旁引滑坡区外围的地下水；

(2) 支撑盲沟：兼具排水和支撑作用；

(3) 仰斜孔群：用近于水平的钻孔把地下水引出。

此外，还有盲洞、渗管、垂直钻孔等排除滑坡体内地下水的工程措施。

3）防止河水、库水对滑坡体坡脚的冲刷

主要工程措施有：在滑坡体上游严重冲刷地段修筑促使主流偏向对岸的"丁坝"，在滑坡体前缘抛石、铺设石笼、修筑钢筋混凝土块排管，以使坡脚的土体免受河水冲刷。

2. 改变滑坡体外形，设置抗滑建筑物

(1) 削坡减重：常用于治理处于"头重脚轻"状态而在前方又没有可靠的抗滑地段的滑体，使滑体外形改善、重心降低，从而提高滑体稳定性。

(2) 修筑支挡工程：因失去支撑而滑动的滑坡或滑坡床陡、滑动可能较快的滑坡，采用修筑支挡工程的办法，可增加滑坡的重力平衡条件，使滑体迅速恢复稳定。支挡建筑物种类有：抗滑片石垛、抗滑桩、抗滑挡墙等。

(3) 改善滑动带的土石性质：一般采用焙烧法、爆破灌浆法等物理化学方法对滑坡进行整治。

由于滑坡成因复杂，影响因素多，因此需要上述几种方法同时使用综合治理，方能达到工程效果。

思考题与习题

7-1　挡土墙按结构形式可分为哪几种类型？请举例说明。

7-2　可采取哪些措施增强重力式挡土墙的抗倾覆能力？可采取哪些措施增强重力式挡土墙的抗滑移能力？

7-3　什么是衡重式挡土墙？它有何特点？

7-4　根据重力式挡土墙与悬臂式挡土墙的受力特点，比较这两种挡土墙的区别。

7-5　设计加筋土挡土墙时，如何确定墙背土压力及筋带的长度？

7-6　试从工程防护和生态保护的角度谈谈护坡工程的意义。

7-7　护坡工程按其作用不同，可以分为哪几类？每一类包括了哪些防护措施？

7-8　如何通过削坡开级达到护坡目的？

7-9　植物防护的作用和适用条件是什么？

7-10　什么是滑坡？防止滑坡的工程措施有哪些？

7-11　如图 7-36 所示，某重力式挡土墙墙背垂直，墙体重度 $\gamma=22\text{kN/m}^3$，挡土墙填土水平，填土 $c=0$，$\varphi=33°$，$\gamma=18\text{kN/m}^3$，填土与墙背摩擦角 $\delta=10°$，基底摩擦系数 $\mu=0.45$，试验算挡土墙的稳定性。

7-12　如图 7-37 所示挡土墙，墙身砌体重度 $\gamma=22\text{kN/m}^3$，填土与水平方向夹角 $\delta=15°$，填土 $c=0$，$\varphi=35°$，$\gamma=18\text{kN/m}^3$，基底摩擦系数 $\mu=0.55$，试验算该挡土墙的稳定性。

7-13　悬臂式挡土墙截面尺寸如图 7-38 所示，地面上活荷载 $q=5\text{kPa}$，地基土为黏性土，地基承载力特征值为 110kPa，墙后填土 $\varphi=35°$，$\gamma=18\text{kN/m}^3$，求挡土墙墙身配筋及土的承载力验算。

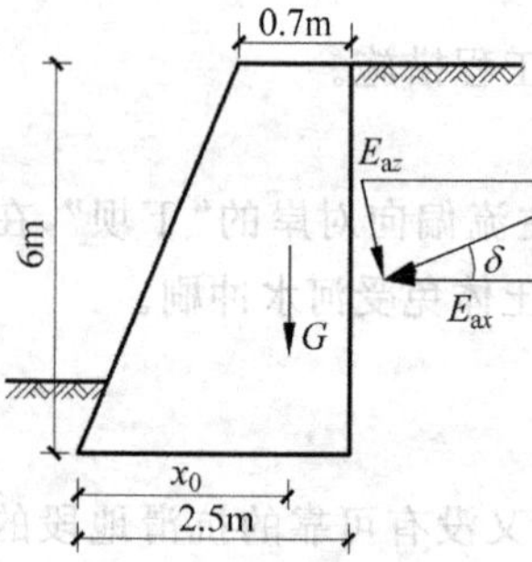

图 7-36　习题 7-11 图

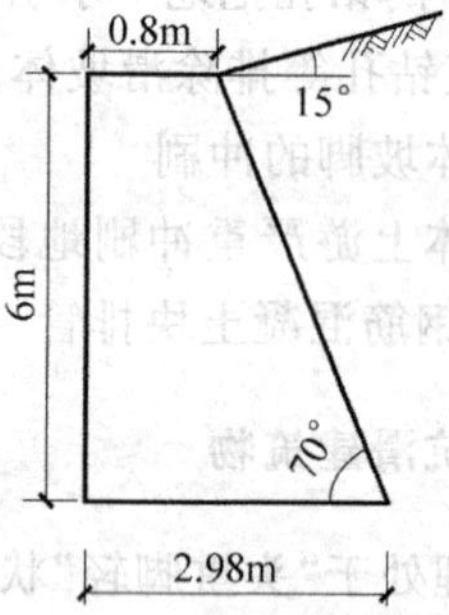

图 7-37　习题 7-12 图

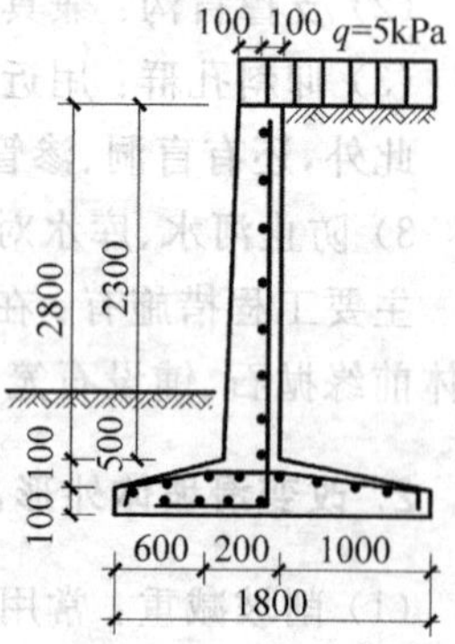

图 7-38　习题 7-13 图

第8章 基坑工程

8.1 概述

8.1.1 基坑工程的概念及特点

基坑工程是指建(构)筑物基础工程或其他地下工程施工中所进行的基坑开挖、降水、支护和土体加固以及监测等的综合性工程，是基础工程和地下工程中一个古老的传统课题。随着我国经济建设的高速发展，高层建筑地下室、地下商场、大型地铁车站、排水及污水处理系统、地下停车场等市政工程的建设推进了基坑工程的大力发展，同时也不断出现基坑工程新问题。

基坑工程的影响因素较多，与场地条件、土层情况、水文条件、施工管理、现场监测及相邻周边环境影响等密切相关，同时基坑工程涉及土力学中典型的强度、稳定性和变形问题，是一个综合性岩土工程问题。基坑工程具有如下特点：

(1) 基坑支护结构体系是临时结构，安全储备相对较小，风险性较大；

(2) 基坑工程具有很强的区域性和个案性；

(3) 基坑工程具有较强的时空效应；

(4) 基坑工程是系统工程。

20 世纪 90 年代以来，基坑工程在我国大范围涌现，目前又出现新的特点，主要表现在：基坑面积不断增大；开挖深度不断加深；基坑场地紧凑；周边环境复杂敏感。

8.1.2 基坑支护工程设计要求

1. 基坑支护工程要求

基坑支护工程应满足以下要求：

(1) 保证基坑周边建(构)筑物、地下管线、道路的安全和正常使用；

(2) 保证主体地下结构的施工空间。

2. 基坑支护设计安全等级

基坑支护工程设计应综合考虑基坑周边环境和地质条件的复杂程度、基坑深度等因素，按表 8-1 采用支护结构的安全等级。对同一基坑的不同部位，可采用不同的安全等级。

表 8-1　基坑侧壁安全等级重要性系数

安全等级	破坏后果	γ_0
一级	支护结构破坏、土体失稳或过大变形对基坑周边环境及地下结构施工影响很严重	1.10
二级	支护结构破坏、土体失稳或过大变形对基坑周边环境及地下结构施工影响一般	1.00
三级	支护结构破坏、土体失稳或过大变形对基坑周边环境及地下结构施工影响不严重	0.90

注：有特殊要求的建筑基坑侧壁安全等级可根据具体情况另行确定。

3. 支护结构的水平位移监测

支护结构的水平位移是反映支护结构工作状况的直观数据，对监控基坑与基坑周边环境安全能起到相当重要的作用，是进行基坑工程信息化施工的主要监测内容。规程规定支护结构的最大水平位移允许值如表 8-2 所示。

表 8-2　支护结构的最大水平位移允许值

安全等级	支护结构的最大水平位移允许值	
	排桩、地下连续墙、放坡、土钉墙	钢板桩、深层搅拌
一级	$0.0025h$	
二级	$0.0050h$	$0.0100h$
三级	$0.0100h$	$0.0200h$

注：h 为基坑深度。

8.1.3　基坑工程设计内容

基坑工程设计应包括下列内容：

(1) 支护结构方案技术经济比较；

(2) 支护体系的稳定性验算；

(3) 支护结构的承载力、稳定和变形计算；

(4) 地下水控制设计。

8.2　基坑支护结构形式及适用范围

8.2.1　放坡开挖与简易支护

放坡开挖是指采用合理的坡比进行开挖，适用于土质较好、开挖深度不大且具有足够放坡场所的工程，如图 8-1 所示。

采用人工放坡开挖时，须采取坡顶、坡脚和坡面降排水措施。对坡面须采取水泥砂浆抹面、喷浆或挂网喷混凝土等防护措施。

8.2.2　悬臂式支护结构

悬臂式支护结构是指没有支撑和拉锚的板桩墙、排桩墙和地下连续墙等支护结构，如图 8-2 所示。悬臂式支护结构常采用钢筋混凝土排桩、木板桩、钢板桩、钢筋混凝土板桩、地下连续墙等形式。钢筋混凝土桩常采用人工挖孔桩、钻孔灌注桩、沉管灌注桩等。悬臂式支护结构依靠足够的入土深度和结构的抗弯能力来维持基坑稳定和结构安全，其对开挖深度很敏感，容易产生较大变形，只适用于土质较好、开挖深度较浅的基坑工程。在软土地区支护深度不宜大于 5m。

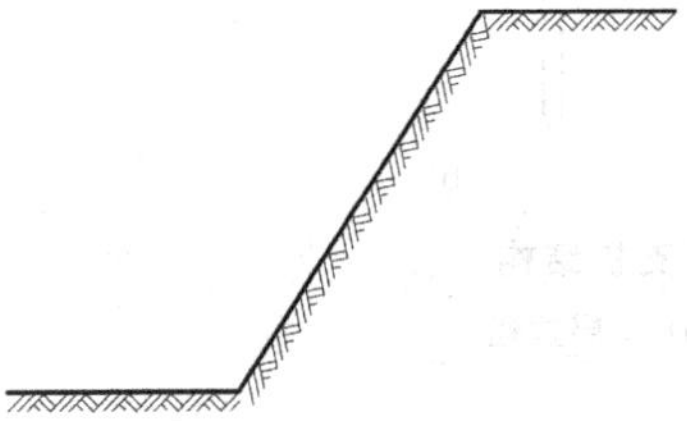

图 8-1　放坡开挖

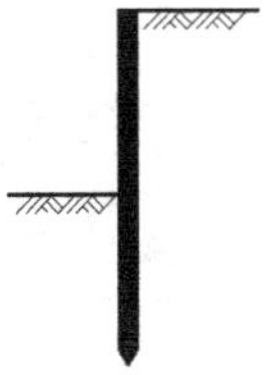

图 8-2　悬臂式支护结构

8.2.3　重力式支护结构

重力式水泥土桩墙支护结构通常由水泥土桩组成。水泥土桩之间可互相咬合紧密排列，当基坑开挖深度较大时，常采用格栅式排列，如图 8-3 所示。重力式支护结构适合软土地区的基坑支护，支护深度不宜大于 6m。

8.2.4　内撑式支护结构

内撑式支护结构由挡土结构和支撑结构两部分组成，如图 8-4(a)、(b)所示。挡土结构常采用排桩和地下连续墙，具有挡土和止水功能。支撑结构包括内支撑、围檩和立柱等构件，具有维持支护结构平衡作用。支撑结构有水平支撑和斜支撑两种。内支撑常采用钢筋混凝土梁、钢管、型钢等形式。

内支撑支护结构适合各种地基土层和基坑深度，但会占用一定的施工空间。

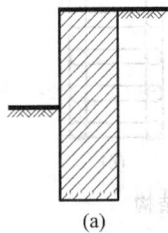

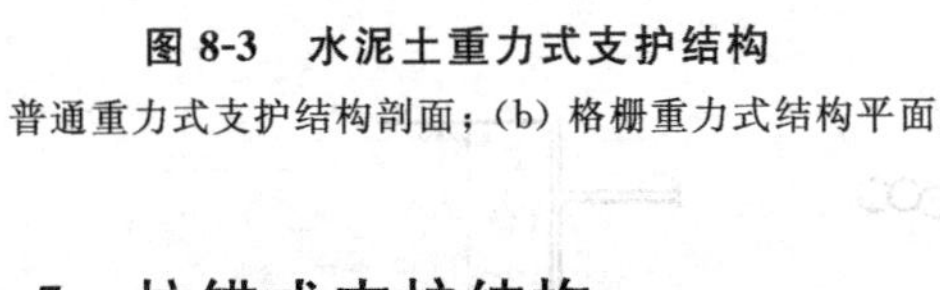

图 8-3　水泥土重力式支护结构

(a) 普通重力式支护结构剖面；(b) 格栅重力式结构平面图

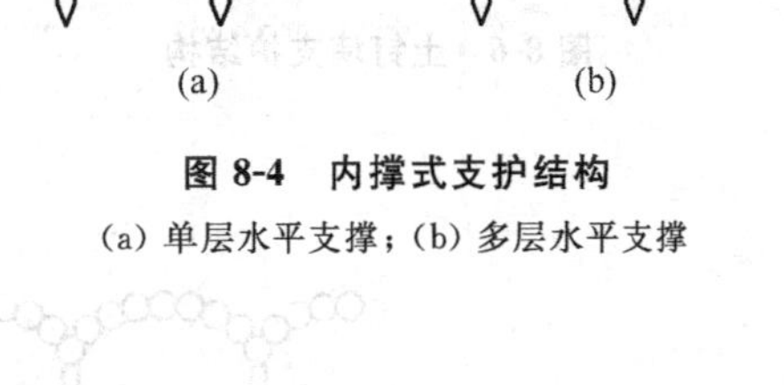

图 8-4　内撑式支护结构

(a) 单层水平支撑；(b) 多层水平支撑

8.2.5　拉锚式支护结构

拉锚式支护结构由挡土结构和锚杆组成。挡土结构通常是支护桩或墙，同样采用钢筋混凝土桩、钢板桩或地下连续墙。锚杆通常有地面拉锚和土层锚杆两种。地面拉锚需要足够的场地设置锚桩和锚固装置，如图 8-5(a)所示。土层锚杆需要地基土提供较大锚固力，如图 8-5(b)所示，因而多用于砂土地基或黏土地基，不宜用于软黏土地层中。

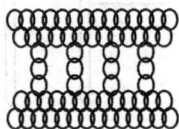

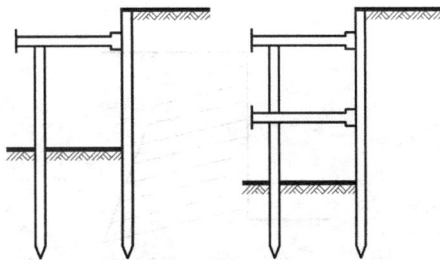

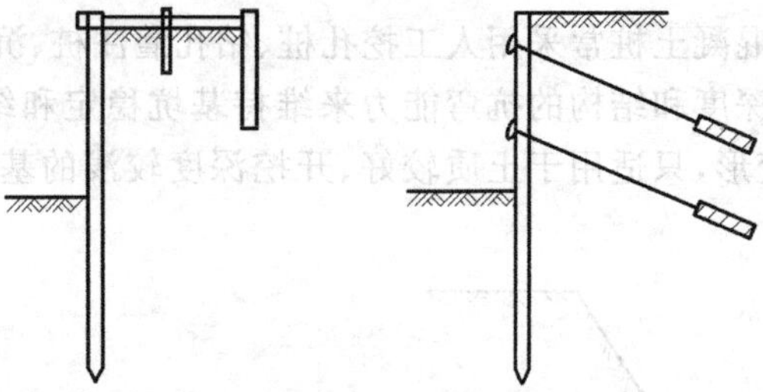

(a) (b)

图 8-5 拉锚式支护结构

(a) 地面拉锚；(b) 土层拉锚

8.2.6 土钉墙支护结构

土钉墙支护结构是由被加固的原位土体、土钉和喷射混凝土面板组成，如图 8-6 所示。土钉墙支护结构适合地下水位以上的黏性土、砂土和碎石土地基，不适合淤泥或淤泥质土层。

值得注意的是，土层锚杆支护与土钉支护有些类似，但是二者支护的机理是不同的。土钉支护是在土体中全孔长内注浆与周围土体胶结，不需要施加预应力，具有挤密加筋作用；而土层锚杆有严格的锚固段与自由段，锚固段设在土体滑动面之外的土性较好的区域，采用压力注浆，自由段设在滑动面之内，全段不注浆，锚杆一般实施预应力张拉。或者说土钉支护是增强或提高原有土体的强度，而锚杆支护是将不良土或存在危险的土固定在良好岩土上。

8.2.7 其他形式支护结构

其他支护结构形式主要包括双排桩支护结构（图 8-7），连拱式支护结构（图 8-8），逆作拱墙、加筋水泥土拱墙支护结构以及各种组合支护结构。

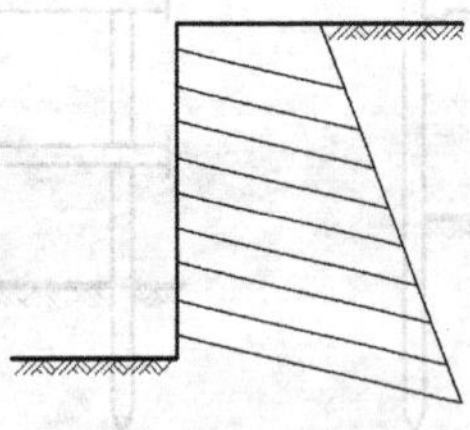

图 8-6 土钉墙支护结构

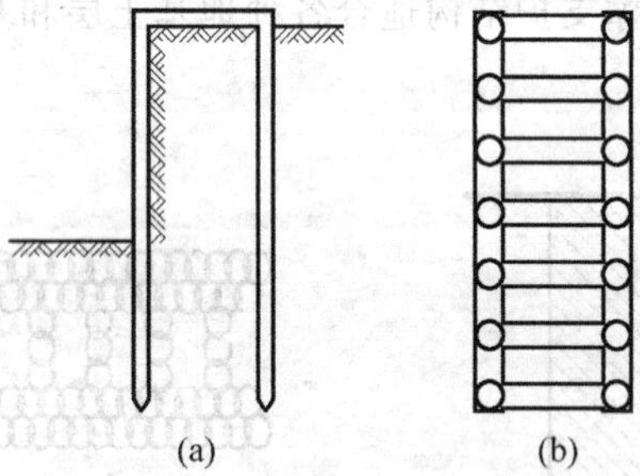

(a) (b)

图 8-7 双排桩支护结构

(a) 剖面；(b) 平面

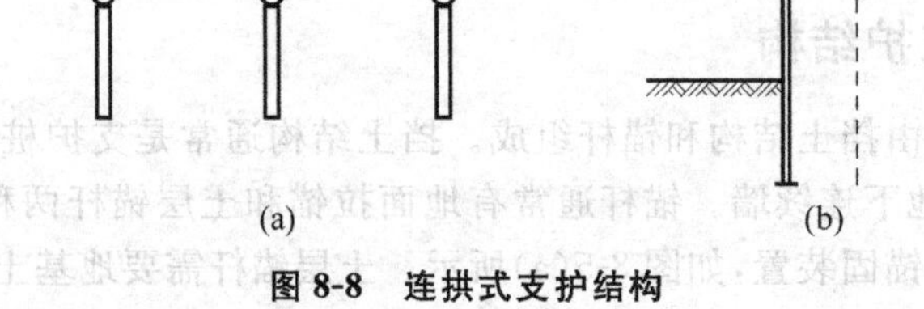

(a) (b)

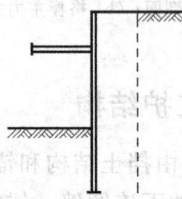

图 8-8 连拱式支护结构

(a) 平面；(b) 剖面

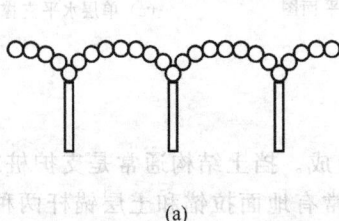

8.3 支护结构上的荷载计算

计算作用在支护结构上的水平荷载时,应考虑下列因素:

(1) 基坑内外土的自重(包括地下水);

(2) 基坑周边既有和在建的建(构)筑物荷载;

(3) 基坑周边施工材料和设备荷载;

(4) 基坑周边道路车辆荷载;

(5) 冻胀、温度变化及其他因素产生的作用。

8.3.1 土、水压力计算

基坑支护工程中的土、水压力计算,常采用以朗肯土压力理论为基础的计算方法(图 8-9),按照《建筑基坑支护技术规程》(JGJ 120—2012)(简称《基坑规程》),根据不同的土性和施工条件,可分为水土分算和水土合算两种方法。

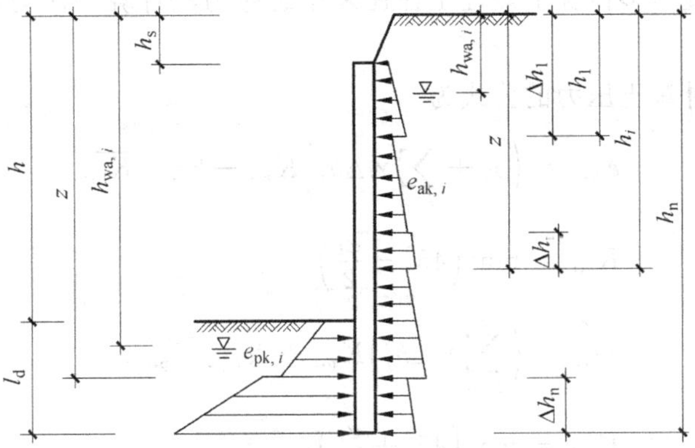

图 8-9 土压力计算

(1) 水土分算法。水土分算就是分别计算土压力和水压力,以两者之和为总侧压力。水土分算适用于土孔隙中存在自由重力水或土的渗透性较好的情况,一般适用于碎石土和砂土,这些土无黏聚性或弱黏聚性,地下水在土颗粒间容易流动,重力水对土颗粒产生孔隙水压力。

采用水土分算法计算土压力的公式为

$$e_{ak,i}=\left[\sigma_k+\sum_{j=1}^{i}\gamma_j\Delta h_j-(z-h_{wa,i})\gamma_w\right]K_{a,i}-2c_i\sqrt{K_{a,i}}+(z-h_{wa,i})\gamma_w \tag{8-1}$$

$$e_{pk,i}=\left[\sum_{j=1}^{i}\gamma_j\Delta h_j-(z-h_{wp,i})\gamma_w\right]K_{p,i}+2c_i\sqrt{K_{p,i}}+(z-h_{wp,i})\gamma_w \tag{8-2}$$

式中:$e_{ak,i}$——支护结构外侧任意深度 z 处第 i 层土的主动土压力强度的标准值;

$e_{pk,i}$——支护结构内侧任意深度 z 处第 i 层土的被动土压力强度的标准值;

z——计算点距离地面的深度;

γ_w——地下水的重度,取 10kN/m³;

γ_j——第 j 层土的天然重度；

Δh_j——第 j 层土的厚度，对第 i 层土，其厚度由该层土的顶面取至计算点深度 z 处；

σ_k——由支护结构外侧建筑物的基底压力、施工材料与设备的质量、车辆的质量等附加荷载引起的深度 z 处的附加竖向应力标准值；

$K_{a,i}$——第 i 层的主动土压力系数；

$K_{p,i}$——第 i 层的被动土压力系数，计算被动土压力时，基坑面所在的第 i 层土的厚度从基坑面向下算起；

c_i——第 i 层土的黏聚力；

$h_{wa,i}$——基坑外侧第 i 层土中地下水水位距地面的深度；

$h_{wp,i}$——基坑内侧第 i 层土中地下水水位距地面的深度。

注：按以上公式计算的主动土压力强度 $e_{ak,i}<0$ 时，应取 $e_{ak,i}=0$。

(2) 水土合算法。地下水位以下的水压力和土压力，按有效应力原理分析时，水压力与土压力应分开计算。水土分算方法概念比较明确，但实际使用中还存在一些困难，特别是对黏性土，水压力取值的难度大，土压力计算还应采用有效应力抗剪强度指标，在实际工程中往往难以解决。因此很多情况下黏性土往往采用总应力法计算土压力，也有了一定的工程实践经验。

采用总应力法计算土压力的公式为

$$e_{ak,i}=\left(\sigma_k+\sum_{j=1}^{i}\gamma_j\Delta h_j\right)K_{a,i}-2c_i\sqrt{K_{a,i}} \tag{8-3}$$

$$K_{a,i}=\tan^2\left(45^\circ-\frac{\varphi_i}{2}\right) \tag{8-4}$$

$$e_{pk,i}=\left(\sum_{j=1}^{i}\gamma_j\Delta h_j\right)K_{p,i}+2c_i\sqrt{K_{p,i}} \tag{8-5}$$

$$K_{p,i}=\tan^2\left(45^\circ+\frac{\varphi_i}{2}\right) \tag{8-6}$$

式中：φ_i——第 i 层土的内摩擦角。

8.3.2 附加竖向应力标准值计算

(1) 当支护结构外侧地面荷载的作用面积较大时，可按均布荷载考虑。此时，支护结构外侧任意深度 z 处的附加竖向应力标准值 σ_k 可按下式计算(图 8-10)：

$$\sigma_k=q_0 \tag{8-7}$$

式中：q_0——地面均布荷载标准值。

(2) 当支护结构外侧地面下深度 d 处作用有条形、矩形基础荷载时，支护结构外侧任意深度 z 处的附加竖向应力标准值可按式(8-8)计算，如图 8-11 所示。

① 当 $d+a\leqslant z\leqslant d+(3a+b)$ 时，对于条形基础：

$$\sigma_k=(p-\gamma d)\frac{b}{2a} \tag{8-8}$$

式中：p——基础下基底压力的标准值；

d——基础埋置深度；

γ——基础底面以上土的平均天然重度；

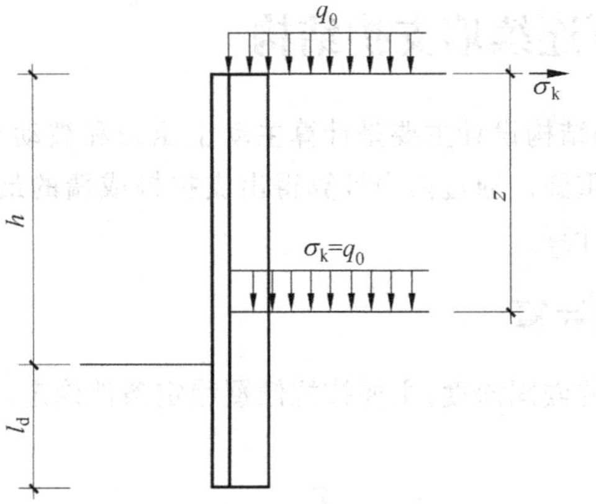

图 8-10　半无限均布地面荷载附加竖向应力

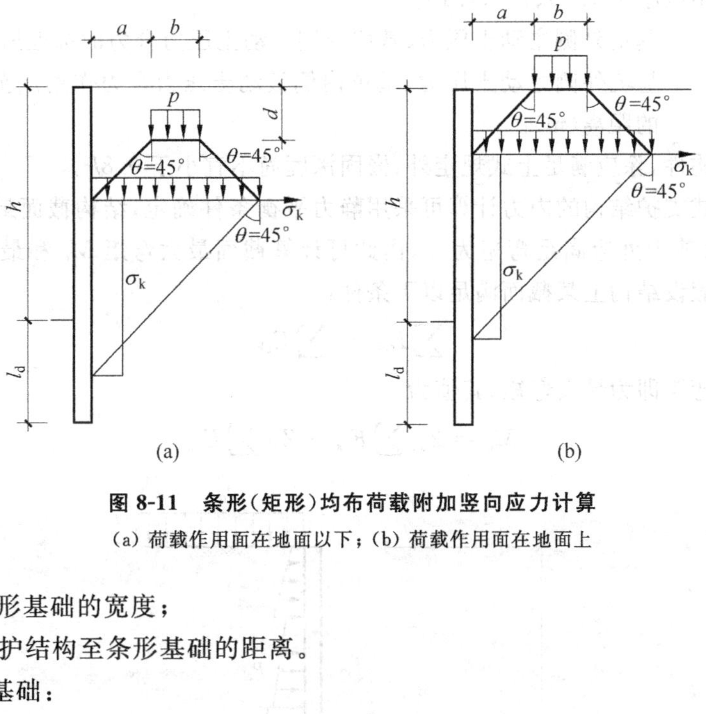

图 8-11　条形(矩形)均布荷载附加竖向应力计算

(a) 荷载作用面在地面以下；(b) 荷载作用面在地面上

b——条形基础的宽度；

a——支护结构至条形基础的距离。

对于矩形基础：

$$\sigma_k = (p - \gamma d)\frac{bl}{(b+2a)(l+2a)} \tag{8-9}$$

式中：b——与基础边垂直方向上矩形基础的宽度；

l——与基础边平行方向上矩形基础的长度。

② 当 $z < d+a$ 或 $z > d+(3a+6)$ 时，取 $\sigma_k = 0$。

(3) 对作用在地面上的条形荷载、矩形荷载，可按上述公式计算附加竖向应力标准值 σ_k，但应取 $d=0$。

8.4 排桩与地下连续墙支护结构

排桩、地下连续墙的结构设计主要是计算主动土压力和被动土压力，确定计算简图，其中嵌固深度的计算至关重要。通过内力计算得出支护桩或墙的最大弯矩，然后进行支护桩或墙的截面设计及配筋计算。

8.4.1 悬臂式桩墙计算

对悬臂式支护桩墙的嵌固深度，主要按抗倾覆稳定条件确定，其嵌固深度应符合下式嵌固稳定性的要求：

$$\frac{E_{pk}Z_{p1}}{E_{ak}Z_{a1}} \geqslant K_e \tag{8-10}$$

式中：K_e——嵌固稳定安全系数；安全等级为一级、二级、三级的悬臂式支挡结构，K_e 分别不应小于 1.25、1.2、1.15；

E_{ak}，E_{pk}——基坑外侧主动土压力、基坑内侧被动土压力合力的标准值(kN)；

Z_{a1}，Z_{p1}——基坑外侧主动土压力、基坑内侧被动土压力合力作用点至挡土构件底端的距离(m)。

对悬臂式构件，除应满足上式规定外，嵌固深度尚不宜小于 $0.8h$。

对于悬臂式支护结构的内力计算可采用静力平衡条件确定，结构截面最大弯矩应在剪力为零处，最大剪力处应满足弯矩为零，由此可计算截面最大弯矩 M_c 和最大剪力 V_c。如图 8-12 所示，假设结构上某截面满足以下条件：

$$\sum E_{ak} = \sum E_{pk} \tag{8-11}$$

则该截面上的弯矩即为最大弯矩，其值为

$$M_c = Z_{a1}\sum E_{ak} - Z_{p1}\sum E_{pk} \tag{8-12}$$

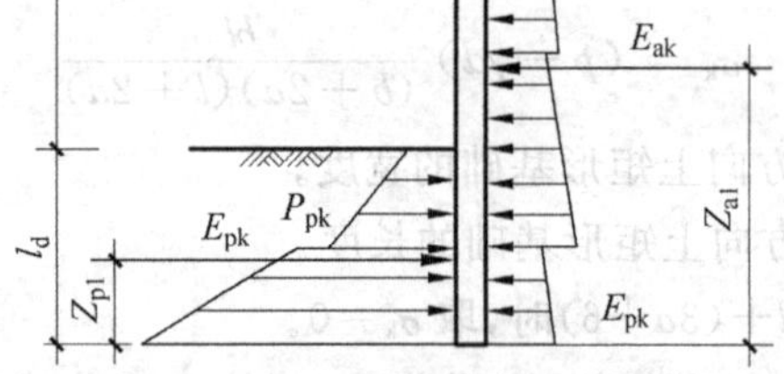

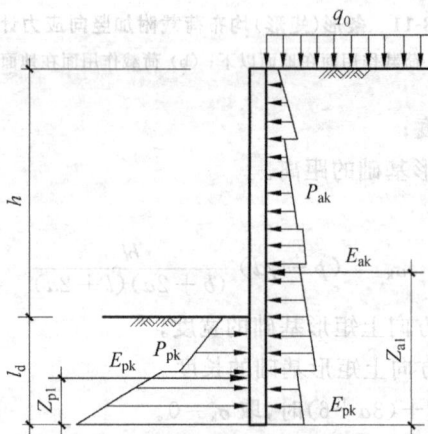

图 8-12 悬臂式结构嵌固稳定性验算

同样假设结构上某截面满足以下条件：

$$Z_{a1}\sum E_{ak} = Z_{p1}\sum E_{pk} \tag{8-13}$$

则该截面上的剪力即为最大剪力，其值为

$$V_c = \sum E_{ak} - \sum E_{pk} \tag{8-14}$$

在计算得到截面最大弯矩和最大剪力后，按下列公式计算弯矩和剪力设计值，并由设计值进行截面承载力计算：

$$M = 1.25\gamma_0 M_c \tag{8-15}$$

$$V = 1.25\gamma_0 V_c \tag{8-16}$$

【例 8-1】 某基坑开挖深度 $h=6.0\text{m}$。土层重度 $\gamma=20\text{kN/m}^3$，内摩擦角 $\varphi=20°$，黏聚力 $c=10\text{kPa}$，地面堆载 $q_0=10\text{kPa}$。现采用悬臂式桩墙支护，试确定桩的最小长度和最大弯矩。

【解】 沿支护桩墙长度方向取 1m 进行计算，有

主动土压力系数

$$K_a = \tan^2\left(45° - \frac{\varphi}{2}\right) = \tan^2\left(45° - \frac{20°}{2}\right) = 0.49$$

被动土压力系数

$$K_p = \tan^2\left(45° + \frac{\varphi}{2}\right) = \tan^2\left(45° + \frac{20°}{2}\right) = 2.04$$

临界深度

$$z_0 = \frac{1}{\gamma}\left(\frac{2c}{\sqrt{K_a}} - q_0\right) = \frac{1}{20}\left(\frac{2\times 10}{\sqrt{0.49}} - 10\right)\text{m} = 0.93\text{m}$$

基坑开挖底面处土压力强度

$$e_a = [q_0 + \gamma h]K_a - 2c\sqrt{K_a} = [(10 + 20\times 6)\times 0.49 - 2\times 10\times\sqrt{0.49}]\text{kPa} = 49.7\text{kPa}$$

$$e_p = \gamma z K_p + 2c\sqrt{K_p} = (20\times 0\times 2.04 + 2\times 10\times\sqrt{2.04})\text{kPa} = 28.57\text{kPa}$$

基坑支护安全等级为二级，设所需嵌固深度为 l_d，由式(8-10)，得

$$\frac{1}{6}\gamma K_p l_d^3 + c l_d^2\sqrt{K_p} \geqslant K_e\frac{1}{6}(h + l_d - z_0)^2\{[q_0 + \gamma(h + l_d)]K_a - 2c\sqrt{K_a}\}$$

即

$$\frac{1}{6}\times 20\times 2.04\times l_d^3 + 10\times l_d^2\times\sqrt{2.04}$$

$$\geqslant 1.2\times\frac{1}{6}\times(6 + l_d - z_0)^2\times\{[10 + 20\times(6 + l_d)]\times 0.49 - 2\times 10\sqrt{0.49}\}$$

$$4.84l_d^3 - 15.53l_d^2 - 151.17l_d - 255.5 \geqslant 0$$

即嵌固深度 $l_d=7.96\text{m}$，取 $l_d=8\text{m}$，得到总桩长为 14m。

设剪力为零处与基坑底面距离为 d，由式(8-11)，得

$$\frac{1}{2}(h + d - z_0)\{[q_0 + \gamma(h + d)]K_a - 2c\sqrt{K_a}\} = \frac{1}{2}\gamma K_p d^2 + 2cd\sqrt{K_p}$$

即

$$\frac{1}{2}(6 + d - z_0)\{[10 + 20\times(6 + d)]\times 0.49 - 2\times 10\sqrt{0.49}\}$$

$$= \frac{1}{2}\times 20\times 2.04d^2 + 2\times 10\times d\sqrt{2.04}$$

$$15.5d^2 - 21.12d - 125.99 = 0$$

于是，可得到 $d=3.61\text{m}$。

因此，由式(8-12)，得最大弯矩为

$$M_c = \frac{1}{6}(h+d-z_0)^2\{[q_0+\gamma(h+d)]K_a - 2c\sqrt{K_a}\} - \frac{1}{6}\gamma K_p d^3 - cd^2\sqrt{K_p}$$

$$= \left\{\frac{1}{6}\times(6+3.61-0.93)^2\times\{[10+20\times(6+3.61)]\times0.49-2\times10\sqrt{0.49}\} - \frac{1}{6}\times20\times2.04\times3.61^3-10\times3.61^2\sqrt{2.04}\right\}\text{kN}\cdot\text{m}$$

$$=562.28\text{kN}\cdot\text{m}$$

8.4.2 单支点支护结构计算

1. 入土较浅时单支点桩墙的计算

当桩墙的嵌固深度不太深时，在土体内未形成嵌固作用，桩墙上端承受拉锚或支撑水平作用力，可认为支点处无水平移动而简化为简支点，下端受到土体自由支撑。

(1) 嵌固深度确定

单层锚杆和单层支撑的支挡式结构的嵌固深度应符合嵌固稳定性的要求(图 8-13)：

$$\frac{E_{pk}Z_{p2}}{E_{ak}Z_{a2}} \geqslant K_e \tag{8-17}$$

式中：K_e——嵌固稳定安全系数；安全等级为一级、二级、三级的锚拉式支挡结构和支撑式支挡结构，K_e 分别不应小于 1.25、1.2、1.15；

Z_{a2}，Z_{p2}——基坑外侧主动土压力、基坑内侧被动土压力合力作用点至支点的距离(m)。

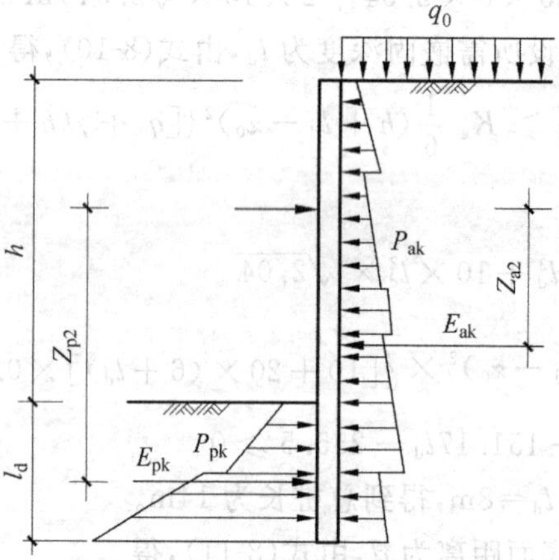

图 8-13 单支点锚拉式支挡结构

对单支点支护构件，除应满足上式规定外，嵌固深度尚不宜小于 $0.3h$。

(2) 支点处的水平力根据水平力平衡条件求出

$$T_a = \sum E_{ak} - \sum E_{pk} \tag{8-18}$$

求得每延米上的支撑反力值，再乘以拉锚(支撑)间距即可求得单根拉锚(支撑)轴力。

(3) 最大弯矩求解

最大弯矩截面处位于剪力为零处，设从桩墙顶端往下 y 处剪力为零，当黏聚力 $c=0$ 时，则

$$\frac{1}{2}\gamma K_a y^2 + q_0 K_a y - T_a = 0 \tag{8-19}$$

由此可求出最大弯矩

$$M_c = \frac{1}{2}q_0 K_a y^2 + \frac{1}{6}\gamma K_a y^3 - T_a(y - h_0) \tag{8-20}$$

2. 入土较深时单支点桩墙支护结构计算

支护桩墙的嵌固深度较大时桩墙底端向外侧移动，桩墙前后均出现被动土压力，支护桩墙处于弹性嵌固状态，相当于上端简支下端嵌固的超静定梁。工程设计常采用等值梁法。

等值梁法的计算原理如图 8-14 所示。图中梁一端固定另一端简支，弯矩的反弯点在 c 点，该点弯矩为零。如果在 c 点切开，并于 c 点设置简单支撑，这样 ac 段内的弯矩保持不变，由此，简支梁 ac 称为图中 ab 梁 ac 段的等值梁。

(1) 采用等值梁法的关键是确定反弯点位置，由于单层支点支护结构的反弯点位置与土压力强度零点很接近，工程上通常取反弯点位置位于基坑底面以下水平荷载标准值与水平抗力标准值相等处，即

$$p_{ak} = p_{pk} \tag{8-21}$$

(2) 由等值梁平衡方程计算支点反力(图 8-15)

$$T_a = \frac{h_{a1}\sum E_{ak} - h_{p1}\sum E_{pk}}{h_T + h_c} \tag{8-22}$$

式中：h_{a1}——合力 $\sum E_{ak}$ 作用点至设定弯矩零点的距离；

h_{p1}——合力 $\sum E_{pk}$ 作用点至设定弯矩零点的距离；

h_T——支点至基坑底面的距离；

h_c——基坑底面至设定弯矩零点位置的距离。

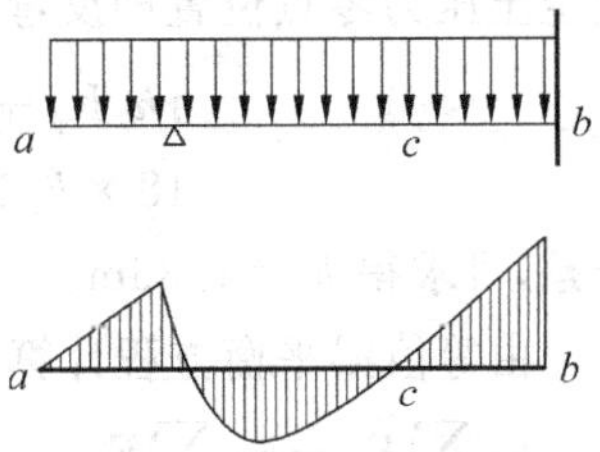

图 8-14 等值梁法基本原理

(3) 根据抗倾覆稳定条件，并令抗倾覆安全系数为 1.2，嵌固深度应满足下式(图 8-16)：

$$h_p\sum E_{pk} + T_a(h_T + l_d) - 1.2h_a\sum E_{ak} \geqslant 0 \tag{8-23}$$

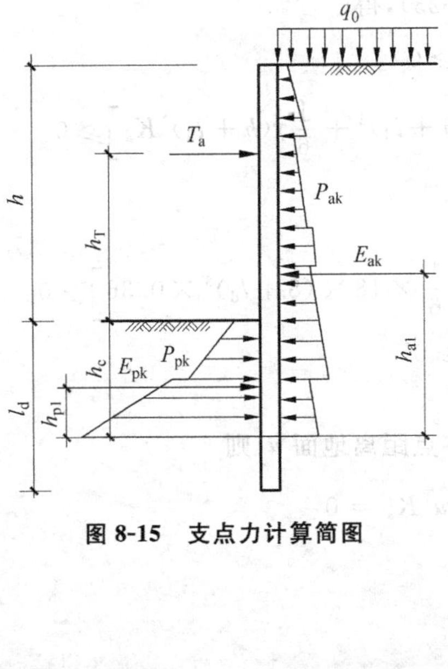

图 8-15 支点力计算简图

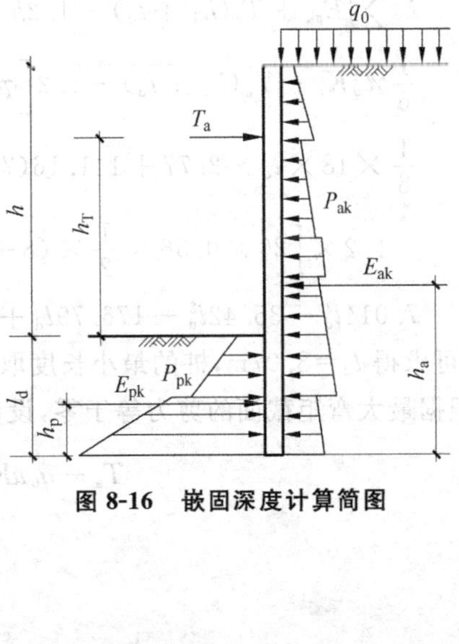

图 8-16 嵌固深度计算简图

【例 8-2】 某基坑开挖深度 $h=8.0\text{m}$，为单支点桩锚支护结构，支点距离顶面 $h_0=1.0\text{m}$，支点水平距离 $S_h=2.0\text{m}$。地基土层重度 $\gamma=18\text{kN/m}^3$，内摩擦角 $\varphi=28°$，黏聚力 $c=0$，地面堆载 $q_0=20\text{kPa}$。试用等值梁法计算桩墙的入土深度、支点力和最大弯矩。

【解】 取桩墙长度方向 1 延米作为计算单元。

主动土压力系数

$$K_a=\tan^2\left(45°-\frac{\varphi}{2}\right)=\tan^2\left(45°-\frac{28°}{2}\right)=0.36$$

被动土压力系数

$$K_p=\tan^2\left(45°+\frac{\varphi}{2}\right)=\tan^2\left(45°+\frac{28°}{2}\right)=2.77$$

墙后地面处土压力强度

$$e_{a1}=(q_0+\gamma h)K_a-2c\sqrt{K_a}=[(20+18\times 0)\times 0.36-2\times 0\times\sqrt{0.36}]\text{kPa}=7.2\text{kPa}$$

墙后基坑底面土压力强度

$$e_{a2}=[(20+18\times 8)\times 0.36-2\times 0\times\sqrt{0.36}]\text{kPa}=59.04\text{kPa}$$

假定土压力零点位置即反弯点处位于基坑底面以下 h_c 深度，由式(8-21)，得

$$\gamma h_c K_p+2c\sqrt{K_p}=[q_0+\gamma(h+h_c)]K_a-2c\sqrt{K_a}$$

$$18\times h_c\times 2.77=[20+18(8+h_c)]\times 0.36$$

于是，可求得 $h_c=1.36\text{m}$。

由等值梁平衡方程计算支点反力，由式(8-22)，得

$$T_a=\frac{h_{a1}\sum E_{ak}-h_{p1}\sum E_{pk}}{h_T+h_c}$$

$$=\frac{7.2\times\frac{1}{2}\times(8+1.36)^2+\frac{1}{6}\times(8+1.36)^2\times(18\times 9.36\times 0.36)-\frac{1}{6}\times 1.36^2\times(18\times 1.36\times 2.77)}{7+1.36}\text{kN}$$

$$=141.16\text{kN}$$

于是，支点水平锚固拉力 $R_a=S_h\times T_a=2\times 141.16\text{kN}=282.32\text{kN}$。

根据抗倾覆稳定条件，求解嵌固深度，由式(8-23)，得

$$h_p\sum E_{pk}+T_a(h_T+l_d)-1.2h_a\sum E_{ak}\geqslant 0$$

$$\frac{1}{6}\gamma l_d^3K_p+T_a(h_T+l_d)-1.2\left[q_0K_a\frac{1}{2}(h+l_d)^2+\frac{1}{6}\gamma(h+l_d)^3K_a\right]\geqslant 0$$

$$\frac{1}{6}\times 18\times l_d^3\times 2.77+141.16(7+l_d)-$$

$$1.2\times\left[20\times 0.36\times\frac{1}{2}\times(8+l_d)^2+\frac{1}{6}\times 18\times(8+l_d)^3\times 0.36\right]\geqslant 0$$

$$7.014l_d^3-35.42l_d^2-176.79l_d+48.09\geqslant 0$$

于是，可求得 $l_d=8.07\text{m}$，桩的最小长度取 16m。

根据最大弯矩截面的剪力等于零，设剪力为零点距离地面 u，则

$$T_a-q_0uK_a-\frac{1}{2}\gamma u^2K_a=0$$

$$141.16-20\times0.36u-\frac{1}{2}\times18\times0.36u^2=0$$

$$3.24u^2+7.2u-141.16=0$$

于是，可求得 $u=5.58\text{m}$。

最大弯矩为

$$M_c=\left(282.32\times(5.58-1)-\frac{1}{2}\times20\times0.36\times5.58^2\times2-\frac{1}{6}\times18\times0.36\times5.58^3\times2\right)\text{kN}\cdot\text{m}$$

$$=693.56\text{kN}\cdot\text{m}$$

8.5 重力式水泥土墙支护结构

8.5.1 概述

重力式水泥土墙支护结构是以水泥系材料为固化剂，通过搅拌或高压旋喷机械将固化剂与土体强行搅拌，形成具有一定宽度和嵌固深度的水泥土桩挡土墙，以承受水土压力，水泥土桩相互搭接形成壁状、锯齿状、格栅状等形式的重力式结构，如图 8-17 所示。重力式水泥土墙既可以独立作为一种支护形式，又可以与混凝土灌注桩、预制桩、钢板桩等形成组合式支护结构，还可以作为其他支护方式的止水帷幕。

基坑开挖深度越大，墙体的侧向位移就越大，设计所需要的墙体宽度就越宽，造价也就越高，根据工程经验，当基坑开挖深度不超过 7m 时，可采用重力式水泥土墙。

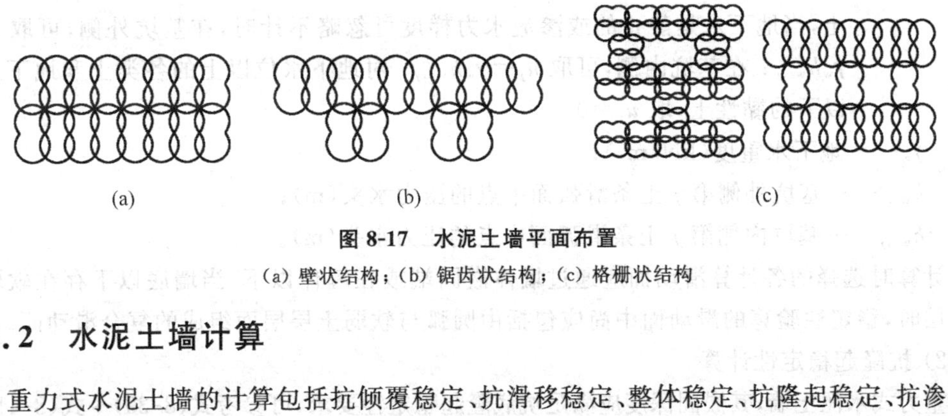

(a) (b) (c)

图 8-17 水泥土墙平面布置

(a) 壁状结构；(b) 锯齿状结构；(c) 格栅状结构

8.5.2 水泥土墙计算

重力式水泥土墙的计算包括抗倾覆稳定、抗滑移稳定、整体稳定、抗隆起稳定、抗渗透稳定、桩体强度、基底地基承载力等。确定水泥土墙的嵌固深度时，可采用整体稳定、抗隆起及抗渗透稳定验算。

1. 嵌固深度计算

重力式水泥土墙的嵌固深度计算，与多层支点桩墙嵌固深度的计算，宜按圆弧滑动条分法进行确定(图 8-18)。

1）整体稳定性计算

$$\min\{K_{s,1},K_{s,2},\cdots,K_{s,i},\cdots\}\geqslant K_s \tag{8-24}$$

$$K_{s,i}=\frac{\sum\{c_jl_j+[(q_jb_j+\Delta G_j)\cos\theta_j-u_jl_j]\tan\varphi_j\}}{\sum(q_jb_j+\Delta G_j)\sin\theta_j} \tag{8-25}$$

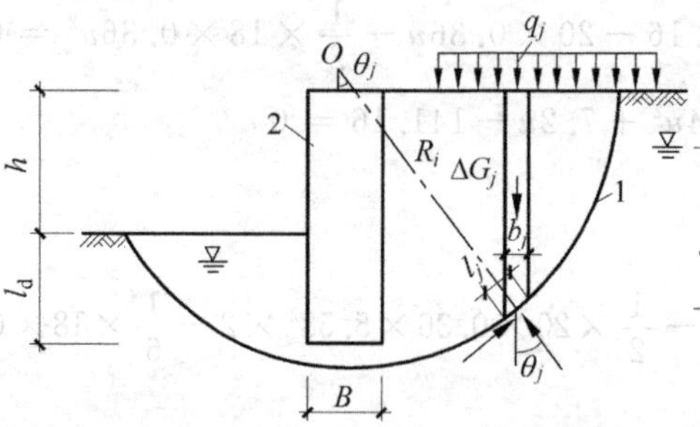

图 8-18 整体滑动稳定性验算

式中：K_s——圆弧滑动稳定安全系数，其值不应小于1.3；

$K_{s,i}$——第 i 个圆弧滑动体的抗滑力矩与滑动力矩的比值，其最小值宜通过搜索潜在滑动圆弧确定；

c_j，φ_j——第 j 土条滑弧面处土的黏聚力(kPa)、内摩擦角(°)；

b_j——第 j 土条的宽度(m)；

θ_j——第 j 土条滑弧面中点处的法线与垂直面的夹角(°)；

l_j——第 j 土条滑弧长度，取 $l_j = b_j/\cos\theta_j$；

q_j——作用在第 j 土条上的附加分布荷载标准值(kPa)；

ΔG_j——第 j 土条的自重(kN)，按天然重度计算；分条时，水泥土墙可按土体考虑；

u_j——第 j 土条滑弧面上的孔隙水压力(kPa)；对地下水位以下的砂土、碎石土、粉土，当地下水是静止的或渗流水力梯度可忽略不计时，在基坑外侧，可取 $u_j = \gamma_w h_{wa,j}$；在基坑内侧，可取 $u_j = \gamma_w h_{wp,j}$；对地下水位以上的各类土和地下水位以下的黏性土，取 $u_j = 0$；

γ_w——地下水重度(kN/m³)；

$h_{wa,j}$——基坑外侧第 j 土条滑弧面中点的压力水头(m)；

$h_{wp,j}$——基坑内侧第 j 土条滑弧面中点的压力水头(m)。

计算时选择的各计算滑动面应通过墙体嵌固端或在墙体以下，当墙底以下存在软弱下卧土层时，稳定性验算的滑动面中尚应包括由圆弧与软弱土层层面组成的复合滑动面。

2) 抗隆起稳定性计算

重力式水泥土墙，其嵌固深度应满足坑底隆起稳定性要求，可参考式(8-39)～式(8-41)。

3) 抗渗透稳定计算

抗渗透稳定性计算可参考式(8-42)～式(8-43)。

2. 墙体厚度计算

1) 抗倾覆稳定性验算

重力式水泥土墙墙体厚度宜根据抗倾覆极限平衡条件来确定(图8-19)：

$$\frac{E_{pk}a_p + (G - u_m B)a_G}{E_{ak}a_a} \geqslant K_{ov} \tag{8-26}$$

式中：K_{ov}——抗倾覆稳定安全系数，其值不应小于1.3；

G——水泥土墙的自重(kN/m)；

E_{ak}、E_{pk}——作用在水泥土墙上的主动土压力、被动土压力标准值(kN/m)；

u_m——水泥土墙底面上的水压力(kPa)；水泥土墙底面在地下水位以下时，可取 $u_m=\gamma_w(h_{wa}+h_{wp})/2$，在地下水位以上时，取 $u_m=0$；

h_{wa}——基坑外侧水泥土墙底处的水头高度(m)；

h_{wp}——基坑内侧水泥土墙底处的水头高度(m)；

a_a——水泥土墙外侧主动土压力合力作用点至墙趾的竖向距离(m)；

a_p——水泥土墙内侧被动土压力合力作用点至墙趾的竖向距离(m)；

a_G——水泥土墙自重与墙底水压力合力作用点至墙趾的水平距离(m)；

B——水泥土墙的底面宽度(m)。

2) 抗滑移稳定性验算

抗滑移稳定应符合下式规定(图 8-20)：

$$\frac{E_{pk}+(G-u_mB)\tan\varphi+cB}{E_{ak}}\geqslant K_{sl} \tag{8-27}$$

式中：K_{sl}——抗滑移稳定安全系数，其值不应小于 1.2；

c，φ——水泥土墙底面下土层的黏聚力(kPa)、内摩擦角(°)。

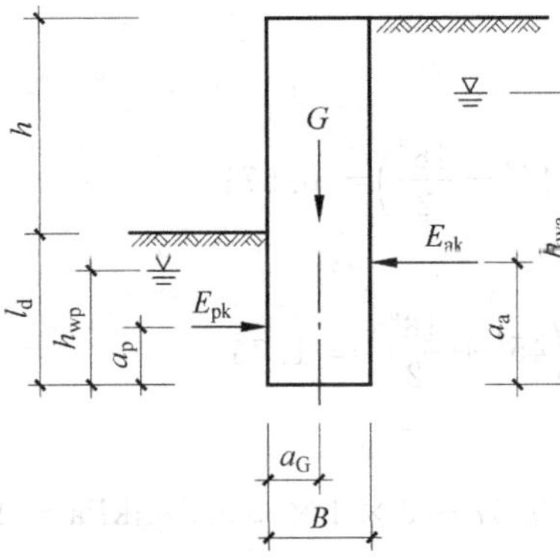

图 8-19　抗倾覆稳定性验算

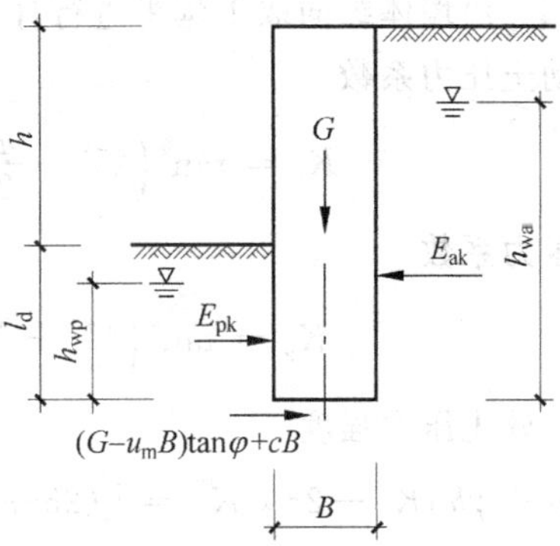

图 8-20　抗滑移稳定性验算

3. 正截面承载力计算

重力式水泥土墙墙体的正截面应力应符合下列规定：

(1) 拉应力

$$\frac{6M_i}{B^2}-\gamma_{cs}z\leqslant 0.15f_{cs} \tag{8-28}$$

(2) 压应力

$$\gamma_0\gamma_F\gamma_{cs}z+\frac{6M_i}{B^2}\leqslant f_{cs} \tag{8-29}$$

(3) 剪应力

$$\frac{E_{aki}-\mu G_i-E_{pki}}{B}\leqslant\frac{1}{6}f_{cs} \tag{8-30}$$

式中：M_i——水泥土墙验算截面的弯矩设计值(kN·m/m)；

B——验算截面处水泥土墙的宽度(m)；

γ_{cs}——水泥土墙的重度(kN/m³)；

z——验算截面至水泥土墙顶的垂直距离(m)；

f_{cs}——水泥土开挖龄期时的轴心抗压强度设计值(kPa)，应根据现场试验或工程经验确定；

γ_F——荷载综合分项系数；

E_{aki}，E_{pki}——验算截面以上的主动土压力标准值、被动土压力标准值(kN/m)；验算截面在基底以上时，取 $E_{pki}=0$；

G_i——验算截面以上的墙体自重(kN/m)；

μ——墙体材料的抗剪断系数，取0.4～0.5。

【例8-3】 某基坑开挖深度 $h=4.0\text{m}$，采用水泥土桩墙支护结构，墙体宽度 $B=3.7\text{m}$，嵌固深度 $l_d=4.5\text{m}$。墙体重度 $\gamma=20\text{kN/m}^3$，地基土层为淤泥质粉质黏土，重度 $\gamma=17\text{kN/m}^3$，内摩擦角 $\varphi=16°$，黏聚力 $c=4\text{kPa}$，地面堆载 $q_0=25\text{kPa}$。试验算支护墙的抗倾覆性和抗滑移稳定性。

【解】 沿墙体纵向取1延米进行计算。

主动土压力系数

$$K_a=\tan^2\left(45°-\frac{\varphi}{2}\right)=\tan^2\left(45°-\frac{16°}{2}\right)=0.571$$

被动土压力系数

$$K_p=\tan^2\left(45°+\frac{\varphi}{2}\right)=\tan^2\left(45°+\frac{16°}{2}\right)=1.76$$

墙后地面处土压力强度

$$e_{a1}=(q_0+\gamma h)K_a-2c\sqrt{K_a}=[(25+17\times 0)\times 0.57-2\times 4\times\sqrt{0.57}]\text{kPa}=8.21\text{kPa}$$

墙后基坑底面土压力强度

$$e_{a2}=[(25+17\times 4)\times 0.57-2\times 4\times\sqrt{0.57}]\text{Pa}=46.97\text{Pa}$$

桩墙底部土压力强度

$$e_{a3}=[(25+17\times 8.5)\times 0.57-2\times 4\times\sqrt{0.57}]\text{Pa}=90.58\text{Pa}$$

墙前基坑底面被动土压力强度

$$e_{p2}=2\times 4\times\sqrt{1.76}\,\text{Pa}=10.61\text{Pa}$$

桩墙底部被动土压力强度

$$e_{p3}=(17\times 4.5\times 1.76+2\times 4\times\sqrt{1.76})\text{kPa}=(134.64+10.61)\text{kPa}=145.25\text{kPa}$$

重力式水泥土墙抗倾覆稳定性验算，由式(8-26)，得

$$\frac{E_{pk}a_p+(G-u_mB)a_G}{E_{ak}a_a}=\frac{\frac{1}{2}\times 10.61\times 4.5^2+\frac{1}{6}\times 134.64\times 4.5^2+3.7\times 8.5\times 20\times 1.85}{\frac{1}{2}\times 8.21\times 8.5^2+\frac{1}{6}\times(90.58-8.21)\times 8.5^2}$$

$$=1.339\geqslant K_{ov}=1.3$$

重力式水泥土墙抗滑移稳定性验算，由式(8-27)，得

$$\frac{E_{pk}+(G-u_mB)\tan\varphi+cB}{E_{ak}}$$

$$=\frac{\frac{1}{2}\times(10.61+145.25)\times4.5+3.7\times8.5\times20\times\tan16°+4\times3.7}{\frac{1}{2}\times(8.21+90.58)\times8.5}$$

$$=1.3\geqslant K_{sl}=1.2$$

8.5.3 构造要求

(1) 水泥土墙宜采用水泥土搅拌桩相互搭接形成的格栅状结构形式，也可采用水泥土搅拌桩相互搭接成实体的结构形式。搅拌桩的施工工艺宜采用喷浆搅拌法。

(2) 重力式水泥土墙的嵌固深度，对淤泥质土，不宜小于 $1.2h$，对淤泥，不宜小于 $1.3h$；重力式水泥土墙的宽度(B)，对淤泥质土，不宜小于 $0.7h$，对淤泥，不宜小于 $0.8h$；此处，h 为基坑深度。

(3) 水泥土搅拌桩的搭接宽度不宜小于 150mm。

(4) 水泥土墙体 28d 无侧限抗压强度不宜小于 0.8MPa。当需要增强墙身的抗拉性能时，可在水泥土桩内插入杆筋。杆筋可采用钢筋、钢管或毛竹。杆筋的插入深度宜大于基坑深度。杆筋应锚入面板内。

8.6 土钉墙

8.6.1 概述

当放坡不能满足基坑边坡的稳定性时，常采用向边坡体内植入土钉，以提高边坡稳定性。土钉墙施工利用土体具有一定的自稳性进行分级开挖，分步向坑壁植入土钉，挂钢筋网、喷射混凝土形成护面。土钉墙不宜用于没有临时自稳能力的淤泥、淤泥质土、饱和软土、含水丰富的粉细砂层和砂卵石层。

土钉墙是 20 世纪 70 年代发展起来的一种新型类似重力式挡土墙的支护结构，它以土钉作为主要受力构件，常用的土钉类型有：

(1) 钻孔注浆型：先用钻机等机械设备钻孔，成孔后置入杆体，然后沿土钉全长注水泥浆或水泥砂浆。

(2) 直接打入型：在土体中直接打入钢管、型钢、钢筋、毛竹等，不再注浆。

(3) 打入注浆型：在钢管中部及尾部设置注浆孔形成钢花管，直接打入土中后压灌水泥浆或水泥砂浆形成土钉。

试验表明：土钉墙与素土相比承载力提高 2～3 倍，更为重要的是，素土坡面出现网状裂缝，沉降急剧增大，边坡突然崩塌。而土钉墙体，延迟了塑性变形阶段，明显地为渐进性变形和开裂，逐步扩展，直至丧失承载能力，但不发生整体性崩塌。土钉墙的这种性状，是通过土钉与土体共同作用形成的，土钉墙的工作机理反映在：①土钉墙复合体起到土钉对复合体骨架约束作用；②土钉对复合体起分担作用；③土钉起着应力传递和扩散作用；④坡面变形的约束作用。

8.6.2 土钉承载力计算

(1) 单根土钉的抗拔承载力应符合下式规定：

$$\frac{R_{k,j}}{N_{k,j}} \geqslant K_t \tag{8-31}$$

式中：K_t——土钉抗拔安全系数；安全等级为二级、三级的土钉墙，K_t 分别不应小于 1.6、1.4；

$N_{k,j}$——第 j 层土钉的轴向拉力标准值(kN)；

$R_{k,j}$——第 j 层土钉的极限抗拔承载力标准值(kN)。

(2) 单根土钉的极限抗拔承载力应按下列规定确定：

① 单根土钉的极限抗拔承载力应通过抗拔试验确定。

② 单根土钉的极限抗拔承载力标准值可按式(8-32)估算，但应通过土钉抗拔试验进行验证。

$$R_{k,j} = \pi d_j \sum q_{sk,i} l_i \tag{8-32}$$

式中：d_j——第 j 层土钉的锚固体直径(m)；对成孔注浆土钉，按成孔直径计算，对打入钢管土钉，按钢管直径计算；

$q_{sk,i}$——第 j 层土钉在第 i 层土的极限黏结强度标准值(kPa)；可由土钉抗拔试验确定，无试验数据时，可根据工程经验并结合表 8-3 取值；

l_i——第 j 层土钉在滑动面外第 i 土层中的长度(m)；计算单根土钉极限抗拔承载力时，取图 8-21 所示的直线滑动面，直线滑动面与水平面的夹角取 $\frac{\beta+\varphi_m}{2}$。

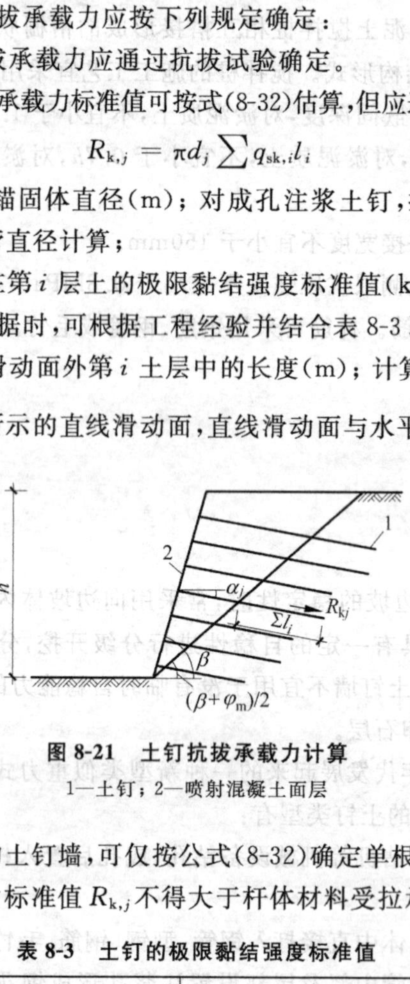

图 8-21 土钉抗拔承载力计算

1—土钉；2—喷射混凝土面层

③ 对安全等级为三级的土钉墙，可仅按公式(8-32)确定单根土钉的极限抗拔承载力。

④ 土钉极限抗拔承载力标准值 $R_{k,j}$ 不得大于杆体材料受拉承载力标准值 $f_{yk}A_s$。

表 8-3 土钉的极限黏结强度标准值

土的名称	土的状态	q_{sk}/kPa	
		成孔注浆土钉	打入钢管土钉
素填土		15～30	20～35
淤泥质土		10～20	15～25
黏性土	$0.75<I_l\leqslant 1$	20～30	20～40
	$0.25<I_l\leqslant 0.75$	30～45	40～55
	$0<I_l\leqslant 0.25$	45～60	55～70
	$I_l\leqslant 0$	60～70	70～80

续表

土的名称	土的状态	q_{sk}/kPa	
		成孔注浆土钉	打入钢管土钉
粉土		40～80	50～90
砂土	松散	35～50	50～65
	稍密	50～65	65～80
	中密	65～80	80～100
	密实	80～100	100～120

(3) 单根土钉的轴向拉力标准值可按式(8-33)计算：

$$N_{k,j}=\frac{1}{\cos\alpha_j}\zeta\eta_j p_{ak,j}s_{x,j}s_{z,j} \tag{8-33}$$

式中：$N_{k,j}$——第 j 层土钉的轴向拉力标准值(kN)；

α_j——第 j 层土钉的倾角(°)；

ζ——墙面倾斜时的主动土压力折减系数；

η_j——第 j 层土钉轴向拉力调整系数；

$p_{ak,j}$——第 j 层土钉处的主动土压力强度标准值(kPa)；

$s_{x,j}$——土钉的水平间距(m)；

$s_{z,j}$——土钉的垂直间距(m)。

坡面倾斜时的主动土压力折减系数 ζ 可按下式计算：

$$\zeta=\frac{\tan\frac{\beta-\varphi_m}{2}\left(\frac{1}{\tan\frac{\beta+\varphi_m}{2}}-\frac{1}{\tan\beta}\right)}{\tan^2\left(45^\circ-\frac{\varphi_m}{2}\right)} \tag{8-34}$$

式中：β——土钉墙坡面与水平面的夹角(°)；

φ_m——基坑底面以上各土层按土层厚度加权的内摩擦角平均值(°)。

(4) 土钉杆体的受拉承载力应符合下列规定：

$$N_j\leqslant f_y A_s \tag{8-35}$$

$$N_j=\gamma_0\gamma_F N_k \tag{8-36}$$

式中：N_j——第 j 层土钉的轴向拉力设计值(kN)；

f_y——土钉杆体的抗拉强度设计值(kPa)；

A_s——土钉杆体的截面面积(m^2)。

8.6.3 构造及施工要求

(1) 土钉墙、预应力锚杆复合土钉墙的坡度不宜大于 1∶0.2。对砂土、碎石土、松散填土，确定土钉墙坡度时尚应考虑开挖时坡面的局部自稳能力。微型桩、水泥土桩复合土钉墙，应采用垂直墙面。

(2) 土钉墙宜采用洛阳铲成孔的钢筋土钉。对易塌孔的松散或稍密的砂土、稍密的粉土、填土，或易缩径的软土宜采用打入式钢管土钉。对洛阳铲成孔或钢管土钉打入困难的土层，宜采用机械成孔的钢筋土钉。

(3) 土钉水平间距和竖向间距宜为 1～2m。土钉倾角宜为 5°～20°，其夹角应根据土性和施工条件确定。土钉长度应按各层土钉受力均匀、各土钉拉力与相应土钉极限承载力的比值近似相等的原则确定。

(4) 成孔注浆型钢筋土钉的构造应符合下列要求：成孔直径宜取 70～120mm；土钉钢筋宜采用 HRB400、HRB335 级钢筋，钢筋直径应根据土钉抗拔承载力设计要求确定，且宜取 16～32mm；应沿土钉全长设置对中定位支架，其间距宜取 1.5～2.5m，土钉钢筋保护层厚度不宜小于 20mm；土钉孔注浆材料可采用水泥浆或水泥砂浆，其强度不宜低于 20MPa。

(5) 土钉墙高度不大于 12m 时，喷射混凝土面层的构造要求应符合下列规定：喷射混凝土面层厚度宜取 80～100mm；其设计强度等级不宜低于 C20；面层中应配置钢筋网和通长的加强钢筋，钢筋网宜采用 HPB235 级钢筋，钢筋直径宜取 6～10mm，钢筋网间距宜取 150～250mm；钢筋网间的搭接长度应大于 300mm；加强钢筋的直径宜取 14～20mm；当充分利用土钉杆体的抗拉强度时，加强钢筋的截面面积不应小于土钉杆体截面面积的 1/2。

(6) 土钉与加强钢筋宜采用焊接连接，其连接应满足承受土钉拉力的要求；当在土钉拉力作用下喷射混凝土面层的局部受冲切承载力不足时，应采用设置承压钢板等加强措施。

(7) 当土钉墙墙后存在滞水时，应在含水土层部位的墙面设置泄水孔或其他疏水措施。

8.7 基坑稳定性分析

8.7.1 整体性稳定验算

(1) 锚拉式、悬臂式支挡结构的整体稳定性可采用圆弧滑动条分法进行验算；

(2) 采用圆弧滑动条分法时，其整体稳定性应符合下列规定(图 8-22)：

$$\min\{K_{s,1}, K_{s,2}, \cdots, K_{s,i}, \cdots\} \geqslant K_s \tag{8-37}$$

$$K_{s,i} = \frac{\sum\{c_j l_j + [(q_j b_j + \Delta G_j)\cos\theta_j - u_j l_j]\tan\varphi_j\} + \sum R'_{k,k}[\cos(\theta_k + \alpha_k) + \psi_v]/s_{x,k}}{\sum (q_j b_j + \Delta G_j)\sin\theta_j} \tag{8-38}$$

式中：K_s——圆弧滑动整体稳定安全系数；安全等级为一级、二级、三级的锚拉式支挡结构，K_s 分别不应小于 1.35、1.3、1.25；

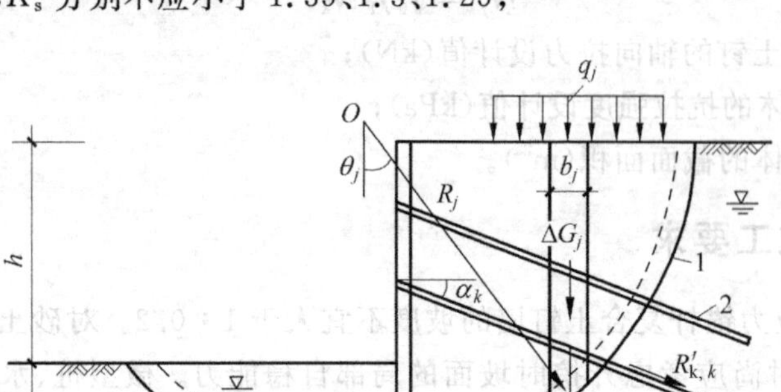

图 8-22 圆弧滑动条分法整体稳定性验算

$K_{s,i}$——第 i 个滑动圆弧的抗滑力矩与滑动力矩的比值，抗滑力矩与滑动力矩之比的最小值宜通过搜索不同圆心及半径的所有潜在滑动圆弧确定；

c_j，φ_j——第 j 土条滑弧面处土的黏聚力(kPa)、内摩擦角(°)；

b_j——第 j 土条的宽度(m)；

θ_j——第 j 土条滑弧面中点处的法线与垂直面的夹角(°)；

l_j——第 j 土条滑弧长度，取 $l_j=b_j/\cos\theta_j$；

q_j——作用在第 j 土条上的附加分布荷载标准值(kPa)；

ΔG_j——第 j 土条的自重(kN)，按天然重度计算；

u_j——第 j 土条滑弧面上的孔隙水压力(kPa)；对地下水位以下的砂土、碎石土、粉土，当地下水是静止的或渗流水力梯度可忽略不计时，在基坑外侧，可取 $u_j=\gamma_w h_{wa,j}$，在基坑内侧，可取 $u_j=\gamma_w h_{wp,j}$；对地下水位以上的各类土和地下水位以下的黏性土，取 $u_j=0$；

γ_w——地下水重度(kN/m³)；

$h_{wa,j}$——基坑外侧第 j 土条滑弧面中点的压力水头(m)；

$h_{wp,j}$——基坑内侧第 j 土条滑弧面中点的压力水头(m)；

$R'_{k,k}$——第 k 层锚杆在滑动面以外的锚固段的极限抗拔承载力标准值与其受拉承载力标准值相比的较小值；对悬臂式支挡结构，不考虑此项；

α_k——第 k 层锚杆的倾角(°)；

θ_k——滑动面在第 k 层锚杆处的法线与垂直面的夹角；

$s_{x,k}$——第 k 层锚杆的水平间距(m)；

ψ_v——计算系数；可按 $\psi_v=0.5\sin(\theta_k+\alpha_k)\tan\varphi$ 取值，此处，φ 为第 k 层锚杆与滑弧交点处土的内摩擦角。

(3) 当挡土构件底端以下存在软弱下卧土层时，整体稳定性验算滑动面中应包括由圆弧与软弱土层层面组成的复合滑动面。

8.7.2 抗隆起稳定性验算

(1) 锚拉式支挡结构和支撑式支挡结构的嵌固深度应符合坑底隆起稳定性要求，满足下列公式规定(图 8-23)：

$$\frac{\gamma_{m2} D N_q + c N_c}{\gamma_{m1}(h+D)+q_0} \geqslant K_b \tag{8-39}$$

$$N_q = \tan^2\left(45^\circ + \frac{\varphi}{2}\right) e^{\pi\tan\varphi} \tag{8-40}$$

$$N_c = \frac{N_q - 1}{\tan\varphi} \tag{8-41}$$

式中：K_b——抗隆起安全系数；安全等级为一级、二级、三级的支护结构，K_b 分别不应小于 1.8、1.6、1.4；

γ_{m1}——基坑外挡土构件底面以上土的重度(kN/m³)；对地下水位以下的砂土、碎石土、粉土取浮重度；对多层土取各层土按厚度加权的平均重度；

γ_{m2}——基坑内挡土构件底面以上土的重度(kN/m³)；对地下水位以下的砂土、碎石土、粉土取浮重度；对多层土取各层土按厚度加权的平均重度；

D——嵌固深度(m)；

h——基坑深度(m)；

q_0——地面均布荷载(kPa)；

N_c, N_q——承载力系数；

c, φ——挡土构件底面以下土的黏聚力(kPa)、内摩擦角(°)。

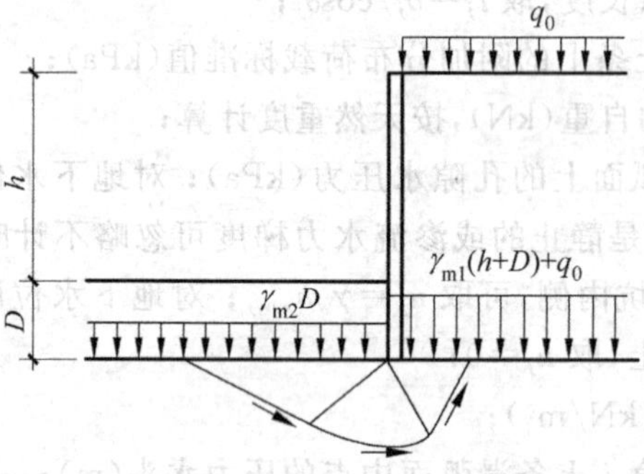

图 8-23 挡土构件底端平面下土的抗隆起稳定性验算

(2) 当挡土构件底面以下有软弱下卧层时，坑底隆起稳定性的验算部位尚应包括软弱下卧层。

(3) 悬臂式支挡结构可不进行抗隆起稳定性验算。

8.7.3 抗渗流稳定性验算

1. 突涌稳定性分析

坑底以下有水头高于坑底的承压水含水层，且未用截水帷幕隔断其基坑内外的水力联系时，承压水作用下的坑底突涌稳定性应符合下式规定(图 8-24)：

$$\frac{D\gamma}{(\Delta h + D)\gamma_w} \geqslant K_h \tag{8-42}$$

式中：K_h——突涌稳定性安全系数；K_h 不应小于 1.1；

D——承压含水层顶面至坑底的土层厚度(m)；

γ——承压含水层顶面至坑底土层的天然重度(kN/m^3)；对成层土，取按土层厚度加权的平均天然重度；

Δh——基坑内外的水头差(m)；

γ_w——水的重度(kN/m^3)。

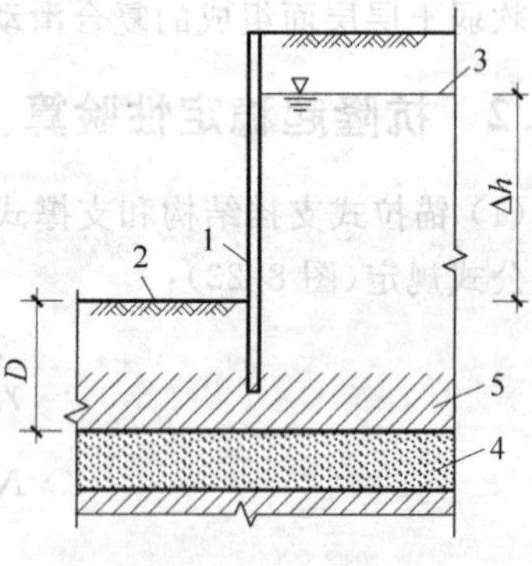

图 8-24 坑底土体的突涌稳定性验算

1—截水帷幕；2—基底；3—承压水测管水位；4—承压水含水层；5—隔水层

2. 流土稳定性分析

悬挂式截水帷幕底端位于碎石土、砂土或粉土含水层时，对均质含水层，地下水渗流的流土稳定性应符合下式规定(图 8-25)：

$$\frac{(2D + 0.8D_1)\gamma'}{\Delta h \gamma_w} \geqslant K_f \tag{8-43}$$

式中：K_f——流土稳定性安全系数；安全等级为一、二、三级的支护结构，K_f 分别不应小于 1.6、1.5、1.4；

D——截水帷幕底面至坑底的土层厚度(m)；

D_1——潜水水面或承压水含水层顶面至基坑底面的土层厚度(m)；

γ'——土层的浮重度(kN/m^3)；

Δh——基坑内外的水头差(m)；

γ_w——水的重度(kN/m^3)，对渗透系数不同的非均质含水层，宜采用数值方法进行渗流稳定性分析。

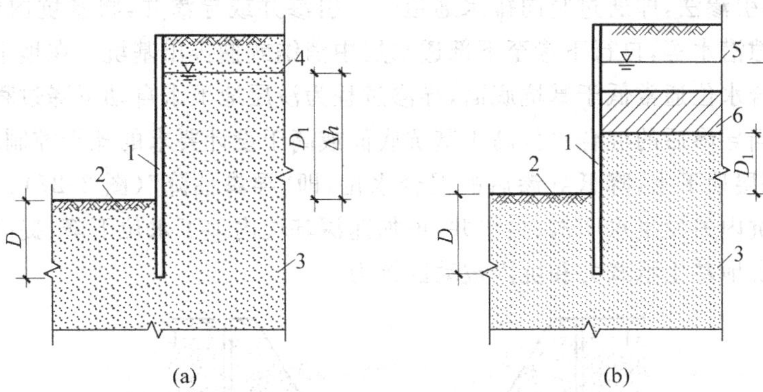

图 8-25 采用悬挂式帷幕截水时的流土稳定性验算

(a) 潜水；(b) 承压水

1—截水帷幕；2—基坑底面；3—含水层；4—潜水水位；5—承压水测管水位；6—承压含水层顶面

8.8 地下水控制

8.8.1 概述

基坑施工中，为避免产生流砂、管涌、坑底突涌，防止坑底土体的坍塌，保证施工安全和减少基坑开挖对周围环境的影响，当基坑开挖深度内存在饱和软土层和含水层及坑底以下存在承压含水层时，需要选择合适的方法进行基坑降水与排水。

(1) 地下水控制应根据工程地质和水文地质条件、基坑周边环境要求及支护结构形式选用截水、降水、集水明排或其他组合方法。

(2) 当降水会对基坑周边建筑物、地下管线、道路等造成危害或对环境造成长期不利影响时，应采用截水方法控制地下水。采用悬挂式帷幕时，应同时采用坑内降水，并宜根据水文地质条件结合坑外回灌措施。

(3) 地下水控制设计应符合对基坑周边建(构)筑物、地下管线、道路等沉降控制值的要求。

(4) 当坑底以下有水头高于坑底的承压含水层时，各类支护结构均应按规定进行承压水作用下的坑底突涌稳定性验算。当不满足突涌稳定性要求时，应对该承压水含水层采取截水、减压措施。

地下水控制方法有集水明排法、降水法、截水和回灌技术。降水的方法通常有轻型井点法、喷射井点法、管井井点法和深井泵井点法。

8.8.2 集水明排法

集水明排法又称为表面排水法，它是在基坑开挖过程中及基础施工过程中，在基坑四周开挖集水沟汇集坑壁和坑底渗水，引向集水井。当基坑侧壁出现分层渗水时，可按不同高程设置导水管、导水沟等构成明排系统；当基坑侧壁渗水量较大或不能分层明排时，宜采用导水降水法。当地表水对基坑侧壁造成冲刷时，宜在基坑外采取截水、封堵、导流等措施。

8.8.3 导渗法

导渗法又称引渗法，即通过竖向排水通道——引渗井或导渗井，将基坑内的地面水、上层滞水、浅层孔隙潜水等，自行下渗至下部透水层中消纳或抽排出基坑。在地下水位较低地区，导渗后的混合水位通常低于基坑底面，导渗过程为浅层地下水自动下降过程，即"导渗自降"(图 8-26)；当导渗后的混合水位高于基坑底面或高于设计要求的疏干控制水位时，采用降水管井抽汲深层地下水，降低导渗后的混合水位，即"导渗抽降"(图 8-27)。通过导渗法排水，尤需在基坑内另设集水明沟、集水井，可加速深基坑内地下水位下降、提高疏干降水效果，并可提高坑底地基土承载力和坑内被动区抗力。

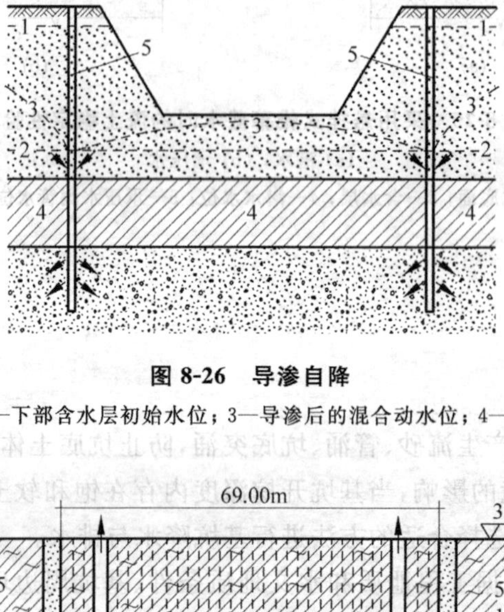

图 8-26 导渗自降

1—上部含水层初始水位；2—下部含水层初始水位；3—导渗后的混合动水位；4—隔水层；5—导渗井

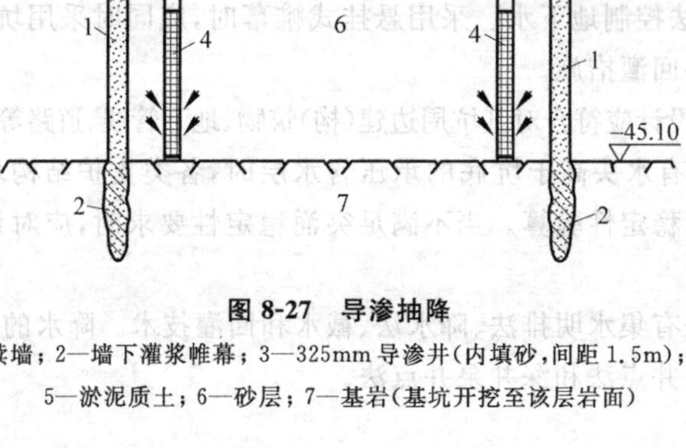

图 8-27 导渗抽降

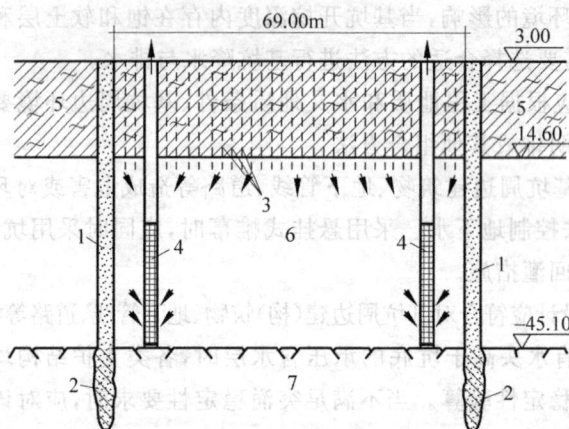

1—厚 1.2m 的地下连续墙；2—墙下灌浆帷幕；3—325mm 导渗井(内填砂，间距 1.5m)；4—600mm 降水管井；5—淤泥质土；6—砂层；7—基岩(基坑开挖至该层岩面)

如果地下降水对基坑周围建(构)筑物和地下设施会带来不良影响时,可采用竖向截水帷幕或回灌的方法避免或减小该影响。

竖向截水帷幕通常用水泥搅拌桩、旋喷桩等。当地下含水层厚度较大,渗透性强时,可以采用悬挂式竖向截水帷幕与基坑内井点降水相结合或截水帷幕与水平封底相结合的方案。截水帷幕施工方法和机具的选择应根据场地工程水位地质和施工条件等综合确定。

在基坑开挖与降水过程中,可采用回灌技术防止因周边建筑物基础局部下沉而影响建筑物的安全。回灌方式有两种:一种采用回灌沟回灌,另一种采用回灌井回灌。

思考题与习题

8-1 基坑工程设计的主要内容有哪些?

8-2 基坑支护结构常用的类型有哪些?如何选择?

8-3 基坑稳定性分析有哪些内容?

8-4 排桩和地下连续墙支护结构计算中的静力平衡法和等值梁法有何区别?

8-5 土钉墙支护结构与传统的重力式挡土墙及加筋挡土墙有何区别?

8-6 土钉与土层锚杆的加固机理有何不同?

8-7 某黏性土地层开挖深度为5.0m的基坑,采用悬臂式灌注桩支护,$\gamma=19.5\text{kN/m}^3$,内摩擦角$\varphi=18°$,黏聚力$c=10\text{kPa}$,地面施工荷载$q_0=20\text{kPa}$,不计地下水的影响。试确定桩的入土深度和桩身最大弯矩及最大弯矩点位置。

8-8 有一开挖深度$h-6.0\text{m}$的基坑,采用一道锚杆的板桩支护,锚杆支点距离地表1.5m,水平间距2.0m。地基周围土层重度$\gamma=20.0\text{kN/m}^3$,内摩擦角$\varphi=24°$,黏聚力$c=0$,地面施工荷载$q_0=20\text{kPa}$。试用等值梁法计算板桩墙的入土深度、锚杆的拉力和最大弯矩。

第9章 地基基础抗震设计

9.1 概述

9.1.1 地震

地震是地壳快速释放能量过程中产生振动的一种自然现象。据资料统计，地球上每年大约发生五百万次地震，即每天要发生上万次的地震。其中，绝大多数地震太小或太远，以至于人们感觉不到，真正能对人类造成严重危害的地震每年大约有十几次，能造成特别严重灾害的地震每年大约有一两次。人们感觉不到的地震，必须用地震仪才能记录下来，不同类型的地震仪能记录不同强度、不同远近的地震。

地震的成因有很多，地质构造活动引发的地震叫构造地震；火山活动造成的地震叫火山地震；固岩层(特别是石灰岩)塌陷引起的地震叫塌陷地震。地震是一种极其普通和常见的自然现象，但由于地壳构造的复杂性和震源区的不可直观性，关于地震特别是构造地震是怎样孕育和发生的，其成因和机制是什么等问题，至今尚无完满的解答，但目前科学家比较公认的解释是构造地震是由地壳板块运动造成的。

地层构造运动中，在断层形成的地方，大量释放能量，产生剧烈振动的地方叫做震源，震源正上方的地面位置叫震中。震中附近的区域称为震中区。震中到地面一点的水平距离叫震中距。震中到震源的距离叫震源深度。震源深度小于70km时称为浅源地震，70～300km之间称为中源地震，大于300km时称为深源地震。大多数地震属于浅源地震，地震所释放的总能量约85%来自浅源地震。

9.1.2 地震震害

近年来，世界已进入多地震活跃期，地震活动非常频繁。地球上发生的强大地震影响范围大，破坏性强，对人类生活造成了巨大的影响。我国处于环太平洋地震带和欧亚地震带之间，是一个地震多发的国家。1976年7月28日我国唐山发生7.8级地震，死亡人数24.2万人，85%的房屋倒塌或严重破坏，直接经济损失达数百亿元，损失惨重，用于震后救灾和恢复重建的费用也达百亿元；2008年5月12日我国汶川发生8.0级大地震，造成人员死亡和失踪8.9万人，伤37万余人，经济损失近万亿，是自中华人民共和国成立以来影响最大的一次地震。

9.1.3　地基基础震害

由于工程地质条件的复杂性,强烈地震所带来的破坏活动多种多样。其中,地震造成的地基破坏有地基土液化、震陷、地震滑坡和地裂等。

1. 地基土液化

地震作用下,饱和砂土或粉土的颗粒会发生相对位移,从而使土颗粒的结构趋于密实,若土本身的渗透系数较小,则其孔隙水将因在短时间内无法排出而受到挤压,孔隙水压力会迅速上升,同时颗粒间有效应力减少,当有效应力减少到零时,土颗粒处于悬浮状态,土体抗剪强度为零,即出现土的液化现象。土的液化是造成地震灾害的重要原因。

震害调查显示,影响土液化的因素主要有:土层的地质年代和组成、土层的相对密度、土层的埋深和地下水位的深度、地震烈度和地震持续时间等。

2. 震陷

震陷是指地基土由于地震作用而产生的明显的竖向永久变形。此现象大多发生在松砂和软黏土中,还有岩溶地区等。如果地基由软弱黏性土和松散砂土构成,在地震作用下,其结构会受到严重破坏,强度降低,产生巨大的附加下沉。因此,震陷不仅会使建筑物产生过大的沉降和倾斜,还会影响建筑物的安全和使用。震陷往往是主要的地基震害。

震陷与地基土的级配、含水量、孔隙比有关。

3. 地震滑坡

强烈地震引起的山崩、泥石流等大规模的岩土体运动,会直接导致地基、基础和建筑物的破坏,岩土体的堆积、崩塌的石块还会阻塞公路、中断交通。在陡坡附近还会发生滑坡,给人类的安全造成危害。

4. 地裂

地震时往往会出现地裂缝,有规模较大的构造裂缝和规模较小的非构造裂缝,地裂缝的长短、深浅和数量等与地震强度、地表情况和受力特征等有关。地震产生的断裂带会导致附近的房屋、道路和地下管道等遭到非常严重的破坏。

地震作用是通过地基和基础传递给上部结构的。地震时,首先是地基基础受到破坏,继而产生建筑物和构筑物的振动,并由此引发地震灾害。建筑物基础常见的灾害有:不均匀沉降、倾斜和受拉破坏等。

9.2　地基基础抗震设计原则

9.2.1　抗震设计的基本原则和目标

1. 基本原则

抗震设计的基本原则应贯彻以预防为主的方针。抗震设防是指对建筑物进行抗震设计并采取一定的抗震构造措施，以达到结构抗震的效果和目的。抗震设防的依据是抗震设防烈度。在地震活动区域，要保证工程具有一定的抗震能力，以减少地震造成的人员伤亡和经济损失，同时又必须避免过高的设防标准造成浪费的情况。

我国《抗震规范》规定：抗震设防的所有建筑应按现行国家标准《建筑工程抗震设防分类标准》确定其抗震设防类别及其抗震设防标准。因此，建筑按其使用功能的重要性分为甲类、乙类、丙类、丁类四个抗震设防类别。

甲类建筑是指重大建筑工程和遭遇地震破坏时可能发生严重次生灾害的（如产生放射性物质的污染大爆炸等）建筑，属于特殊设防；乙类建筑是指地震时使用功能不能中断或需尽快恢复的建筑，如城市生命线工程建筑和地震时救灾需要的建筑等，属于重点设防；丙类建筑是指除甲、乙、丁类以外的建筑，如大量的一般工业与民用建筑等，属于一般设防；丁类建筑是指抗震次要建筑，如遭遇地震破坏时不易造成人员伤亡和较大经济损失的建筑等，属于适度设防。

2. 基本目标

《抗震规范》将建筑物的抗震设防目标确定为“三个水准”。第一水准是指当遭受低于本地区设防烈度的多遇地震影响时，建筑结构一般不受损坏或不需修理仍可继续使用；第二水准是指当遭受相当于本地区设防烈度的地震影响时，可能损坏，但经一般修理或不需修理仍可继续使用；第三水准是指当遭受到高于本地区设防烈度的罕遇地震影响时，建筑不致倒塌或发生危及生命财产的严重破坏。工程中通常将上述抗震设计的三个水准简要地概括为“小震不坏，中震可修，大震不倒”的抗震设防目标，这是根据目前我国经济条件所考虑的抗震设防水平。

《抗震规范》规定在具体的设计工作中采用两阶段设计步骤以保证实现上述抗震设防目标。第一阶段的设计是结构承载力验算，在方案布置符合抗震设计原则的前提下，取第一水准烈度的地震动参数，用弹性反应谱法求出结构在弹性状态下的地震作用标准值和相对应的地震作用效应，然后与其他荷载效应进行系数组合，并对结构构件截面进行承载力验算，以实现第一、二水准的设计目标。大多数结构可只进行第一阶段设计，而通过概念设计和构造措施满足第三水准的设计要求，但对于少数结构，如地震时易倒塌的结构或有特殊要求的建筑，除了应进行第一阶段设计外，还要进行第二阶段的设计。

第二阶段设计是弹塑性变形验算，取第三水准烈度验算结构的弹塑性层间变形是否满足规范要求，如有变形过大的薄弱层，则应修改设计或采取相应的构造措施，以使其能够满足第三水准的设防要求。

9.2.2 抗震设计的基本要求和方法

建筑结构抗震设计包括抗震概念设计、抗震计算设计和构造措施。抗震概念设计在总体上把握抗震设计的原则，抗震计算为建筑抗震设计提供定量手段，构造措施保证结构整体性、加强局部薄弱环节、保证抗震计算结果的有效性。

建筑抗震设计要求是通过地震作用的计算和抗震措施的实施来实现的。由于地震动的不确定性和结构在地震作用下的响应及破坏机理的复杂性，地震时造成的破坏程度很难准确预测。因此，为了保证结构具有足够的抗震可靠性，在进行结构抗震设计时，必须综合考虑多种因素的影响，从宏观上对建筑结构做出合理的选型、规划和布置，即进行结构的概念设计。人们在总结地震灾害的经验中发现，对结构抗震设计来说，"概念设计"比"计算设计"更为重要。"计算设计"很难有效控制结构的薄弱环节，不能完全解决问题，因而必须强调良好的"概念设计"。概念设计主要考虑以下因素：场地条件和场地土的稳定性、建筑物的平立面布置及其外形尺寸、抗震结构体系的选取、抗侧力构件的布置以及结构质量的分布、非结构构建与主体结构的关系以及两者之间的锚拉、材料与施工质量等。

9.2.3　地基基础抗震设计原则

建筑结构抗震设计在建筑规划上应合理布局，防止次生灾害的发生。上部结构设计应遵循"简、匀、轻、牢"的原则以提高结构的抗震性能。从地基基础的角度出发，地震作用对地基基础的影响的研究目前还很不足，因此地基基础的抗震设计更应注重概念设计。

地基基础抗震设计同样应满足"三水准设防，两阶段设计"的基本原则和方法。对于一般地基基础结构，只要满足了第一水准对于强度和承载力的要求，同时也就满足了第二水准的设防目标，因此，地基基础一般只进行第一阶段设计。对于存在液化土层的地基，地基验算则应直接采用第二水准烈度，并采取相应的液化措施。最后，地基基础相应于第三水准的设防可通过概念设计和构造措施来实现。

地基基础抗震设计应满足的基本要求有：选择有利的建筑场地，即尽量选择有利地段，避开不利地段，不在危险地段进行建设；加强基础和上部结构的整体性，即同一结构单元不宜设置在性质截然不同的地基土上；加强基础的防震性能，即合理加大基础的埋置深度，正确选择基础类型。

地基基础的抗震设计通过选择合理的基础体系和抗震验算来保证其抗震能力。

9.3　天然地基基础抗震设计

9.3.1　场地选择

场地是指建筑物建设的地点，其范围相当于一个厂区、居民小区或自然村的范围。震害调查发现，同一烈度区，不同场地上的建筑的震害情况不同，因此可以看出，地震的大小因工程地质条件的不同而不同。

任何建筑物，都建造在特定的岩土地基上，而地震对建筑物的破坏作用是通过场地、地基和基础传递给上部结构的，同时，场地与地基在地震时又起着支撑上部结构的作用。因此，研究场地和地基对上部结构震害的影响，选择适宜的建筑场地，采取合理的结构抗震措施对建筑抗震设计至关重要。

1. 场地类别

为了考虑场地条件对设计反应谱的影响，通常的做法是将场地按某些指标和描述划分为若干类，以便采取合理的设计参数和有关的抗震构造措施。但是，世界各国对场地类别的划分并不一致，通过总结国内外对场地划分的经验以及对震害的总结、理论分析和实际勘察，我国《抗震规范》指出：建筑场地类别应根据土层等效剪切波速和场地覆盖层厚度划分为4类(见表9-1),其中Ⅰ类场地细分为两个亚类。

表9-1 建筑场地类别划分

等效剪切波速/(m/s)	场地类别				
	I_0 类	I_1 类	Ⅱ类	Ⅲ类	Ⅳ类
$v_S>800$	0m				
$800\geqslant v_S>500$		0m			
$500\geqslant v_S>250$		<5m	≥5m		
$250\geqslant v_S>150$		<3m	3~50m	>50m	
$v_S\leqslant150$		<3m	3~15m	>15~80m	>80m

注:表中 v_S 为岩石的剪切波速。

场地覆盖层厚度的确定方法为:

(1) 在一般情况下应按地面至剪切波速大于500m/s且其下卧各层岩土的剪切波速均不小于500m/s的土层顶面的距离确定;

(2) 当地面5m以下存在剪切波速大于相邻上部各土层剪切波速2.5倍的下卧土层,且其下卧岩土层的剪切波速均不小于400m/s时,可按地面至该下卧层顶面的距离确定;

(3) 场地土剪切波速大于500m/s的孤石和硬土透镜体应视同周围土层;

(4) 土层中的火山岩硬夹层,应视为刚体,其厚度应从覆盖土层中扣除。

对于丁类建筑及层数不超过10层且高度不超过24m的多层建筑,当无实测剪切波速时,可根据岩土名称和形状,按表9-2划分土的类型,再利用当地经验在表9-2的剪切波速 v_S 范围内估计各土层剪切波速。

表9-2 场地土类型

土的类型	岩土名称和形状	土层剪切波速 v_S/(m/s)
岩石	坚硬、较硬且完整的岩石	$v_S>800$
坚硬土或软质岩石	破碎和较破碎的岩石或软和较软的岩石,密实的碎石土	$800\geqslant v_S>500$
中硬土	中密、稍密的碎石土,密实、中密的砾、粗、中砂,$f_k>150$ 的黏性土和粉土,坚硬黄土	$500\geqslant v_S>250$
中软土	稍密的砾、粗、中砂,除松散外的细、粉砂,$f_k\leqslant150$ 的黏性土和粉土,$f_k>130$ 的填土,可塑黄土	$250\geqslant v_S>150$
软弱土	淤泥和淤泥质土,松散的砂,新近沉积的黏性土和粉土,$f_k\leqslant130$ 的填土,流塑黄土	$v_S\leqslant150$

注:f_k 为地基土静承载力特征值(kPa),v_S 为岩石的剪切波速。

当有可靠的剪切波速、覆盖层厚度等数据且处于两类场地边界时,允许运用插入方法求得场地的特征周期。

2. 场地选择

不同工程地质条件的场地上,建筑物在地震中的破坏程度也是不同的。因此,选择对抗震有利的场地和避开不利的场地进行建设,就能大大减轻地震灾害。同时,由于建设用地受到地震以外的一些因素的限制,除了极不利和有严重危险性的场地以外往往是不能排除其作为建设用场地的。故很有必要按照场地、地基对建筑物所受地震破坏作用的强弱和特征的不同来采取相应的抗震措施。

研究显示,影响建筑震害和地震动参数的场地因素很多,如局部地形、地质构造、地基土质等。根据工程需要,宜选择有利的地段、避开不利的地段,当无法避开时应采取适当的抗震构造措施。一般认为,对抗震有利的地段是指地震时地面无残余变形的坚硬或开阔平坦密实均匀的中硬土范围或地区;而不利地段是指可能产生变形或地基失效的某一范围或地区;危险地段是指可能发生严重的地面残余变形的某一范围或地区。我国《抗震规范》中场地各类地段的划分的具体标准见表 9-3。

表 9-3 各类地段的划分

地段类别	地质、地形、地貌
有利地段	稳定基岩,坚硬土,开阔、平坦、密实、均匀的中硬土等
一般地段	不属于有利、不利和危险的地段
不利地段	软弱土,液化土,条状突出的山嘴,高耸孤立的山丘,陡坡,陡坎,河岸和边坡的边缘,平面分布上成因、岩性、状态明显不均匀的土层(含故河道、疏松的断层破碎带、暗埋的塘滨沟谷和半填半挖地基),高含水量的可塑黄土,地表存在结构性裂缝等
危险地段	地震时可能发生滑坡、崩塌、地陷、地裂、泥石流等及发震断裂带上可能发生地表位错的部位

当场地内存在发震断裂时,应对断裂的工程影响进行评价,并应符合下列要求:

(1) 对符合下列规定之一的情况,可忽略发震断裂错动对地面建筑的影响:

① 抗震设防烈度小于 8 度;

② 非全新世活动断裂;

③ 抗震设防烈度为 8 度和 9 度时,前第四纪基岩隐伏断裂的土层覆盖厚度分别大于 60m、90m。

(2) 对不符合上述规定的情况时,应避开主断裂带,其避让距离不宜小于表 9-4 中对发震断裂最小避让距离的规定。

表 9-4 发震断裂的最小避让距离

烈度	建筑抗震设防类别			
	甲	乙	丙	丁
8	专门研究	200m	100m	—
9	专门研究	400m	200m	—

9.3.2 天然地基抗震验算

大量调查显示,各类场地土上的建筑物在地震时只有很少一部分是因为地基的原因而导致上部结构破坏的。这类地基大多数是液化地基、易产生震陷的软土地基和严重不均匀地基。而大量的一般性地基均具有良好的抗震能力,极少发现因地基承载力不足而产生震害现象。基于这种情况,我国多数抗震设计规范规定对于一般地基基础可不做抗震验算,而对于容易产生地基基础震害的液化地基、软土地基和严重不均匀地基,则规定了相应的抗震措施以避免或减轻震害。

根据房屋震害调查资料的统计分析，我国建筑抗震设计规范规定，下列建筑可不进行天然地基及基础的抗震承载力验算。

(1) 地基主要受力层范围内不存在软弱黏性土层的砌体房屋、一般单层厂房、单层空旷房屋、不超过8层且高度在24m以下的一般民用框架房屋及与其基础荷载相当的多层框架厂房和多层混凝土抗震墙房屋。

(2) 规范规定可不进行上部结构抗震验算的建筑。

1. 地基土抗震承载力

在进行天然地基的抗震承载力验算时，首先要确定地基土的抗震承载力，而地基土在地震作用下的承载力与其静承载力是有差别的。从地基变形的角度来说，地震作用仅是附加于原有静荷载上的一种动力作用，其性质属于不规则的低频的有限次数的脉冲作用，作用时间短，只能使土层产生弹性变形而来不及发生永久变形，其结果是地震作用产生的地基变形要比相同条件静荷载产生的地基变形小得多，因此有地震作用时地基土的抗震承载力应比地基土的静承载力大。另外，考虑到地震作用的偶然性和特殊性，地基在地震作用下的可靠性可比静荷载时适当降低。故在确定地基土的抗震承载力时，其取值应比地基土的静承载力有所提高。

目前大多数国家的抗震规范在验算地基土的抗震强度时，都采用在静承载力的基础上乘以一个系数的方法来调整，公式如下：

$$f_{aE} = \xi_a f_a \tag{9-1}$$

式中：f_{aE}——调整后的地基抗震承载力设计值；

ξ_a——地基抗震承载力调整系数，应按表9-5采用；

f_a——深宽修正后的地基承载力特征值，应按现行国家标准《基础规范》采用。

表9-5 地基土抗震承载力调整系数

岩土名称和性状	ξ_a
岩石，密实的碎石土，密实的砾、粗、中砂，$f_{ak} \geqslant 300$ 的黏性土和粉土	1.5
中密、稍密的碎石土，中密和稍密的砾、粗、中砂，密实和中密的细、粉砂，$150 \leqslant f_{ak} < 300$ 的黏性土和粉土，坚硬黄土	1.3
稍密的细、粉砂，$100 \leqslant f_{ak} < 150$ 的黏性土和粉土，可塑黄土	1.1
淤泥，淤泥质土，松散的砂，杂填土，新近堆积黄土及流塑黄土	1.0

地震作用对软土的承载力影响较大，土越软，在地震作用下的变形就越大。因此，在进行天然地基与基础的抗震承载力验算时，软弱土的抗震承载力不予提高。

2. 天然地基的抗震验算

地基基础的抗震验算，一般采用“拟静力法”，此方法假定地震作用如同静力，然后在该条件下验算地基与基础的承载力和稳定性。《抗震规范》规定，验算天然地基的竖向承载力时，按地震作用效应标准组合的基础底面平均压力和边缘最大压力应符合下列各式要求：

$$P \leqslant f_{aE} \tag{9-2}$$

$$P_{max} \leqslant 1.2 f_{aE} \tag{9-3}$$

式中：P——地震作用标准组合的基础底面平均压力(kPa)；

P_{max}——地震作用标准组合基础底面边缘最大压力(kPa)；

f_{aE}——按公式(9-1)求出的地基土抗震承载力(kPa)。

高宽比大于4的高层建筑，在地震作用下基础底面不宜出现拉应力；其他建筑，基础底面与地基土之间零应力区面积不应超过基础底面面积的15%。

【例 9-1】 某现浇柱下独立基础，基础底面为正方形，边长为3m，基础埋深2.0m。已知地基承载力特征值为226kPa，地基土的其余参数如图9-1所示。考虑地震作用效应标准组合时，柱底荷载为：$F_k=800\text{kN}$，$M_k=90\text{kN}\cdot\text{m}$，$V_k=16\text{kN}$。试按《抗震规范》验算地基的抗震承载力。

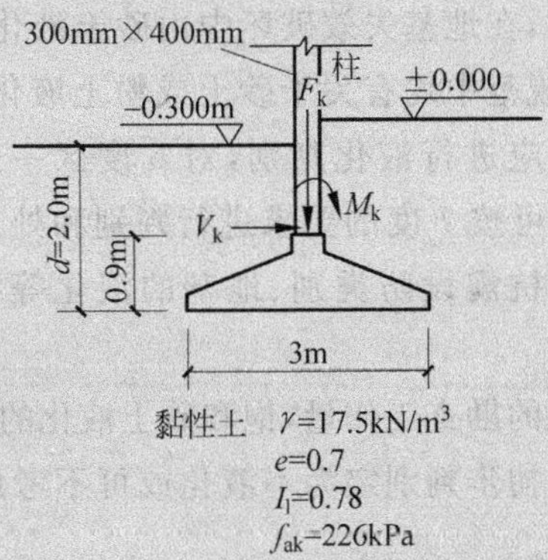

图 9-1　例 9-1 图

【解】 (1) 求基底压力

计算基础和回填土 G_k 时的基础埋深

$$d = \frac{1}{2} \times (2 + 2.3)\text{m} = 2.15\text{m}$$

基础和回填土重

$$G_k = \gamma_G dA = 20 \times 2.15 \times 3 \times 3\text{kN} = 387\text{kN}$$

基底平均压力

$$P = (F_k + G_k)/A = (800 + 387)/3 \times 3\text{kPa} = 131.9\text{kPa}$$

基底边缘压力

$$P_{min}^{max} = \frac{F_k + G_k}{A} \pm \frac{M_k + V_k}{W} = \left(131.9 \pm \frac{90 + 16 \times 0.9}{\frac{3 \times 3^2}{6}}\right)\text{kPa} = \begin{matrix}155.1\\108.7\end{matrix}\text{kPa}$$

(2) 求地基抗震承载力

查表3-7可得 $\eta_b=0.3$，$\eta_d=1.6$，则修正后的黏性土的承载力特征值为

$$\begin{aligned} f_a &= f_{ak} + \eta_b \gamma (b-3) + \eta_d \gamma_m (d-0.5) \\ &= [226 + 0.3 \times 17.5 \times 0 + 1.6 \times 17.5 \times (2-0.5)]\text{kPa} \\ &= 268\text{kPa} \end{aligned}$$

又查表 9-5 得 $\xi_a=1.3$，则地基抗震承载力 f_{aE} 为

$$f_{aE}=\xi_a f_a=1.3\times 268\text{kPa}=348.4\text{kPa}$$

(3) 验算

由于

$$P=131.9\text{kPa}<f_{aE}=348.4\text{kPa}$$

$$P_{max}=155.1\text{kPa}<1.2f_{aE}=418.04\text{kPa}$$

$$P_{min}=108.7\text{kPa}>0$$

故地基承载力满足抗震要求。

9.3.3 地基土液化的判别

历次地震灾害调查中显示，在地基失效破坏中由砂土液化造成的结构破坏在数量上占有很大的比例，因此各国抗震规范中均有关于砂土或粉土液化判别的规定。对存在饱和砂土和粉土(不含黄土)的地基，应进行液化判别，对 6 度区一般情况下可不进行判别和处理，但对液化敏感的乙类建筑可按 7 度的要求进行判别和处理；对存在液化土层的地基，除 6 度设防外，应根据建筑的抗震设防类别、地基的液化等级等结合具体情况采取相应的措施。

为了减少判别场地土液化的勘查工作量，饱和砂土液化的判别可分两步进行，即初步判别和标准贯入试验判别。凡经初步判别定为不液化或可不考虑液化影响的场地土，原则上可不进行标准贯入试验的判别。

1. 初步判别

初判是以地质年代、黏粒含量、地下水位及上覆非液化土层厚度等作为判断条件。具体规定为：

(1) 地质年代为第四纪晚更新世及以前的土层，7 度、8 度时可判为不液化；

(2) 当粉土的黏粒(粒径小于 0.005mm 的颗粒)含量百分率在 7 度、8 度和 9 度时分别大于 10、13 和 16 的土层可判为不液化；

(3) 采用天然地基的建筑，当上覆非液化土层厚度和地下水位深度符合下列条件之一时，可不考虑液化影响：

$$d_u>d_0+d_b-2 \tag{9-4}$$

$$d_w>d_0+d_b-3 \tag{9-5}$$

$$d_u+d_w>1.5d_0+2d_b-4.5 \tag{9-6}$$

式中：d_w——地下水位深度(m)，宜按建筑使用期内年平均最高水位采用，也可按近期内最高水位采用；

d_b——基础埋置深度(m)，不超过 2m 时应采用 2m；

d_u——上覆盖非液化土层厚度(m)，计算时宜将淤泥和淤泥质土层扣除；

d_0——液化土特征深度(m)，可按表 9-6 采用。

表 9-6　液化土特征深度　　m

饱和土类别	烈度		
	7 度	8 度	9 度
粉土	6	7	8
砂土	7	8	9

2. 标准贯入试验判别

当初步判别认为需要进一步液化判别时，应采用标准贯入试验方法进行二次判别。贯入试验须判别地面下 15m 深度范围内的液化，当采用桩基或埋深大于 5m 的深基础时，尚应判别 15～20m 范围内土的液化。当实测标准贯入锤击数小于液化判别标准贯入锤击数的临界值时，应判为可液化土，否则即为不液化土。液化判别标准贯入锤击数的临界值 N_{cr} 可按式(9-7)计算：

$$N_{cr}=N_0\beta[\ln(0.6d_s+1.5)-0.1d_w]\sqrt{3/\rho_c} \tag{9-7}$$

式中：N_0——液化判别标准贯入锤击数基准值，可按表 9-7 采用；

β——调整系数，设计地震第一组取 0.80，第二组取 0.95，第三组取 1.05；

d_s——饱和土标准贯入点深度(m)；

d_w——地下水位深度(m)；

ρ_c——黏粒含量百分率，当小于 3 或为砂土时，应取 3。

表 9-7　标准贯入锤击数基准值

设计基本地震加速度/g	0.1	0.15	0.2	0.3	0.4
锤击数基准值 N_0	7	10	12	16	19

3. 液化等级判定

上面所述判定都是针对土层柱状内一点而言，在一个土层柱状内可能存在多个点，如何确定一个土层柱状内(对应于地面上的一个点)总的液化水平是评价场地液化危害程度的关键，因此，《抗震规范》采用了一个简化的方法，按下式计算：

$$I_{lE}=\sum_{i=1}^{n}\left(1-\frac{N_i}{N_{cri}}\right)d_i\omega_i \tag{9-8}$$

式中：I_{lE}——液化指数；

n——判别深度内每一个钻孔标准贯入试验总数；

N_i，N_{cri}——第 i 点标准贯入锤击数的实测值和临界值，当实测值大于临界值时应取临界值；

d_i——第 i 点所代表的土层厚度(m)；

ω_i——第 i 层考虑单位土层厚度的层位影响权函数值(单位为 m^{-1})，当该层中点深度不大于 5m 时应采用 10，等于 20m 时应采用 0.5，大于 20m 时应按线性内插法取值。

液化指数与液化等级的对应关系见表 9-8。

表 9-8　液化指数与液化等级对应关系表

液化等级	轻微	中等	严重
判别深度为 15m 时的液化指数	$0 \leqslant I_{IE} \leqslant 5$	$5 \leqslant I_{IE} \leqslant 15$	$I_{IE} \geqslant 15$
判别深度为 20m 时的液化指数	$0 \leqslant I_{IE} \leqslant 6$	$6 \leqslant I_{IE} \leqslant 18$	$I_{IE} \geqslant 18$

【例 9-2】 某场地土层如图 9-2 所示，各土层的饱和重度分别为：粉土 $\gamma_{sat}=18.4\text{kN/m}^3$，$\rho_c=8\%$，细砂 $\gamma_{sat}=18.7\text{kN/m}^3$，砾砂 $\gamma_{sat}=22.0\text{kN/m}^3$。已知该地区抗震设防烈度为 8 度，设计基本地震加速度为 0.15g，设计地震分组组别为第一组。基础埋深按 2m 考虑，各土层中点处的标准贯入锤击数由上至下分别为 4，14，24。请按《抗震规范》判别该场地土的液化可能性以及场地的液化等级。

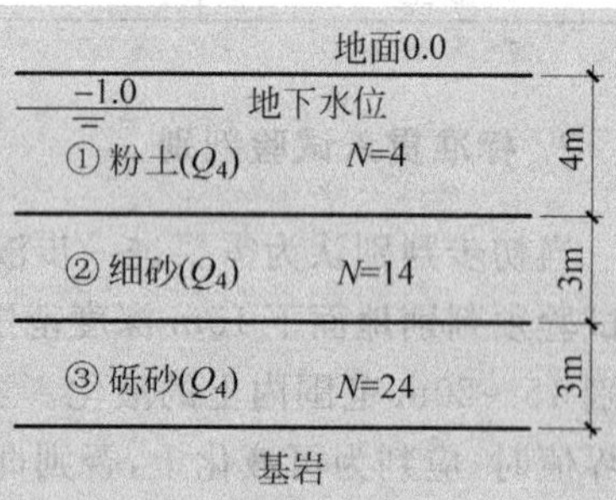

图 9-2　例 9-2 图

【解】 1）液化判别

（1）初步判别

由图 9-2 可知：地下水位深度 $d_w=1.0\text{m}$，基础埋置深度 $d_b=2.0\text{m}$。

对于土层①：上覆非液化土层厚度 $d_u=0\text{m}$，由表 9-6 查得液化土特征深度 $d_0=7\text{m}$，则

$$d_u=0<d_0+d_b-2=7.0\text{m}$$

$$d_w=0<d_0+d_b-3=6.0\text{m}$$

$$d_u+d_w=1<1.5d_0+2d_b-4.5=10.0\text{m}$$

上式计算结果不满足不液化条件，需进一步判别；

对于土层②：上覆非液化土层厚度 $d_u=0\text{m}$，由表 9-6 查得液化土特征深度 $d_0=8\text{m}$，则

$$d_u=0<d_0+d_b-2=8.0\text{m}$$

$$d_w=1<d_0+d_b-3=7.0\text{m}$$

$$d_u+d_w=1<1.5d_0+2d_b-4.5=11.5\text{m}$$

上式计算结果不满足不液化条件，需进一步判别；

对于土层③：上覆非液化土层厚度 $d_u=0\text{m}$，由表 9-6 查得液化土特征深度 $d_0=8\text{m}$ 与土层②计算结果相同，不满足不液化条件，需进一步判别。

（2）标准贯入判别

对于土层①：地下水位深度 $d_w=1.0\text{m}$，饱和土标准贯入点深度 $d_s=2.0\text{m}$，黏粒含量百分比 $\rho_c=8$，由表 9-7 查得液化判别标准贯入锤击数基准值 $N_0=10$，设计地震分组为第一组，调整系数 β 取 0.80，故由式(9-7)算得标准贯入锤击数临界值 N_{cr} 为

$$\begin{aligned} N_{cr} &= N_0\beta[\ln(0.6d_s+1.5)-0.1d_w]\sqrt{3/\rho_c} \\ &= 10\times 0.8\times[\ln(0.6\times 2+1.5)-0.1\times 1]\sqrt{3/8} \\ &= 4.36 \end{aligned}$$

因为 $N=4<N_{cr}$，故土层①判为液化土。

对于土层②：地下水位深度 $d_w=1.0\text{m}$，饱和土标准贯入点深度 $d_s=5.5\text{m}$，黏粒含量百分比 ρ_c 取 3，由表 9-7 查得液化判别标准贯入锤击数基准值 $N_0=10$，设计地震分组为第一

组，调整系数 β 取 0.80，故由式(9-7)算得标准贯入锤击数临界值 N_{cr} 为

$$\begin{aligned} N_{cr} &= N_0\beta[\ln(0.6d_s+1.5)-0.1d_w]\sqrt{3/\rho_c} \\ &= 10\times 0.8\times[\ln(0.6\times 5.5+1.5)-0.1\times 1]\times\sqrt{3/3} \\ &= 11.74 \end{aligned}$$

因为 $N=14>N_{cr}$，故土层②判为不液化土。

对于土层③：地下水位深度 $d_w=1.0\text{m}$，饱和土标准贯入点深度 $d_s=8.5\text{m}$，黏粒含量百分比 ρ_c 取 3，由表 9-7 查得液化判别标准贯入锤击数基准值 $N_0=10$，设计地震分组为第一组，调整系数 $\beta=0.80$，故由公式(9-7)算得标准贯入锤击数临界值 N_{cr} 为

$$\begin{aligned} N_{cr} &= N_0\beta[\ln(0.6d_s+1.5)-0.1d_w]\sqrt{3/\rho_c} \\ &= 10\times 0.8\times[\ln(0.6\times 8.5+1.5)-0.1\times 1]\times\sqrt{3/3} \\ &= 14 \end{aligned}$$

因 $N=24>N_{cr}$，故土层③判为不液化土。

2) 场地的液化等级

由上述结果已知只有土层①为液化土，该土层中标准贯入点代表的土层厚度取该土层的水下部分厚度，即 $d=3.0\text{m}$，单位土层厚度的层位影响权函数值 ω_i 取 10，代入式

$$I_{lE}=\sum_{i=1}^{n}\left(1-\frac{N_i}{N_{cri}}\right)d_i\omega_i=\left(1-\frac{4}{4.36}\right)\times 3\times 10=2.48$$

由表 9-8 查得，该场地的地基液化等级为轻微。

9.3.4 地基基础抗震措施

液化是地震时造成地基失效的主要原因，要减轻这种危害，应根据地基液化等级和结构特点选择相应措施。目前，常用的抗液化工程措施都是在总结大量震害经验的基础上提出来的，即综合考虑建筑物的重要性和地基液化等级，再根据具体情况确定。

(1) 当液化土层较平坦且均匀时，一般可按表 9-9 选用地基抗液化措施。同时也可考虑上部结构重力荷载对液化危害的影响，根据液化震陷量的估计适当调整抗液化措施。

表 9-9 抗液化措施

建筑抗震设防类别	地基的液化等级		
	轻 微	中 等	严 重
乙类	部分消除液化沉陷，或对基础和上部结构处理	全部消除液化沉陷，或部分消除液化沉陷且对基础和上部结构处理	全部消除液化沉陷
丙类	基础和上部结构处理，亦可不采取措施	基础和上部结构处理，或更高要求的措施	全部消除液化沉陷，或部分消除液化沉陷且对基础和上部结构处理
丁类	可不采取措施	可不采取措施	基础和上部结构处理，或其他经济的措施

(2) 全部消除地基液化沉陷的措施，应符合下列要求：

① 采用桩基时，桩端伸入液化深度以下稳定土层中的长度(不包含桩尖部分)，应按计算确定，且对碎石土，砾、粗、中砂，坚硬黏性土和密实粉土尚不应小于 0.5m，对其他非岩石

土尚不应小于 1.5m；

② 采用深基础时，基础底面埋入深度以下稳定土层中的深度，不应小于 0.5m；

③ 采用加密法(如振冲、振动加密、砂桩挤密、强夯等)加固时，应处理至液化深度下界，且处理后土层的标准贯入度锤击数的实测值，不宜大于相应的临界值；

④ 用非液化土替换全部液化土层，或增加上覆非液化土层的厚度；

⑤ 采用加密法或换土法处理时，在基础边缘以外的处理宽度，应超过基础底面下处理深度的 1/2 且不小于基础宽度的 1/5。

(3) 部分消除地基液化沉陷的措施，应符合下列要求：

① 处理深度应使处理后的地基液化指数减少，其值不宜大于 5，大面积筏基、箱基的中心区域，处理后的液化指数可比上述规定降低 1；对独立基础与条形基础，尚不应小于基础底面下液化土特征深度和基础宽度的较大值；

② 处理深度范围内，应挖除其液化土层或采用加密法加固，使处理后土层的标准贯入锤击数实测值不宜小于相应的临界值；

③ 基础边缘以外的处理宽度与全部消除地基液化沉陷时的要求相同；

④ 采取减小液化震陷的其他方法，如增厚上覆非液化土层的厚度和改善周边的排水条件等。

(4) 为减轻液化对基础和上部结构的影响，可综合考虑采用以下措施：

① 选择合适的基础埋置深度；

② 调整基础底面积，减少基础偏心；

③ 加强基础的整体性和刚性，如采用箱基、筏基或钢筋混凝土十字型基础，加设基础圈梁等；

④ 减轻荷载，增强上部结构的整体刚度和均匀对称性，合理设置沉降缝，避免采用对不均匀沉降敏感的结构形式等；

⑤ 管道穿过建筑处应预留足够尺寸或采用柔性接头等。

9.4 桩基抗震设计

9.4.1 桩基抗震验算

我国地震的震害经验表明，桩基础的抗震性能普遍优于其他类型基础。《抗震规范》新增了桩基础的抗震验算和构造要求，由此可以看出，桩基的抗震设计也是建筑抗震设计的重要组成部分。

1. 桩基不验算范围

对于承受竖向荷载为主的低承台桩基，当地面下无液化土层，且桩承台周围无淤泥、淤泥质土和地基承载力特征值不大于 100kPa 的填土时，某些建筑可不进行桩基抗震承载力验算。其具体规定与天然地基的不验算范围基本相同，区别是对于 7 度和 8 度时一般的单层厂房和单层空旷房屋，不超过 8 层且高度在 24m 以下的一般民用框架房屋和与其相当的多层框架厂房也可不验算桩基。

2. 桩基的抗震验算

对于不符合上述条件的桩基，除了应满足规范规定的设计要求外，还应进行桩基的抗震验算。验算时，根据场地土的类别，将其分为非液化土中的低承台桩基抗震验算和存在液化土层的低承台桩基抗震验算两种情况。

存在液化土层时的低承台桩基，其抗震验算应符合下列规定：

(1) 单桩的竖向和水平向抗震承载力特征值，均可比非抗震设计的承载力特征值提高 25%；

(2) 对于地下室外墙侧的被动土与桩共同承担地震水平力问题，原则上可考虑承台正面填土与桩共同承担水平地震作用；

(3) 关于不计桩基承台底面与土的摩阻力为抵抗地震水平力的组成部分问题，为安全计可不考虑承台与土的摩擦阻抗。

存在液化土层的低承台桩基，其抗震验算应符合下列规定：

(1) 对于埋置深度较浅的桩基础，不宜计入承台侧面填土或刚性地坪对水平地震作用的分担作用；

(2) 对于承台底面上、下分别有厚度不小于 1.5m、1.0m 的非液化土层或非软弱土层的桩基，可按下列两种情况进行桩的抗震验算：

① 桩承受全部地震作用时，桩承载力可按非液化土中的低承台桩基的验算原则确定，即比抗震设计时提高 25%，而液化土层中的桩周摩阻力和水平抗力均宜乘以表 9-10 所示的折减系数。

表 9-10　土层的液化影响折减系数

标贯比	深度/m	折减系数
$\lambda_N \leqslant 0.8$	$d_s \leqslant 10$	0
	$10 < d_s \leqslant 20$	1/3
$0.6 < \lambda_N \leqslant 0.8$	$d_s \leqslant 10$	1/3
	$10 < d_s \leqslant 20$	2/3
$0.8 < \lambda_N \leqslant 1$	$d_s \leqslant 10$	2/3
	$10 < d_s \leqslant 20$	1

注：λ_N 为液化土层的标准贯入击数实测值与相应的临界值之比。

② 地震作用按水平地震影响系数最大值的 10% 采用，桩承载力仍可按非液化土中的低承台桩基的验算原则确定，但应扣除液化土层的桩周摩阻力和桩承台下 2m 深度范围内非液化土层桩周摩阻力。

(3) 对于打入式预制桩及其他挤土桩，当平均桩距为 2.5～4 倍桩径且桩数不少于25 根时，可考虑打桩对土的加密作用及桩身对液化土变形限制的有利影响。当打桩后桩间土的标准贯入锤击数值达到不液化的要求时，可不考虑液化对单桩承载力的折减。但对桩尖持力层作强度校核时，桩基外侧的应力扩散角应取零。打桩后桩间土的标准贯入锤击数可由试验确定，也可按下式计算：

$$N_1 = N_P + 100\rho(1 - e^{-0.3N_P}) \tag{9-9}$$

式中：ρ——打入式预制桩的面积置换率；

N_P——打桩前的标准贯入锤击数。

9.4.2 桩基抗震构造措施

目前还没有简便实用的计算方法保证桩在地震作用下的安全，因此，除了验算桩基的抗震承载力外，还应加强抗震构造措施。下面简要介绍其抗震构造措施的3个重点：

1）灌注桩桩身配筋

桩身长度范围内存在液化土或软硬互层时，在这些性质差异较大的土层中，地震波速差异显著，致使土层界面附近土体位移急剧变化，基桩随土体变形而产生较大内力。根据震害调查发现，这类弯、剪破坏并不比桩头破坏严重，因此可认为，土体位移对基桩产生的内力与桩头在一个数量级上。工程实践中，当桩头配筋足够时，将纵筋与箍筋延伸至液化土或软硬互层附近，应该能保障其安全。

因此规范规定：液化土中桩的配筋范围，自桩顶至液化层以下进入稳定土层深度不应小于 $\alpha/4.0$，其纵向钢筋、箍筋直径和间距应与桩顶部相同。当桩身长度范围内存在软硬互层时，在软层以下 $2d$ 范围内其纵向钢筋、箍筋直径和间距应与桩顶部相同。

2）预应力混凝土空心桩

预应力混凝土空心桩常用于上覆土层较弱的地区，这些地区土层多是砂土、粉土与黏性土、淤泥质土交互层；某些地区管桩穿过软弱土层，置于基岩上，使得地震下基桩承受较大的土层差异变形引起较大弯、剪内力；此外预制空心桩配筋少，钢筋细，混凝土截面小，抗弯和抗剪承载力均较低；地震震害调查表明，预制空心桩破坏较为严重，因此预制空心桩不宜用于8度及以上地区；不应用于有液化土层、极软土层场地。

3）承台与钢筋混凝土柱的连接

对于多桩承台，柱纵向主筋应锚入承台不小于35倍纵向主筋直径（非抗震）；地震作用下，根据震害调查，建筑工程震害中还未见柱纵筋从承台拔出的案例，但在高架桥柱根有钢筋被拔出的情况，可见对于超静定次数较多的建筑结构，具有更好的整体性；但对于那些位于高烈度区且无地下室的框架结构，柱根纵筋仍需可靠锚固，因此规定对于一、二级抗震等级的柱，纵向主筋锚固长度应乘以1.15的系数；对于三级抗震等级的柱，纵向主筋锚固长度应乘以1.05的系数。

当承台高度不满足锚固要求时，根据抗震需要竖向锚固长度不应小于20倍纵向主筋直径；纵筋下部应向柱轴线方向呈90°弯折。

思考题与习题

9-1 地震按其成因可分为哪几种类型？

9-2 地基基础震害包括哪几类？

9-3 建筑抗震设防类别分为哪几类？

9-4 抗震设计中，怎样实现“三水准设防要求”？

9-5 建筑场地选择的原则是什么？

9-6 哪些建筑可不进行地基及基础的抗震承载力验算？

9-7 如何判别场地土的液化？

9-8　地基基础抗震的措施有哪些？

9-9　哪些建筑可不进行桩基的抗震承载力验算？

9-10　桩基的抗震措施有哪些？

9-11　将例 9-1 中的基础埋深改为 3m，基础底面边长改为 4m，地震作用效应标准组合时的柱底荷载改为 $F_k=900\text{kN}$，$M_k=100\text{kN}\cdot\text{m}$，$V_k=18\text{kN}$，其他已知条件不变，按《抗震规范》验算地基抗震承载力。

9-12　某场地 8 度设防，设计基本地震加速度为 0.15g，工程地质年代为第四纪全新世(Q_4)，设计地震分组为第一组，拟在上面建造一丙类建筑，基础埋深 2.0m。钻孔深度为 15m，地下水、土层顶面标高及各贯入点深度、锤击数实测值如图 9-3 所示。试判别地基是否液化？若为液化土，求液化指数和液化等级。

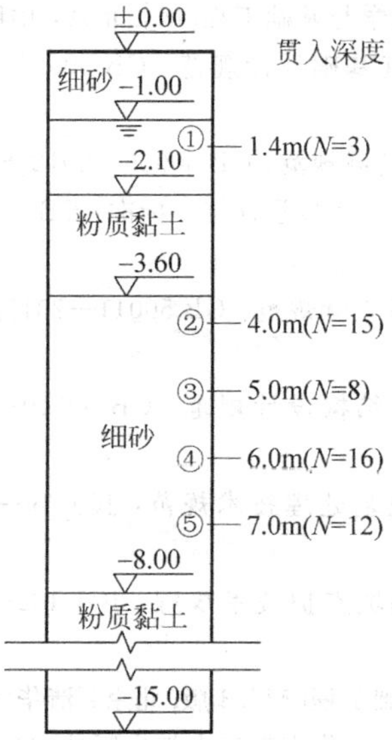

图 9-3　习题 9-12 图

参考文献

[1] 赵明华,徐学燕.基础工程[M].2版.北京：高等教育出版社,2010.
[2] 阎富有,刘忠玉,祝彦知,等.基础工程[M].北京：中国电力出版社,2009.
[3] 张建勋,代国忠,钱晓丽.基础工程[M].北京：高等教育出版社,2009.
[4] 程晔,王丽艳.基础工程[M].南京：东南大学出版社,2014.
[5] 刘昌辉,时红莲.基础工程学[M].武汉：中国地质大学出版社,2005.
[6] 石名磊.基础工程[M].2版.南京：东南大学出版社,2015.
[7] 孙鸿玲,徐书平,刘迎春,等.土力学与基础工程[M].北京：中国水利水电出版社,2012.
[8] 中国建筑科学研究院.建筑地基基础设计规范：GB 50007—2011[S].北京：中国建筑工业出版社,2012.
[9] 中国建筑科学研究院.建筑结构荷载规范：GB 50009—2012[S].北京：中国建筑工业出版社,2012.
[10] 中国建筑科学研究院.工程结构可靠性设计统一标准：GB 50153—2008[S].北京：中国建筑工业出版社,2008.
[11] 中国建筑科学研究院.建筑抗震设计规范：GB 50011—2010[S](2016年版).北京：中国建筑工业出版社,2010.
[12] 中国建筑科学研究院.混凝土结构设计规范：GB 50010—2010[S].北京：中国建筑工业出版社,2010.
[13] 中国建筑科学研究院.建筑地基处理技术规范：JGJ 79—2012[S].北京：中国建筑工业出版社,2012.
[14] 中国建筑科学研究院.建筑基坑支护技术规程：JGJ 120—2012[S].北京：中国建筑工业出版社,2012.
[15] 周景星,李广信,张建红,等.基础工程[M].3版.北京：清华大学出版社,2015.
[16] 杨小平.基础工程[M].2版.广州：华南理工大学出版社,2014.
[17] 莫海鸿,杨小平.基础工程[M].3版.北京：中国建筑工业出版社,2014.
[18] 赵敏,王亮,邓祥辉.基础工程[M].西安：西安交通大学出版社,2012.
[19] 龚晓南,谢康和.基础工程[M].北京：中国建筑工业出版社,2015.
[20] 龚晓南.地基处理手册[M].北京：中国建筑工业出版社,2008.
[21] 阎富有.基础工程[M].北京：中国电力出版社,2009.
[22] 常士骠,张苏民.工程地质手册[M].北京：中国建筑工业出版社,2011.
[23] 袁聚云,李镜培,楼晓明.基础工程[M].上海：同济大学出版社,2001.
[24] 高大钊.土力学与基础工程[M].北京：中国建筑工业出版社,2013.
[25] 李彰明.软土地基加固的理论、设计与施工[M].北京：中国电力出版社,2006.
[26] 黄生根,张希浩,曹辉,等.地基处理与基坑支护工程[M].武汉：中国地质大学出版社,2004.
[27] 朱彦鹏,罗晓辉,周勇.支挡结构设计[M].北京：高等教育出版社,2008.
[28] 莫海鸿,杨小平.基础工程[M].北京：中国建筑工业出版社,2014.
[29] 赵其华,彭社琴.岩土支挡与锚固工程[M].成都：四川大学出版社,2008.
[30] 薛殿基,冯仲林.挡土墙设计实用手册[M].北京：中国建筑工业出版社,2008.
[31] 陈忠达,原喜忠.路基支挡工程[M].北京：人民交通出版社,2013.
[32] 王协群,章宝华,蒋刚.基础工程[M].北京：北京大学出版社,2006.
[33] 尉希成,周美玲.支挡结构设计手册[M].2版.北京：中国建筑工业出版社,2004.

[34] 易方明,高小旺,苏经宇,等.建筑抗震设计规范理解与应用[M].2版.北京:中国建筑工业出版社,2011.
[35] 华南理工大学,浙江大学,湖南大学.基础工程[M].3版.北京:中国建筑工业出版社,2014.
[36] 阮永芬.基础工程[M].武汉:武汉理工大学出版社,2016.
[37] 赵明华,俞晓.土力学与基础工程[M].4版.武汉:武汉理工大学出版社,2014.
[38] 王社良.抗震结构设计[M].4版.武汉:武汉理工大学出版社,2011.
[39] 王协群,章宝华.基础工程[M].北京:北京大学出版社,2006.
[40] 盛洪飞.桥梁墩台与基础工程[M].哈尔滨:哈尔滨工业大学出版社,2005.
[41] 崔高航,王福彤.基础工程[M].北京:清华大学出版社,2012.
[42] 王贵君,隋红军,李顺群,等.基础工程[M].北京:清华大学出版社,2016.
[43] 中国建筑科学研究院.建筑桩基技术规范:JGJ 9—2008[S].北京:中国建筑工业出版社,2008.
[44] 上海市政工程设计研究总院(集团)有限公司.给水排水工程钢筋混凝土沉井结构设计规程:CECS 137:2015[S].北京:中国计划出版社,2015.